生态环境保护与修复系列丛书

# 南方湖库型饮用水源地生态安全评估与保护

### ECOLOGICAL SAFETY ASSESSMENT AND PROTECTION OF LAKE/RESERVOIR-BASED DRINKING WATER SOURCES IN SOUTH CHINA

王振兴 吴勰 黄雪菊 黄磊 饶艳 著

Wang Zhenxing  Wu Xie  Huang Xueju  Huang Lei  Rao Yan

中南大学出版社

www.csupress.com.cn

·长沙·

**图书在版编目(CIP)数据**

南方湖库型饮用水源地生态安全评估与保护／王振兴
等著. —长沙：中南大学出版社，2022.4
ISBN 978-7-5487-4775-8

Ⅰ.①南… Ⅱ.①王… Ⅲ.①湖泊－饮用水－供水水
源－生态安全－研究－中国 Ⅳ.①X524.5

中国版本图书馆 CIP 数据核字(2022)第 016989 号

## 南方湖库型饮用水源地生态安全评估与保护
**NANFANG HUKUXING YINYONGSHUIYUANDI SHENGTAI ANQUAN PINGGU YU BAOHU**

王振兴 吴瓃 黄雪菊 黄磊 饶艳 著

| | | |
|---|---|---|
| □出 版 人 | 吴湘华 | |
| □责任编辑 | 胡 炜 | |
| □封面设计 | 李芳丽 | |
| □责任印制 | 唐 曦 | |
| □出版发行 | 中南大学出版社 | |
| | 社址：长沙市麓山南路 | 邮编：410083 |
| | 发行科电话：0731-88876770 | 传真：0731-88710482 |
| □印　　装 | 湖南省汇昌印务有限公司 | |

| | | | |
|---|---|---|---|
| □开　　本 | 710 mm×1000 mm 1/16 | □印张 22.75 | □字数 459 千字 |
| □版　　次 | 2022 年 4 月第 1 版 | □印次 2022 年 4 月第 1 次印刷 | |
| □书　　号 | ISBN 978-7-5487-4775-8 | | |
| □定　　价 | 88.00 元 | | |

# 前　言

　　饮用水水源安全是国家安全的重要组成部分。中华人民共和国水利部(以下简称"水利部")印发的《全国重要饮用水水源地名录(2016年)》显示,湖泊水库型(以下简称"湖库型")饮用水水源地所占比例达46%,北方主要为地下水型饮用水水源地,南方的湖库型饮用水水源地所占比例更高。我国水资源相对缺乏,人均水资源占有量仅为世界人均的1/4,被列为世界上最缺水的13个国家之一。我国有近2/3的城市供水不足,1/6的城市严重缺水,且随着近几十年来我国社会经济的迅速发展,水质污染问题越来越严重。"十三五"期间,截至2019年年底,7.7亿居民的饮用水安全保障水平得到有效提升,达到或好于Ⅲ类水的水体比例比2015年上升8.9个百分点、劣Ⅴ类水体比例下降6.3个百分点。虽然全国水生态环境质量总体保持持续改善的势头,百姓开始享受水清岸绿的美景,但深层次问题的解决仍任重道远。在过去,湖泊水库水草茂盛、鱼虾满塘,但周边群众的生产生活持续对其造成影响,导致形成了一个个"水下荒漠";之后,虽然湖泊水库的水变清了,但鱼虾却少了甚至没了。饮用水源不同于一般地表水体,其一方面对水环境的功能定位更高,对人类的影响更大;另一方面,其生态环境更为脆弱,生态安全保障问题更为复杂。湖库型饮用水源具有污染原因多、污染机理复杂、治理难度大、见效缓慢、治理方式多而散的特点,如何调控人类行为以维护饮用水水源地生态安全成为当前国内外关注的热点。

　　为贯彻党中央、国务院"让江河湖泊休养生息"的精神、实现习近平总书记提出的"还给老百姓清水绿岸、鱼翔浅底的景象",落实"绿水青山就是金山银山"的发展理念,避免众多水质较好湖泊水库走"先污染、后治理"的老路,笔者团队整理撰写了《南方湖库型饮用水源地生态安全评估与保护》一书。本书系统梳理了我国南方湖库型饮用水水源地保护与污染控制现状，总结了生态安全调查评估与环境污染系统控制技术方法，并在南方典型湖库型饮用水水源地四川邛海、广西龟石水库、江西鄱阳湖进行了实践研究，分别侧重于生态安全调查、评估与系统控制、信息化管理方面。全书共分6章，第1章由生态环境部华南环境科学研究所李振东、刘丽红、广州大学黄磊撰写；第2章由生态环境部华南环境科学研究所喻友华、何晨晖、黄荣新参照《关于印发江河湖泊生态环境保护系列技术指南的通知》(环办〔2014〕111号)等撰写；第3章由四川省生态环境科学研究院黄雪菊、重庆大学江书宇、四川省凉山彝族自治州西昌生态环境监测站罗莉等撰写；第4章由生态环境部华南环境科学研究所叶田田、刘钢、刘畅、叶万生、赵学敏、苟婷、周秀秀，以及贺州市生态环境局林裕旺、广西贺州市东融产业投资集团有限公司、广西正泽环保科技有限公司吴鸿华等撰写；第5章由生态环境部华南环境科学研究所余云军，中铁水利水电规划设计集团有限公司、江西武大扬帆科技有限公司吴勰，中南大学陈建群撰写；第6章由生态环境部华南环境科学研究所李鑫华撰写。全书由汉江生态水利(武汉)有限公司饶艳统稿、生态环境部华南环境科学研究所王振兴审定。本书的出版得到了国家良好湖泊保护项目、国家湿地公园建设项目、科技部重点研发计划(YS2019YFC180005)、国家科技重大专项水体污染控制与治理项目(2017ZX07101003)、国家留学基金(201808440005)、广州市珠江科技新星专项(201710010065)等的资助。

本书内容涉及环境、生态、水利、农业、地理信息系统等相关领域，可为有兴趣的读者提供较为全面的分析与参考，亦可供同行参考。

由于著者水平有限，加之时间仓促，书中内容难免存在不足之处，希望得到专家、学者以及广大读者的批评指正。

作者

2021 年 8 月

# 目　录

# 第 1 章
# 绪 论

## 1.1 问题的提出

党的十九大报告中指出：要坚决打好防范化解重大风险、精准脱贫、污染防治的攻坚战，使全面建成小康社会得到人民认可、经得起历史检验。十三届人大三次会议政府工作报告进一步提出实现污染防治攻坚战阶段性目标。饮用水水源地保护是污染防治攻坚战中标志性的重大战役之一。水利部印发的《全国重要饮用水水源地名录(2016 年)》显示，湖库型饮用水水源地所占比例达 46%，其中北方主要为地下水型饮用水水源地，而南方的地表水湖库型饮用水水源地所占比例更高。饮用水水源安全是国家安全的重要组成部分。我国水资源相对缺乏，人均淡水资源占有量仅为世界人均的 1/4，被列为世界上贫水的 13 个国家之一。我国目前有近 2/3 的城市供水不足，1/6 的城市严重缺水，随着近年来我国社会经济的迅速发展，水质污染问题显得日益严峻。湖库型饮用水源不同于一般地表水体，其一方面对水环境的功能定位更高，对人类的生存影响更大；另一方面，其生态环境相对更容易受到冲击，需要更为全面的保障。我国有面积为 1 km$^2$ 以上的湖泊 2693 个，总面积约 8.1 万 km$^2$，其中面积为 50 km$^2$ 的湖泊 222 个，占全国湖泊总面积的 3/4；另外，我国还存在大中型水库 3000 多座。湖库型水源地存在污染成因多、污染作用机制复杂、治理见效慢等挑战。目前，对于湖库型水源地的生态安全调查评估与环境污染系统控制的思路尚未形成技术体系，如何统筹规划人类行为与维护饮用水水源地生态安全已经成为当前国内外关注的热点问题。

## 1.2 研究进展

### 1.2.1 湖泊水库研究进展

湖泊水库及其流域自古以来是人类繁衍生息、孕育文明的主要发源地。流域内的水、土壤、生物以及矿产等资源深刻地影响着人类的生存和发展，湖泊、河流和湿地等自然资源为生物多样性提供了完美的栖息地。但随着我国目前的发展,水资源问题变得日益严峻,已经从传统意义上以防洪、灌溉等为主的问题,逐步发展为水资源、水环境、水生态、水灾害四大问题并存的多重水资源危机和挑战,并且各类水源地问题的规模已不再局限于局部或部分河段,而是逐步扩展为流域性、区域性甚至全球性问题。

湖泊科学的发展至今已有100余年的历史,19世纪末瑞士科学家François-Alphonse Forel出版了关于Geneva湖的系列专著,标志着湖泊学(湖沼学)正式成为一门独立的、涵盖地理学、地质学、气象气候学、物理学、化学和生物学等多学科的综合性交叉学科。Einar Naumann和August Friedrich Thienemann在1921年提出成立国际湖沼学家协会,并于1922年在协会会议上提出成立国际湖沼学会时指出:湖泊学是研究内陆水的一门科学,包括影响内陆水的各个方面,主要由两大部分组成,即水文地理学(hydrography)和水生生物学(hydrobiology)。在威斯康星大学麦迪逊分校,Edward Asahel Birge、Chancey Juday和Arthur Davis Hasler建立和发展了湖沼学中心。

传统的植物学和动物学的研究对湖泊学初期的发展具有深远影响。在1900—1950年,研究不同地理区域的湖泊(特别是热带湖泊),发现湖泊出现了半混合现象,并且湖底层的溶解氧衰减以及富集的二氧化碳将对湖上层的生产量起指示作用。湖泊学家研究后发现湖泊营养状况和生产量是一个动态的平衡关系,而非呈恒定比例关系。以单位时间的转换速率测量了解一个动态变化,而非简单的生物量的变化。因此,湖泊学家从此开启了从研究湖泊结构到研究湖泊功能的转变。随着科技的进步与发展,更加高端的表征分析技术被应用于湖泊学研究中,例如同位素示踪技术可以定量化研究湖泊的功能。作为相对独立的学科,湖泊及流域科学在理论上和实践上都得到了迅速发展与完善。同时,随着学科的发展,面对国民经济建设中出现的一系列资源环境问题,湖泊与流域的关系逐渐为人们所认识,研究湖泊–河流–流域的交互作用关系显得尤为重要。在我国,尤其是20世纪80年代以来,非点源污染造成的河湖水体富营养化问题变得日趋严重,逐渐表现为突出的水环境污染。日益严重的水环境恶化对国计民生造成难以估量的损失和持久潜在的威胁。我国各级政府以及学术界逐步意识到,就湖论湖、就水治水是事倍功半的方式,并非有效途径,需要另寻解决方式。流域是湖泊的源头,而湖泊是各大流域的汇集地,湖泊与流域属于大自然与社会的相互交换与反馈、相互作用的动态有机整体。目前,对湖泊及流域作为整体的以生态环境建设和保护为目标的湖泊–流域系统中营养物质产生、输移、转化与控制的研究正逐步成为湖泊及流域科学研究的重点。国外研究中,1968年Richard Albert Vollenweider在流域的范围研究富营养化中总磷的输入和叶绿素a的作用关系,引起了大家对湖泊与其流域联系的关注。之后,很多湖沼学家开始从流域的角度进一步了解湖泊。

中国湖泊科学的发展至今已有60多年的历史。1957年中国科学院院士竺可桢主持召开了我国首次关于湖泊科研工作的会议，会议中明确地指出研究中国湖泊科学的重要性。我国前期对湖泊的研究主要集中在对我国湖泊家底的摸排、调查等工作，并在调研的基础上建立了"中国湖泊数据库"和"中国湖泊编码"等资料库，相继出版了《中国湖泊概论》《中国湖泊调查报告》《中国湖泊资源》《中国湖泊志》等图书。我国学者随后在调研调查的基础上，针对国家经济发展需求，将湖泊的研究工作转向对湖泊资源的开发利用方面，包括对湖泊水资源的电力开发、油气勘探开发、引水灌溉、耕地开发、养殖鱼类贝类等水产，充分发挥湖泊资源优势。然而近些年来，随着资源的不断开发，湖泊的过度开发导致湖泊生态环境不断恶化。湖泊的研究重点向湖泊生态环境保护、湖泊环境修复、湖泊环境治理等方向转变。湖泊环境毒理学作用机理、湖泊水环境变化规律、富营养化形成机理、湖泊环境治理技术开发、湖泊环境修复技术等不断成为湖泊学新的研究点，丰富了湖泊学科学。2018年9月，由南京的国际湖沼学会主办，中国科学院南京地理与湖泊研究所、中国土壤学会等单位联合承办的第34届国际湖沼学大会顺利召开。

随着各界对湖泊环境问题的不断重视，国家出台了一系列有关环境保护治理的法律法规，对湖泊环境问题投入了大量的资金以及人力物力，以抑制湖泊环境的水质恶化并且修复污染湖泊。从目前的文献资料可以分析出，研究主要分为以下几个方向：①从管理层面出发，强化协调管理，建立高效管理机制，建立责任到人，分区域分流域相结合的管理模式，构建湖泊应急管理体系；②从污染源头角度，了解湖泊污染的源头，分析工业污染与生活污染的作用关系和作用机理；③从污染研究机理角度，了解水体有机污染物、水体富营养化以及微生物群落失调与污染之间的作用关系；④从环境治理角度，提出应以生态系统修复为根本，以控制污染源、实施污染治理和修复等作为对策；⑤从经济可持续发展角度，建立环境激励机制，从城镇人口增长与社会发展的关系出发，选择相应环境影响因子，寻找湖泊水资源开发和保护的平衡点。

### 1.2.2 饮用水水源地保护研究进展

（1）国内环境管理现状与进展

我国从1956年制定了饮用水卫生标准，并在1959年、1976年相继修订了饮用水卫生标准，但均未列为强制性卫生标准。

1985年，中华人民共和国卫生部发布国家强制性卫生标准《生活饮用水卫生标准》（GB 5749—1985）。

1988年，国家环境保护总局第一次修订《地表水环境质量标准》，此标准分别于 1999 年和 2002 年进行了修订, 其项目包括对集中式生活饮用水水源的补充项目和特定项目。2002 年 6 月 1 日, 开始实施《地表水环境质量标准》(GB 3838—2002)。

1989 年, 国家出台了《饮用水水源保护区污染防治管理规定》, 并于 2010 年进行了修订。开始了对我国饮用水水源的保护工作, 大部分省份着手划分了水源保护区, 并建立了水源区的保护制度。

1992 年, 国家环保局印发了《饮用水水源保护区划分技术纲要》, 规范引导各地开展划分饮用水水源保护区。

1993 年, 建设部发布《生活饮用水水源水质标准》(CJ 3020—1993)。

2005 年, 《国务院关于落实科学发展观加强环境保护的决定》重点落实强化水污染防治、重点流域治理, 保障饮用水安全。提出要科学划定和调整饮用水水源保护区, 切实增强饮用水水源保护, 建设城市的备用水源, 解决好农村饮用水安全问题。鉴于饮用水的安全形势仍十分严峻, 不少地区出现水源短缺, 有的城市饮用水水源污染进一步加重, 部分农村地区饮用水中含有高氟、高砷物质及血吸虫病原体等, 对人民群众的身体健康造成严重威胁。

2006 年, 国家环保总局决定定期公开发布关于饮用水环境的信息, 确实保障人民群众的知情权, 接受媒体以及社会的监督。据中国环境监测总站于 2006 年 6 月发布的《113 个环境保护重点城市集中式饮用水水源地水质月报》, 我国有 16 个城市的饮用水水源地水质全部不达标, 合计不达标的水量占有 5.27 亿 t。此外, 目前全国 3 亿多农民依然摄入不合格的饮用水。同年, 根据《国家环境保护"十一五"规划》文件指示, 强调污染防治是当前工作的重中之重, 将切实地保障好城市以及农村居民的饮用水安全作为首要任务。

2007 年, 国家环保总局发布《饮用水水源保护区划分技术规范》(HJ/T 338—2007)。此外, 相继出台《全国城市饮用水水源地环境保护规划》《全国地下水污染防治规划》, 着手解决重点地区的水源地水质不达标问题, 建立地下水污染预警与应急体系, 健全地下水污染防治系统。同年, 国务院批准实施《全国农村饮水安全工程"十一五"规划》, 对提高农村饮水安全提供了法律保障。

2008 年, 颁布实施《中华人民共和国水污染防治法》, 把保护饮用水源与特殊水体在专门章节做了明文规定, 全面完善了我国饮用水水源地保护的工作法律依据。同年, 颁发了《饮用水水源保护标志技术要求》(HJ/T433—2008), 印发了《全国饮用水水源地基础环境调查及评估工作方案》, 内容指出消除危害人民群众健康的主要影响和解决可持续发展的重点环境问题, 进一步实现《国家环境保护"十一五"规划》中关于饮用水安全保障的目标。

2010 年, 为进一步强化分散式饮用水水源的监测管理工作和保护周边环境, 通过及时地得到农村饮用水水源环境状况, 防范发生污染水源事件, 环境保护部印发《关于进一步加强分散式饮用水水源地环境保护工作的通知》。

2012 年，环境保护部办公厅发布《集中式饮用水水源环境保护指南（试行）》。

2014 年，环境保护部、国家发展和改革委员会、财政部印发了《水质较好湖泊生态环境保护总体规划（2013—2020 年）》，环境保护部办公厅印发了《江河湖泊生态环境保护系列技术指南》，防止目前水质较好的湖泊延续"先污染，后治理"的策略。

2015 年，环境保护部办公厅、水利部办公厅联合印发《关于加强农村饮用水水源保护工作的指导意见》，加强农村饮水安全工程建设，保障农村饮用水水源安全。同年，财政部、环境保护部共同发布了《关于推进水污染防治领域政府和社会资本合作的实施意见》。

2018 年，生态环境部发布《饮用水水源保护区划分技术规范》（HJ 338—2018），代替《饮用水水源保护区划分技术规范》（HJ/T 338—2007）。

2018 年，生态环境部对全国集中式饮用水水源地开展环境保护专项督查。

2019 年年底前，生态环境部要求全面完成全国县级以上城市饮用水水源地的整治工作。

2020 年，生态环境部在北京召开了在线技术培训会，其主题是关于全国集中式饮用水水源环境状况调查评估，以服务于保护水源地攻坚战。

（2）国外研究进展

发达国家的环保工作通常都走过一条"先污染后治理"的曲折之路。在污染之后，许多发达国家逐步严格控制污染物的排放，开展水源地保护工作，不断修订水源保护条例。通过立法、建设污水处理系统等系列措施，有效地控制了水源地污染，修复饮用水水源地。目前，国外众多发达国家对水源地的开发与保护策略都非常有效，政府通过制定法律、建设景观、经济补偿等多重方式保护人类赖以生存的水源地。

以美国为例，美国较早地开展了饮用水水源地的保护工作。在 1950 年之后，一些州已经采用"多重屏障"措施来防止饮用水源的污染。而美国联邦政府也在水源保护方面积累了丰富的经验。美国联邦政府目前已经建立起以法律（《安全饮用水法》和《清洁水法》）为基础，以有计划性保护以及适时评估为支持，引入多元参与、灵活的资金作为保障的水源地保护体系。

以英国为例，英国从 20 世纪中期开始逐步发布饮用水安全方面的法律，先后颁发了《水法》《水务法》《饮用水质量规程》等 10 余部与水相关的法律法规。英国除了执行本国的法律法规外，还实行世界卫生组织的饮用水卫生准则以及欧盟制定的相关法规，例如《欧盟饮用水规程》。英国的饮用水标准每 5 年至少修订一次，并随着科技进步不断提高水质要求。在英国，环境、食品和农村事务部承担水资源及相关水产业方面的管理责任，事务部宏观管理着英国水务监管机构。早在1990年,英国就创建了饮用水监视委员会,对安全地提供饮用水起督导作用。

日本通过构建合作分工的饮用水水源管理机制、采用开发水源基金及水费定价等方式来补偿水源保护造成的该区域的经济损失,并不断完善水源地饮用水保护法律体系和制定详细的饮用水质量标准。政府将敏感地区的水源开发权利和使用权利作为商品放到市场上交易,并且建立严格的责任到人的追究制度。

国外常有政府向当地居民购买湖泊周围的私有土地,从而实现湖泊的控制性开发保护的目标。从水源地管理保护角度,国外采取的措施主要包括采用流域水源地湖泊管理、保护地表饮用水水源地以及污染水净化处理。由于饮用水水源地的特殊性,发达国家通过实行最为严格的饮用水标准,不断修订湖泊水源地周围的企业项目等准入条件。世界各国目前针对本国国情,采用不同的法律条文,有效地降低人为活动对湖泊水源地的污染,从而保障饮用水安全。

### 1.2.3 南方湖库型饮用水水源地保护与污染控制

2010年,国家环境保护部联合五部委颁发了《全国城市饮用水水源地环境保护规划(2008—2020)》。文件中指出,我国城市外加县级政府所在镇在2007年共拥有集中式供水饮用水水源地4002个。我国北方城镇以地下水作为主要水源地,南方城镇以包括湖泊水库等的地表水作为主要水源地。从供水量对比,地下水的取水量相对是有限的,而地表水中湖泊水库的供水量相对较大,对居民以及生态环境的影响也较大。随着我国经济的快速发展,地下水和地表水的污染问题日益严峻,居民饮用水水源地的水质总体上出现下滑趋势。部分地区出现水质过差、更换出水口,甚至关闭水源地的现象。南方湖泊水库型饮用水水源地受到的污染主要来源于农业面源污染和生活污染。生态环境部公布的《2019年全国生态环境质量简况》报告中指出,对全国110个重要的湖泊水库型水源地进行水质监测,得出Ⅰ~Ⅲ类水质湖泊(水库)所占比例为69.1%,而劣Ⅴ类水质湖泊(水库)所占比例为7.3%。取总磷、化学需氧量和高锰酸盐作为主要污染指数,对107个主要的湖泊水库开展营养状态监测,湖泊水库中处于贫营养状态的比例为9.3%,轻度富营养状态的为22.4%,中营养状态的为62.6%,中度富营养状态的为5.6%。

我国近年来不断加大对不同区域的水源地环境保护力度,对南方湖泊水库型水源地的保护实践与研究包括:江西省鄱阳湖,湖南省东江湖,广东省新丰江水库,广西龙岩滩水库、龟石水库,四川省邛海、钟升湖水库,云南省松华坝水库、云龙水库水源区等。由于我国2019—2020年大部分地区气温偏高造成重点湖库水华现象特别严峻,生态环境部印发《关于做好2020年重点湖库水华防控工作的通知》,加强各地重视程度,在做好疫情防控和社会经济发展的同时,对湖泊水库水华严加防控,保障居民饮用水安全。

南方湖库型饮用水水源地保护与污染控制现状与进展主要包括以下几个方面:

(1)划定湖库水源地保护区。把水源地所处流域作为保护整体,通过研究环境现状、承载能力,从而提出保护目标。充分揭示区域内水源保护和水源地的城镇发展之间的矛盾,提出详细可行的措施和建议,全面科学地统筹水源保护区环境保护和可持续发展。

(2)调整湖库区产业结构。通过对水源地附近区域产业布局、结构进行调整,避免产业发展增加污染物排放总量,从源头上减少污染物。高能耗、高污染、高排放的工业企业的迁出或者环保改造成为区域点源污染控制的重点方向。

(3)建立多级保护区。根据饮用水源保护区划分的方法,将水源保护区分别划分为一级保护区、二级保护区和准保护区,对各保护区执行不同的水质保护标准,执行严格的分级保护措施。

(4)控制环境容量。通过构建水环境容量模型,研究化学需氧量、总磷、总氮等污染因子的环境容量以确定该区域内污染物所需削减量和提出控制污染物方案。

(5)修复湖库生态。一方面通过退耕还林等措施减少人为活动对水体的破坏。通过种植生态林,建立湖泊水库周围的绿色屏障,阻隔污染物流入水体并且防治水土流失。另一方面建设水源地水质净化工程,包括人工湿地、生物浮床、前置库、氧化塘、生物控制技术等净化水源的工程。

(6)运用现代化农业技术。推广科学耕种、施肥、管理以及生物防治技术等,降低有毒农药使用量,提高科学化农业生产水平,从而减少传统农业耕作方式带来的水源面源污染。

(7)建立生态补偿机制。通过对饮用水进行定价、采取水权定价等方式,对湖库型饮用水水源地进行生态补偿,将"生态有价"理念作为经济杠杆有助于实现经济欠发达湖库区人民的基本生存权。对湖库型饮用水水源区的环境生态做出让步的地区和群体,给予资金、政策等多方面的补偿。强调环境资源开发的价值性,体现"谁受益,谁补偿"原则。

(8)防范水土流失。防范水土流失能够有效减少非点源污染,主要包括防范山体滑坡、防范山洪、防护沟渠、建设小型蓄水池工程等。

(9)推广清洁能源。充分利用农村沼气资源,提高清洁能源利用率。妥善处理农村生活垃圾、生活污水以及农村家禽畜牧的粪便,降低面源污染。

(10)健全现代化管理体系。加大政府的资金投入、开拓多方位资金渠道、设立湖库型水源地保护基金、成立水源地保护工作协调监督小组,责任到人,分工明确,建立有效的水源地管理保护系统。

## 1.3 研究目的及意义

2020 年为我国进入全面建成小康社会收官之年，也是实现污染防治攻坚战的决胜阶段。全国上下各省份地区，各职能部门深入贯彻以习近平新时代中国特色社会主义思想，认真学习党的精神，全面落实习近平生态文明思想和全国生态环境保护大会要求，根据党中央、国务院决策统筹部署，坚持以改善生态环境质量为核心，达到污染防治攻坚战的决定性胜利。

基于我国现代化与城镇化的发展要求，对饮用水水源地的保护显得尤为重要，针对南方湖泊水库型水源地的生态安全不能只依赖单一技术或者管理方法，本研究从生态安全的角度，基于对湖库型饮用水水源地的区域社会、经济、生态环境的耦合反馈机制，提出生态环境保护与环境污染系统相结合的解决思路。研究内容包括南方湖泊水库地区的社会经济活动对饮用水水源地生态环境的影响、湖泊水库生态系统作用、湖泊水库生态服务功能、湖泊水库周边居民的"反馈"措施对社会经济发展的交互作用及湖泊水库水环境下生态的改善作用等方面。通过问题识别、模型比选、指标优选、综合评估、分析论证、系统诊断等多种方式相结合，有针对性地指导环境污染的系统控制，以期为南方湖库型饮用水水源地的生态环境保护提供借鉴，为打赢污染防治攻坚战提供技术支持。

# 第 2 章

# 生态安全调查评估与环境污染系统控制技术方法

## 2.1 生态安全调查内容

生态安全涉及的调查内容主要包括流域人类活动影响、生态系统健康状态、生态服务功能和人类活动的调控管理 4 个方面，同时包括湖库及其流域的基本信息。

### 2.1.1 湖库基本信息调查

湖库基本信息调查主要包括湖库水面面积、湖库容积、出／入湖水量、多年平均蓄水量、多年平均水深及其变化范围、补给系数、换水周期、流域的地理位置、所涉及县(市)及其乡镇面积、流域的土地利用状况、水资源概况以及湖库的主要服务功能。

湖库及其流域的基本信息调查还应包括流域的行政区划图、数字高程图、水系图、地表水环境功能区划图、植被分布图、土地利用类型图、主要水利工程位置图等资料。

### 2.1.2 湖库流域人类活动影响调查

湖库流域人类的社会经济活动是影响水质较好湖库生态环境状况的关键所在。流域经济、社会的快速发展增加了流域污染排放，对湖库生态环境的变化具有直接影响。湖库流域人类活动影响的调查内容如下。

#### 2.1.2.1 社会发展和经济调查

(1)社会发展

调查指标包括基准年及其以后每年的流域人口结构及变化情况，包括自然增长率、流域人口总数、常住人口、流动人口、城镇人口、非农业人口数量等。

(2)经济增长

调查指标包括方案基准年及以后每年的流域经济发展情况，包括流域内国内生产总值(以下称 GDP)、GDP 增长率、人均年收入、产业结构等。

#### 2.1.2.2　湖库流域污染源调查

（1）点源污染调查

点源污染调查包括城镇工业废水、城镇生活源以及规模化养殖等。

（2）面源污染调查

面源污染调查主要包括农村生活垃圾和生活污水状况调查、种植业污染状况调查、畜禽散养调查、水土流失污染调查、湖面干湿沉降污染负荷调查及旅游污染、城镇径流等其他面源污染负荷调查。有条件的可以结合典型调查、前期工作积累、各类研究经验，确定适宜的参数。

（3）内源污染调查

明确湖库内源污染的主要来源，例如湖内航运、水产养殖、底泥释放、生物残体（蓝藻及水生植物残体等）等，分析内源污染负荷情况。

（4）湖库流域污染调查汇总

汇总流域内各个县市的污染物排放表格，绘制流域污染负荷产生量、入河/入湖量表格，并注明年份。湖库流域污染物入湖量主要来自地表径流和湖面干湿沉降等途径，其计算方法为产生量与入河/湖系数的乘积。入河/湖系数可参考各地区已有规划、文献等相关资料，有条件者可通过实地测量来计算进入湖库的污染物通量。

#### 2.1.2.3　湖库主要入湖河流污染调查

湖库主要入湖河流调查主要包括水文参数和水质参数两个方面。水文参数包括流量、流速等；水质参数包括溶解氧（DO）、pH、总氮（TN）、总磷（TP）、COD、高锰酸盐指数、氨氮、悬浮物（SS）等指标。

### 2.1.3　湖库流域生态系统状态调查

#### 2.1.3.1　水质调查

水质调查共涉及采样点数量、采样点布设方法、采样频率和分析测试指标四个方面。采样点应尽量覆盖整个湖体。除特殊情况（如冰封）外，采样频率应达到每月一次。分析测试指标参考《地表水环境质量标准》（GB 3838—2002）和营养状态评估指标。本技术指南着重关注 DO、TN、TP、高锰酸盐指数、氨氮、透明度（SD）、SS、叶绿素 a（Chla）等富营养化指标以及 Pb、Hg 等重金属指标，同时各湖库可根据流域特点增补相应指标，如矿化度、浊度等。

#### 2.1.3.2　沉积物和间隙水调查

沉积物和间隙水调查点位可根据水质调查点位进行设定。水质较好湖库应考虑沉积物背景值的调查，沉积物的分析测试指标包括粒径、含水率、容重、pH、TN、TP、有机质（OM）、镉（Cd）、铬（Cr）、铜（Cu）、锌（Zn）、铅（Pb）、汞（Hg）、砷（As）和镍（Ni）等；间隙水调查指标主要涉及与内源释放相关的氨氮、无机磷、镉(Cd)、铬(Cr)、铜(Cu)、锌(Zn)、铅(Pb)、汞(Hg)、砷(As)和镍(Ni)等。同时应考虑根据湖库流域典型污染特征和地质背景特点来补充相应的调查指标。除特殊情况(如冰封)外,采样频率应每季度一次。

### 2.1.3.3　水生态调查

水生态调查重点关注浮游植物、浮游动物、底栖生物、大型水生维管束植物,有条件者还可调查鱼类。主要测定指标为生物量、优势种、多样性指数、完整性指数。除特殊情况(如冰封)外,采样频率应每季度一次。

## 2.1.4　湖库流域生态服务功能调查

湖库流域生态服务功能调查内容包括饮用水水源地功能、栖息地功能、对污染负荷的拦截净化功能、水产品供给、人文景观功能等。

### 2.1.4.1　饮用水水源地水质达标率调查

我国《地表水环境质量标准》(GB 3838—2002)对集中式生活饮用水地表水源地规定了 24 项基本指标、5 项补充指标,以及 80 项特定指标(特定指标由县级以上人民政府环境保护行政主管部门选择确定)。同时,在湖库富营养化对于饮用水水源地服务功能的影响方面,藻毒素和异味是典型的、影响大的、能很好地表征湖库富营养化对于饮用水水源地服务功能影响的两个指标。

饮用水水源地水质达标率调查向当地环境监测部门获取,无现成资料或者没有条件者可着重考虑对水体颜色、DO、藻毒素、Pb、氨氮、高锰酸盐指数、异味物质、挥发酚(以苯酚计)、$BOD_5$、TP、TN、Hg、氰化物、硫化物、粪大肠杆菌 15个指标进行监测。

### 2.1.4.2　栖息地功能调查

湖库是野生动植物、鱼类及候鸟等生物的栖息地,对维持生物多样性具有重要的作用。栖息地功能调查主要包括鱼类种类数、天然湿地的面积、候鸟种类和数量等,同时应考虑外来入侵物种的调查。

### 2.1.4.3　湖滨带、消落带拦截功能调查

湖滨带可以吸收、分解和沉淀多种污染物和营养盐,对面源污染物有净化和截留效应,是污染负荷进入湖库的最后一道屏障。消落带指库区被淹没土地周期性暴露于水面之上的区域。湖滨带、消落带拦截净化功能调查主要为其现状情况调查,指标包括湖滨缓冲区、消落带的长度、宽度,湖体周长,天然湖滨区面积,人工恢复面积等。

### 2.1.4.4　景观和水产品供给调查

湖库是由湖盆、湖水及水中所含的矿物质、有机质和生物等所组成的。湖库景观特点以不同的地貌类型为存在背景,具有美学和文化特征。湖库景观和水产品供给调查的指标主要包括旅游业总产值、水产品产量、自然保护区、珍稀濒危

动植物的天然集中分布等。

### 2.1.5 湖库流域生态环境保护调控管理措施调查

#### 2.1.5.1 资金投入

资金投入是指江河湖库生态环境保护总体实施方案(以下简称方案)基准年及方案规划期间流域内每年的环保资金投入情况,包括中央财政投入、地方财政及社会投入两个方面。

#### 2.1.5.2 污染治理

污染治理是指方案基准年及方案规划期间每年的污染治理情况,主要指标为工业企业废水稳定达标率、城镇生活污水集中处理率、环湖农村生活污水集中处理率、农村生活垃圾收集处理率以及农村畜禽粪便综合利用率等。

#### 2.1.5.3 产业结构调整

产业结构调整是指方案基准年及方案规划期间湖库流域的产业结构调整情况。

#### 2.1.5.4 生态建设

生态建设包括方案基准年及方案规划期间每年湖库流域内天然湿地恢复面积、森林覆盖率等。

#### 2.1.5.5 监管能力

监管能力是指方案基准年及方案规划期间每年湖库流域内监管能力,主要指标包括是否满足饮用水水源地规范化建设、是否满足环境监测能力、是否满足环境监察标准化建设能力及生态环境管理的科技支撑能力等。

#### 2.1.5.6 长效机制

长效机制主要包括湖库流域内法律、法规、政策的制定情况,流域内是否有统一监管机构,市场化的长期投融资制度的制定情况等。

## 2.2 生态安全评估方法

生态安全评估内容主要包括流域社会经济活动对湖库生态的影响、湖库水生态系统健康状况、湖库生态服务功能、人类的"反馈"措施对社会经济发展的调控及湖库水质水生态的改善作用4个方面。根据"驱动力–压力–状态–影响–响应"(DPSIR)评估模型,构建评估指标体系,计算指标权重和各层次的值,最终得出湖库整体或各功能分区的湖库生态安全指数(ESI),评估湖库生态安全相对于标准状态的偏离程度。湖库生态安全评估可系统、全面地诊断湖库生态安全存在的问题,为湖库生态环境保护提供理论依据和技术支持。生态安全调查与评估总体技术路线如图2.2-1所示。

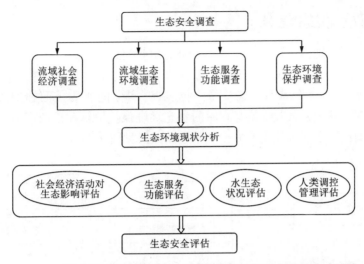

图 2.2-1　湖库型饮用水水源地生态安全调查与评估总体技术路线图

## 2.2.1　概念模型

生态安全评估以湖库生态健康作为主体，考察湖库系统与周围环境的相互联系，基本与"驱动力–压力–状态–影响–响应"（DPSIR）模型的假设一致，如图 2.2-2 所示。生态安全评估是对各组分之间动态联系和循环反馈的全过程的评估，即良性循环的过程安全，恶性循环的过程不安全。

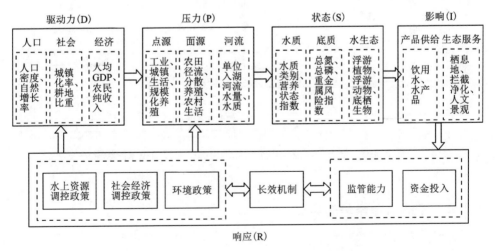

图 2.2-2 湖库生态安全评估的 DPSIR 模型图

## 2.2.2 技术路线和思路

通过问题识别摸清影响湖库生态安全的主要问题,比选评估模型,进行初步分析论证,在上述内容基础上进行指标优选,构建完备的指标体系,最终通过恰当的综合评估,对我国湖库生态安全进行客观、科学的评估,系统地诊断湖库生态安全存在的问题,为水质较好湖库的生态环境保护提供理论依据和技术支持。南方湖库型饮用水水源地生态安全评估技术路线见图 2.2-3。

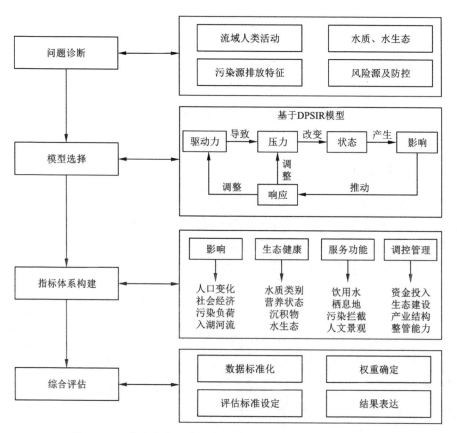

图 2.2-3 南方湖库型饮用水水源地生态安全评估技术路线图

## 2.2.3 评估指标体系的构建

### 2.2.3.1 指标选取的原则

评估指标能准确反映湖库生态系统健康状况,同时对湖库生态安全进行评估。指标的选取应遵循以下原则:

（1）系统性。把湖库水生态系统看作自然–社会–经济复合生态系统的有机组成部分，从整体上选取指标以对其健康状况进行综合评估。评估指标要求全面、系统地反映湖库水生态健康的各个方面，指标间应相互补充，充分体现湖库水生态环境的一体性和协调性。

（2）目的性。生态安全评估的目的不是为生态系统诊断疾病，而是定义生态系统的一个期望状态，确定生态系统破坏的阈值，并在文化、道德、政策、法律、法规的约束下，实施有效的生态系统管理措施，从而促进生态系统健康程度的提高。

（3）代表性。评估指标应能代表湖库水生态环境本身固有的自然属性、湖库水生态系统特征和湖库周边社会经济状况，并能反映其生态环境的变化趋势及其对干扰和破坏的敏感性。

（4）科学性。评估指标应能反映湖库水生态环境的本质特征及其发生发展规律，指标的物理及生物意义必须明确，测算方法必须标准，统计方法必须规范。

（5）可表征性和可度量性。以一种便于理解和应用的方式表示，其优劣程度应具有明显的可度量性，并可用于单元间的比较评估。选取指标时，多采用相对性指标，如强度或百分比等。评估指标既可直接赋值量化，也可间接赋值量化。

（6）因地制宜。湖库数目众多、成因各异，其周边的生态特点、流域经济产业结构和发展方式迥异，因此调查与评估指标的选择应该因地制宜、区别对待。

#### 2.2.3.2　指标的筛选

（1）备选指标

生态安全评估从人类社会经济影响（驱动力、压力）、水生态健康（状态）、服务功能（影响）和管理调控（响应）4 个方面，以湖库污染物迁移转化过程为主线，对可得数据进行指标初选。

①社会经济影响指标

社会经济影响指标包括驱动力和压力两个方面。驱动力反映湖库流域所处的人类社会经济系统的相关属性，可以分为人口、经济和社会三个部分，而压力指标反映人类社会对湖库的直接影响，突出反映在流域污染负荷和入湖河流水质、水量两个方面。

人口指标在常规统计中包括人口数量、人口密度、人口自然增长率、人口迁入迁出数量等。

在湖库流域生态安全评估中，经济指标主要用以确定流域经济发展水平和经济活动强度。因此，经济指标应当选择能够代表经济结构与数量的指标，包括工业比例、第三产业比例、工农业产值比、单位 GDP 水耗等，经济数量结构指标包括 GDP、人均 GDP、工农业总产值等。

社会指标包括国民社会经济统计的常规统计项目。社会指标主要用来反映湖库流域内的社会公平性和社会发展水平。现有研究对社会指标关注不多，人均收入和城镇化率均是可行的指标。

流域污染负荷是人类活动影响水质的主要方式。表征污染物排放的指标包括污染物入湖总量及点源或面源的入湖总量、入湖河流水质等，其计算指标包括总量指标、单位湖库面积负荷、单位湖库容积负荷等。

入湖河流污染指标包括湖库主要入湖河流的 TN、TP、COD、氨氮等水质指标，以及流量、流速等水文参数指标。

②水生态健康指标

水生态健康指标可以通过水质与水生态两个方面来反映。水质指标包括DO、TN、TP、高锰酸盐指数、氨氮、SD、SS、Chla、重金属等指标。

水生态指标包括浮游植物生物量、浮游动物生物量、底栖生物生物量、浮游植物多样性指数、浮游动物多样性指数、底栖生物完整性指数等指标。

③生态服务功能指标

湖库的生态服务功能主要体现在水质净化、水产品和水生态支持等方面，主要包括污染物净化总量、水产品总产值、鱼类总产值、生物栖息地服务、调蓄水量等。

④调控管理指标

调控管理指标反映人类的"反馈"措施对社会经济发展的调控及湖库水质水生态的改善作用。响应指标主要体现在经济政策、部门政策和环境政策三个方面。因此，响应指标包括资金投入、污染治理、产业结构调整、生态建设、监管能力建设和长效机制。

(2)指标优选与评估体系构建

结合 DPSIR 概念模型应用于湖库生态系统的分析，并根据层次分析法，进一步优选能反映湖库生态安全状况的关键指标，并以此为依据进行湖库生态安全综合评估。评估指标体系由目标层(V)、方案层(A)、因素层(B)、指标层(C)构成，包括 1 个目标层、4 个方案层、18 个因素层指标和 44 个指标层指标，见表 2.2-1。同时，针对不同类型的湖库，在尽量满足 18 个因素层指标的情况下，允许选择不同类型的生态服务功能代表性指标组合，如非集中式饮用水水源地，其生态服务功能指标包括鱼类总产值等水产品服务功能、污染物净化总量的水质净化功能，而对集中式饮用水水源地，则重点评估水质达标率等饮用水服务功能。

(3)评估指标含义与选择依据

①人口密度(C11)

含义：统计单元内单位土地面积的人口数量；

计算方法：人口密度(C11)＝统计单元总人口/统计单元面积；

单位：人/km²；

选择理由：人口密度是社会经济对环境影响的重要因素，人口密度的大小影响资源配置和环境容量富余与否，是生态环境评估的一个重要因子。

表 2.2-1 湖库生态安全评估指标体系

| 目标层 | 方案层 | 因素层 | 指标层 |
|---|---|---|---|
| 生态安全综合指数（V） | 社会经济影响（A1） | 人口 B1 | 人口密度 C11 |
| | | | 人口增长率 C12 |
| | | 经济 B2 | 人均 GDP C21 |
| | | 社会 B3 | 人类活动强度指数 C31 |
| | | | 湖泊近岸缓冲区人类活动扰动指数 C32 |
| | | 流域污染负荷 B4 | 单位面积面源 COD 负荷 C41 |
| | | | 单位面积面源 TN 负荷 C42 |
| | | | 单位面积面源 TP 负荷 C43 |
| | | | 单位面积点源 COD 负荷 C44 |
| | | | 单位面积点源 TN 负荷 C45 |
| | | | 单位面积点源 TP 负荷 C46 |
| | | 入湖河流 B5 | 主要入湖河流 COD 浓度 C51 |
| | | | 主要入湖河流 TN 浓度 C52 |
| | | | 主要入湖河流 TP 浓度 C53 |
| | | | 单位入湖河流水量 C54 |
| | 水生态健康（A2） | 水质 B6 | 溶解氧 C61 |
| | | | 透明度 C62 |
| | | | 氨氮 C63 |
| | | | 总磷 C64 |
| | | | 总氮 C65 |
| | | | 高锰酸盐指数 C66 |
| | | 富营养化 B7 | 叶绿素 a C71 |
| | | | 综合营养指数 C72 |
| | | 沉积物 B8 | 总氮 C81 |
| | | | 总磷 C82 |
| | | | 有机质 C83 |
| | | | 重金属风险指数 C84 |
| | | 水生生物多样性 B9 | 浮游植物多样性指数 C91 |
| | | | 浮游动物多样性指数 C92 |
| | | | 底栖生物多样性指数 C93 |
| | | | 沉-浮-漂-挺水植物覆盖度 C94 |

续表2.2-1

| 目标层 | 方案层 | 因素层 | 指标层 |
|---|---|---|---|
| 生态安全综合指数（V） | 生态服务功能（A3） | 饮用水服务功能 B10 | 集中饮用水水质达标率 C101 |
| | | 水源涵养功能 B11 | 林草覆盖率 C111 |
| | | 栖息地功能 B12 | 湿地面积占总面积的比例 C121 |
| | | 拦截净化功能 B13 | 湖（库）滨自然岸线率 C131 |
| | | 人文景观功能 B14 | 自然保护区级别 C141 |
| | | | 珍稀物种生态环境代表性 C142 |
| | 调控管理（A4） | 资金投入 B15 | 环保投入指数 C151 |
| | | 污染治理 B16 | 工业企业废水排放稳定达标率 C161 |
| | | | 城镇生活污水集中处理率 C162 |
| | | | 农村生活污水处理率 C163 |
| | | | 水土流失治理率 C164 |
| | | 监管能力 B17 | 监管能力指数 C171 |
| | | 长效机制 B18 | 长效管理机制构建 C181 |

②人口增长率（C12）

含义：一定时间内（通常为一年）人口增长数量与人口总数之比；

计算方法：人口增长率（C12）=（年末人口数-年初人口数）/年平均人口数×1000‰；

单位：‰；

选择理由：人口增长率是反映人口增长情况的重要指标。

③人均 GDP（C21）

含义：统计单元内，人均创造的地区生产总值；

计算方法：人均 GDP（C21）=统计单元内 GDP 总量/统计单元内总人口数；

单位：元/人；

选择理由：人均 GDP 是衡量社会经济发展水平和压力的通用指标，既能反映社会经济的发展状况，也在一定程度上间接反映了社会经济活动对环境产生的压力。

④人类活动强度指数（C31）

含义：统计单元内建设用地面积和农业用地面积之和占土地总面积的比例；

计算方法：人类活动强度指数=（建设用地面积+农业用地面积）/统计单元土地总面积；

单位：无；

选择理由：建筑用地、农业用地是反映人类活动强度的主要用地类型，能够反映当前及未来几年社会经济活动对环境的压力状况。

⑤湖库近岸缓冲区人类活动扰动指数(C32)

含义：在湖库近岸 3 km 缓冲区，人类生活生产开发用地类型的面积占缓冲区总面积的比例；

计算方法：湖库近岸缓冲区人类活动扰动指数 = (建筑用地面积+农业用地面积)/(缓冲区面积×0.4+水产养殖面积/湖库面积×0.6)；

单位：无；

选择理由：近岸缓冲区人类生活生产开发活动对湖库生态环境产生的最直接的压力，建筑用地、农业用地和水产养殖用地是反映湖区人类活动强度的几种主要用地类型。

⑥单位面积面源 COD 负荷(C41)

含义：统计单元内单位土地面积的 COD 负荷量，主要包括畜禽散养、水产养殖业、种植业、农村居民生活、城镇径流和干湿沉降等面源方面的 COD 排放量；

计算方法：(畜禽散养 COD 排放量+水产养殖业 COD 排放量+种植业 COD 流失量+农村居民生活 COD 排放量+城镇径流 COD 排放量+干湿沉降 COD 排放量)/统计单元面积；

单位：$t/(km^2 \cdot a)$；

选择理由：COD 是环境污染最主要的评估指标之一，考虑不同的流域、不同的统计单元之间的横向比较，用单位面积 COD 负荷量作为评估指标。

⑦单位面积面源 TN 负荷(C42)

含义：统计单元内单位土地面积的 TN 负荷量，主要包括畜禽散养、水产养殖业、种植业、农村居民生活、城镇径流和干湿沉降等面源方面的 TN 排放量；

计算方法：(畜禽散养 TN 排放量+水产养殖业 TN 排放量+种植业 TN 流失量+农村居民生活 TN 排放量+城镇径流 TN 排放量+干湿沉降 TN 排放量)/统计单元面积；

单位：$t/(km^2 \cdot a)$；

选择理由：水体中的 N 是导致湖库富营养化的主要因素之一，考虑不同的流域、不同的统计单元之间的横向比较，用单位面积 TN 负荷量作为评估指标。

⑧单位面积面源 TP 负荷(C43)

含义：统计单元内单位土地面积的 TP 负荷量，主要包括畜禽散养、水产养殖业、种植业、农村居民生活、城镇径流和干湿沉降等面源方面的 TP 排放量；

计算方法：(畜禽散养 TP 排放量+水产养殖业 TP 排放量+种植业 TP 流失量+农村居民生活 TP 排放量+城镇径流 TP 排放量+干湿沉降 TP 排放量)/统计单元面积；

单位：$t/(km^2 \cdot a)$；

选择理由：水体中的 P 是导致湖库富营养化的主要因素之一，考虑不同的流域、不同的统计单元之间的横向比较，用单位面积 TP 负荷量作为评估指标。

⑨单位面积点源 COD 负荷(C44)

含义：统计单元内，单位面积点源 COD 负荷量，包括城镇工业 COD 排放量、规模化养殖 COD 排放量和城镇生活 COD 排放量；

计算方法：(城镇工业 COD 排放量+规模化养殖 COD 排放量+城镇生活 COD 排放量)/统计单元面积；

单位：$t/(km^2 \cdot a)$；

选择理由：COD 是环境污染最主要的评估指标之一，考虑不同的流域、不同的统计单元之间的横向比较，用单位面积 COD 负荷量作为评估指标。

⑩单位面积点源 TN 负荷(C45)

含义：统计单元内，单位面积点源 TN 负荷量，包括城镇工业 TN 排放量、规模化养殖 TN 排放量和城镇生活 TN 排放量；

计算方法：(城镇工业 TN 排放量+规模化养殖 TN 排放量+城镇生活 TN 排放量)/统计单元面积；

单位：$t/(km^2 \cdot a)$；

选择理由：水体中的 N 是导致湖库富营养化的主要因素之一，考虑不同的流域、不同的统计单元之间的横向比较，用单位面积 TN 负荷量作为评估指标。

⑪单位面积点源 TP 负荷(C46)

含义：统计单元内，单位面积点源 TP 负荷量，包括城镇工业 TP 排放量、规模化养殖 TP 排放量和城镇生活 TP 排放量；

计算方法：(城镇工业 TP 排放量+规模化养殖 TP 排放量+城镇生活 TP 排放量)/统计单元面积；

单位：$t/(km^2 \cdot a)$；

选择理由：水体中的 P 是导致湖库富营养化的主要因素之一，考虑不同的流域、不同的统计单元之间的横向比较，用单位面积 TP 负荷量作为评估指标。

⑫主要入湖河流 COD 浓度(C51)

含义：主要入湖河流的平均 COD 浓度；

计算方法：$C_1 \times W_1 + C_2 \times W_2 + \cdots + C_n \times W_n$，式中 $C_n$ 为第 $n$ 条入湖河流的平均 COD 浓度，$W_n$ 为第 $n$ 条入湖河流的权重，权重根据该河流入湖水量占入湖河流总水量的比例确定；

单位：mg/L；

选择理由：入湖河流污染物浓度与湖(库)污染物浓度密切相关，入湖河流污染物浓度能够反映人类活动对湖库的影响。

⑬主要入湖河流总氮浓度(C52)

含义：主要入湖河流的平均总氮浓度；

计算方法：$N_1 \times W_1 + N_2 \times W_2 + \cdots + N_n \times W_n$，式中 $N_n$ 为第 $n$ 条入湖河流的总氮浓度，$W_n$ 为第 $n$ 条入湖河流的权重，权重根据该河流入湖水量占入湖河流总水量的比例确定；

单位：mg/L；

选择理由：入湖河流污染物浓度与湖(库)污染物浓度密切相关，入湖河流污染物浓度能够反映人类活动对湖库的影响。

⑭主要入湖河流 TP 浓度(C53)

含义：主要入湖河流的平均总磷浓度；

计算方法：$P_1 \times W_1 + P_2 \times W_2 + \cdots + P_n \times W_n$，式中 $P_n$ 为第 $n$ 条入湖河流的总磷浓度，$W_n$ 为第 $n$ 条入湖河流的权重，权重根据该河流入湖水量占入湖河流总水量的比例确定；

单位：mg/L；

选择理由：入湖河流污染物浓度与湖(库)污染物浓度密切相关，入湖河流污染物浓度能够反映人类活动对湖库的影响。

⑮单位入湖水量(C54)

含义：单位入湖水量指入湖水量与湖(库)蓄水量的比值；

计算方法：入湖水量/湖(库)蓄水量；

选择理由：单位入湖水量与湖(库)污染物浓度和水环境容量密切相关，单位入湖水量能够反映人类活动对湖库的影响。

⑯溶解氧(C61)

含义：溶解于水中的分子态氧(通常记作 DO)，溶解氧是水体中判别水质的一项重要指标，是水质监测的重要项目，水中浮游植物的生长繁殖，以及水体受到有机、无机还原污染物时，水中的溶解氧都会受到影响；

测定方法：碘量法(GB 7489—1987)或电化学探头法(HJ 506—2009)直接测定；

单位：mg/L；

选择理由：溶解氧是反映水体质量的一个重要指标。

⑰透明度(C62)

含义：透明度反映水体的澄清程度，与水中存在的悬浮物和胶体含量有关；

测定方法：采用塞氏盘法测定；

单位：m；

选择理由：透明度是评估水体富营养化的重要指标。

⑱氨氮(C63)

含义：指水中以游离氨($NH_3$)和铵离子($NH_4^+$)形式存在的氮；

测定方法：采用纳什试剂比色法光度法（HJ 535—2009）或水杨酸-次氯酸盐光度法测定；

单位：mg/L；

选择理由：氨氮量是评估水体质量的重要指标。

⑲总磷（C64）

含义：水体中各种有机磷和无机磷的总量，一般以水样经消解后将各种形态的磷转变成正磷酸盐后测定结果表示；

计算方法：采用过硫酸钾消解法或钼酸铵-分光光度法（GB 11893—1989）测定；

单位：mg/L；

选择理由：总磷量是评估水体富营养化程度和水质的关键指标。

⑳总氮（C65）

含义：水中各种形态的无机和有机氮的总量；

测定方法：采用碱性过硫酸钾氧化- 紫外分光光度法（GB 11894—1989）或气相分子吸收光谱法测定；

单位：mg/L；

选择理由：评估水体富营养化程度和水质的重要指标。

㉑高锰酸盐指数（C66）

含义：指在一定条件下，以高锰酸钾（$KMnO_4$）为氧化剂，处理水样时所消耗的氧化剂的量；

测定方法：酸性法（氯离子含量不超过 300 mg/L）或者碱性法（氯离子含量超过 300 mg/L）测定；

单位：mg/L；

选择理由：高锰酸盐指数是评估水质的重要指标。

㉒叶绿素 a（C71）

含义：叶绿素是植物光合作用中的重要光合色素。通过测定浮游植物叶绿素，可掌握水体的初级生产力情况。同时，叶绿素 a 的含量还是湖库富营养化的指标之一；

测定方法：采用丙酮提取-分光光度计测定（SL 88—1994）；

单位：μg/L；

选择理由：叶绿素 a 含量是反映富营养化和藻类生物量的重要指标。

㉓综合营养指数（C72）

含义：综合营养指数是反映湖库富营养化状态的重要指标；

计算方法：以叶绿素 a 的状态指数 $TLI$（Chla）为基准，再选择 TP、TN、COD、SD 等与基准参数相近的（绝对偏差较小的）参数的营养状态指数，同 $TLI$（Chla）进行加权综合，综合加权指数模型为：

$$TLI\left(\sum\right) = \sum_{j=1}^{M} W_j \cdot TLI(j)$$

式中：$TLI\left(\sum\right)$ 为综合加权营养状态指数；$TLI(j)$ 为第 $j$ 种参数的营养状态指数；$TLI(\text{Chla}) = 10(2.5+1.086\ln\text{Chla})$；$TLI(\text{TP}) = 10(9.436+1.624\ln\text{TP})$；$TLI(\text{TN}) = 10(5.453+1.694\ln\text{TN})$；$TLI(\text{SD}) = 10(5.118-1.94\ln\text{SD})$；$TLI(\text{COD}_{\text{Mn}}) = 10(0.109+2.661\ln\text{COD})$；$W_j$ 为第 $j$ 个参数的营养状态指数的相关权重；

$$W_j = \frac{R_{ij}^2}{\sum_{j=1}^{M} R_{ij}^2}$$

式中：$R_{ij}$ 为第 $j$ 个参数与基准参数的相关系数；$M$ 为与基准参数相近的主要参数的数目。

单位：TN、TP 和 COD 为 mg/L；叶绿素 a 为 mg/m³；SD 为 m；

选择理由：综合营养指数是反映水体富营养化程度的重要指标。

㉔沉积物总氮（C81）

含义：沉积物中氮的含量；

测定方法：凯氏定氮法测定；

单位：mg/kg；

选择理由：沉积物总氮是评估沉积物质量的重要指标。

㉕沉积物总磷（C82）

含义：沉积物中磷的含量；

测定方法：高氯酸-硫酸消解法测定沉积物样品中的总磷；

单位：mg/kg；

选择理由：沉积物总磷量是评估沉积物质量的重要指标。

㉖沉积物有机质（C83）

含义：泛指沉积物中来源于生命的物质，包括底泥微生物和底栖生物及其分泌物以及土体中植物残体和植物分泌物；

测定方法：重铬酸钾法测定；

单位：g/kg；

选择理由：沉积物有机质含量是评估沉积物质量的重要指标。

㉗沉积物重金属风险指数（C84）

含义：划分沉积物污染程度及其水域潜在生态风险的一种相对快速、简便和标准的方法；

计算方法：通过测定沉积物样品中的污染物含量而计算出潜在生态风险指数值，可反映表层沉积物金属的含量、金属的毒性水平及水体对金属污染的敏感性。

单个污染物潜在风险指数：$C_f^i = C_D^i / C_R^i$

$$E_r^i = T_r^i \times C_f^i$$

多种金属潜在生态风险指数：$RI = \sum_{i=1}^{n} E_r^i$

式中：$C_f^i$ 为某一金属的污染参数；$C_D^i$ 为沉积物中重金属的实测含量；$C_R^i$ 为计算所需的参比值；$E_r^i$ 为潜在生态风险参数；$T_r^i$ 为单个污染物的毒性响应参数；$RI$ 为多种金属的潜在生态风险指数；

单位：无量纲；

选择理由：沉积物重金属风险指数是评估沉积物质量的重要指标。

㉘浮游植物多样性指数(C91)

含义：应用数理统计方法求得表示浮游植物群落的种类和数量的数值，用以评估环境质量；

计算方法：多样性指数 = $-\sum \left(\dfrac{N_i}{N}\right) \log_2 \left(\dfrac{N_i}{N}\right)$

式中：$N_i$ 为第 $i$ 种浮游植物群落的个体数；$N$ 为所有种类总数的个体数；

单位：无量纲；

选择理由：浮游植物多样性指数是评估水生态的重要指标。

㉙浮游动物多样性指数(C92)

含义：应用数理统计方法求得表示浮游动物群落的种类和数量的数值，用以评估环境质量；

计算方法：多样性指数 = $-\sum \left(\dfrac{N_i}{N}\right) \log_2 \left(\dfrac{N_i}{N}\right)$

式中：$N_i$ 为第 $i$ 种浮游动物群落的个体数；$N$ 为所有种类总数的个体数；

单位：无量纲；

选择理由：浮游动物多样性指数是评估水生态的重要指标。

㉚底栖动物多样性指数(C93)

含义：支持和维护一个与底栖生态环境相对等的生物集合群的物种组成、多样性和功能等的稳定能力，是生物适应外界环境长期进化的结果；

计算方法：多样性指数 = $-\sum \left(\dfrac{N_i}{N}\right) \log_2 \left(\dfrac{N_i}{N}\right)$

式中：$N_i$ 为第 $i$ 种底栖动物的个体数；$N$ 为所有种类总数的个体数；

单位：无量纲；

选择理由：底栖动物多样性指数是评估水生态的重要指标。

㉛沉-浮-漂-挺水植物覆盖度(C94)

含义：湖库中沉水植物、浮叶植物、漂浮植物和挺水植物的面积占湖体总面积的比例；

计算方法：沉–浮–漂–挺水植物覆盖度＝(沉水植物面积+浮叶植物面积+漂浮植物面积+挺水植物面积)/湖体面积；

单位：无量纲；

选择理由：沉–浮–漂–挺水植物面积及其多样性起着极其重要的作用，其直接关系到水生态系统的演替方向，即正向演替——草型–清水，或逆向演替——藻型–浊水。

㉜饮用水水质达标率(C101)

含义：流域内所有集中式饮用水水源地的水质监测中，达到或优于《地表水环境质量标准》(GB 3838—2002)的 Ⅱ类水质标准的检查频次占全年检查总频次的比例；

计算方法：集中饮用水水质达标率(C101)＝(所有断面达标频次之和/全年所有断面监测总频次)×100%；

单位:%；

选择理由：饮用水水质达标率是饮用水服务功能调查的重要数据。

㉝林草覆盖率(C111)

含义：以研究区域为单位，乔木林、灌木林与草地等林草植被面积之和占研究区域土地总面积的比例。

计算方法：林草覆盖率＝(林地面积+草地面积)/研究区域土地总面积×100%；

单位:%；

选择理由：乔木林、灌木林与草地等林草植被是反映水源涵养功能的重要指标；

数据来源：可根据土地利用分类图或者遥感影像解译获得。

㉞湿地面积占总面积的比例(C121)

含义：天然或人工形成的沼泽地等带有静止或流动水体的成片浅水区占统计单元的比例。湿地生态系统中生存着大量动植物，很多湿地被列为自然保护区，该指标反映了生态系统自身净化能力的高低；

计算方法：湿地面积占总面积的比例(C121)＝统计单元内湿地面积/统计单元总面积×100%；

单位:%；

选择理由：湿地面积占总面积的比例是反映栖息地功能的重要指标；

数据来源：可根据土地利用分类图或者遥感影像解译获得。

㉟湖(库)滨自然岸线率(C131)

含义：湖滨带分天然湖滨带(未开发或自然状态岸线长度)和人工湖滨带，天

然湖滨带长度占湖滨岸线总长度的比例;

计算方法:湖(库)滨自然岸线率(C131)＝天然湖滨带长度/(天然湖滨带长度+人工湖滨带长度)×100%;

单位:%;

选择理由:湖(库)滨自然岸线率是反映拦截净化功能的重要指标;

数据来源:遥感影像解译,自然岸线宽度一般以50~100 m 计。

㊱自然保护区级别(C141)

含义:依据国标判断流域所属于区域包含的保护区类别;

计算方法:5 分制,"5"代表"国家自然保护区";"4"代表"省(自治区、直辖市)级自然保护区";"3"代表"市(自治州)级自然保护区";"2"代表"县(自治县、旗、县级市)级自然保护区";"1"代表"其他";

选择理由:自然保护区级别是反映人文景观功能的重要指标。

㊲珍稀物种生态环境代表性(C142)

含义:该生态环境是否反映区域范围内的珍稀鱼类、重要文化景观的特征,是否包涵自然生态系统的关键物种、珍稀濒危物种和重点保护物种等;

计算方法:专家打分;

选择理由:珍稀物种生态环境代表性是反映人文景观功能的重要指标。

㊳环保投入指数(C151)

含义:统计单元环境保护投资占地区生产总值的比例;

计算方法:环保投入指数(C151)＝统计单元环境保护投资/统计单元地区生产总值×100%;

单位:%;

选择理由:根据发达国家的经验,一个国家在经济高速增长时期,要有效地控制污染,环保投入要在一定时间内持续稳定地占到国内生产总值的 1.5%,只有环保投入达到一定比例,才能在经济快速发展的同时保持良好稳定的环境质量。

㊴工业企业废水稳定达标率(C161)

含义:乡镇范围内的重点工业企业单位,经其所有排污口排到企业外部并稳定达到国家或地方污染排放标准的工业废水总量占外排工业废水总量的比例;

计算方法:工业企业废水稳定达标率(C161)＝(工业废水达标排放量/工业废水排放量)×100%;

单位:%;

选择理由:工业企业废水稳定达标率是反映污染治理的重要指标。

㊵城镇生活污水集中处理率(C162)

含义:城市及乡镇建成区内经过污水处理厂二级或二级以上处理,或其他处理设施处理(相当于二级处理),且达到排放标准的生活污水量占城镇建成区生活污水排放总量的比例；

计算方法：城镇生活污水集中处理率($C162$)＝各城镇污水处理厂的处理量/（根据供水量系数法计算或实测）城镇污水产生总量；

单位：%；

选择理由：城镇生活污水集中处理率是反映污染治理的重要指标。

㊶农村生活污水处理率($C163$)

含义：农村经过污水处理设施处理且达到排放标准的农村生活污水量占农村生活污水排放总量的比例；

计算方法：农村生活污水处理率($C163$)＝农村生活污水处理量/农村生活污水排放总量×100%；

单位：%；

选择理由：农村生活污水处理率是反映污染治理的重要指标。

㊷水土流失治理率($C164$)

含义：水土流失指地表组成物质受流水、重力或人为作用造成的水和土的迁移、沉积过程；水土流失治理率是指某区域范围某时段内，水土流失治理面积除以原水土流失面积；

计算方法：水土流失治理率($C164$)＝某区域范围某时段内水土流失治理面积/原水土流失面积×100%；

单位：%；

选择理由：水土流失治理率是反映污染治理的重要指标。

㊸监管能力指数($C171$)

含义：流域内生态环境的监督、管理、监察能力，主要由饮用水水源地规范化建设程度、环境监测能力、环境监察标准化建设能力、科技支撑能力等构成；

计算方法：专家打分；

单位：无量纲；

选择理由：监管能力指数是反映调控管理机制的重要指标。

㊹长效管理机制构建($C181$)

含义：能长期保证制度正常运行并发挥预期功能的制度体系，主要由法律、法规、政策、流域内统一管理机构、市场化的长期投融资制度等构成；

计算方法：专家打分；

单位：无量纲；

选择理由：长效管理机制是反映调控管理机制的重要指标。

### 2.2.3.3　参照标准的确定

在开展湖库生态安全调查与评估的研究过程中，需要制定评估标准，根据相应的标准，确定某一评估单元特定的指标属于哪一个等级。在指标标准值确定的过程中，主要参考：①已有的国家标准、国际标准或经过研究已经确定的区域标准；②流域水质、水生态、环境管理的目标或者参考国内外具有特点的流域现状值作为参照标准；③依据现有的湖库与流域社会、经济协调发展的理论，将定量化指标作为参照标准；④对于那些目前研究较少，但对流域生态环境评估较为重要的指标，在缺乏有关指标统计数据时，暂时根据经验数据作为参照标准。

### 2.2.3.4 数据预处理和标准化

环境与生态的质量–效应变化符合 Weber-Fishna 定律，即当环境与生态质量指标成等比变化时，环境与生态效应呈等差变化。根据该定律，进行指标无量纲化和标准化：

（1）正向型指标：

$$r_{ij} = x_{ij}/s_{ij} \qquad (2.2-1)$$

（2）负向型指标：

$$r_{ij} = s_{ij}/x_{ij} \qquad (2.2-2)$$

式中：$x_{ij}$ 是 $i$ 指标在采样点 $j$ 的实测值；$s_{ij}$ 是指标因子的参考标准；$r_{ij}$ 为评估指标的无量纲化值，此处需满足 $0 \leqslant r_{ij} \leqslant 1$，大于 1 的按 1 取值。

对于不符合 Weber-Fishna 定律的指标，应当借鉴该定律从质量–效应变化分析确定转换方法。对于有阈值的指标，在阈值内以阈值为标准值进行转换，阈值外作 0 处理。

### 2.2.3.5 权重的确定

确定权重的方法主要有客观赋权法和主观赋权法。主观赋权法中较常见的是专家打分法，其优点是概念清晰、简单易行，可抓住生态安全评估的主要因素，但需要寻求一定数量的有深厚经验的专家来打分；客观赋权法是由评估指标值构成的判断矩阵来确定指标权重，较常用的是熵值法，其本质就是利用该指标信息的效用值来计算，效用值越高，其对评估的重要性越大。

（1）专家打分法

将评估指标做成调查表，邀请专家进行打分，满分为 10 分，分值越高表示越重要。通过对咨询结果进行整理后的判断矩阵，计算指标的权重系数。

（2）熵值法

①构建 $n$ 个样本 $m$ 个评估指标的判断矩阵 $\boldsymbol{Z}$

$$\boldsymbol{Z} = \begin{bmatrix} X_{11} & \cdots & X_{n1} \\ \vdots & \ddots & \vdots \\ X_{1m} & \cdots & X_{nm} \end{bmatrix} \qquad (2.2-3)$$

②将数据进行无量纲化处理，得到新的判断矩阵，其中元素的表达式为：

$$R = (r_{ijn \times m}) \qquad (2.2-4)$$

③根据熵的定义，$n$ 个样本 $m$ 个评估指标，可确定评估指标的熵为：

$$H_i = \frac{1}{\ln}\left[\sum_{i=1}^{n} f_{ij}\ln f_{ij}\right] \qquad (2.2\text{-}5)$$

$$f_{ij} = \frac{r_{ij}}{\sum_{i=1}^{n} r_{ij}} \qquad (2.2\text{-}6)$$

式中：$0 \leqslant H_i \leqslant 1$，为使 $\ln f_{ij}$ 有意义，假定 $f_{ij}=0$，$f_{ij}\ln f_{ij}=0$，$i=1$，2，$\cdots$，$m$；$j=1$，2，$\cdots$，$n$。评估指标的权重（$W_i$）的计算公式为：

$$W_i = \frac{1 - H_i}{m - \sum_{i=1}^{m} H_i} \qquad (2.2\text{-}7)$$

### 2.2.3.6　生态安全分级标准

评估指数数值大小本身并无具体意义，必须通过对一系列数值大小的意义的限值界定，才能表达出较形象的含义。由于研究区域的条件不同，评估目的不同，评估标准也会不一样，同时各项指标的计算方法及考核标准不同，分级标准也会有所不同。为此，参考全国重点湖泊水库生态安全评估的方法，把湖库生态安全指数分为安全、较安全、一般安全、欠安全、很不安全五个等级，详见表2.2-2。

表 2.2-2　湖库生态安全分级标准

| 分级 | 生态安全指数（ESI） | 安全评级 | 预警颜色 |
|---|---|---|---|
| I | 80~100 | 安全 | 蓝色 |
| II | 60~80 | 较安全 | 绿色 |
| III | 40~60 | 一般安全 | 橙色 |
| IV | 20~40 | 欠安全 | 红色 |
| V | 0~20 | 很不安全 | 黑色 |

## 2.3　环境污染系统控制技术方法

### 2.3.1　总体思路与技术路线

在全面调查和评估湖库型饮用水水源地集水区域内生态安全的基础上，分析生态环境存在的问题及原因；根据生态环境现状与社会经济的现状对区域内的生态环境演变趋势进行预测，识别影响湖库型饮用水水源地生态系统安全的主要因素，提出生态环境保护的总体目标和阶段目标；结合湖泊水库及流域基本概况、主要环境问题、环境资源承载力及生态环境保护的总体目标，从流域经济社会调控、流域水土资源调控、流域污染源防治、流域生态修复与保护、流域监管能力建设等方面提出相应的保护对策，明确具体项目，并对实施方案的投资估算、目标可达性、方案实施的保障措施和实施计划进行必要的说明。技术路线、保护措施及项目的设置应与解决湖泊水库主要环境问题及减轻湖泊水库保护的压力环环相扣，注重从源头上解决问题，切实推进总体目标的实现和湖泊水库的长效生态安全。环境污染系统控制技术路线如图 2.3-1 所示。

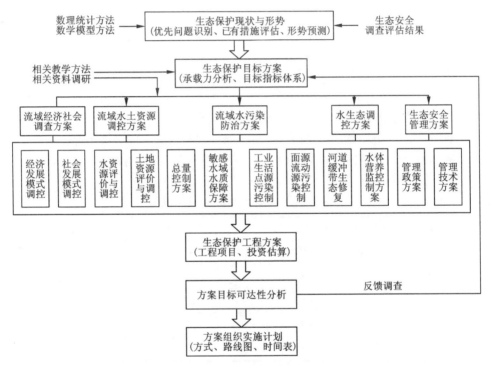

**图 2.3-1　湖库型饮用水水源地环境污染系统控制技术路线**

### 2.3.2　湖泊河流环保疏浚工程技术

污染底泥的环保疏浚应坚持局部重点区域重点疏浚的原则；以污染底泥有效去除和水质改善为工程的直接目的，以疏浚后促进生态修复为间接目的。在设计环保疏浚方案时，应同时考虑与其他相关工程措施的协调与配合，综合设计，分步实施。环保疏浚与安全处理处置并重，避免重疏挖、轻处理处置。同时，综合考虑工程效益与投资。

环保疏浚工程设计的技术路线见图 2.3-2。

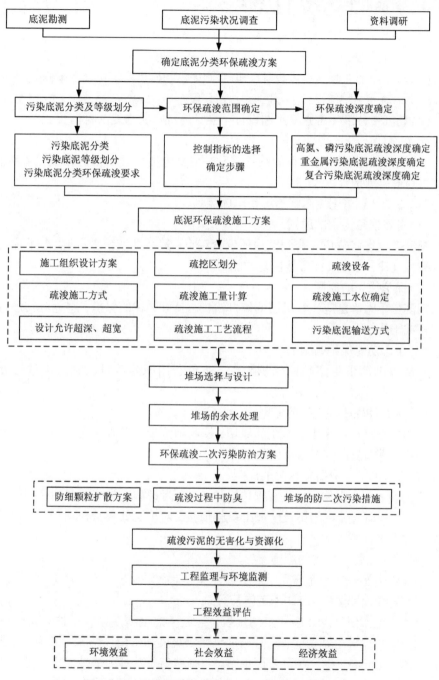

**图 2.3-2　污染底泥环保疏浚工程方案设计技术路线**

### 2.3.3 湖滨带生态修复工程技术

2.3.3.1 湖滨带生态修复工程设计的主要内容

湖滨带生态修复工程设计一般应包括以下内容:

(1)湖滨带生态修复总体设计,包括湖滨带生态功能定位、生态修复目标和设计原则的确定、整体设计、分区修复设计等。

(2)湖滨带分区生态修复工艺设计,主要是对基底修复与群落配置的工艺进行设计。

(3)湖滨带生态修复工程的维护管理,主要包括工程区基底修复设施维护、湖滨植物群落维护等。

2.3.3.2 湖滨带生态修复设计总体原则

(1)自然恢复为主的原则

湖滨带生态修复应符合湖滨地质发育特点,遵循湖滨带水-陆生态系统的作用及演化规律,充分发挥自然恢复的能力。

(2)保护优先的原则

湖滨带生态修复应注意对湖滨带自然状态良好区域的保护,避免对其进行人工干预或干扰。

(3)生态功能保护为主的原则

坚持以湖滨带生态功能保护为主,避免利用湖滨带对流域污水进行处理净化。

(4)生态环境改善先行的原则

依据生态环境决定生态系统的原理,控制湖滨带内及外围污染源,恢复湖滨生态环境,为湖滨带生态修复创造条件。

(5)整体设计、分阶段修复的原则

全湖湖滨带生态修复应进行整体设计,充分考虑湖滨带与全湖泊生态环境的相互作用,同时与流域污染及生态工程相衔接,对生态修复分阶段设计,以适应湖滨生态自然演变的规律。

(6)以本土物种为主的原则

湖滨带生态修复应充分利用本土物种进行生态修复。

2.3.3.3 湖滨带生态功能定位及区划

湖滨带生态修复设计应从全湖出发,重点考虑生物多样性保护、水质净化、水土保持与护岸等生态功能,同时尽量兼顾景观美学价值、经济价值等。根据湖滨带生态功能定位,结合湖滨带历史特征、现状特征,对湖滨带要实现的主体功能进行划分。每个区域除了具有一种主体功能外,还具有多种非主体功能。对于具有多种生态功能的,主体功能优先划定为生物多样性保护功能。

### 2.3.3.4　生物多样性保护功能区划分

湖滨带作为重要的生态交错带，其干湿交替变化造成了湖滨栖息地和植被斑块的多样性和时间变化性，产生一些依赖这种生态环境的特有物种，增加了湖滨带边缘物种的丰富度。具有保护脆弱栖息地、增强栖息地连通性、改善栖息地质量、增加物种丰富度的功能。同时，湖滨带作为湖泊鱼类、鸟类、底栖动物等生物的重要栖息地，对湖泊敞水区生物多样性保护具有非常重要的作用。

可以将以下区域划定为生物多样性保护功能区：①湖滨坡度较缓、变幅带较宽的区域；②湖滨地形变化丰富、湖湾发育度高的区域；③水鸟、鱼类、两栖和爬行动物种类比较丰富的区域。根据保护的对象，生物多样性保护区可进一步细化为湖泊鱼类栖息地、湖泊底栖动物栖息地、水鸟栖息地、植被、两栖和爬行动物栖息地、小型哺乳动物栖息地等保护区；湖滨生态环境复杂的区域也可以单独划定，如河口湿地区、特殊湖湾区。

### 2.3.3.5　水质净化功能区划分

湖滨带是湖泊的"天然生态屏障"，其水–土壤（沉积物）–植物系统的过滤、渗透、吸收、滞留、沉积等物理、化学和生物作用，具有控制、减少来自湖泊流域地表径流中的污染物的功能。同时，湖滨带也可以通过营养竞争、化感作用等抑制湖泊水华藻类，改善湖体水质。

水质净化功能区可分为入湖径流水质净化区和湖泊水质净化区。湖滨外围农田分布面积较大、山体水土流失较严重、入湖径流较多、浅层地下径流丰富的区域都可划定为入湖径流净化区；湖滨藻华爆发风险较高的区域可划定为湖泊水质净化区。

### 2.3.3.6　水土保持与护岸功能区划分

湖滨带植被可降低湖滨径流冲刷，减轻水土流失；湖滨带植被的消浪、固岸等作用可以降低风浪对湖岸线的侵蚀强度，提高湖岸的稳定性。

水土保持与护岸功能区包括水土保持功能区和护岸功能区。湖滨带内坡度较大、水土流失风险较高的区域划定为水土保持功能区；将岸基不稳、护岸要求较高的区域划定为护岸功能区。

### 2.3.3.7　景观美学功能区划分

湖滨带丰富的空间格局和物种造就了独特而秀丽的湿地景观，可供人群休闲娱乐，具有很高的美学价值。

对景观美学价值较高的区域，可适当选择部分区域划定为休闲娱乐区，但应严格控制休闲娱乐区范围，其面积一般不超过湖滨区域的10%，休闲娱乐功能区也需同时强调生物多样性保护、水质净化、水土保持与护岸等生态功能。

### 2.3.3.8　经济价值区划分

湖滨带内丰富的植物资源和野生动物资源，使湖滨带具有很高的生物资源开发潜力和经济价值。

对湖滨带内植物资源利用价值高且生长旺盛的区域,可划定为植物资源利用区;对于良好湖泊,应严格控制植物资源利用区的面积,植物资源利用区面积一般不超过湖滨带面积的30%。

### 2.3.3.9　湖滨带生态修复工程目标和指标

湖滨带生态修复的目标以一定历史时期的生态特征或相近区域湖泊湖滨带生态特征为参考,重点确定湖滨带生物多样性保护、水质净化及护岸(坡)等生态修复目标。根据湖滨带生态修复目标,进一步细化主要修复指标,如表2.3-1所示。

表 2.3-1　湖滨带生态修复具体目标和指标设定

| 修复目标 | 修复指标 | 现状值 | 恢复值 |
|---|---|---|---|
| 生物多样性保护 | 湖滨带修复面积/km² | | |
| | 湖滨带自然化率增加值/% | | |
| | 湖滨带平均宽度/m | | |
| | 景观连通性* | | |
| | 植被物种数/种 | | |
| | 修复区植被盖度/% | | |
| | 植被平均生物量/(kg·m⁻²) | | |
| | 生物多样性指数(香农-威纳指数) | | |
| | 特殊保护物种*(保护物种名称) | | |
| | …… | | |
| 水质净化 | 径流拦截净化量/(m³·a⁻¹) | | |
| | 径流污染物净化率/% | | |
| | …… | | |
| 水土保持与护岸 | 稳固岸线长度/km² | | |
| | …… | | |
| 休闲娱乐* | | | |
| 经济价值* | | | |
| …… | | | |

注:*可半定量或定性描述。

### 2.3.3.10　全湖湖滨带生态修复整体设计要求

从湖滨带的生态功能出发,结合水文地质、土地利用、生态环境等现状特征,进行系统考虑,确定全湖湖滨带生态修复整体指标参数。

湖滨带自然化率:遵循现状湖滨带自然化率不降低的原则。对于水功能区划要求为Ⅰ类水体的湖泊,湖滨带自然化率为 85%~90%;对于Ⅱ~Ⅲ类水体的湖泊,湖滨带自然化率为 75%~85%;对于Ⅳ~Ⅴ类水体的湖泊,自然化率为 75%~80%。

湖滨带陆向辐射带宽度:湖滨带陆向辐射带是湖滨带核心区及整个湖泊的重要保护带。浅水湖泊湖滨带陆向辐射带平均宽度不应小于 50 m,深水湖泊湖滨带陆向辐射带平均宽度不应小于 30 m。湖滨带陆向辐射带宽度可根据外围汇水区径流量、湖滨带基底坡度和土壤渗透性等进行相应调整。

景观连通性:湖滨带整体应保持高连通性,防止景观破碎化,每 10 km 被人为建(构)筑物中断(>100 m)不应超过 2 处,中断处应尽量通过宽度大于 30 m 的绿色廊道连接。

水上建(构)筑物:码头、房屋、泵站等水上建(构)筑物设计时应考虑对湖滨带生物多样性、水文水质等的影响,尽量减少对湖滨带的干扰和破坏,并设计廊道连接被隔断的湖滨带。建(构)筑物应远离环境敏感区、生物多样性保护区、特征物种分布区、鱼类及底栖动物栖息地、小型湖湾等重要环境保护区域,距离不应小于 20 m;现有建(构)筑物对环境重要保护区域造成影响的,应进行拆除和搬迁;建(构)筑物尽量架空小体量建设,以保持湖滨带的自然状态;建(构)筑物及管线应利用植被系统进行遮挡,尽量避免破坏湖滨生态景观。

外围污染控制要求:为了保持湖滨带生态健康,湖滨带不应承担污水处理的功能,进入湖滨带的水质应控制在低污染水平,并在其自然净化能力范围之内。进入湖滨带的径流污染应按照水环境功能区划要求控制在相应水质目标内,没有明确要求或水质要求不高的情况下,进入缓坡型湖滨带的径流水质不应劣于地表水环境质量标准(GB 3838—2002)Ⅴ类;进入陡岸型湖滨带的径流水质不应劣于地表水环境质量标准(GB 3838—2002)Ⅳ类。

## 2.3.4　湖泊流域入湖河流河道生态修复技术

### 2.3.4.1　河道结构与功能定位

本书从河道治理及生态修复的角度,将河道结构划分为河道基底、河道岸坡带及河道缓冲带三部分,见图 2.3-3。

(1)河道基底

河道基底作为河床土质类型及构成、污染状况、河床形态及其演变、河床稳定性等综合内容的一部分,具有水利、航运、环保、节能、生态等专业领域的综合功能。河道基底宜在生物生息环境的构建和污染基底的清除等方面体现生态及环保功能。

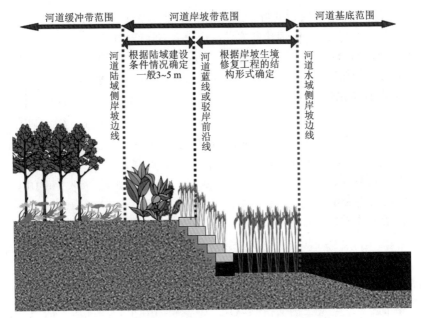

图 2.3-3 河道基底、岸坡带及缓冲带范围区分示意图

（2）河道岸坡带

河道岸坡是水陆交错带的重要区域，具有安全防护、生态、景观等综合功能。岸坡区域应在满足安全防护功能前提下，从生态环境改善角度构建良好的生物生息环境。生息环境主要包括移动路径、生育繁殖空间及避难场所等。

（3）河道缓冲带

河道缓冲带是陆地生态系统与水生生态系统的过渡带，是河道周边生态系统中各陆生物种的重要栖息地，也是河道中物质和能量的重要来源，直接影响整个河道的水质以及流域的生态景观价值。其主要功能包括生态功能、防护功能、社会功能及经济功能等。

生态功能主要包括物种的多样性、物质和能量的交换、栖息地及迁徙通道、生存环境等。

防护功能主要包括过滤径流、吸收养分、改善河流水质、调节河流流量、降低洪和旱灾害概率、保护河岸、稳定河势等。

社会功能主要包括河道缓冲带与周围的景观协调性，在滨水地带构建人类休闲、户外和亲水活动的场所等，体现人类与生俱来的亲水性。

经济功能主要包括选择适宜的优良树种，实现经济价值。

#### 2.3.4.2　河道生态修复总体理念

宜把河流从上游至下游整体纳入生态修复范围，整体规划设计。

遵从河流自身的功能与生态定位，保持自然河道现有良好的河岸及河床走向，确保河床的稳定性与连续性，不宜恶化现有河流的流势、流态等水流特征。

河道水质净化是河道生态修复的前提条件，应在流域实施污染源控制措施与对策的基础上，实施河道的水质净化工程。

河道生态修复规划应将河道的维护管理纳入其中。

#### 2.3.4.3　河道生态修复原则与技术路线

进行河道基底、岸坡及缓冲带生态修复工程总体方案设计时，宜遵循如下原则：

(1)河道生态治理和河道基本功能紧密结合的原则。应在保证河道防洪、航运、灌溉等基本功能的前提下，充分考虑生态环境、水质净化、亲水景观等需要，使河道资源可持续利用和生态环境健康紧密结合。

(2)实用性和经济性为工程重要目标的原则。需适应河道所在地域的地貌、地形、形态、水文、周边区域发展等特点，注重与河道沿线的整体风貌相协调，以自然修复为主、人工修复为辅，把实用性和经济性作为工程的重要目标。

(3)科学性和适应性为工程重要条件的原则。应全面考虑河道水文、水深、流速、断面和平面形态、河道底质、工程材料等因素的影响，保障工程方案的科学合理性，并能适应河道的不同特征，创建健康的河道生态环境条件。

(4)材料和工艺的创新原则。应尽可能采用新型的生态岸坡建筑材料，减少混凝土、浆砌块石等"硬质"材料的使用，促进材料和工艺的创新。

(5)兼顾河道水质改善、突出河道自然属性的原则。应兼顾对河道水质的改善、减少入河污染物的作用，体现河道的自然属性，提高河道的自净和生态修复能力，促进河道生态系统的健康、良性发展。

河道基底、岸坡及缓冲带修复工程是一项复杂的、综合性的工程，综合国内外相关工程的设计及实施经验，提出总体设计的技术路线框架见图 2.3-4。

#### 2.3.4.4　河道生态修复工程总体设计要求

常见河道整治工程中存在的主要问题是横断面和纵断面由于行洪、排涝、航运等整治建设要求，一般均采用几何形态规则化的梯形、矩形等断面形式，而自然河流呈现出的蜿蜒形态，急流、缓流、浅滩相间的格局，在河道或航道整治工程中往往被忽视，几何形态规则化的河道纵、横断面改变了河道深潭、浅滩交错的形态，导致河道生态环境的异质性降低，水域生态系统的结构与功能随之发生变化，特别是生物群落多样性将随之降低，生态系统走向退化。

自然河道与河道整治的平面形态见图 2.3-5，纵横断面形态见图 2.3-6。

河道形态保持工程总体方案设计应从岸线形态、横断面形态、纵断面形态方面进行研究和布置，设计方案应处理好河道形态保持与河道水利、航运等基本功

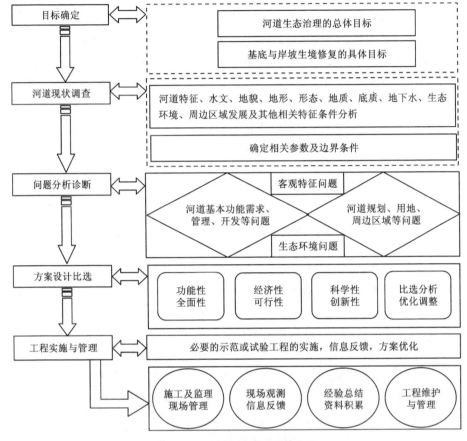

**图 2.3-4　总体技术路线框架图**

能需求的关系，重视河道形态的保持，体现河道平面、断面形态的自然属性，为河道水生态、水环境的健康及水生动植物的生长提供良好的条件。

河道基底总体设计主要考虑使河道纵、横断面形态满足河道形态保持工程的总体要求。此外，当河道底泥内源负荷和污染风险较大时，宜通过环保疏浚的方法，有效清除河道底泥中的各种污染物，如营养盐、重金属、有毒有害有机物等，并对疏浚的底泥进行安全处置，改善河道基底环境。

（1）河道岸坡总体设计应充分考虑河岸现状、设计标准、总体布置等内容，一般要求如下：

①应对现状河岸及其护岸特征进行充分调查，分析现状岸坡存在的问题。

②具有水利、航运等基本功能的河道，岸坡设计标准应满足相应的行业规范及标准规定。

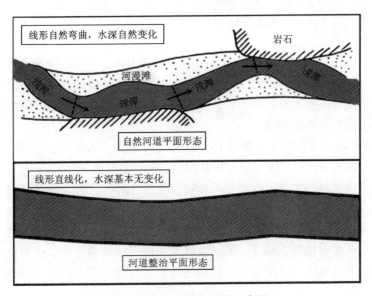

图 2.3-5  河道平面形态示意图

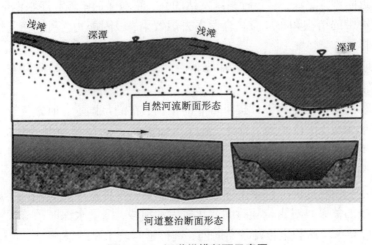

图 2.3-6  河道纵横断面示意图

③岸坡的平面应根据河道断面、水深、地质、地形及周边环境等条件的变化分段进行布置。一般情况下，河道面宽条件较好的河段，可选用斜坡式；河道较狭窄的区段，可采用直立式；介于两者之间的河段，可采用复合式。另外，还应根据河道水深、工程地质、岸线资源等综合因素，选用不同的组合形式。

④生态护岸结构形式应根据自然条件、材料来源、使用要求和施工条件等因

素，经技术经济比较确定。结构形式从构造上可分为直立式、斜坡式、下直上斜式、阶梯式、复合式、综合式等；从结构上可分为护坡式、重力式、悬臂式、高桩承台式、墙体式等。

⑤岸坡带植被修复总体设计应主要考虑种类选择、布置、种植及景观等，应充分考虑工程河段的场所特性，因地制宜地进行设计。植被配置应符合原有的生态结构，充分利用乡土植物和当地优势物种，择优选取自维持效果及生态效果好的植被，减少人工维护需求。

（2）河道缓冲带修复工程的总体设计应充分考虑缓冲带位置、植物种类、结构、布局及宽度等因素，以充分发挥其功能，一般要求如下：

①应根据流域的水文、地形和环境特点选择合适的位置。缓冲带宜设置在下坡位置，与地表径流方向垂直；对于长坡，可以沿等高线设置多道缓冲带以削减水流的能量。在溪流和沟谷边缘，宜全部设置缓冲带。

②宜从缓冲带的净污效果、受纳水体的水质保护要求、非点源污染有效控制以及环境、经济和社会等角度对缓冲带的适宜宽度进行综合研究，科学界定缓冲带的宽度。

③应根据实际情况进行乔、灌、草的合理搭配，宜采用以灌、草为主的植物在农田附近阻沙、滤污，宜布置根系发达的乔、灌木保护岸坡和滞水消能。

④缓冲带的结构和布局应综合考虑去污效果、吸附能力、系统稳定性及流域的生物多样性。

（3）河道基底、岸坡及缓冲带生态修复工程的工程测量及地质勘查一般应满足如下要求：

①工程测量应为工程设计提供可靠的依据，在满足国家、地方及行业一般工程测量要求，以及保持规划、设计、施工等阶段平面和高程控制一致的基础上，须符合河道基底与岸坡生态环境修复工程的要求，应至少包括地形测量和水深测量两项内容，一般要求如下：

a. 测量水域水深前应检查平面和高程控制点，校对基准面与水尺零点或自记水位计零点的关系。对水位随时间变化较大的河段，测量水深时须分段连续观测水位，且应与水位站和定位站校对时间，进行延时改正及结果修正。

b. 可采用断面测量法，断面间距研究阶段可为 100~200 m，设计阶段需加密至 20~50 m。水域范围内测点间距不宜大于 2 m，近岸处 5 m 范围内点距应加密至 0.5~1 m。水深测量的深度误差不宜大于 0.15 m。

c. 凡是水中障碍物，即使不在测量断面位置，也需测出障碍物范围、标注物名。

d. 陆域地形测量研究阶段的测图比例不宜小于 1∶5000，设计阶段不宜小于1∶1000。

　　e.陆域地形测量范围不宜小于河道两岸沿线各 30 m 宽度的横向范围。测量内容及要求除相关规范的常规内容及要求外，建(构)筑物(包括沿线道路、桥梁、房屋、管线、电杆、支流、鱼塘、水塘、沟渠、农用设施、垃圾池、厕所等)必须明确标示出位置及轮廓范围；房屋结构还应标示出层数；鱼塘、水塘、沟渠等水域范围内需有一定密度的测点高程值。

　　f.陆域地形测量须对现有河道两岸的驳岸建设情况进行测量和标示，要注明驳岸的结构形式、分布长度和完好程度。应调查两岸沿线 30 m 宽度范围内的沿河及跨河管线(如煤气管、水管、电缆、光缆等)的分布情况、概位、走向、数量等，并在图上明确标示。

　　g.成图时应将水深测图与陆域地形测图拼绘，测点水深值放入平面图中。水深测量断面图横向、竖向宜采用正比例绘制在网格上。测图必须明确标示采用的平面坐标系及高程系统。

　　②工程地质勘查的钻孔类型、平面布置、孔位布置、孔深布置、土样要求、土工试验分析等在满足国家、地方及行业工程勘查要求的基础上，宜查明或提供以下内容：

　　a.查明场地地形、地貌(尤其是微地貌单元的划分)，各层岩土的岩性、类型特征、深度、分布、工程特性和变化规律。查明沿线的坑塘、低洼地带、古河道等的分布范围、埋深等。

　　b.查明水文地质条件，如地下水类型、埋藏条件、补给来源、腐蚀性及污染状况等。评价地下水质对建筑材料的腐蚀性。

　　c.查明场地不良地质现象、特殊地质问题及古河道地下洞穴等，查明场地内有无地震液化土层、液化指数，并进行评价。

　　d.查明场地内及其附近有无影响工程稳定性的不良地质现象；若有，对不良地质情况进行评价，提出预防和处理的建议与措施。

　　e.对工程地基土分布特征及工程地质条件提出评价；对拟建场地的稳定性和适宜性进行评价。查明场地土类型及类别、成因、性质及软弱土夹层。

　　f.提供设计所需的各种物理力学指标及其他的技术参数，提出适宜的地基处理技术措施及合理的建议。

　　g.对于河道基底修复或环保疏浚工程，地质勘查还需满足《湖泊河流环保疏浚工程技术指南》的有关要求。必要时，应对工程范围内的土壤、水体、地下水等，按设计提出的要求进行化学取样分析。

## 2.4　农田面源污染防治技术

　　农田面源污染控制应对面源污水实行分区、分级、分时段综合处理和控制。

分区控制，指划分不同污染风险区进行控制，可根据农田距离河湖的位置进行风险区的划分。离河湖近的区域应严格实行总量控制，可适当减少农产品产量，发展生态循环农业，政府可采取一定的生态补偿措施；其他地区要兼顾产量和环境，发展高产高效低污农业。分级控制，即根据不同区域污染水体的重要性以及污染途径的贡献进行优先排序和分级控制，如北方旱作区地下水硝酸盐超标严重，应重点控制渗漏，以氨挥发和径流控制为辅；南方地表水体富营养化严重，应重点控制径流，以氨挥发和渗漏控制为辅；农药污染严重的区域则以农药控制为主。分段控制，即根据污染发生过程中污染的严重程度进行分段控制，应重点对雨季进行控制，对污水进行收集与处理；降雨时应重点控制初期径流（此时污染物浓度较高）。施肥季应注重施肥一周内的污染防控，此期为污染的高风险期。

## 2.5　数字化管理调控技术

通过建立生态安全信息化管理系统，利用多时相、长时段遥感动态监测解译、空间分析与辅助决策等技术，系统剖析湖泊水库的生态环境演变过程、退化机理及其关键驱动因素，深入模拟分析演变过程中的宏观政策引导，人口、资源、环境的相互作用、气候、生态、水文的互动耦合、社会经济发展模式等关键驱动因素，构建协调湖泊水库与流域系统、内部子系统、社会经济系统等之间关系的数字化智能调控体系。

# 第 3 章
# 邛海生态安全调查及污染控制

## 3.1　总则

### 3.1.1　项目背景

　　湖泊是我国重要的生态资源,是水生生态系统的重要组成部分,具有调节河川径流、提供水源、防洪灌溉、养殖水产、提供生物栖息地、维护生物多样性、净化水质等重要功能。水质较好湖泊在保障饮用水安全和湖泊流域生态环境安全方面发挥着重要作用,对支撑湖泊流域内甚至流域外的经济社会发展及区域生态平衡具有重要意义。

　　目前,我国一些水质较好湖泊面临污染和生态退化的威胁,2007 年太湖蓝藻水华爆发事件,将湖泊水库水生态安全问题进一步提上日程,受到社会各界广泛关注。党中央、国务院高度重视水安全和河湖管理保护工作,党的十九大明确了树立和践行“绿水青山就是金山银山”的理念,将习近平总书记的生态文明和绿色发展理念融入水生态环境治理,由原来的“重治理、轻保护”变为“防治并举,保护优先”,建立健全水质较好湖泊生态环境保护长效机制,实行“一湖一策”的湖泊生态环境保护方式,解决好河湖管理保护的突出问题。

　　邛海是四川省第二大天然淡水湖,是西昌市旅游经济发展的核心部分,邛海-泸山风景区是四川省十大风景旅游区之一,是旅游疗养的胜地和天然的水上运动场所,是西昌市社会、经济、文化赖以生存的生命之源,被誉为西昌市的“母亲湖”。邛海既是西昌市主要水源地,又是动植物栖息生存繁衍的重要环境,以西南地区特有的封闭与半封闭湿地类型,孕育出了邛海湿地特有的生物多样性,在维持区域生态平衡和保持生物多样性方面发挥着不可替代的作用,对西昌的气候、生态环境、社会经济发展,起着举足轻重的作用。然而邛海湿地生态环境保护正面临巨大的困境,社会经济的不断发展导致湿地受人类活动影响不断加剧,湿地生态环境面临较严重威胁。

### 3.1.2 项目的必要性

当前，邛海湿地生态环境中提出的生态保护措施，在与用地管理和经济发展相结合方面还存在诸多不足，生态环境保护措施的有效性和落地性难以保证。随着《水污染防治行动计划》的出台，为水环境污染治理和生态修复指明了方向，进一步加大了生态环境保护力度。2018 年 1 月，中共中央办公厅、国务院办公厅印发《关于在湖泊实施湖长制的指导意见》，指出在湖泊实施湖长制是贯彻党的十九大精神、加强生态文明建设的具体措施，是关于全面推行河长制的意见提出的明确要求，是加强湖泊管理保护、改善湖泊生态环境、维护湖泊生态健康、实现湖泊功能永续利用的重要制度保障。

邛海湿地是一个物种多样、生物分布复杂、生态服务功能丰富的综合区域。通过开展邛海的生态安全调查与污染控制，研判邛海的生态现状，并通过水域岸线管理保护、水资源保护、水生态修复等改善邛海水质，切实加强生态环境保护，是构建人与自然和谐发展的重要举措。

因此，按照保护优先、自然恢复为主的原则，实施邛海的生态安全调查与污染控制项目，将有助于实现"河畅、水清、岸绿、景美"的目标。

### 3.1.3 编制依据

1. 法律法规
(1)《中华人民共和国环境保护法》；
(2)《中华人民共和国水法》；
(3)《中华人民共和国水污染防治法》；
(4)《中华人民共和国防洪法》；
(5)《中华人民共和国水土保持法》；
(6)《中华人民共和国森林法》；
(7)《中华人民共和国渔业法》；
2. 规范性文件
(1)中共中央办公厅、国务院办公厅印发《关于全面推行河长制的意见》(2016 年 12 月 11 日印发)；
(2)《关于在湖泊实施湖长制的指导意见》(中共中央办公厅、国务院办公厅)；
(3)《国务院关于实行最严格的水资源管理制度的意见》(国发〔2012〕3 号)；
(4)《国务院办公厅关于印发湿地保护修复制度方案的通知》(国发〔2016〕89 号)；
(5)《财政部关于推进山水林田湖生态保护修复工作的通知》(财建〔2016〕

725 号）；

（6）《入河排污口监督管理办法》，水利部令第 47 号修改，2015 年 12 月 16 日；

（7）《<四川省贯彻落实关于全面推行河长制的意见实施方案>的通知》（川委发〔2017〕3 号）；

（8）《四川省人民政府关于全面推进节水型社会建设的通知》（川府发〔2011〕39 号）；

（9）《四川省饮用水水源保护管理条例》（2019 年修订）；

（10）《四川省天然林保护条例》；

（11）《四川省湿地保护条例》；

（12）《四川省人民政府关于印发<水污染防治行动计划>四川省工作方案的通知》（川府发〔2015〕59 号）；

（13）《四川省环境污染防治"三大战役"实施方案》的通知（川委厅〔2016〕92 号）；

（14）《中共四川省委、四川省人民政府关于全面加强生态环境保护坚决打好污染防治攻坚战的实施意见》（川委发〔2018〕31 号）；

（15）《凉山州人民政府办公室关于印发水污染防治行动计划凉山州实施方案的通知》（凉府办发〔2016〕18 号）。

3. 技术标准

（1）《集中式饮用水水源地环境保护状况评估技术规范》（HJ 774—2015）；

（2）《城镇污水处理厂污染物排放标准》（GB 18918—2002）；

（3）《生活垃圾填埋场污染控制标准》（GB 16889—2008）；

（4）《地表水环境质量标准》（GB 3838—2002）；

（5）《水资源评价导则》（SL/T 238—1999）；

（6）《污水综合排放标准》（GB 8978—1996）；

（7）《水环境监测规范》（SL 219—2013）；

（8）《地表水资源质量评价技术规程》（SL 395—2007）；

（9）《生活饮用水卫生标准》（GB 5749—2006）；

（10）《水土保持监测技术规程》（SL 277—2002）。

## 3.1.4　指导思想

以习近平新时代中国特色社会主义思想为指导，深入贯彻党和国家关于生态文明建设要求，扎实推进生态文明建设。深入落实《水污染防治行动计划》《水污染防治专项资金管理办法》及"河长制""一河一策"的要求，牢固树立生态文明理念，坚持"节水优先、空间均衡、系统治理、两手发力"的工作方针，坚持在促进发展中加强生态保护、在加强生态保护中促进发展，统筹人与自然和谐发展。以保护水资源、管护水域岸线、防治水污染、改善水环境、修复水生态为主要任务，围绕打赢碧水保卫战，大力实施沱江、岷江、涪江、渠江流域水生态环境综合治理。

### 3.1.5 调查范围及方法

1.调查范围

项目编制范围以邛海流域水域为主，同时包括邛海流域水质影响较大的重要支流干沟河、官坝河、鹅掌河、小箐河、踏沟河、朱家河、缺缺河、土城河、高仓河和龙沟河。

调查范围为邛海流域 307.67 km² 区域，重点调查邛海湖区及周边，涉及西昌市川兴镇、西郊乡、海南乡、大兴乡、高枧乡、大箐乡 1 镇 5 乡及昭觉县普诗乡和玛增依乌乡、喜德县东河乡，共 8 乡 1 镇。

2.调查内容

调查邛海流域内乡镇的社会经济状况、水土资源利用状况、污染状况等基础状况，饮用水源地、栖息地、湖滨带、旅游等生态服务状况，湖区水质、生物多样性、底质和入湖河流水质等生态系统状态，以及流域资金投入、污染治理、产业结构调整、监管能力等生态环境保护状况，识别主要环境问题。

3.调查方法

本次调查评估采用现场调查、卫星遥感解译、资料收集等方法。现场走访调查企业单位、居住人口、排污口分布、污染治理及湿地工程建设情况、流域生态环境状况等；通过卫星遥感解译分析区域生态环境质量状况、植被覆盖及土地利用等情况；收集生态环境、统计、住建、水利、自然资源、农业、林业等部门历史资料，进行基础环境状况及演变趋势分析。

## 3.2 基本情况

### 3.2.1 邛海流域概况

邛海属长江流域，雅砻江水系，湖面呈 L 形，南北长 11.5 km，东西最宽 5.5 km，湖周长 37.4 km，邛海湖面面积约 31 km²。邛海正常蓄水位海拔 1510.3~1510.5 m，平均水深 10.95 m，最大水深 18.32 m，储水量 3.2 亿 m³，湖面多年平均年降水深 989 mm，多年平均湖面降水量 2650×10⁴ m³，湖泊补给系数 9.97，湖水滞留时间约 834 d。邛海水下地形周边坡度变化较大，东北方向地形较为复杂(图 3.2-1 和表 3.2-1)。

图 3.2-1　邛海总平面图

表 3.2-1　邛海划界范围情况表

| 河湖名称 | 地理位置 | 湖面面积/km² | 周长/km | 长/km | 宽/km | 正常蓄水位/m |
|---|---|---|---|---|---|---|
| 邛海 | 距西昌市区约 3 km | 31 | 37.4 | 11.5 | ≤5.5 | 1510.3~1510.5 |

邛海为乌蒙山和横断山边缘断裂陷落形成的湖泊湿地,具有相对闭合的地理环境特征,其汇水面山-湖岸-湖滨-湖盆的形态特征具有典型性,是我国西南地区特有的封闭半封闭湿地类型,是城市周边弥足珍贵的自然湿地。同时,邛海是西昌市的重要饮用水水源地,也为湖周和下游农田提供灌溉用水。邛海湿地风景区是国家AAAA 级旅游景区、四川省十大风景名胜区之一。由此可以看出,邛海集饮用、灌溉、天然养殖、旅游景观、水上运动、调节气候等多种功能于一体(图 3.2-2)。

1. 主要支流

邛海周边共有大小河流 10 余条,水体环流多而且速度快。邛海汇水河流北有干沟河(含高沧河),东有官坝河,南有鹅掌河,次一级的河流有小菁河、踏沟河、龙沟河等。以上河流汇入邛海后,由海河排泄,海河自邛海西北角流出后,在西昌城东和城西纳入东河、西河后转向西南注入安宁河。流域内支沟、冲沟密布,长度大于 1 km 的支沟众多,水系密度达 0.68 条/km²。官坝河、鹅掌河、小菁河、干沟河和大沟河为一年四季长流水河流,其余河流均为季节性河流,雨季产流旱季基本断流(表 3.2-2)。

图 3.2-2　邛海湿地风景区

表 3.2-2　邛海流域河流水文特征值

| 河名 | 流域面积 /km$^2$ | 河流长度 /km | 平均比降 /‰ | 多年平均年径流深 /mm | 多年平均年径流量 /($10^8$m$^3$) | 多年平均流量 /(m$^3$·s$^{-1}$) |
| --- | --- | --- | --- | --- | --- | --- |
| 官坝河 | 121.6 | 21.9 | 58.6 | 440 | 0.535 | 1.696 |
| 鹅掌河 | 50.14 | 10.59 | 101.9 | 440 | 0.221 | 0.7 |
| 干沟河（含高沧河） | 31.58 | 9.63 | 30.6 | 420 | 0.133 | 0.422 |
| 大沟河 | 10.23 | 3.35 | 18.8 | 415 | 0.043 | 0.136 |
| 小菁河 | 6.375 | 3.35 | 99.7 | 415 | 0.026 | 0.082 |
| 踏沟河 | 5.175 | 4.3 | 124.7 | 415 | 0.021 | 0.067 |
| 红眼河 | 3.725 | 3.45 | 107 | 415 | 0.015 | 0.048 |
| 龙沟河 | 2.165 | 2.2 | 104.5 | 415 | 0.009 | 0.028 |
| 各小溪及坡面 | 49.915 | | | 410 | 0.205 | 0.65 |

2. 主要水库

西昌市已建在运行水库现有 17 座，其中小（一）型 1 座，小（二）型 16 座，分别分布于 9 个乡镇，总库容 6.89 亿 m$^3$。境内 17 座小型水库 90% 建于 20 世纪 70 年代，都为均质土坝。

目前，全部小型水库由水库所在乡、村、组自行管理，水务部门于 2010 年出文要求各水库严禁网箱养鱼，杜绝肥水养殖，现各水库运行中已禁止以上两类现象存在，水库水质保持较好类别，改善水质工程投资由受益村组自行承担解决。17 座小型水库全部达到Ⅲ类及以上水质。全部水库无饮水水源点及水源保护范围(表 3.2-3)。

表 3.2-3　西昌市水库统计表

| 序号 | 水库名称 | 主坝所在乡镇 | 总库容/(万 m³) | 水库规模 | 工程等别 | 所在河流 |
|---|---|---|---|---|---|---|
| 1 | 大沟水库 | 阿七乡 | 65 | 小(二) | V | 安宁河 |
| 2 | 马厂水库 | 大兴乡 | 39 | 小(二) | V | 邛海 |
| 3 | 小水水库 | 高枧乡 | 26 | 小(二) | V | 邛海 |
| 4 | 深沟水库 | 马道镇 | 17.2 | 小(二) | V | 安宁河 |
| 5 | 四五水库 | 西溪乡 | 69 | 小(二) | V | 西溪河 |
| 6 | 兴国寺水库 | 西溪乡 | 94 | 小(二) | V | 西溪河 |
| 7 | 北河水库 | 西溪乡 | 98 | 小(二) | V | 西溪河 |
| 8 | 蔡家沟水库 | 西溪乡 | 70 | 小(二) | V | 西溪河 |
| 9 | 长村水库 | 裕隆乡 | 210 | 小(一) | Ⅳ | 安宁河 |
| 10 | 垭口水库 | 阿七乡 | 44 | 小(二) | V | 安宁河 |
| 11 | 崔家营水库 | 中坝乡 | 17.3 | 小(二) | V | 安宁河 |
| 12 | 烂泥箐水库 | 佑君镇 | 36 | 小(二) | V | 安宁河 |
| 13 | 三块石水库 | 中坝乡 | 23.7 | 小(二) | V | 安宁河 |
| 14 | 先锋水库 | 西溪乡 | 19 | 小(二) | V | 西溪河 |
| 15 | 城窑水库 | 海南乡 | 35.6 | 小(二) | V | 邛海 |
| 16 | 柳树桩水库 | 西溪乡 | 41 | 小(二) | V | 西溪河 |
| 17 | 大板桥水库 | 高枧乡 | 18 | 小(二) | V | 安宁河 |

### 3. 邛海流域环境功能区划分

邛海已开展了环境功能区划研究，根据不同功能区的特点及其发展方向，制定环境保护与生态建设对策措施。《邛海流域环境规划》中，根据邛海环境功能区划的原则和定量化区划依据，以及对有关农业和林业等专业区划和社会经济发展规划等资料的分析研究，以保护邛海流域水环境，建立具有特色和示范意义的生态建设区，控制水土流失，保护流域生态环境为目的，将邛海流域划分为 3 个环境保护区，并分 11 个亚区(表 3.2-4)。

表 3.2-4　邛海流域环境功能区划分情况

| 序号 | 环境功能区 | 环境功能亚区 |
|---|---|---|
| 1 | Ⅰ区：邛海水体核心保护区 | Ⅰ1：邛海主水体重点保护亚区 |
| | | Ⅰ2：邛海未来主要开发利用亚区 |
| | | Ⅰ3：邛海主要控制污染亚区 |
| 2 | Ⅱ区：邛海湖滨生态经济区 | Ⅱ1：邛海湖滨西北岸城镇生态经济亚区 |
| | | Ⅱ2：邛海湖滨东北岸生态农业旅游亚区 |
| | | Ⅱ3：邛海湖滨南岸生态农业亚区 |
| | | Ⅱ4：邛海湖滨西岸旅游亚区 |
| 3 | Ⅲ区：邛海湖滨外围台地中山水源涵养区 | Ⅲ1：邛海东北部干沟河水源保护亚区 |
| | | Ⅲ2：邛海东部官坝河水源涵养、水土流失治理亚区 |
| | | Ⅲ3：邛海南部鹅掌河水源涵养、水土流失治理亚区 |
| | | Ⅲ4：邛海西部泸山天然林保护亚区 |

(1)邛海水体核心保护区(Ⅰ区)

①范围。正常蓄水位 1510.3 m 下邛海水体面积 27.87 $km^2$，共分三个亚区，即邛海主水体重点保护亚区(编号Ⅰ1)、邛海未来主要开发利用亚区(编号Ⅰ2)、邛海主要控制污染亚区(编号Ⅰ3)。

②环境功能。邛海是西昌市的饮用水水源地，每年供水量为 502 万 $m^3$，同时邛海具有渔业、旅游、交通等环境功能。

(2)邛海湖滨生态经济区(Ⅱ区)

①范围。包括邛海水体核心保护区至盆地与半山区交界处，海拔高度为 1510.3~1800.0 m，面积为 116.25 $km^2$，分为四个亚区，即邛海湖滨西北岸城镇生态经济亚区(编号Ⅱ1)、邛海湖滨东北岸生态农业旅游亚区(编号Ⅱ2)、邛海湖滨南岸生态农业亚区(编号Ⅱ3)、邛海湖滨西岸旅游亚区(编号Ⅱ4)。

②环境功能。本区域地势平坦、土壤肥沃、气候温和、雨量充沛，是西昌市生态农业基地，同时旅游业发达，是西昌市的重要旅游景区，著名的泸山风景名胜区位于邛海西岸，其他民营的旅游景点遍布邛海沿岸。

(3)邛海湖滨外围台地、中山水源涵养区(Ⅲ区)

①范围。邛海流域的半山区、山区，海拔范围为 1800 m 至山脊线，面积约 175.14 $km^2$。分为四个亚区，其中邛海东北部干沟河水源保护亚区(编号Ⅲ1)，面积为 16.00 $km^2$；邛海东部官坝河水源涵养、水土流失治理亚区(编号Ⅲ2)，面积为 99.19 $km^2$；邛海南部鹅掌河水源涵养、水土流失治理亚区(编号Ⅲ3)，面积

为 55.39 km²；邛海西部泸山天然林保护亚区(编号Ⅲ4)，面积为 4.56 km²。

②主要环境功能。本区域是邛海的水源涵养地，具有提高森林生态系统涵养水源的功能。

## 3.2.2　自然环境特征

### 1.地理位置

邛海流域地处我国西南亚热带高原山区，印度洋西南季风暖湿气流北上的通道上。邛海是四川省第二大淡水湖泊，位于凉山州西昌市城东南，距市区约 3 km。

### 2.地形地貌

邛海流域以山地为主，谷坝次之，形成"八分山地、二分坝"和坝内"八分山地、二分水"的比例状态。流域地貌形态除周围的中、高山外，中间主要是邛海湖盆区。

### 3.地质特征

邛海流域为东、北、南高山环绕向西侵蚀开口的中高山和断陷积盆地地形，海拔为 1507~3263 m，断陷盆地长 18~20 km，宽 5~8 km，总面积为 108 km²，盆地西北向为盆口，与安宁河断陷河谷平原相连，历史上受安宁河断裂带东支断裂影响显著。从流域环山来看，山体为中深切谷、剥蚀、侵蚀构造中高山，主要表现为褶皱；东南体现为断块山，受则木河断裂带控制，断裂密集，岩性软弱，坡度较缓，岩石强度高，坡度较陡，一般为 30°~50°。此外，因受地质断裂带影响，流域内地震活动频繁且强烈，历史上多次发生强震，区域稳定性差。

邛海流域区从中生界到新生界地层均有出露，总体上看，从西往东，地层时代由老向新过渡，岩性比较简单，主要特征为发育一套软硬相间的中生代红层。其中，软弱岩层有薄层的泥岩、粉砂质泥岩、泥质粉砂岩、泥灰岩、页岩和钙质胶结的粉砂岩等，极易遭受风化剥蚀，引发大范围水土流失和泥石流。

### 4.气候气象

西昌市属热带高原季风气候区，地处低纬度、高海拔地区，受西南季风及东南内陆干旱季风交替的影响，冬暖夏凉、四季如春，素有"小春城"之称。具体气候气象特征如下：

(1)光照充足，热量丰富，气候暖和，冬暖夏凉，春秋长、冬夏短，年日照时数 2431.4 h，年均日照率为 55%，太阳辐射能为 5.71×10⁵ J/cm²。平均温度为 17.1℃，极端最高温度为 39.7℃，极端最低温度为-5℃，年平均无霜期为 280 d，1 月平均气温为 9.5℃，7 月平均气温为 22.5℃。春秋季长 283 d，夏季长 56 d，冬季长 26 d。大于 10℃时年效积温 5329.9℃。

(2)雨量充沛，干湿季分明。年平均降雨量为1004.3 mm，主要集中于5~10月，占全年的92.8%，而这6个月中又以7、8、9三个月降雨量最为集中，11月至翌年4月降雨量仅占全年的7.2%。年平均蒸发量为1945 mm，1~4月平均湿度在60%以下，多干风；5~12月平均湿度在60%以上，具有明显冬季干旱、夏秋多雨的特点。

(3)年温差小，日温差大。年温差为13.1℃，日温差为10~14℃，具有高原气候特点。

(4)具有垂直差异，气温随海拔升高而递减，每升高100 m温度下降0.59℃，降雨量增加30 mm。

### 3.2.3 流域社会经济现状

1.行政区划

邛海流域包括西昌市的川兴镇、西郊乡(部分)、海南乡、大兴乡、高枧乡、大箐乡1镇5乡及昭觉县普诗乡、玛增依乌乡和喜德县东河乡的部分地区。2019年1月，根据《关于西昌市、昭觉县、喜德县行政区划调整的决议》，昭觉县普诗乡、玛增依乌乡和喜德县东河乡划归西昌市。

2.人口

凉山州是全国最大的彝族聚居区和四川省民族类别最多、少数民族人口最多的地区。首府西昌市，因海拔较高，天空洁净清朗，月亮晶莹洁洁，素有"月城"之雅称，也是举世闻名的中国航天城。西昌市2020年年末户籍总人口为72.58万人，在总人口中，男性人口36.63万人，约占总人口的50.5%。少数民族人口21.14万人，约占总人口的29.1%。根据第七次全国人口普查结果，2020年年末常住总人口为95.5万人，城镇化率为66.63%。

邛海流域总人口约12万人，人口组成的特点是多民族杂居，以汉族和彝族居多。农业人口超7成，非农业人口主要分布在邛海西岸，其余区域基本以农业人口为主。

3.社会经济

经凉山州统计局统一核算，西昌市2020年全年实现地区生产总值5736179万元，按可比价格计算，同比增长2.7%。其中第一产业实现增加值552159万元，第二产业实现增加值2316158万元，第三产业实现增加值2867862万元(图3.2-3)。

西昌市2020年三次产业占GDP的比重为9.62%、40.38%和50.00%。

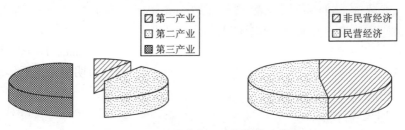

图 3.2-3　西昌市产业结构构成比例图

4. 流域农业生产现状

与农业人口比例高、农业从业人员多的特点相一致，邛海流域以农业经济为主，湖盆区域农林牧渔业总产值 59942 万元，约占西昌市农业牧渔业总产值的 13.3%。流域农业经济中，农业、牧业所占比例较大，渔业、林业所占比例较小。根据统计数据，农业约占 59.0%，畜牧业占 30.7%，渔业、林业分别占 4.3% 和 3.2%（图 3.2-4）。

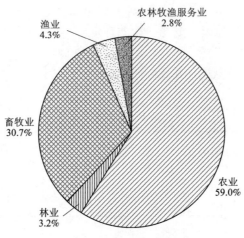

图 3.2-4　邛海流域农业产值分布

## 3.3　邛海水生态环境现状调查与评价

### 3.3.1　水资源保护利用现状调查评价

1. 水资源状况

（1）水资源量

西昌市全市水资源总量为 59.093 亿 m³。按其地域分，邛海湖盆占 12.2%，约为 7.21 亿 $m^3$。邛海流域地表水径流深为 362 mm，径流量为 1.226 亿 $m^3$，外来入境水量为 2.950 亿 $m^3$，邛海蓄水量为 2.95 亿 $m^3$。

（2）水资源质量

邛海水质符合《地表水环境质量标准》（GB 3838—2002）Ⅱ类标准，营养化水平为中营养。

（3）用水量情况

西昌市邛海为西昌市二水厂饮用水源，取水规模为 3.2 万 t/d，实际年取水量为 1260 万 $m^3$。

邛海流域有 3 座小（二）型水库，总库容 83 万 $m^3$，均用于农田灌溉。

（4）水资源评价

邛海流域水资源总量为 7.21 亿 $m^3$，占西昌市全市水资源总量的 12.2%，邛海为二水厂水源地，年取水量 1260 万 $m^3$。邛海为重要的生态湿地，自身生态需水较大，其水资源保障能力急需加强。

2. 水功能区划

根据《国务院关于全国重要江河湖泊水功能区划（2011—2030 年）的批复》（国函〔2011〕167 号）和国家发改委、生态环境部《关于印发全国重要江河湖泊水功能区划（2011—2030 年）的通知》（水资源〔2012〕131 号），邛海保护区属于国家一级水功能区，水质目标执行Ⅱ类标准（表 3.3-1）。

表 3.3-1　水功能区划表

| 序号 | 一级水功能区名称 | 地级行政区 | 范围 | | 面积 /km² | 水质目标 | 类型 |
| --- | --- | --- | --- | --- | --- | --- | --- |
| | | | 起始断面 | 终止断面 | | | |
| 1 | 邛海保护区 | 凉山彝族自治州 | 邛海 | 邛海 | 31 | Ⅱ | 保护区 |

邛海流域为四川省重要饮用水水源地，为四川省禁止开发区域。目前，邛海保护区 COD 纳污能力为 1127.35 t/a，限制排放总量为 1127.35 t/a；氨氮纳污能力为 206.90 t/a，限制排放总量为 206.90 t/a。TP 纳污能力为 71.52 t/a，限制排放量为 71.52 t/a；TN 纳污能力 363.07 t/a，限制排放量为 363.07 t/a。

## 3.3.2　饮用水水源地保护现状调查评价

1. 邛海饮用水水源地基本情况

邛海为西昌市二水厂饮用水水源地，建成于 1986 年 1 月，是西昌市城区 20 万城镇人口的重要饮用水水源地之一,主要供沿线居民及下半城居民生活用水。该水源地取水规模为3.2万t/d,由于西昌存在季节性缺水,邛海水源地还承担着一定的供水任务。

2. 保护区调整划分情况

邛海水源地于2013年经四川省人民政府批准划定为水源地保护区,并按照国家要求投入290万元,对该水源地进行了保护及水质在线监测(表3.3-2)。

表 3.3-2　邛海饮用水水源保护区划分成果表

| 水源取水口地址 | 邛海湖西岸 | |
| --- | --- | --- |
| 保护区级别 | 各级保护区界址 | 防护工程 |
| 一级保护区 | 以取水口为圆心,半径为300 m的湖面水域;一级水域保护区沿岸正常水位线以上,水平纵深至防护堤顶的陆域。 | 防护堤和隔离网1800 m |
| 二级保护区 | 一级水域保护区外取水口下游2800 m以上的湖面水域,从官坝河和鹅掌河的入湖口断面上溯3000 m的水域;水平纵深至分水线或防护隔离堤顶(为分水线)的正常水位线以上的陆域,官坝河和鹅掌河沿岸河堤内侧的陆域。 | 防护堤 |
| 准保护区 | 一、二级水域保护区外的湖面水域;一、二级陆域保护区外不超过分水线的陆域。 | |

3. 水源地保护区管理情况

西昌市邛海饮用水水源地管理机构为邛海泸山风景区管理局,机构共有56人。目前,不仅对水源地保护区建立了管理制度,还制定了相应的应急预案。

为切实加强对城市集中式饮用水水源地的监管,按照《凉山州环境保护局关于加强城市集中式饮用水水源地管理的通知》的要求,成立饮用水源保护工作领导小组,各部门明确责任、协调配合、各尽其责,共同管好饮用水源保护区;严格核查,采取日常巡查、禁止建设对饮用水质有影响的项目,依法清理、搬迁、关闭保护区内的污染源及清查界碑等措施保障饮用水源安全。

西昌市环境监察执法大队不断加强对水源地的监管力度,对保护区内利用污水灌溉,利用有毒有害淤泥作肥料,使用高毒、高残留农药的行为,坚决予以制止,确保保护区内各类排污达标。

4. 水源地监测情况

邛海水源地水质监督性监测由凉山生态环境监测站承担,日常监测由西昌市自来水公司负责。监测数据显示，邛海城市集中式饮用水水源地水质达到或优于《地表水环境质量标准》(GB 3838—2002)Ⅲ类比例达100%。

### 3.3.3 水环境质量现状调查评价

#### 3.3.3.1 邛海水质调查

根据水质监测数据，近年来邛海水质满足《地表水环境质量标准》(GB838—2002)Ⅱ类水域标准，水质良好。但受邛海周边旅游压力的增加，及周边乡镇快速发展的影响，邛海水中氨氮、总磷呈逐年增大的趋势，需采取相关治理措施。

1. 邛海水质监测断面

凉山生态环境监测站承担邛海常年连续的水质监测工作，监测断面有4处，具体见表3.3-3。

表 3.3-3　邛海各监测断面一览表

| 湖泊 | 断面名称 | 断面所在地 | 断面级别 | 规划水质 |
|---|---|---|---|---|
| 邛海 | 青龙寺 | 西昌市 | 国控 | Ⅱ |
| | 二水厂 | 西昌市 | 省控 | Ⅲ |
| | 邛海湖心 | 西昌市 | 国控 | Ⅱ |
| | 邛海宾馆 | 西昌市 | 国控 | Ⅱ |

2. 监测频率及指标

邛海各断面监测频次为每月一次。

监测指标为《地表水环境质量标准》(GB 3838—2002)表1、表2、表3中各项指标，包括水温、pH、透明度、高锰酸盐指数、溶解氧、五日生化需氧量、化学需氧量、氨氮、总磷、总氮、氰化物、挥发酚、铅、镉、汞、石油类、氟化物、硒、砷、铜、锌、铬(六价)、阴离子表面活性剂、粪大肠菌群、悬浮物、硫化物、硫酸盐、氯化物、硝酸盐、铁、锰、叶绿素a 32个项目。

3. 水质评价

邛海水质按《地表水环境质量标准》(GB 3838—2002)Ⅱ类水域标准进行评价(表3.3-4)。

表 3.3-4　邛海 2020 年水质监测结果一览表

| | 月份 | 1 | 2 | 3 | 4 | 5 | 6 | 7 | 8 | 9 | 10 | 11 | 12 |
|---|---|---|---|---|---|---|---|---|---|---|---|---|---|
| 断面名称 | 青龙寺 | Ⅱ | Ⅱ | Ⅰ | Ⅱ | Ⅱ | Ⅱ | Ⅱ | Ⅱ | Ⅱ | Ⅱ | Ⅲ | Ⅱ |
| | 二水厂 | Ⅱ | Ⅱ | Ⅱ | Ⅱ | Ⅱ | Ⅱ | Ⅱ | Ⅱ | Ⅱ | Ⅱ | Ⅲ | Ⅱ |
| | 邛海湖心 | Ⅱ | Ⅱ | Ⅱ | Ⅱ | Ⅱ | Ⅱ | Ⅱ | Ⅱ | Ⅱ | Ⅲ | Ⅲ | Ⅱ |
| | 邛海宾馆 | Ⅱ | Ⅱ | Ⅱ | Ⅲ | Ⅱ | Ⅱ | Ⅲ | Ⅱ | Ⅱ | Ⅱ | Ⅲ | Ⅱ |

根据 2020 年邛海各断面监测结果，2020 年邛海水质符合《地表水环境质量标准》(GB 3838—2002) Ⅱ类水域标准，水质良好。从 4 个监测点位的监测数据对比来看，邛海宾馆处水质相对最差，该区域距离市区较近，周边居民点、单位较多，对水质有一定影响。

4. 邛海水质变化趋势

(1) 总体变化趋势

根据凉山州监测站 1997 年以来的水质监测资料分析，邛海近年来水质状况的变化过程大致如下：

1997—2003 年，水质最差是在 1999 年，为Ⅲ至Ⅳ类水，水质明显下降；海河口监测点 TN、TP 因子均超标，且 TP 超过Ⅲ类标准值；邛海公园处 TP 亦超过Ⅲ类标准。2001 年，邛海水质为Ⅲ类水，污染形势缓解，TN、TP 因子基本控制在Ⅱ~Ⅲ类标准。但海河口 TP 因子仍存在超Ⅲ类标准现象。

2003 年，邛海水质为Ⅱ~Ⅲ类水，水质明显改善，三个监测点 TN 因子均在Ⅰ~Ⅱ类的标准值范围内；TP 因子亦基本控制在Ⅱ~Ⅲ类标准。然而，部分 TP 因子监测数据波动较大，波动范围为 0.01~0.07 mg/L，丰水期两次出现高浓度，分析原因，应与丰水期降雨径流等带入大量高浓度 TP 进入邛海有关。此外，该年高锰酸盐指数在丰水期有所上升，其余因子浓度基本达到Ⅱ类水标准。

整体看来，20 世纪末随着社会经济的发展，特别是邛海内网箱养鱼的盛行，污染负荷极大增加，邛海水质受到显著影响；21 世纪初，由于相关环保措施和政策的实施，特别是取消了邛海网箱养鱼后，水体污染逐步得到控制，主要污染因子如 TN、TP 因子浓度显著下降，目前邛海大部分水体水质已为Ⅱ~Ⅲ类水，属轻度污染水体。

(2) 水质变化趋势

由监测结果可知，邛海近十年来整体保持在Ⅱ~Ⅲ类水的状态，其中总磷、总氮两项指标不能稳定达标，特别是总磷基本维持在Ⅲ类。除总磷、总氮外，其余指标均能稳定保持在Ⅱ类。总体来看，2004—2006 年邛海水质相对较差，2006 年以后水质有所好转，总磷、总氮是邛海的主要污染因子。

（3）TN、TP 变化趋势

TN、TP 是反映湖泊水体富营养化水平的重要指标，而总磷、总氮也是邛海的主要污染因子，因此选取 2002—2010 年连续 9 年邛海二水厂、邛海公园、海河口和青龙寺四个监测点位连续监测数据来分析 TN、TP 浓度变化趋势（图 3.3-1）。

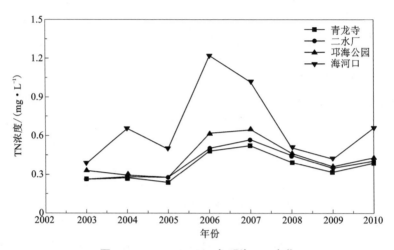

图 3.3-1　2002—2010 年邛海 TN 变化

2002—2010 年邛海 TN 浓度经历了一个先上升后下降的过程，整体在波动中上升，其中出现两个峰值，分别是 2004 年和 2006 年，特别是 2006 年的 TN 浓度值最高，且各监测点变化基本一致，以海河口浓度最高。据调查，邛海周边 2006 年为举办冬旅会，新增、改建、扩建了几个大的景点，新增许多大型餐饮娱乐设施，大型人为施工和其他开发活动对邛海水质带来显著影响，今后应严加管理，让邛海的总氮污染控制在一定水平。

2002—2010 年邛海 TP 浓度年际变化整体呈现先减小后增加的趋势，TP 浓度在 2006 年出现最低值，随后呈逐渐增加的趋势。特别是海河口的 TP 浓度较其他三个监测点明显要高很多，在 2006 年以后上升趋势非常明显，其他三个监测点中二水厂、青龙寺在 2008 年以后呈现出下降趋势，邛海公园监测点 2008 年后保持稳定，略有上升（图 3.3-2）。

综上所述：邛海主要污染指标 TN、TP 浓度在近 9 年的变化中，总体趋势是在波动中有所上升，湖体水质有所下降。其间，TN、TP 浓度变化均经历 1 次或 2 次峰值，一直维持在相对较高的状态，这主要是受到邛海周边各种宾馆、餐厅等生活源及周边农村面源的影响。

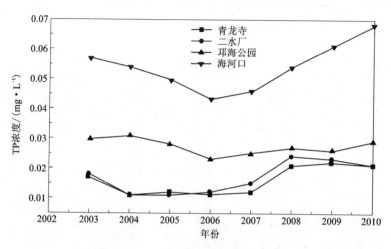

图 3.3-2　2002—2010 年邛海 TP 变化

根据凉山州环境监测站 2002—2011 年连续十年对邛海的例行监测数据，采用综合营养状态指数法 $[TLI(\sum)]$ 对邛海营养状态变化趋势进行分析及评价，结果见表 3.3-5。

表 3.3-5　2002—2011 年邛海营养状态变化趋势

| 年份 | 监测点 | 青龙寺 | 二水厂 | 邛海公园 | 海河口 | 平均 |
|---|---|---|---|---|---|---|
| 2002 | 指数值 | — | 34.02 | 36.9(小渔村) | 39.34 | 36.75 |
| | 营养状态分级 | — | 中营养 | 中营养 | 中营养 | 中营养 |
| 2003 | 指数值 | 32.47 | 33.22 | 36.13 | 44.42 | 36.56 |
| | 营养状态分级 | 中营养 | 中营养 | 中营养 | 中营养 | 中营养 |
| 2004 | 指数值 | 32.30 | 33.05 | 37.41 | 50.18 | 38.23 |
| | 营养状态分级 | 中营养 | 中营养 | 中营养 | 轻度富营养 | 中营养 |
| 2005 | 指数值 | 33.79 | 35.51 | 39.21 | 50.61 | 39.78 |
| | 营养状态分级 | 中营养 | 中营养 | 中营养 | 轻度富营养 | 中营养 |
| 2006 | 指数值 | 36.08 | 37.63 | 41.86 | 53.87 | 42.36 |
| | 营养状态分级 | 中营养 | 中营养 | 中营养 | 轻度富营养 | 中营养 |

续表3.3-5

| 年份 | 监测点 | 青龙寺 | 二水厂 | 邛海公园 | 海河口 | 平均 |
|---|---|---|---|---|---|---|
| 2007 | 指数值 | 33.12 | 35.01 | 38.63 | 49.09 | 38.96 |
| | 营养状态分级 | 中营养 | 中营养 | 中营养 | 中营养 | 中营养 |
| 2008 | 指数值 | 34.51 | 36.20 | 38.44 | 45.75 | 38.72 |
| | 营养状态分级 | 中营养 | 中营养 | 中营养 | 中营养 | 中营养 |
| 2009 | 指数值 | 33.80 | 36.12 | 37.52 | 48.17 | 38.90 |
| | 营养状态分级 | 中营养 | 中营养 | 中营养 | 中营养 | 中营养 |
| 2010 | 指数值 | 33.05 | 34.90 | 38.21 | 49.34 | 38.88 |
| | 营养状态分级 | 中营养 | 中营养 | 中营养 | 中营养 | 中营养 |
| 2011 | 指数值 | 33.82 | 35.42 | 33.47 | 39.05(邛海宾馆) | 35.44 |
| | 营养状态分级 | 中营养 | 中营养 | 中营养 | 中营养 | 中营养 |

注：2002年邛海监测点位为3个，分别为青龙寺、二水厂和小渔村；2011年邛海未监测海河口数据，监测点变更为邛海宾馆。

由表3.3-5可知，2002—2011年邛海营养状态基本保持稳定，处于中营养状态。其中邛海出海河口水质状况较差，在2004—2006年出现轻度富营养，其余监测断面均保持中营养状态。

### 3.3.3.2　入湖河流水质调查

邛海流域内主要的汇入河流有官坝河、鹅掌河、青河、高仓河、干沟河、踏沟河、龙沟河、土城河等，其中官坝河、鹅掌河、干沟河和踏沟河为一年四季长流水河流，其余河流均为季节性河流，雨季产流旱季基本断流。

1. 官坝河、鹅掌河和小菁河水质现状

凉山州环境监测站从2009年开始对官坝河、鹅掌河和小菁河三条河流进行例行监测，监测项目包括《地表水环境质量标准》（GB 3838—2002）表1、表2、表3中32项指标。

（1）官坝河

官坝河在邛海北岸，源于玛增依乌乡益协祖乌村阿则母——石排顶，源头海拔2792 m，经西昌市大兴乡小花山、川兴镇焦家村，由东南流向西北转南汇入邛海。流域面积为121.6 km²，河道长度为21.9 km，平均比降为58.6‰，多年平均年径流深为440 mm，多年平均年径流量为 $5.35 \times 10^7 \text{m}^3$，多年平均流量为1.696 m³/s。官坝河及其支流两岸水土流失对邛海有较大威胁。

根据凉山州环境监测站 2012 年 1—6 月对官坝河的水质监测结果，纳入评价的 21 项监测指标中 $COD_{Mn}$、氨氮和总磷基本为 II 类，个别月份出现 III 类，其余指标都基本能达到 I 类标准，总体符合国家规定的《地表水环境质量标准》(GB 3838—2002) II 类水域标准，TP 是主要污染因子。

（2）鹅掌河

鹅掌河在邛海南岸，流域形状如同带蹼的鹅掌，因此得名。源于大箐梁子北坡，源头海拔 2590 m（域内上游分水岭立木坡海拔 3079.6 m，是邛海流域最高点），经大箐乡、大箐林场在海南乡政府左侧汇入邛海。流域面积为 50.14 km²，河道长度为 10.59 km，平均比降为 101.9‰，多年平均年径流深为 440 mm，多年平均年径流量为 $2.210×10^7 m^3$，多年平均流量为 0.700 m³/s。鹅掌河及其支流两岸水土流失对邛海有一定威胁，水土流失面积为 24.66 km²，已于 1999 年、2000 年分别治理 10.3 km² 和 14.36 km²，并取得了一定的实效。但终因治理经费的制约，其工程措施、生物措施不可能达到更高的标准要求，因此，尚需进一步进行有效治理。

根据凉山州环境监测站 2012 年 1—6 月对鹅掌河的水质监测结果，纳入评价的 21 项监测指标中除总磷、硫化物为 II 类外，其余指标都能达到 I 类标准，总体符合国家规定的《地表水环境质量标准》(GB 3838—2002) II 类水域标准，水质状况为优。

（3）小菁河

小菁河在邛海东岸，源于西昌市大箐乡民主村沙磨山，源头海拔 1845 m，经焦家村一组，于青龙寺北侧汇入邛海。流域面积为 6.375 km²，河道长度为 3.35 km，平均比降为 99.7‰，多年平均年径流深为 415 mm，多年平均年径流量为 $2.60×10^6 m^3$，多年平均流量为 0.082 m³/s。

根据凉山州环境监测站 2012 年 1—6 月对小菁河的水质监测结果，纳入评价的 21 项监测指标中除 $COD_{Mn}$、氨氮、总磷和硫化物为 II 类外，其余指标都能达到 I 类标准，总体符合国家规定的《地表水环境质量标准》(GB 3838—2002) II 类水域标准，水质状况为优。

综上，官坝河作为邛海湖最大的水源支流，每年的流入量超过总量的 50%（接近 60%），其水质对邛海湖影响较大。从近三年监测数据来看，官坝河中总氮、总磷浓度仍然较高，因此对官坝河总氮、总磷的有效控制工作还需要进一步加强。

2. 土城河、缺缺河、干沟河水质现状

邛海的西北岸由于距离市区较近，周边居民点、单位较多，湿地退化和水质污染属于相对严重区域。土城河、干沟河小流域居民点、单位较多，湿地退化和水质污染更为严重。冬季枯水期土城河、壕沟、干沟河、缺缺河入湖断面水质为Ⅳ~Ⅴ类水质标准，大大低于邛海Ⅱ类水功能区的控制要求，这几条河流对邛海水质影响较大。

### 3.3.4　水域岸线管理保护现状调查

1.水域岸线管理范围划定

邛海流域已完成河湖管理范围划界工作，并于2020年编制完成《四川省凉山州西昌市邛海河湖管理范围划定报告》，尚未编制岸线保护和利用规划。

2.岸线开发利用现状

邛海岸线开发利用主要涉及乡(镇)建设、堤防护岸、自然河岸等，水利工程主要为堤防。邛海流域内无水电站。

3.河道采砂现状

邛海流域无河道采砂。

4.航运现状

西昌市禁止使用污染性船舶。邛海水域游船码头现状见表3.3-6及图3.3-3。

表 3.3-6　邛海水域游船码头

| 序号 | 水域 | 名称 | 备注 |
|---|---|---|---|
| 1 | 邛海 | 瀛海亭码头 | 停靠小型游船 |
| 2 | 邛海 | 白鹭滩码头 | 停靠小型游船 |
| 3 | 邛海 | 钓鱼台码头 | 停靠小型游船 |
| 4 | 邛海 | 月色风情小镇码头 | 停靠小型游船 |
| 5 | 邛海 | 曲桥码头 | 停靠小型游船 |
| 6 | 邛海 | 邛海公园码头 | 停靠小型游船 |
| 7 | 邛海 | 小渔村码头 | 停靠小型游船 |

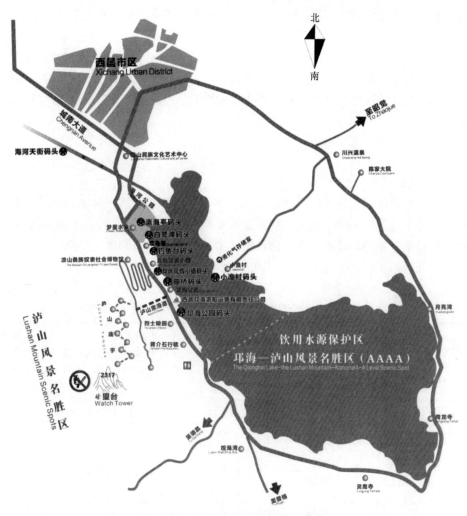

图 3.3-3　邛海水域游船码头分布图

## 3.3.5　水污染排放现状调查

### 3.3.5.1　入湖排污口调查

邛海是饮用水源地，不允许设排污口。邛海流域无工业企业，但在邛海周边湿地及部分入湖河流存在一些沟渠，这些沟渠汇集了邛海流域农村生活污水、农田汇水和散户畜禽养殖污染物，沟渠排放的污水未经处理直接进入邛海或入湖河流，影响邛海水质。

目前邛海入湖污染物量最大的地方在邛海的西北岸，该区域距离西昌市区较近，周边居民点多，还存在养殖场、屠宰场、集贸市场等，各类污水未经处理便通过土城河等小支沟直排邛海，使得该处水质污染较严重，为此还在土城河建了一处日处理污水 5000 t 的人工湿地。另外，在邛海的东岸、南岸(月亮湾、青龙寺、观海湾等)建设有一些独立的生活污水处理设施，处理后的一部分废水用于绿化，这在一定程度上减轻了对邛海的污染负荷。随着邛海旅游业的发展，旅游人数增多，入湖负荷将大大增加，邛海保护面临巨大压力，必须要加快邛海截污管网的建设。

### 3.3.5.2 城镇污染源

**1. 城镇生活污水**

**(1)治理现状**

西昌市县级污水处理厂有西昌市小庙污水处理厂、西昌市邛海污水处理厂。此 2 座污水处理厂 COD、氨氮、总磷监测频次为两小时一次，其他指标为每月一次。西昌市各乡镇均建有污水处理设施。2019 年度西昌市邛海、小庙污水处理厂共收集处理污水：3714.3 万 t，污水集中处理率为 86.46%(表 3.3-7)。

表 3.3-7　西昌市已建成城镇生活污水处理设施情况明细表

| 序号 | 设施所在地 | | 污水处理站名称 | 建成时间 | 设计出水标准 | 设计处理规模/(m³/d) | 处理工艺 | 是否正常运行 |
|---|---|---|---|---|---|---|---|---|
| | 乡镇 | 行政村 | | | | | | |
| 1 | 西郊乡(现纳入城区) | | 西昌邛海污水处理厂 | 2015.12 | | 20000 | A²/O | 是 |
| 2 | 小庙乡(现纳入城区) | | 西昌小庙污水处理厂 | 2017.07 | | 100000 | DE 氧化沟 | 是 |
| 3 | 经久乡 | | 西昌经久污水处理厂 | 2017.12 | | 10000 | A²/O | 是 |
| 4 | 高草回族乡 | 中河村 | 高草回族乡场镇生活污水处 | 2014.09 | 一级B标 | 120 | 兼氧+接触氧化 | 是 |
| 5 | 佑君镇 | 佑君村 | 佑君镇污水处理站 | 2013.09 | 一级B标 | 300 | 生物接触氧化+二氧化氯消毒 | 否 |

续表3.3-7

| 序号 | 设施所在地 | | 污水处理站名称 | 建成时间 | 设计出水标准 | 设计处理规模/(m³/d) | 处理工艺 | 是否正常运行 |
|---|---|---|---|---|---|---|---|---|
| | 乡镇 | 行政村 | | | | | | |
| 6 | 四合乡 | 四合村 | 四合乡场镇污水处理站 | 2014.06 | 一级B标 | 100 | 水解酸化+微动力接触氧化+人工湿地 | 否 |
| 7 | 黄水乡(现为黄联关镇) | 双龙村 | 黄水乡集镇污水处理站 | 2014.07 | 一级B标 | 100 | 微动力人工湿地 | 否 |
| 8 | 黄水乡(现为黄联关镇) | 双龙村 | 黄水乡双龙村污水处理站 | 2013.05 | 一级B标 | 60 | 厌氧+人工湿地 | 2019年恢复 |
| 9 | 月华乡(现为礼州镇) | 红旗村 | 月华乡污水处理站 | 2014.06 | 一级B标 | 500 | 微曝气+潜流式人工湿地 | 否 |
| 10 | 樟木箐乡 | 字库村 | 樟木箐乡污水处理站 | 2014.04 | 一级B标 | 200 | 生物接触氧化+人工湿地 | 2019年恢复 |
| 11 | 裕隆回族乡 | 六堡村 | 裕隆回族乡污水处 | 2014.08 | 一级B标 | 120 | 兼氧+接触氧化+消毒 | 是 |
| 12 | 琅环乡 | 琅环村 | 琅环乡琅环村污水处理站 | 2013.11 | 一级B标 | 60 | 微动力潜流式+人工湿地 | 是 |
| 13 | 西溪乡(现为安哈镇) | 新营村 | 西溪集镇污水处理站 | 2016.03 | 一级B标 | 500 | AO | 是 |
| 14 | 西溪乡(现为安哈镇) | 新营村 | 西溪新营村安置点污水处理站 | 2016.09 | 一级B标 | 150 | 生物接触氧化+消毒处理 | 是 |
| 15 | 太和镇 | 转山村 | 太和镇转山村污水处理站 | 2012.07 | 一级B标 | 150 | 生物接触氧化 | 是 |

续表3.3-7

| 序号 | 设施所在地 | | 污水处理站名称 | 建成时间 | 设计出水标准 | 设计处理规模/(m³/d) | 处理工艺 | 是否正常运行 |
|---|---|---|---|---|---|---|---|---|
| | 乡镇 | 行政村 | | | | | | |
| 16 | 荞地乡(现为阿七镇) | 九道村 | 荞地乡污水处理站 | 2014.06 | 一级标准 | 60 | 厌氧+自然曝氧+垂直流人工湿地 | 2019年恢复 |
| 17 | 马道镇(现纳入街道) | 围墙村 | 马道镇污水处理站 | 2014.03 | 一级A标 | 500 | AO+人工湿地 | 否 |
| 18 | 开元乡 | 开元村 | 开元乡污水处理站 | 2014.04 | | 50 | 预处理+复合型垂直流入 | 否 |
| 19 | 川兴镇 | 新桥村 | 川兴镇象鼻寺污水处理站 | 2019.04 | 一级A标 | 200 | A²O | 是 |
| 20 | 川兴镇 | 合兴村 | 川兴镇合兴村污水处理站 | 2019.04 | 一级A标 | 50 | A²O | 是 |
| 21 | 川兴镇 | 尔乌村 | 川兴镇尔乌污水处理站 | 2019.04 | 一级A标 | 150 | A²O | 是 |
| 22 | 川兴镇 | 民和村 | 川兴镇民和一组污水处理站 | 2019.04 | 一级A标 | 150 | A²O | 是 |
| 23 | 大兴乡 | 建新村 | 大兴乡大房子污水处理厂 | 2018.12 | 一级A标 | 600 | A²O | 是 |
| 24 | 大兴乡 | 大堡子 | 大兴乡大堡子污水处理站 | 2018.12 | 一级A标 | 200 | A²O | 是 |
| 25 | 阿七乡(现为阿七镇) | 阿七村 | 阿七乡集镇污水 | 2014.09 | 一级B标 | 120 | 兼氧+接触氧化人工 | 2019年恢复 |

续表3.3−7

| 序号 | 设施所在地 | | 污水处理站名称 | 建成时间 | 设计出水标准 | 设计处理规模/(m³/d) | 处理工艺 | 是否正常运行 |
| | 乡镇 | 行政村 | | | | | | |
|---|---|---|---|---|---|---|---|---|
| 26 | 安宁镇 | 康宁村 | 安宁镇污水处理站 | 2015.07 | 一级B标 | 300 | 水解酸化调节+人工湿地+紫外消毒 | 2019年恢复 |
| 27 | 兴胜乡(现为礼州镇) | 团结村 | 兴胜乡场镇生活污水处理站 | 2013.09 | 一级标准 | 25 | 水解酸化调节+生物接触氧化+沉淀 | 否 |
| 28 | 礼州镇 | 贵屯村 | 礼州镇污水处理站 | 2013.12 | 一级B标 | 1000 | 潜流式人工湿地 | 否 |
| 29 | 洛古波乡(现为安哈镇) | 洛古波村 | 洛古波乡污水处理站 | 2014.12 | 一级B标 | 10 | 厌氧调节+微曝气+沉淀 | 否 |
| 30 | 中坝乡(现为佑君镇) | 大树村 | 中坝乡场镇生活污水处理站 | 2014.08 | / | 60 | 接触氧化+氧化塘 | 否 |
| 31 | 黄联关镇 | 新镇村 | 黄联关镇集镇污水处理站 | 2014.12 | 一级A标 | 500 | 厌氧+自然曝氧+垂直流人工湿地 | 2019年恢复 |
| 32 | 安哈镇 | 长板桥村 | 安哈污水处理站 | 2016.04 | 《污水综合排放标准》 | 100 | 生物氧化+人工湿地 | 否 |
| 33 | 普诗乡(现为川兴镇) | 四呷村 | 普诗乡污水处理站 | | 一级A标 | 40 | A²O工艺 | 否 |

(2)城镇生活污水排放及污染负荷

根据《第一次污染源普查城镇产排污手册》,西昌市为四区五类城市。污水产生系数、排污系数见表3.3−8。

表 3.3-8　西昌市污水产生系数及产、排污系数

| 污水产生系数 /[L/(d·人)] | 污染物产生系数/[g/(d·人)] | | | | 污染物排放系数/[g/(d·人)] | | | |
|---|---|---|---|---|---|---|---|---|
| | COD | 氨氮 | 总氮 | 总磷 | COD | 氨氮 | 总氮 | 总磷 |
| 120 | 53 | 7.5 | 10.4 | 0.81 | 45 | 7.3 | 9.2 | 0.71 |

根据邛海流域内已建污水处理设施情况，无污水处理厂在邛海及其上游设置排污口，但不可避免有少量生活污水以各种形式进入环境，最终进入邛海。按10%流域城镇人口产生的污水考虑，城镇生活污水污染负荷按表 3.3-8 中排污系数计算，流域内城镇生活污水排污情况见表 3.3-9。

表 3.3-9　西昌市邛海流域城镇生活污水污染负荷分析

| 污水产生量/(t·a$^{-1}$) | 排污量/(t·a$^{-1}$) | | | |
|---|---|---|---|---|
| | COD | 氨氮 | 总氮 | 总磷 |
| 131400 | 49.28 | 7.99 | 10.07 | 0.78 |

2. 城镇生活垃圾

(1) 治理现状

西昌市有 2 座生活垃圾处理设施，分别为西昌市三峰垃圾焚烧发电厂和西昌市生活垃圾填埋场。西昌市三峰垃圾焚烧发电厂于 2015 年投产，处理方式为焚烧，设计规模为 600 t/d；西昌市生活垃圾填埋场于 2008 年投产，设计处理规模235 t/d，自 2015 年 3 月起，停止接收生活垃圾入场，目前仅接收固化飞灰、污泥入场填埋。根据调查，西昌市城镇生活垃圾收运率约为 90%。

(2) 城镇生活垃圾排放及负荷分析

西昌市邛海流域各乡镇设有垃圾桶、垃圾池、垃圾清运车等收运设施，城镇生活垃圾经收集后统一运送至垃圾处理厂进行处理。

根据《第一次污染源普查城镇产排污手册》，西昌市的城市类别为四区五类，城镇生活垃圾产生系数为 0.35 kg/(d·人)。

根据经验数据，1.0 kg 生活垃圾折算 0.05 kg COD、1 g 总氮、0.2 g 总磷、0.1 g 氨氮，西昌市邛海流域城镇生活垃圾产污量见表 3.3-10。

表 3.3-10　西昌市邛海流域城镇生活垃圾污染负荷分析

| 垃圾产生量/(t·a⁻¹) | 产污量/(t·a⁻¹) | | | |
|---|---|---|---|---|
| | COD | 氨氮 | 总氮 | 总磷 |
| 3832.5 | 547.5 | 1.095 | 10.95 | 2.19 |

生活垃圾流失率根据各乡镇的垃圾收集率计算。根据实际调查的西昌市邛海流域各乡镇的垃圾收运率,得到干流城镇生活垃圾的流失总量约为 383.3 t/a,污染负荷流失量:COD 54.8 t/a、氨氮 0.11 t/a、总氮 1.1 t/a、总磷 0.22 t/a。流失的垃圾以各种形式进入环境,最终进入水体。

### 3.3.5.3　农业污染源

1.农村生活污水

(1)治理现状

随着农村生活水平的提高,各类洗涤剂、水冲厕所和洗澡设施等均已普及,农村生活污水激增。但是目前邛海流域农村地区普遍缺少污水收集和处理设施,未经处理的生活污水大多随地表径流进入水体。2019 年,西昌乡镇污水集中处理率为 68.4%。

(2)农村生活污水排放及污染负荷分析

根据第七次全国人口普查结果,西昌市居住在乡村的人口为 318674 人,其中邛海流域占比约 25%。根据《四川省用水定额》(2010 年修订版),邛海流域农村居民用水量取 90 L/(d·人),污水产生折算系数取 0.8。根据《全国水环境容量核定技术指南》,农村生活污水排放系数 COD 为 40 g/(d·人),氨氮为 4 g/(d·人),总磷为 1.3 g/(d·人),总氮为 6.4 g/(d·人)。邛海农村生活污水产污量见表 3.3-11。

表 3.3-11　邛海流域农村生活污水污染负荷分析

| 县市 | 污水产生量/(t·d⁻¹) | 排污量/(t·a⁻¹) | | | |
|---|---|---|---|---|---|
| | | COD | 氨氮 | 总氮 | 总磷 |
| 西昌市 | 5760 | 1168 | 116.8 | 186.88 | 37.96 |

综上所述,农村生活产生的污水量为 5760 t/d,污染排放量 COD 为 1168 t/a,氨氮为 116.8 t/a,总氮为 186.88 t/a,总磷为 37.96 t/a。

2.农村生活垃圾

流域范围内,农村生活垃圾均实行统一集中上门收集,再转运至垃圾中转站进行集中处置，进行集中处理的村占比为100%。

3.规模化养殖

根据《邛海保护条例》，禁止在邛海流域建设畜禽养殖场、养殖小区，邛海流域范围内无规模化养殖。

3.3.5.4　工业源现状调查

1.工业污染源

邛海流域无工业企业。

2.工业园区

邛海流域无工业园区。

3.涉重污染源

邛海流域无涉重污染源。

## 3.3.6　水生态现状调查评价

### 3.3.6.1　水生态环境现状

1.生态基流监管现状

生态用水最小流量由《河道生态用水量环境影响评价技术指南》确定。城市湖泊的生态环境功能包括供水、美化环境、调节气候、补充地下水以及供休闲娱乐等。邛海湖区最小生态需水计算包括湖泊蒸发需水量、湖泊自身存在需水量、生物栖息地需水量、湖泊净化需水量、湖泊渗漏需水量、其他需水量6个方面。

根据统计计算，邛海水质等级优等（Ⅰ类水）的生态需水量为 $2.7249\times10^8$ $m^3$，中等（Ⅱ类水）的生态需水量为 $2.4909\times10^8$ $m^3$，差等（Ⅲ类水）的生态需水量为 $1.339\times10^8$ $m^3$。其中净化需水量占20.55%，蒸发需水量占10.33%，自身需水量占56.59%，湖泊渗漏需水量占1.28%，其他需水量占11.25%，可见邛海湖区的生态需水主要为自身存在的需水量，其次是净化需水量。

2.流域植被现状

根据西昌市、昭觉县、喜德县森林二调、林保规划的成果数据显示，邛海流域植被覆盖指数值已达55.22%。西昌市将邛海流域海拔1800 m至山脊分水岭范围确定为邛海水源涵养区，结合天然林资源保护工程、退耕还林工程等林业重点生态工程项目的实施，通过采取植树造林、封山育林等措施，使流域内的森林植被得到有效的保护和修复。

3.土地利用现状

基于解译的研究区土地利用地类图，借助 Arcgis 中空间统计工具对各地类面积进行计算，2004年、2010年、2013年、2017年土地利用类型监督分类面积统计见表3.3-12。

表 3.3-12　邛海研究区监督分类地类统计

| 地类 | | 湿地 | 耕地 | 居民建筑 | 林地 | 裸地 |
|---|---|---|---|---|---|---|
| 2004 年 | 面积/km² | 27.2898 | 19.8333 | 9.3897 | 25.2108 | 7.3521 |
| | 百分比 | 30.64% | 22.27% | 10.54% | 28.30% | 8.25% |
| 2010 年 | 面积/km² | 27.3636 | 20.6829 | 10.6524 | 25.5861 | 4.7907 |
| | 百分比 | 30.72% | 23.22% | 11.96% | 28.72% | 5.38% |
| 2013 年 | 面积/km² | 26.8479 | 23.1003 | 7.1847 | 28.1709 | 3.7719 |
| | 百分比 | 30.14% | 25.93% | 8.07% | 31.63% | 4.23% |
| 2017 年 | 面积/km² | 27.2349 | 20.4903 | 9.2835 | 27.9963 | 4.0707 |
| | 百分比 | 30.58% | 23.00% | 10.42% | 31.43% | 4.57% |
| 面积标准差 | | 0.2 | 1.24 | 1.24 | 1.35 | 1.41 |
| 2004—2010 年的面积变化/km² | | 0.0738 | 0.8496 | 1.2627 | 0.3753 | -2.5614 |
| 2010—2013 年的面积变化/km² | | -0.5157 | 2.4174 | -3.4677 | 2.5848 | -1.0188 |
| 2013—2017 年的面积变化/km² | | 0.387 | -2.61 | 2.0988 | -0.1746 | 0.2988 |
| 2004—2017 年的面积变化/km² | | -0.0549 | 0.657 | -0.1062 | 2.7855 | -3.2814 |

由表 3.3-12 可知,湿地作为研究区主要地类之一,由邛海湖泊水域及部分湖岸组成,占 2004 年、2010 年、2013 年和 2017 年总研究区面积的 30.64%、30.72%、30.14% 和 30.58%,面积约为 27 km²,是多年间变化幅度最小的地类,标准差为 0.2。耕地、居民建筑、林地、裸地四类多年面积标准差均大于 1.20,除裸地和林地外,其余地类面积均表现在一定范围的起伏变化,耕地多年平均面积为 1.03 km²,标准差为 1.24,居民建筑多年平均面积为 9.13 km²,标准差为 1.24,林地多年平均面积为 26.74 km²,标准差为 1.35,裸地作为多年间变化最为明显的地类。其平均面积为 5.00 km²,标准差为 1.41。

4. 流域水土流失基本情况

根据《全国水土保持规划国家级水土流失重点预防区和重点治理区复核划分成果》(办水保〔2013〕188 号),邛海流域涉及的西昌市、喜德县和昭觉县划为国家级水土流失重点治理区。

邛海流域水土流失形式主要有面蚀、沟蚀、河岸崩塌、滑坡等。邛海流域水土流失面积为 12887.39 hm²[①],占土地总面积的 41.6%,其中:轻度侵蚀面积为

---

① 1 hm² = 10⁴ m²。

7080.55 hm$^2$，中度侵蚀面积为 4072.6 hm$^2$，强度侵蚀面积为 111.24hm$^2$，沟蚀面积为 1182.5 hm$^2$，河岸崩塌、局部滑坡面积为 440.5 hm$^2$。区内以轻度侵蚀为主，无强度以上侵蚀，水土流失量以沟蚀、中度面蚀的河岸崩塌占多数。

5. 流域湿地现状

邛海湿地具有涵养水源，调节城市小气候，净化水质，提供动植物栖息地和生态景观的多重功效。

西昌市 2008 年起着手邛海湿地建设，通过退塘还湖、退田还湖、退房还湖和浅滩清淤疏浚扩容工程建设邛海周边湿地。邛海湿地建设工程的目标是为邛海构筑一个立体的保护邛海生态的屏障，以期为邛海打造一条"净化带"。邛海湿地建设工程是西昌市邛海生态环境保护系统工程的核心，分三片六期对邛海周边湿地进行建设，规划湿地总面积近 2 万亩①。三大片湿地包括西北岸湿地、东北岸湿地、南岸湿地，共分 6 期进行恢复建设，其中一期（观鸟岛湿地）约 450 亩，二期（梦里水乡湿地）约 2600 亩，三期（烟雨鹭洲湿地）约 3300 亩，四期（西波鹤影湿地）约 1750 亩，五期（梦寻花海湿地）约 7500 亩，六期（梦回田园湿地）约 4500 亩。目前 6 期湿地公园建设工程已经建设完成，将实现邛海湿地全域恢复、全面保护，为打造邛海湿地品牌、提升西昌城市品位、建设现代化生态田园西昌提供强有力支撑。该项工程的成功实施在四川起到了"三退三还"恢复湿地的示范带动作用，工程建设已初步取得了预期的生态经济效果，其成功经验将对邛海湿地恢复工程建设起到极好的示范和带动作用。随着规划的湿地恢复工程的建成，邛海湿地将逐渐恢复生态功能，其对污染物的拦截净化功能将得到加强。

6. 重要湿地湖泊及自然保护区

四川邛海国家湿地公园的生态效益和社会效益突出，是目前国内城市中最大的依托天然湖泊而建的湿地公园，湿地总面积约 4.5 万余亩，具有涵养水源、调节城市小气候、净化水质，为动植物提供栖息地和生态景观的多重作用。

随着人们对生态环境保护意识的提高，西昌市委市政府不断投入资金，分期强力推进邛海湿地恢复工程建设，逐步恢复邛海周边被占湿地，使邛海水域面积恢复至 20 世纪鼎盛时期的 30 km$^2$。邛海一至六期湿地完成后，邛海水域面积将达到 34 km$^2$。湿地恢复建设的快速推进，为创建国家级湿地品牌、打造国际重要湿地奠定了基础。

3.3.6.2　流域生态环境质量评价

依据《生态环境状况评价技术规范》（HJ 192—2015），采用层次分析法计算生态环境质量指数。选取生物丰度指数、植被覆盖指数、水网密度指数、土地退化指数四个一级指标，以及各个基础指数在生态环境状况指数中的权重，最终对生

---

①　1 亩≈666.67 m$^2$。

态质量进行"优、良、一般、较差、差"5 个等级评价。

在已有研究基础上,将生态环境状况分为 5 个等级,分别为微度脆弱、轻度脆弱、中度脆弱、高度脆弱和重度脆弱。各等级的生态脆弱特征如表 3.3-13 所示。

表 3.3-13　生态环境状况分级

| 级别 | 优 | 良 | 一般 | 较差 | 差 |
|------|------|------|------|------|------|
| 指数 | $EI \geqslant 75$ | $55 \leqslant EI < 75$ | $35 \leqslant EI < 55$ | $20 \leqslant EI < 35$ | $EI < 20$ |
| 状态 | 植被覆盖度高,生物多样性丰富,生态系统稳定,最适合人类生存。 | 植被覆盖度较高,生物多样性较丰富,基本适合人类生存。 | 植被覆盖度中等,生物多样性一般水平,较适合人类生存,但有不适人类生存的制约性因子出现。 | 植被覆盖度较差,严重干旱少雨,物种较少,存在着明显限制人类生存的因素 | 条件较恶劣,人类生存环境恶劣。 |

分别对邛海流域的各子流域做出生态环境状况评价及生态环境状况分级。

流域内生态环境质量状况达到优等级的面积总共有 224.73 km²,占流域总面积的 73.10%,在区域上出现在 9 个子流域,平均生态环境状况指数为 87.56,比优等级 75 的阈值高出 12.56,按照生态环境状况指数的大小进行排序,分别是 7 号鹅掌河子流域、3 号张把司河子流域、5 号凹琅河子流域、4 号麻鸡窝河子流域、18 号邛海公园区域、6 号青河流域、14 号核桃村区域、2 号官坝河子流域和 8 号红眼沟子流域,其中前 5 个子流域或区域的生态环境状况指数高于该类型区的均值,且占该类型面积的 68.54%。生态环境质量状况最好的 7 号鹅掌河子流域,生态环境状况指数 $EI$ 高达 98,远远高于优等级 $EI$ 为 75 的分级阈值,这一子流域的面积占所有生态环境质量优等级面积的 50.06%;而优等级中生态环境状况指数 $EI$ 的最低值也达到 77,出现在 8 号红眼沟子流域,但该子流域面积仅占所有生态环境质量优等级面积的 4.45%。以上两方面特征,都足以说明邛海流域生态环境的良好现状。占该类型区总面积 54.10%、面积达到 120.69 km² 的林地是维系该区域达到如此高水平的生态环境质量状况的主要因素。

除优等级外,所占区域面积比例最大的就是生态环境状况为良的子流域或区域,该类型区域的平均生态环境状况指数为 61.5,但总面积只有 37.41 km²,仅占总面积的 12.17%,达到这一生态环境质量等级的子流域或区域有 4 个,将其按照生态环境状况指数 $EI$ 由大到小排序,分别为 10 号大沟河子流域、19 号邛海及 17 号和 15 号子流域。该类型区域中,生态环境质量状况最好的大沟河子流域的 $EI$ 高达 73,非常接近于优等级 75 的阈值,但这一子流域的面积只有 8.7 km²,仅占到该等级生态环境质量类型区总面积的 23.26%。在该等级生态环境类型区中，最具有代表性的区域为生态环境状况 EI 指数为 60 的 19 号邛海区域，占到该等级生态环境质量类型区域总面积的 71.93%，这也在一定程度上说明，邛海的生态环境现状良好，但是仍存在可以提升的空间。

与良等级相似的是，平均 EI 值为 43.25，生态环境质量等级为一般的子流域或区域在数量上也为 4，但其总面积只有 19.10 km²，仅占区域总面积的 6.21%，将它们按照生态环境状况指数 EI 由大到小进行排序，分别是 16 号子流域、12 号小渔村区域、11 号大石板区域及 13 号黄瓜窑区域。虽然 16 号子流域在该类型等级中的 EI 最高，为 52，但其在该类型区面积太小，只有 0.67 km²，仅占到生态环境质量状况为一般等级区域总面积的 3.51%，对该类型区域的生态环境质量状况而言不具有代表性。面积为 9.38 km² 的小渔村区域，是该类型等级中最具有代表性的区域，其 EI 值为 47，占到该生态环境质量等级类型区总面积的 49%。其他两个区域的生态环境质量状况类似，所占该类型区面积的比重也类似，它们分别是大石板区域，其 EI 值相对较高，为 38，但占该类型区面积的比重为 20.24%；黄瓜窑区域 EI 值为 36，但占该类型区面积的比重达到 27.14%。由此可以看出，该类型区的生态环境质量等级之所以为一般，主要是因为该类型区有大面积的耕地，耕地面积达到 11.41 km²，占该类型区总面积的 70.01%，这足以说明人类的干扰活动对生态环境具有巨大的破坏作用。因此，应该尽可能地减少人类对该类型区域的干扰活动或采取可持续发展的开发战略。

虽然邛海流域亦存在生态环境质量较差和差的区域，但是出现这种状况的区域所占面积很小，它们分别是 9 号踏沟河子流域（生态环境质量等级为较差）、1号干沟河子流域（生态环境质量等级为差），这两个区域的总面积也只有 26.26 km²，仅占到邛海总面积的 8.51%，非常不具有代表性，对区域整体的生态环境质量状况的影响微乎其微。但是，导致这两个区域生态环境质量状况不好的原因与一般区域类似，即人类的干扰活动，在生态环境质量状况较差区域主要表现为以耕地为主的开垦活动，该类型区 73.85% 为耕地，而在生态环境质量状况差的区域则主要体现为人类建设的开发活动，该类型区 98.29% 为建筑用地。因此，人类在这两个类型等级区的开发或开垦活动对生态环境质量状况的影响应该引起足够的关注。

综上所述，邛海流域生态环境质量状况区域分布不平衡，存在优、良、一般、较差和差 5 个等级的生态环境质量状况，但以生态环境质量等级为优的区域为主导，其次为良的区域，面积加权平均的总体生态环境状况指数 EI 为 75.16，亦达到优的等级，而林地和水体成为维系流域生态环境质量状况优良的主导因素。因此，整体上邛海流域的生态环境质量状况很好，植被覆盖度高，生物多样性丰富，生态系统也稳定，适合人类生存。虽然生态环境质量一般、较差和差区域在邛海不具有代表性，对区域整体的生态环境质量影响较小，但是人类的开垦和开发活动是导致生态环境质量状况较低的主导因素,这点具有普遍性。因此,要维系区域优良的生态环境质量状况,应加强区域植被生态系统和水域生态系统的保护,减少或采取可持续发展的人类干扰活动,维系区域生态系统的平衡。

### 3.3.6.3 湿地生态环境质量评价

利用 InVEST 模型定量化评估邛海湿地生态环境质量,计算出 2004 年、2010 年、2013 年、2017 年邛海湿地生态环境质量得分(表 3.3-14)。运用 ArcGIS 空间分析工具中 Natural Breaks(Jenks)重分类方法计算数据分布统计特征,结合实际分析进行微调使分区类别间差异明显而类别内差异较小,将得分值 0~0.794 归为生态环境质量差,0.795~0.900 归为生态环境质量中等,0.901~0.960 归为生态环境质量良,0.961~1.000 归为生态环境质量优。

**表 3.3-14 2004—2017 年邛海湿地生态环境质量表**

| 年份 | 生态环境质量等级 | 值域 | 面积/km² | 比例 | 生态环境质量总值 | 生态环境质量最大值 | 生态环境质量最小值 | 生态环境质量均值 |
|---|---|---|---|---|---|---|---|---|
| 2004 | 非湿地地类 | 0 | 61.7859 | | 11994 | 0.997 | 0.634 | 0.971 |
| | 生态环境质量差 | 0~0.794 | 0.0795 | 0.29% | | | | |
| | 生态环境质量中等 | 0.795~0.900 | 1.4248 | 5.22% | | | | |
| | 生态环境质量良 | 0.901~0.960 | 4.1949 | 15.37% | | | | |
| | 生态环境质量优 | 0.961~1 | 21.5906 | 79.12% | | | | |
| 2010 | 非湿地地类 | 0 | 61.7121 | | 12097 | 0.998 | 0.665 | 0.975 |
| | 生态环境质量差 | 0~0.794 | 0.0750 | 0.27% | | | | |
| | 生态环境质量中等 | 0.795~0.900 | 0.9880 | 3.61% | | | | |
| | 生态环境质量良 | 0.901~0.960 | 3.8770 | 14.17% | | | | |
| | 生态环境质量优 | 0.961~1 | 22.4237 | 81.95% | | | | |

续表3.3-14

| 年份 | 生态环境质量等级 | 值域 | 面积/km² | 比例 | 生态环境质量总值 | 生态环境质量最大值 | 生态环境质量最小值 | 生态环境质量均值 |
|---|---|---|---|---|---|---|---|---|
| 2013 | 非湿地地类 | 0 | 62.2278 | | 11794 | 0.999 | 0.69 | 0.971 |
| | 生态环境质量差 | 0~0.794 | 0.1503 | 0.56% | | | | |
| | 生态环境质量中等 | 0.795~0.900 | 1.6560 | 6.17% | | | | |
| | 生态环境质量良 | 0.901~0.960 | 3.4734 | 12.94% | | | | |
| | 生态环境质量优 | 0.961~1 | 21.5681 | 80.33% | | | | |
| 2017 | 非湿地地类 | 0 | 61.8408 | | 12145 | 0.998 | 0.814 | 0.982 |
| | 生态环境质量差 | 0~0.794 | 0 | 0 | | | | |
| | 生态环境质量中等 | 0.795~0.900 | 1.894 | 0.70% | | | | |
| | 生态环境质量良 | 0.901~0.960 | 2.5700 | 9.44% | | | | |
| | 生态环境质量优 | 0.961~1 | 24.4755 | 89.86% | | | | |

(1)2004年湿地生态环境质量

2004年邛海湿地生态环境质量总得分为11994,单元平均生态环境质量得分为0.971,单元生态环境得分最大值为0.997。其中"生态环境质量差"等级湿地面积为0.0795 km²,分布在邛海西北侧海湾右侧靠内陆区域,该区域主要为养殖鱼塘和水田;"生态环境质量中等"等级湿地面积为1.4248 km²,占湿地总面积的5.22%,主要沿邛海南北两侧分布;"良好"以上等级生态环境质量占比为94.49%,主要分布在沿邛海南北湖岸向湖中心延伸区域,其中东西两侧湖岸生态环境质量较好,均为"优"等级湿地生态环境。

(2)2010年湿地生态环境质量

2010年邛海湿地生态环境质量总得分为12097,单元平均生态环境质量得分为0.975,单元生态环境得分最大值为0.998。湿地生态环境分布与2004年类似,"差"等级生态环境分布在邛海北侧内陆的鱼塘和水田区域,"中"等级生态环境分布在邛海南北两侧沿岸,"优"等级生态环境由东西侧向湖中心延伸,邛海西北侧海湾区域基本为"良"等级湿地生态环境。

（3）2013 年湿地生态环境质量

2013 年邛海湿地生态环境质量总得分为 11794，单元平均生态环境质量得分为 0.971，单元生态环境得分最大值为 0.999。其中"差"等级湿地生态环境面积为 0.1503 km²，为多年间最大值，主要分布在邛海西北海湾右侧沿岸和内陆区域；"生态环境质量中等"等级湿地主要沿邛海北侧湖岸分布，西北海湾区域"中等"湿地生态环境分布面积最大；"中等"以上湿地生态环境面积为 25.0415 km²，占湿地面积的 93.27%，分布与前几年类似，但比例有所下降。

（4）2017 年湿地生态环境质量

2017 年邛海湿地生态环境质量总得分为 12145，单元平均生态环境质量得分为 0.982，单元生态环境得分最大值为 0.998。"中等"等级湿地生态环境面积为 1.894 km²，占湿地面积的 0.70%，仅分布在西北海湾局部区域；"良"等级湿地生态环境面积为 2.5700 km²，为多年间的最小值，主要分布在南北湖岸区域；"优"等级湿地生态环境面积为 24.4755 km²，占湿地总面积的 89.86%，为多年间的最大值；"差"等级湿地生态环境基本已经消失。

### 3.3.6.4　湿地生态环境质量变化状态

2004—2017 年，邛海湿地生态环境质量保持相对稳定，生态环境质量明显上升，提升比例为 1.26%，湿地生态环境质量表现为极小幅度的起伏变化。邛海湿地生态环境质量变化幅度较小，这是因为生态环境质量变化主要发生在邛海西北海湾和沿湖岸边界处，由于该部分所占面积较小，故其对邛海整体生态环境质量影响不大。邛海湿地最差生态环境质量多年保持较稳定的提升趋势，生态环境质量最小值提升了 28.39%，生态环境质量最大值基本保持在 0.998 左右，生态环境质量均值呈现先升高后降低最后再升高的变化状态。

2004—2017 年，邛海湿地生态环境质量保持相对稳定，平均生态环境质量得分均在 0.97 以上，属于"生态环境质量优"等级，生态环境质量良好。邛海西北侧作为邛海湿地生态环境质量变化的热点区域，表现为先下降后提升的变化状态，与研究区生态环境质量总得分变化趋势类似。2004—2010 年，邛海西北侧表现为靠湖内侧生态环境质量升高，靠内陆侧生态环境质量下降；2010—2013 年，邛海西北侧生态环境变化分界较为清晰，表现为内外部分生态环境质量提升，中间部分生态环境质量下降；2013—2017 年，邛海西北侧生态环境变化较为单一，均表现为连续成片的生态环境质量升高，综合 2004—2017 年 GoogleEarth 影像，邛海西北侧生态环境质量变化的主要原因是该区域存在以下类型变化特征：养殖鱼塘、耕地→湿地、裸地、耕地→湿地、林地。

## 3.3.7　生物多样性

邛海处于青藏高原横断山区东缘，是四川境内的最大天然湖泊，在长期历史演进中形成了高原湖泊独有的生物多样性，是西昌地区物种丰富度较高的区域。

邛海湿地为冬候鸟的越冬提供了良好的食物、休息、避敌等环境条件，是鸟类的天堂，为国家一级保护动物中华秋沙鸭、二级保护动物鸳鸯、鸬鹚、二级保护植物野菱等物种提供了栖息生态环境，为邛海白鱼、邛海红鲌等特有物种提供了独一无二的生态环境，在生物多样性保育中具有不可替代性。

### 3.3.7.1 植物多样性

1.高等植物

（1）种类组成

根据调查结果，统计出邛海湿地维管植物共计74科、190属、261种。其中蕨类植物4科、4属、7种；裸子植物5科、5属、6种；被子植物65科、181属、248种，见表3.3-15和表3.3-16，在本区中维管植物种占绝对优势。

表 3.3-15　邛海维管植物类群统计

| 类群 | 科数 | 属数 | 种数 |
| --- | --- | --- | --- |
| 蕨类植物 | 4 | 4 | 7 |
| 裸子植物 | 5 | 5 | 6 |
| 被子植物 | 65 | 181 | 248 |
| 合计 | 74 | 190 | 261 |

表 3.3-16　邛海维管植物类群统计

| 地区 | 邛海 | | | 全国 | | | 四川 | | |
| --- | --- | --- | --- | --- | --- | --- | --- | --- | --- |
| 种类 | 科 | 属 | 种 | 科 | 属 | 种 | 科 | 属 | 种 |
| 裸子植物 | 5 | 5 | 6 | 10 | 34 | 238 | 9 | 28 | 100 |
| 被子植物 | 65 | 181 | 248 | 292 | 2940 | 24300 | 182 | 1474 | 8453 |
| 合计 | 70 | 186 | 254 | 302 | 2974 | 24538 | 191 | 1502 | 8553 |

由表3.3-16可见，邛海的种子植物70科，分别约占全国科和四川科总数的23.17%和36.65%；186属，约占全国属总数的6.25%，约占四川属总数的12.38%；254种，约占全国种总数的1.03%，占四川种总数的2.96%。由此可见，邛海拥有较丰富的植物种类，并具有自己的特点。

为便于统计分析，根据各科所含种数的多少，将邛海被子植物科划分为4个等级：单种科（1种）、少种科（2~8种）、中等科（14~15种）、较大科（20~27种）。

统计结果表明：邛海种子植物在本区科数中，单种科共23科，少种科共43

科,单种科和少种科共占总科数的94.29%,占有极大的优势;邛海种子植物在本区种数中,单种科共23种,只占总种数的9.06%;少种科共155种,占总种数的61.02%;中等科共29种,占总种数的11.42%;较大科共47种,占总种数的18.50%。不难看出,少种科明显占优势。

(2)区系分析

邛海湿地地处我国西南亚热带高原山区,即青藏高原东南之缘、横断山纵谷区,处于印度洋西南季风暖湿气流北上的通道上。在植物区系上,区域属于东亚植物区,中国-喜马拉雅森林植物亚区;是云南高原植物地区、横断山区和中国-日本森林植物亚区的交汇地带。区系性质为典型的亚热带性质,具体表现为热带成分和温带成分大约相当。

该区种子植物的科共有14个分布区类型,其中世界广布科33科;热带分布科15科,占总科数的21.43%;泛热带分布科17科,占总数的24.29%。该区种子植物在科的级别上分布区类型较少,世界广布科较多,比例最大,如果不含世界广布科,则热带分布科的比例最大,占优势。

①世界广布有33科,如蔷薇科、蝶形花科、毛茛科、蓼科、禾本科、菊科、莎科等,以禾本科、菊科和莎科最为丰富,体现了本区湿地的地理特征。

②泛热带分布有17科,占总科数的24.29%,一方面体现了本区的气候特征,另一方面也体现了本区园林绿化等树种的选择倾向。

③东亚及热带南美间断分布占了4科。

④旧世界热带分布只有1科,这是作为园林树种引种的。

⑤北温带分布有8科,占总科数的11.43%,一方面是垂直分布的表现,另一方面也体现了湿地性质;中国特有的北温带分布仅银杏1科。

(3)分布特征

①水生维管植物的分布

邛海水生维管植物的最大分布深度为3 m,位于邛海南部岗窑沿岸的局部湖湾;最小分布深度为1.2 m,位于其北岸官坝河入湖口两侧;在张摆沿岸出现荒芜区。水生维管植物主要分布在湖泊的北面、西面和南面,东面由于地势较陡,砂石较多,水生维管植物分布较少。

北片区:从跑马场至唐家湾段,全长约9.5 km的湖岸,主要分布在1.2~2 m深的水域,面积约1.22 km²。水生维管植物群落主要有芦苇群落、茭白群落、菱角群落、莲群落、狐尾藻群落、红线草群落、马来眼子菜群落和苦草群落。

西片区:范围从码路至邛海公园段,全长约7 km的湖岸,主要分布在2 m深的水域,面积约0.85 km²。该片区的水生植物群落主要为芦苇群落、茭草群落、菱角群落、野菱群落、苦草群落、金鱼藻群落、狐尾藻群落和黑藻群落。

南片区:范围从黄家堡子至杨家堰段,全长约12 km的湖岸,主要分布在2~

3 m 深的水域，面积约 0.50 km²。该片区的水生植物群落主要为芦苇群落、茭白群落、莲群落、菱角群落、野菱群落、莕菜群落、满江红群落、苦草群落、金鱼藻群落、狐尾藻群落、黑藻群落和红线草群落。

其余在东部零星分布着金鱼藻群落、狐尾藻群落、苦草群落，面积约 0.23 km²，分布深度在 2 m 内水域。在湖湾部分除主要分布芦苇群落、茭草群落、类芦群落、莲群落外，还常常分布着水蓼群落、丁香蓼群落、凤眼莲群落、水花生群落类型，其中凤眼莲群落、水花生群落等群落类型是典型的生态入侵物种，特别是凤眼莲群落，现阶段虽然只是分布在部分湖湾，但应特别警惕其对湖面的威胁。在整个邛海湖泊中，水生维管植物分布面积总共约 2.8 km²，包括芦苇群落、茭草群落、香蒲群落、莲群落、李氏禾、雀稗群落、长芒稗群落、酸模叶蓼沼泽、慈姑群落、再力花群落、莕菜群落、野菱群落、睡莲群落、凤眼莲群落、浮萍群落、大藻群落、浮叶眼子菜群落、空心莲子草群落、水龙群落、苦草群落、菹草、大茨藻群落、狐尾藻群落、金鱼藻群落(表 3.3-17)。

表 3.3-17 邛海湿地水生植被分类

| | | |
|---|---|---|
| 水生植物 | 挺水植物群落 | (1)芦苇群落 |
| | | (2)茭草群落 |
| | | (3)香蒲群落 |
| | | (4)莲群落 |
| | | (5)李氏禾、雀稗群落 |
| | | (6)长芒稗群落 |
| | | (7)酸模叶蓼沼泽 |
| | | (8)慈姑群落 |
| | | (9)再力花群落 |
| | 浮水植物群落 | (10)莕菜群落 |
| | | (11)野菱群落 |
| | | (12)睡莲群落 |
| | | (13)凤眼莲群落 |
| | | (14)浮萍群落 |
| | | (15)大藻群落 |
| | | (16)浮叶眼子菜群落 |
| | | (17)空心莲子草群落 |
| | | (18)水龙群落 |
| | | (19)苦草群落 |
| | 沉水植物群落 | (20)菹草、大茨藻群落 |
| | | (21)狐尾藻群落 |
| | | (22)金鱼藻群落 |

②湿地树木的分布

邛海湿地树木多为引种栽培物种，原生物种种类少，数量低。从邛海各湖岸残留的湿地痕迹分析可知，邛海湖滨最初的自然生态结构应为，乔木-挺水植物-浮叶植物-沉水植物。调查发现，邛海湿地除在老海河入口附近的局部湖湾、官坝河河口、土城河河口区域有部分挺水植物以及湿地植被类型残留外，其余区域基本被各种土地开发利用形式所占用(主要有农田、鱼塘、旅游景区、公路等)。原生湿地树木破坏极为严重，只在局部区域有残余分布，现阶段的湿地树木多为旅游开发过程中引种栽培的物种、周围农家栽种的果树和护岸种植的树木。

2. 藻类

(1)种类组成

通过实地采样调查和实验室研究，查询收集的资料。查明邛海湖区共登记的藻类植物有 95 种(包含变种)，分属 8 个门、25 科、42 属。在邛海的藻类区系中，以硅藻门种类为最多(占总数的 52.17%)，其次是绿藻门(其中鼓藻类又多于绿球藻类)。硅藻和绿藻是浮游植物的优势类群，常见种类大多是微污水带和乙型中污水带的浮游植物。

(2)藻类生物量

从各门的生物量看，硅藻平均为 1.28 mg/L，居各门之首，硅藻生物量 7 月份最高，可达 2.16 mg/L。邛海年温差小，日温差大。7 月为 22.5℃，适于硅藻生长。硅藻的优势种在冬季和春季以巴豆叶脆杆藻为主，夏季以扎卡四棘藻为主。舟形藻属、针杆藻属、直链藻属全年均为常见，生物量不高，但较稳定。

绿藻生物量平均为 1.16 mg/L。绿藻生物量夏季最高可达 2.12 mg/L。在夏季，其优势种是盘星藻属、栅藻属；春秋两季的优势种是叉星藻，冬季是胶质浮球藻。

蓝藻门生物量平均为 0.58 mg/L。其优势种在夏季为铜绿微囊藻，秋冬季为湖生鞘丝藻。甲藻门生物量平均为 0.75 mg/L，优势种为飞燕角甲藻。

金藻门生物量平均为 0.45 mg/L，优势种为钟罩藻。

从生物量看，邛海硅藻和绿藻是浮游植物的优势类群。

硅藻类是邛海藻类区系的主要成分，其次是绿藻门，再次是蓝藻门，最后是甲藻、裸藻和黄藻。邛海硅藻类中，以淡水普生性种类为主，占 77.08%；淡水非普生性种类占 16.67%；山区普生性种类占 6.25%。

(3)小结

①从邛海藻类植物的群体组成角度来评价其水体环境质量时，浮游植物群体组成在一定程度上能反映所处水体环境质量。邛海水体中，硅藻占绝对优势，也有大量绿藻存在，并且绿藻中鼓藻类种数多于绿球藻类，若用 Thumark 提出的"绿球藻-鼓藻商"来确定水体的营养类型，则邛海这一特征性值为 $8/12 \approx 0.67 < 1$，属贫营养湖泊类型。

②从邛海浮游植物生物量角度来评价其水体环境质量时，邛海浮游植物生物量为(3.5~89.4)万个/L，各测点平均浮游植物生物量为14.4万个/L，其中沿岸带及浅水区浮游植物生物量为(21.1~89.4)万个/L，平均浮游植物生物量为49.3万个/L，湖心区测点浮游植物生物量为(3.5~17.5)万个/L，平均浮游植物生物量为8.3万个/L，叶绿素a(Chla)浓度0.33~1.31 mg/m³，平均浓度为0.7 mg/m³；初级生产力为190~320 C mg/(m²·d)，平均值为270 C mg/(m²·d)；湖心区活菌数仅为20~42个/mL，若用生物量来确定湖泊类型，则邛海仍属贫营养状况。

③从邛海整个藻类区系看，该水体中有轻微富营养化趋势。在同属于微污水带和乙型中污水带的硅藻中，有些硅藻也能生活在甲型中污水带，甚至还能生活在重污水带，另外，在邛海出现的微藻属的藻类，虽然属于乙型中污水带，但也会形成"水华"的种类，说明富营养湖泊的指示生物时，曾提到硅藻门中的星形冠盘藻、梅尼小环藻、尖针杆藻，绿藻门中的盘星藻、角星鼓藻属等，在邛海都很容易采到，可见邛海在贫营养型的基础上，也出现了一些富营养型的藻类，只要水体环境有利于这些藻类大量增殖，就会不同程度地向富营养型方面发展。

### 3.3.7.2　动物多样性

#### 1.鸟类

邛海光照充足，年温差小，四季如春，而且该湖北部和东北部浅海、沼泽区宽阔，水草茂密，水生动物丰富，邛海西侧泸山之后是最宽阔平坦的安宁河谷，这些为冬候鸟的越冬提供了良好的环境条件，故邛海一直是鸟类的天堂。

（1）种类组成

经过监测统计，邛海湿地公园的鸟类有182种，隶属14目45科，其中与湿地紧密相关的鸟类77种，占全部记录鸟类的42.31%，即鸊鷉目鸟类3种、鹳形目鸟类15种、雁形目鸟类24种、鹤形目鸟类10种、鸻形目鸟类18种、鸥形目鸟类6种、鹈形目鸟类1种(表3.3-18)。

表3.3-18　邛海湿地公园鸟类各目、科中的种数统计表

| 目 | | 科 | | 种数 |
|---|---|---|---|---|
| 中文名 | 学名 | 中文名 | 学名 | |
| 鸊鷉目 | PODICIPEDIFORMES | 鸊鷉科 | Podicipedidae | 3 |
| 鹳形目 | CICONIFORMES | 鹭科 | Ardeidae | 13 |
| | | 鹮科 | Threskiornithidae | 1 |
| | | 鹳科 | Ciconiidae | 1 |
| 雁形目 | ANSERIFORMES | 鸭科 | Anatidae | 24 |

续表3. 3-18

| 目 | | 科 | | 种数 |
|---|---|---|---|---|
| 中文名 | 学名 | 中文名 | 学名 | |
| 隼形目 | FALCONIFORMES | 鹰科 | Accipitridae | 4 |
| | | 隼科 | Falconidae | 2 |
| 鸡形目 | GALLIFORMES | 雉科 | Pheasianidae | 1 |
| 鹤形目 | GRUIFORMES | 鹤科 | Gruidae | 1 |
| | | 秧鸡科 | Rallidae | 9 |
| | | 水雉科 | Jacanidae | 1 |
| | | 鸻科 | Charadriidae | 6 |
| 鸻形目 | CHARDRIFORME | 鹬科 | Scolopacidae | 9 |
| | | 反嘴鹬科 | Recurvirostridea | 1 |
| | | 彩鹬科 | Rostratulidae | 1 |
| 鸽形目 | COLUMBIFORMES | 鸠鸽科 | Columbidae | 3 |
| 鹃形目 | CUCULIFORMES | 杜鹃科 | Cuculidae | 1 |
| 鸥形目 | LARIFORMES | 鸥科 | Laridae | 6 |
| 鹈形目 | PELECANIFORMES | 鸬鹚科 | Phalacrocoracidae | 1 |
| 佛法僧目 | CORACIIFORMES | 翠鸟科 | Alcedinidae | 3 |
| | | 佛法僧科 | Coraciidae | 1 |
| | | 戴胜科 | Upupidae | 1 |
| 䴕形目 | PICIFORMES | 啄木鸟科 | Picidae | 2 |
| 雀形目 | PASSERIFORMES | 百灵科 | Alaudidae | 2 |
| | | 燕科 | Hirundinidae | 1 |
| | | 鹡鸰科 | Motacillidae | 6 |
| | | 山椒鸟科 | Campephagidae | 2 |
| | | 鹎科 | Pycnontidae | 7 |
| | | 伯劳科 | Laniidae | 3 |
| | | 卷尾科 | Dicruridae | 2 |
| | | 椋鸟科 | Sturnidae | 4 |

续表3.3-18

| 目 | | 科 | | 种数 |
|---|---|---|---|---|
| 中文名 | 学名 | 中文名 | 学名 | |
| 雀形目 | PASSERIFORMES | 鸦科 | Corvidae | 2 |
| | | 鸫科 | Turdidae | 11 |
| | | 鹟科 | Muscicapidae | 2 |
| | | 山雀科 | Paridae | 5 |
| 雀形目 | PASSERIFORMES | 扇尾鹟科 | Rhipiduridae | 4 |
| | | 画眉科 | Timaliidae | 13 |
| | | 黄鹂科 | Oriolidae | 1 |
| | | 绣眼鸟科 | Zosteropidae | 1 |
| | | 燕雀科 | Fringillidae | 3 |
| | | 文鸟科 | Ploceidae | 4 |
| | | 雀科 | Fringillidae | 1 |
| | | 莺科 | Sylvlidae | 9 |
| | | 攀雀科 | Remizidae | 1 |
| | | 鹀科 | Emberizidae | 3 |
| 总计 | 14目 | 45科 | | 182 |

(2)居留情况

邛海湿地公园内记录的 182 种鸟类中,留鸟 85 种,约占全部记录鸟类的 46.70%;冬候鸟 58 种,约占全部记录鸟类的 31.87%;夏候鸟 13 种,约占全部记录鸟类的 7.14%;旅鸟 21 种,约占全部记录鸟类的 11.54%;繁殖鸟 2 种,占全部记录鸟类的 1.10%;偶见鸟 3 种,约占全部记录鸟类的 1.65%。

(3)区系特征

对邛海湿地公园 182 种鸟类中留鸟 85 种和夏候鸟 13 种(共 98 种)进行分析,将其分为古北种、东洋种和广布种三种区系成分,探讨该地区鸟类的区系特征。按“古北种”“东洋种”和“广布种”统计该地区繁殖鸟的区系,结果表明:在评价区三种区系成分中以东洋种占优势,有 65 种,约占留鸟和夏候鸟总种数的 66.33%;广布种 27 种,约占繁殖鸟总数的 27.55%;古北种 6 种,占繁殖鸟总数的 6.12%。

（4）珍稀保护物种

邛海湿地还为一些国家重要保护动物提供了栖息生态环境，如国家一级保护动物中华秋沙鸭，二级保护动物鸳鸯、鸬鹚等。在 182 种鸟类中，有国家重点保护物种 11 种。其中国家一级重点保护物种 1 种，国家二级重点保护物种 10 种（表 3.3-19）。

表 3.3-19　邛海湿地公园国家重点保护鸟类名录

| 种　类 | 保护级别 |
|---|---|
| 1. 中华秋沙鸭 | Ⅰ |
| 2. 鸳鸯 | Ⅱ |
| 3. 普通𫛛 | Ⅱ |
| 4. 棕尾𫛭 | Ⅱ |
| 5. 黑翅鸢 | Ⅱ |
| 6. 苍鹰 | Ⅱ |
| 7. 红隼 | Ⅱ |
| 8. 游隼 | Ⅱ |
| 9. 白琵鹭 | Ⅱ |
| 10. 彩鹬 | Ⅱ |
| 11. 灰鹤 | Ⅱ |

2. 鱼类

（1）种类及组成

邛海的土著鱼类共有 20 种（含亚种），分属 5 目 8 科 20 属，有 20 种外来鱼类，分属 5 目 14 科 19 属。土著鱼类中以鲤科的种类最多，有 11 种，其次为鳅科 3 种，余下鲇科、鳢科、鈍头鮠科、青鳉科、合鳃鱼科、鳢科各 1 种。外来鱼类以亚科的种类最多，有 4 种。

（2）区系特点

邛海与其邻近的云南几个主要湖泊的鱼类区系进行比较，可以看出邛海的鱼类区系组成具有如下特点：

①云南高原湖泊的鱼类区系组成大多是类元比较简单而物种分化复杂，邛海的鱼类区系则表现出类元较多而无物种的辐射分化，例如洱海共有鱼类 18 种（亚种），却只分属于 4 个科 9 个属，其中仅鲤属鱼类就分化出 5 个种（亚种），裂腹鱼属也分化出 4 个种，而在邛海有 20 种土著鱼，就分属 8 科 20 属，未见有同属鱼

类的物种分化，这种情况，与云南的程海非常相似。

②与云南高原的阳宗海、抚仙湖、星云湖、洱海、剑湖、泸沽湖等较大湖泊比较，除了鲫鱼、泥鳅和黄鳝三种广布种外，邛海与其共有的属只有鲤、白鱼、倒刺鲃、条鳅和鲇五个属，在属于金沙江水系的滇池中，与邛海共有的属还有鲌属、白鱼属和鳈属，共有种还有中华倒刺鲃和青鳉，与滇东湖泊(滇池、阳宗海、抚仙湖和星云湖等)比较，邛海缺少金线鲃和四须鲃等鲃亚科的特有属种，与滇西湖泊(洱海、剑湖和泸沽湖等)比较，邛海又无青藏高原特有的裂腹鱼属，而在邛海中却生活有云贵高原普遍缺乏的红鲌属、鲅属、圆吻鲴属、鳡属等鱼类，但与云南的程海共有种(10种)和相近种(4种)达14种之多。

③邛海的40种鱼类多数广泛地分布于长江的中上游，这些鱼类在长江上游支流安宁河中几乎全部都有分布。由于河湖之间生态和地理的双重隔离，其中鲤鱼和白鱼除形成了具有比较明显的形态特征的种或亚种变异之外，其他种类变化不大。

④在邛海鱼类中，不存在典型的湖泊型鱼类，而是一些在湖、江中都可以生活的种类，其中某些种如宽鳍鱲和圆吻鲴等，多生活于溪流之中，过去在湖泊内很少发现，但在邛海和程海均有分布的记录。

⑤种类少，饵料空挡多，与长江中、下游每个湖泊70~80种相比，种数相差甚远，往往给湖泊造成较多的饵料空挡，特别是缺少典型的滤食性经济鱼类，同时组成湖泊鱼类的体型小、生长较慢，这是造成湖泊低产性能的重要原因之一。

⑥邛海红鲌、邛海白鱼和邛海鲤3种鱼为邛海特有种。邛海为邛海鲤、邛海白鱼、邛海红鲌等特有物种提供了独一无二的生态环境，在生物多样性保育中具有不可替代性。邛海湿地支持着70%以上的土著鱼类属、种或亚种的生活史阶段，官坝河口、小青河口、鹅掌河口及其湖湾是邛海白鱼、邛海红鲌等特有鱼类的重要觅食、产卵和保育场所。

综上所述，邛海和程海的鱼类区系很相近，虽然位于青藏高原横断山区的东南缘，但其鱼类区系既不同于云南的其他湖泊，也不同于青藏高原，而表现出江河平原鱼类区系组成的特点。显然，邛海鱼类区系的来源为长江水系。

(3)邛海鱼类区系的来源

邛海鱼类区系来源于长江水系。据调查，安宁河的鱼类区系组成与金沙江下段是一致的，所以江河平原鱼类类群能由金沙江经安宁河通过海河进入湖内，这一事实进一步证实了上述论点。

(4)邛海鱼类区系的演替

中国江河平原区鱼类向西部扩散到金沙江，由安宁河进入邛海，这就形成了邛海鱼类区系的基础。之后由于环境条件的变化，物种的形态特征随之发生不同程度的变化。人工引进种类的增加，引起了邛海鱼类区系组成的变化，鱼类的种群数量亦发生了急剧的变化。根据调查资料，邛海鱼类区系大致经历了以下几个较大的变化阶段。

①邛海为内流静水湖泊，与江河流水环境条件差异颇大，许多喜流水生活的鱼类因环境条件的改变，而逐渐绝迹，如白甲鱼、鲈鲤、华鲮、墨头鱼、昆明裂腹鱼、西昌华吸鳅等。还有一些适应性较强的鱼类，则逐渐适应新的环境条件而生存下来，如鲤、鲫、赤眼鳟、中华倒刺鲃、大口鲇、红鳍鲌、粗唇鮠、黄鳝和乌鳢等，从而逐渐形成了湖区鱼类区系的基础。

②湖泊鱼类基础形成后，鱼类区系处于相对稳定阶段，有一些喜敞水生活的鱼类，由于所需的生活条件得到基本保证，各自的种群数量迅速增长，如鲤、鲫等的种群数量不断扩充，从而形成不同时期的优势种群。随着时间的推移，湖内存在着未被占领的空白生态灶，一些具有较强适应能力的物种随着食物等条件的改变而发生形态学上的适应性差异，而这些变异性状在其生态条件相对稳定的情况下，使它们与原有种群的生态差异逐渐加深，形成新的种群并延续和发展。如邛海鲤、邛海白鱼和邛海红鲌等。

③1965 年以后，人工引进青鱼、草鱼、鳙鱼、鲢鱼、鲤鱼、鳊鱼、鲂鱼和白鲫鱼等鱼类，同时又带入中华细鲫、鳑鲏类、麦穗鱼、棒花鱼、黄鱼等小型鱼类，使原有的鱼类区系发生了剧烈的变化。曾经是湖中鱼类区系组成的主要成分的鲴类、西昌白鱼、中华倒刺鲃、云南光唇鱼、岩原鲤、黄颡鱼和白缘等鱼类种群逐渐衰亡，迄今已难采到标本。湖中的赤眼鳟、邛海鲤、邛海白鱼和粗唇鮠等鱼类由于受到影响，其种群数量正在急剧减少，仅偶尔采到少数标本。目前，只有邛海红鲌、红鳍鲌和大口鲇等尚有一定的竞争能力。今后，随着人工引进鱼的种类和数量的增多，以及捕捞强度的增加，原有生态环境条件将发生很大的变化，现在尚存的土著鱼类(如邛海鲤和邛海白鱼等)的种群数量将渐趋减少。数量较多的邛海红鲌和红鳍鲌等鱼类的种群数量将趋于减少，如邛海红鲌在 20 世纪 60 年代渔获量中约占 30%，20 世纪 80 年代由 20% 下降到 7% 左右，如果能对大口鲇加强繁殖保护，加之麦穗鱼、黄鱼和棒花鱼等小型鱼类数量逐渐增多，则邛海红鲌的种群数量有可能得以扩大。

3. 浮游动物

邛海鱼类资源丰富，同时渔业生产是目前邛海生产经营活动的一项重要内容，浮游动物生长情况与鱼类产量关系密切。本次通过标本采集鉴定、查阅资料等方法对邛海浮游动物进行调查。

(1)种类组成

初步调查发现，邛海现有浮游动物 26 属 42 种，以枝角类和桡足类为优势类群，全部浮游动物总生物量为 505 t。其中原生动物 7 属 11 种，占浮游动物总数的 34.38%；轮虫 11 属 18 种，占浮游动物总数的 28.13%；枝角类 3 属 8 种，占浮游动物总数的 21.87%；桡足类 5 属 5 种，占浮游动物总数的 15.62%。

枝角类优势种主要是僧帽溞，尤其在秋冬两季；桡足类优势种是广布中剑水溞、白色大剑溞和大型中镖水溞。轮虫的种类较多，优势种是针簇多肢轮虫、龟甲轮虫、泡轮虫和巨腕轮虫。原生动物常见的是似铃壳虫和砂壳虫，见表 3.3-20。

表 3.3-20　邛海浮游动物种类组成

| | 目 | 科 | 属 | 种 | 百分比/% |
|---|---|---|---|---|---|
| 原生动物 | 8 | 10 | 10 | 11 | 34.38 |
| 轮虫动物 | 2 | 2 | 8 | 9 | 28.13 |
| 枝角类 | 1 | 5 | 7 | 7 | 21.87 |
| 桡足类 | 1 | 2 | 4 | 5 | 15.62 |
| 合计 | 12 | 19 | 29 | 32 | 100 |

（2）浮游动物分析

近几年对其他地区如武汉东湖、四川九寨沟、湖南索溪峪自然保护区等的浮游动物的调查表明，这些水体的浮游动物群落结构与邛海相似，即原生动物、轮虫种类数在浮游动物中所占比例较高，枝角类和桡足类所占比例较低。这进一步证明了浮游动物具有世界性分布的特点。邛海属长江流域，雅砻江水系，安宁河支流海河的源头，为四川第二大淡水湖，水体庞大，邛海浮游动物群落结构的特点是以世界性的广布种为主体。

原生动物大多数生活在 3~35℃ 温度下，最适范围为 20~30℃，pH 最适范围为 6~8。邛海地处低纬度、高海拔地区，受西南季风及东南内陆干旱季风交替的影响，具有中亚热带高原山地气候的特点，冬暖夏凉、干湿季分明。具体气候气象特征为：光照充足，热量丰富，气候暖和，冬暖夏凉；雨量充沛，干湿季分明。邛海的温度和 pH 均在原生动物生长和繁殖最适宜的范围。

浮游动物对水环境变化反应灵敏，可以用于水质监测。通常浮游动物种类增多、密度降低、均匀度上升，表明水体污染的程度较小，污染较少。反之种类减少、种群密度特别是少数优势种密度升高，则表明水体污染程度较高，污染较大。因此，可以通过对比调查邛海浮游动物种群数量的变化来对邛海环境进行监测。

4. 底栖动物

底栖动物是湖泊生态系统的主要生物组成成分之一，在湖泊生态系统结构与功能中具有重要的生态意义。

（1）种类组成

初步调查发现，邛海现有底栖动物 16 属 29 种，其中环节动物门有 2 属 3 种，软体动物门有 5 属 12 种，节肢动物门有 9 属 14 种，详见表 3.3-21。

表 3.3-21　邛海底栖动物的组成

|  | 目 | 科 | 属 | 种 | 百分比/% |
|---|---|---|---|---|---|
| 环节动物 | 1 | 1 | 2 | 3 | 10.34 |
| 软体动物 | 5 | 5 | 5 | 12 | 41.38 |
| 节肢动物 | 3 | 9 | 9 | 14 | 48.28 |
| 合计 | 9 | 15 | 16 | 29 | 100 |

邛海底栖动物优势种为 3 种，即中华圆田螺、多齿新米虾、摇蚊幼虫。

（2）小结

①底栖动物是生态系统中一个重要的组成部分，对了解生态系统的结构和功能具有重要意义。底栖动物可以加速分解水底碎屑，促进泥水界面的物质交换和水体自净，是水生态系统营养生态位的重要环节，也是鱼类的天然饵料。邛海中自然繁殖生长的鲤、鲫等是利用底栖动物的主要经济优质鱼类。在鱼类生长繁殖期禁止捕捞，让鱼类充分有效地利用底栖动物资源，实现底栖动物对鱼类产品的转化。

②邛海现有底栖动物种类较少、生物多样性指数偏低。这表明目前邛海的水质逐渐变差，部分区域有由轻营养型向中营养型过渡的趋势，这与邛海水质现状反映出来的趋势是一致的。

5. 两栖类

通过实地调查与查阅相关文献资料，经鉴定分析，两栖类共计 9 种，隶属 1 目、5 科、7 属。其中无尾目 5 科 7 属 9 种；优势科是蛙科，分布有 3 属 4 种；其次是蟾蜍科，分布有 1 属 2 种；角蟾科、姬蛙科、雨蛙科各有 1 属 1 种。

在两栖类动物中，牛蛙是外来入侵种，是为了经济目的人为有意引进的。牛蛙生态适应能力强，食性广，天敌较少，寿命长，繁殖能力强，传播能力强，具有明显的竞争优势，易于入侵和扩散。要有针对性地采取措施，控制其扩展和蔓延的速度，减轻其危害，杜绝在邛海进行牛蛙养殖，加大宣传，提高公众对外来物种入侵危害性的认识。

6. 爬行类

通过野外考察与标本采集，并结合文献资料得出，邛海共有爬行动物 2 目、7 科、10 属、12 种；游蛇科是绝对的优势科，有 4 属 5 种；蝰科有 1 属 2 种；龟科有 2 属 2 种；壁虎科、蜥蜴科、石龙子科各有 1 属 1 种。物种的生态环境类型主要依据该物种的繁殖地和主要活动区域进行划分。

12 个物种中，乌龟属国家Ⅲ级保护动物。根据中国红色名录濒危等级划分，乌龟属于濒危种，王锦蛇、黑眉锦蛇、乌梢蛇属易危种。

### 3.3.8 生态系统多样性

邛海的生态系统主要有农田生态系统、湿地生态系统、水生生态系统 3 大类型，它们构成了邛海的生态系统多样性。邛海区域主要为湿地生态系统、水生生态系统。

1. 邛海生态系统的类型

(1)农田生态系统

邛海东、北、南三面为主要的农业生产活动中心，以种植水稻为主、渔业为辅。农田中的动植物种类较少，群落结构单一。

邛海农田生态系统是在以作物为中心的农田中，生物群落与其生态环境间在能量和物质交换及其相互作用上所构成的一种生态系统，是农业生态系统中的一个主要的亚系统。农田生态系统是由农田内的生物群落和光、二氧化碳、水、土壤、无机养分等非生物要素所构成的具有力学结构和功能的系统。邛海农田生态的主要特点是，系统中的生物群落结构较简单，优势群落只有一种或数种作物；伴生生物为杂草、昆虫、土壤微生物、鼠、鸟及少量其他小动物；大部分经济作物随收获而移出系统，留给残渣食物链的较少；养分循环主要靠系统外投入而保持平衡。

(2)湿地生态系统

根据邛海湖盆区湿地生态系统的组分特征可分为：

①环湖生态系统：由于人类的长期破坏和经济活动的干扰，该区域原生植被类型基本消失，代之以人工植被为主。典型类型有农田、旅游景区、鱼塘、荷塘等，该生态系统主要生产者为水稻、荷、满江红、栽培乔木、观赏花卉等，除人类活动频繁外，其主要的消费者为鸟类、啮齿类、昆虫等。

②湖洲草滩生态系统：有季节性或常年积水区域，多为沼泽土或潮土。典型类型为湖州、河滩。该生态系统主要生产者为苔草、丁香蓼、水花生、李氏禾、雀稗等植物，主要消费者为好气细菌。

③湖岸带生态系统：该生态系统植物呈带状平行于湖岸分布，但由于人为干扰破坏严重，该生态系统带状分布极不完整，现阶段只在河口区域有部分残留分布，其余湖岸呈点状分布。该生态系统主要生产者为芦苇、茭白、莲、满江红、浮萍、凤眼莲、水花生、丁香蓼等，主要消费者为两栖类、爬行类、鱼类、鸟类等。

④浅水层生态系统：是湖中的光亮带，光线比较充足，浮游生物丰富。该生态系统的主要生产者为浮游藻类，主要消费者为鱼类、浮游动物等。

⑤深水层生态系统：为湖中的深水地带，光线差，绿色植物不能生长。该生

态系统主要生产者为沉积在水底的腐屑颗粒和有机质，主要消费者为蚊、蝇幼虫。

⑥湿地生态系统：被称为地球之肾，是独特的多功能生态系统。它是生物多样性的储存库，具有调节气候、蓄洪防旱，以及净化环境的功能。湿地生态系统是邛海生态系统的主要组成部分，恢复和保护好邛海湿地生态系统是邛海管理工作的当务之急。

（3）水生生态系统

邛海现有水面面积 27.87 km²，水生生态系统是邛海生态系统的重要组成部分，可以分为：①浅水层生态系统，该生态系统是湖中的光亮带，光线比较充足，浮游生物丰富。该生态系统的主要生产者为浮游藻类，主要消费者为鱼类、浮游动物等；②深水层生态系，该生态系统为湖中的深水地带，光线差，绿色植物不能生长。

2. 邛海生态系统的主要特征

（1）类型多样，生态环境脆弱

调查区域内，邛海及周边包含了 3 个主要生态系统，即农田生态系统、水生生态系统、湿地生态系统。其中湿地生态系统和水生生态系统对邛海生物多样性保护起着重要作用。邛海湿地生态系统随着邛海环境污染易萎缩，该系统有部分已经过渡到农田生态系统，湿地的原生性遭到严重破坏，湿地功能丧失，使冬候鸟景观、水生植物景观消失，以至于邛海整体景观质量下降。由于景观斑块化和人为破坏，不少小尺度生态系统或生态环境非常脆弱。农田生态系统结构单一，农田生态系统既是邛海湿地与城镇生态系统、森林生态系统之间的屏障，也是邛海湿地所面临的现实威胁，农田生态系统所承载的人类所从事播种、施肥、灌溉、除草和治虫等活动是邛海湿地面积减少、污染加剧的重要原因之一。

（2）结构复杂，依赖性强

邛海是生物多样性保护区、西昌饮用水源保护区和风景名胜区，该区人工生态系统对自然生态系统依赖性强，自然生态系统之间相互依赖关系密切。如邛海湿地生态系统是鸟类的栖息地。人工生态系统管理对邛海自然生态系统命运有决定性影响，如果不加强管理，那么邛海自然生态系统退化，湖面萎缩，邛海水生生态系统就会过渡为农田生态系统。

（3）条件优势，作用巨大

邛海位于西昌市东南郊，距市区仅 5 km 左右，它形成了西昌市优越而独特的生态系统，是国家级风景名胜区。它既是西昌市主要水源地，又是动植物栖息生存繁衍的环境，对西昌的气候环境、生态环境、社会经济发展，起着举足轻重的作用。

3. 影响邛海生态系统稳定的主要因素

近年来，在经济发展、旅游资源开发的同时，西昌市的环境保护显得相对薄弱,虽然投入了相当的资金、人力进行污染防治,取得了一定的成效,但环境污染、资源开发不合理的形势仍然严峻。邛海流域周边水环境恶化趋势明显,邛海水质逐年恶化,水色逐渐变黑变黄,湖底湖周泥沙淤积,湖面面积缩小,蓄水量下降;湖滨带湿地退化,珍稀鱼类及禽类数量骤减;流域上游水系植被严重破坏,开始出现土地荒漠化。泥石流泛滥成灾,生态功能相当脆弱。影响邛海生态系统稳定的主要因素有以下几个方面。

(1)自然因素

邛海的入湖河流有 5 条为山溪河,各山溪河上游支流众多,上游沿岸的山地植被破坏严重,土质多为紫色松软土质,岩层多为泥岩、粉沙岩、泥灰岩、页岩等质软易蚀的岩石。每到汛期,大量的固体物质输入各山溪河,洪水伴随泥石流滚滚而下,严重破坏下游生态环境。

水土流失现象严重,加速水体面源污染,导致土地荒漠化。邛海流域坡耕地面积较大,再加上该地区土质条件松软,每逢雨季,水土流失十分严重。大量氮、磷养分流入河中,汇入邛海,加快了湖泊的富营养化。水土流失剥去了耕地表层约 1cm 的肥土层,岩石裸露,易形成荒漠化。

(2)人为干扰

随着邛海流域社会经济的发展,邛海所承担的 TP、TN 负荷将有增无减,若水体得不到有效保护,富营养化进程则会加快,水环境容量将大幅度缩减,水域功能也将无法保障。

邛海流域内植被遭受严重破坏,尤其是流域上游水系的天然林。邛海流域天然林与人工林相比,其所占比重远小于人工林,近年来的乱砍滥伐更使得天然林大量丧失,导致流域的森林生态系统难以维持平衡。邛海流域的植被以飞播云南松纯林为主,树木种类单一,年龄和高矮相近,十分密集,林下缺乏中间的灌木层和地表植被。

(3)外来物种入侵

外来物种威胁生态安全,所到之处寸草不生,使得土著物种消失,生物多样性锐减。物种多样性的减少使邛海流域生态平衡难以维持,生态系统呈退化趋势,生态脆弱度增加。

邛海湖盆区湿地五种危害极大的外来入侵物种如下:

①紫茎泽兰。紫茎泽兰在邛海湖盆区湿地分布于湖岸、塘边、路边、农田等地。对邛海湖盆区湿地的主要危害有:常形成单种优势群落,排挤本地植物,影响天然植被的恢复;侵入湿地和农田,影响栽培植物生长;堵塞水渠,阻碍交通;全株有毒性,危害畜牧业;对邛海湖盆区湿地景观和生物多样性造成较大危害。

②空心莲子草。在邛海湖盆区湿地,空心莲子草大量分布于邛海湖湾、湖滩、河滩、湖岸、水田、池塘浅水地带等地。对邛海湖盆区湿地的主要危害有:排挤其

他植物,使群落物种单一化;覆盖水面,影响鱼类生长和捕捞;在农田危害作物,使产量受损;田间沟渠大量繁殖,影响农田排灌;入侵湿地、草坪,破坏景观。

③凤眼莲。凤眼莲在邛海湖盆区湿地主要分布于湖湾、沟渠河口、水塘等地。对邛海湖盆区湿地的危害有:堵塞河道,侵占湖面,破坏水生生态系统,威胁本地生物多样性;吸附重金属等有毒物质,死亡后沉入水底,构成对水质的二次污染;覆盖水面,影响生活用水;滋生蚊蝇。目前,有专人定期对该物种进行打捞防除,所以,该物种的生长区域控制在湖湾、沟渠河口、水塘等边沿地区。

④牛蛙。牛蛙在邛海湖盆区湿地主要分布于湖湾、沟渠河口、水塘、农田等地。对邛海湖盆区湿地的危害有:牛蛙适应性强,食性广,天敌较少,寿命长,繁殖能力强,具有明显的竞争优势,易于入侵和扩散,导致本地两栖类面临减少和绝灭的危险,甚至已经影响到生物多样性。

⑤福寿螺。20 世纪福寿螺在邛海很猖獗,本次考察未能采集到,究其原因,可能是水质变化的结果。其对邛海湖盆区湿地的危害有:福寿螺粪便污染水体,繁殖量惊人,造成其他水生物种灭绝,破坏湿地生态系统和农业生态系统。

## 3.3.9　执法监管现状

为保护和改善邛海生态环境,防治水体污染,保障人民身体健康,保证邛海环境资源的持续有效利用,1997 年 6 月四川省人大常委会颁布了《邛海保护管理条例》。自《邛海保护管理条例》出台以来,西昌市先后制定了《〈凉山彝族自治州邛海保护条例〉实施细则》《关于划定邛海周围建设工程区的公告》等规范性文件。

1. 全面建立四级河长体系

西昌市邛海流域从 2017 年开展河长制工作以来,先后制定了《河长会议制度》《信息通报制度》《基层河长巡查工作细则》等多项工作制度,现已全面建立四级河长体系,设立州、县、乡(镇)、村四级河长,负责组织领导相应河流(河段)的管理和保护工作。

2. 建立四级河长巡河、"河长+警长"等工作机制

西昌市邛海流域建立四级河长巡河机制,要求各级河长按季度、每月、每周、每天等不同频率开展巡河,并做好巡河记录,对发现的问题及时反馈、交办、处置。

按照凉山州河长制办公室、凉山州公安局《关于印发凉山州河道总警长及警长制工作方案的通知》要求,目前凉山州已落实了州级警长、县级总警长和乡(镇)级警长,实现了每一条河流都有河长和警长管,每一条河流都有具体责任人。

3. 进一步加强行政执法监管力度

"清四乱"专项行动效果显著。全市已累计拆除违法建设 228 处,清理河道

2520余千米，清运淤泥、垃圾3.8万余吨，清理侵占河道废弃砂石60余万方。水法规体系进一步健全，加强了水行政执法，依法治水能力进一步增强。

4. 强化流域协作共治

据《邛海保护条例》的相关要求，凉山州人民政府成立邛海管理机构负责邛海流域范围内的规划、国土资源、环境保护、建设、林业、水务、农牧、海事、旅游等事项的管理；西昌市人民政府开展邛海流域保护的相关工作；邛海管理结果依据本条例开展综合执法。

5. 大力开展宣传工作，探索建立公众参与平台

西昌市大力开展宣传工作，开展河长制进校园、进机关、进寺院等活动。积极参与凉山州组织的全州"河长杯"篮球赛，全州美丽河湖摄影大赛等重大比赛项目，推进河湖长制宣传。

## 3.4　存在的问题分析

邛海作为中国最大的城市湿地和高原最美湿地，以西南地区特有的封闭与半封闭湿地类型，孕育出了邛海湿地特有的生物多样性，在维持区域生态平衡和保持生物多样性方面发挥着不可替代的作用。然而邛海湿地生态环境保护正面临巨大的困境：一方面表现为社会经济的不断发展，湿地受人类活动影响不断加剧，湿地生态环境面临严重威胁；另一方面表现为邛海湿地生态环境研究的缺失，还未建立适当的方法评价邛海湿地生态环境质量，湿地生态环境变化轨迹和现状模糊。

### 3.4.1　水资源保护问题

水资源用水效率低，节水意识淡薄，实行最严格水资源管理制度倒逼机制力度不够；农业节水空间较大，节水建设投入不足，节水型现代农业建设尚待提高；居民节水意识有待加强，工业及城镇生活节水建设工作推进难；由于资金、技术和用水观念等原因，相关技术和硬件设施推广不够；各类发展规划及专项规划水资源论证工作刚性约束不强，重点行业创建节水型企业力度不够。

水源地供需矛盾突出，尤其是在枯水期，邛海水源地的取水压力大大增加；取水量的增加可能导致邛海水资源利用过度，进而引起生态环境系统的破坏。

湖底淤积将影响邛海蓄水量。邛海湖底除极少数滩底为碎石外，水深10 m以下全部为淤盖，质地为红紫沙泥淤积物，表现为东南海域较浅，中西北海域较深。随着淤积层的逐年加深，邛海蓄水量将逐年减少，严重影响邛海水体多种功能的正常发挥。

### 3.4.2　水域岸线管理保护问题

流域内部分入湖河流(如高仓河、干沟河)水土流失防治及防洪基础设施十分薄弱,标准低,甚至很多处于不设防状态,部分入湖河流堤岸结构残缺,遇到暴雨和极端天气灾害就可能造成较大的洪灾,上游及沿岸污染随着水土流失直接冲刷进邛海湿地。

侵占入湖河流河道,乱占滥用河湖水域岸线现象依然存在。部分入湖河流有村民占用河道开荒、围垦种植的现象,河道两岸被冲刷,或者影响河道的行洪泄洪功能。

### 3.4.3　水污染问题

面源污染影响依然存在。流域内大部分农村生活污水和周边乡镇的农田汇水仍然通过沟渠直接或间接进入邛海;农用化学品投入大,利用率低,氮磷流失严重;散户畜禽养殖粪污有效处理率低;农田废弃物产生量大,资源化利用率低。

邛海西岸雨污分流不彻底,雨水管网直接接入截污干管,雨季雨水流量过大,部分管段中污水浓度偏低,可能导致污水处理设施的不正常运行;城镇污泥处理设施欠缺,影响区域水环境质量;乡镇污水处理设施建设率低,城镇生活污染治理能力和投入严重不足;乡镇农村垃圾收运设施不足,农村生活垃圾收集率偏低,缺乏配套的垃圾压缩和渗滤液收集装置;部分散户畜禽养殖污染处理设施不完善。

部分截污干管渗漏严重。湿地三期区域湖岸线存在自然沉降现象,管网沉降较严重,而钢筋混凝土管材抗不均匀沉降的能力很差,导致部分钢筋混凝土管连接处漏水比较严重。

河湖监督管理困难,沿河沿湖居民保护意识薄弱,湖区存在垃圾漂浮物,邛海及其入湖河流沿河沿湖存在倾倒垃圾现象。

### 3.4.4　水环境问题

邛海湖区水质总体良好,部分指标和营养状态指数呈现逐年上升的趋势。

但受邛海周边旅游压力的增加及周边乡镇快速发展的影响,加上水土流失形势严峻,官坝河、土城河、缺缺河等入湖河流水质恶化现象不容忽视。邛海周边及入湖河流的沟渠影响湖泊水质。

### 3.4.5　水生态问题

近年来,各级领导高度重视邛海湿地保护与恢复工作。西昌市认真贯彻各级要求,把邛海湿地保护工作放在突出位置,多方筹集资金,按照统一规划、分步实施、加快推进的要求，全面推进邛海湿地保护和恢复工作。

官坝河等入湖河流水土流失泥沙沉降性能差，泥沙在河口区域形成沉积，改变水域自然湖岸线；市州级水土保持监测机构不健全，监测点布局不完善，建设标准低，监测技术手段落后，监测能力不强，缺乏水土保持专业人才，能力建设低。

湿地植物种植不合理，部分区域湿地植物常年缺乏管理，植物残体腐烂沉积，加速水体富营养化，造成水质恶化；地方政府对水土保持防治力度不够，水土流失综合治理步伐较慢，人为水土流失现象时有发生；流域内部分生产建设单位水土保持法治意识不够，水土保持国策宣传教育有待加强，水土保持法律法规意识和生态文明理念有待加强。

### 3.4.6 执法监管问题

流域跨区域协作机制执行力度不足，昭觉县和喜德县对于邛海流域保护工作参与力度不足，上游保护措施缺失。

水资源保护、水利体制机制有待完善；水利投入稳定增长机制尚未建立，水价形成机制有待完善，水利工程良性运行机制尚需探索；专业执法人员少、执法装备差，经费不足、部分行政执法部门能力不足，无专业执法机构。

水资源和水环境保护信息化建设任重道远。在水质、水量监测预警，防灾、减灾预警，水土保持、泥石流等监测方面还存在大量的空白；水土流失动态监测与信息化建设需要加强。

## 3.5 邛海管理保护目标

### 3.5.1 总体目标

到 2025 年，邛海在水资源保护、水城岸线管理、水污染防治、水环境治理、水生态修复等方面取得进一步成效，河流管理范围明确、岸线利用分区清晰、上下游、湖岸周边联防联控机制持续运行，重大问题得到解决，各级河(段)长和有关部门管理责任清晰，履职到位。

到 2025 年，水环境质量进一步改善，西昌城区集中饮用水水源地水质达标率达到 100%，主要控制断面生态基流保证率为 100%，水面清洁率达到 100%，涉河违法行为打击率达到 100%。

### 3.5.2　水资源保护目标

1. 全面落实最严格水资源管理制度

将西昌市邛海流域生态环境保护责任分解落实到各个断面、水体和乡镇，落实河湖长制责任体系。实行水资源消耗总量和强度双控，确立水资源开发利用和用水效率控制红线，实施流域生态环境资源承载能力监测预警管理，持续推进再生水循环利用。

2. 饮用水水源保护

严格落实《四川省饮用水水源保护管理条例》管理要求，加强城市集中式饮用水水源地自动监测能力建设，持续开展乡镇集中式饮用水水源地规范化建设。稳步推进农村分散式饮用水水源地安全巩固提升。到 2025 年，乡镇集中式饮用水水源规范化建设比例不低于 85%，农村自来水普及率达到 88%，乡镇集中式饮用水水源地水质达标率达到 93%，农村饮用水卫生合格率达到 100%。

3. 水功能区水质目标

西昌市邛海流域已划定水功能区，为国家级功能区。到 2025 年邛海全国重要水功能区水质达标率达到 100%。

4. 入河排污口管理

邛海是饮用水源地，不允许设排污口。但在邛海周边湿地及部分入湖河流存在一些沟渠，这些沟渠汇集了邛海流域农村生活污水、农田汇水和散户畜禽养殖污染，沟渠排放的污水未经处理直接进入邛海或入湖河流，影响邛海水质。

### 3.5.3　水污染防治目标

1. 工业企业污染防治

邛海流域无工业企业。

2. 生活污染防治

到 2022 年底，生活污水处理率达到 87%。到 2023 年底，城市设施能力基本满足生活污水处理需求，所有建制镇具备污水处理能力。力争到 2023 年底，城市（县城）污水处理率 97%，建制镇污水处理率 40%；力争到 2025 年，城市（县城）污水处理率 98%，建制镇污水处理率 45%。

力争到 2025 年，全市乡镇及行政村生活垃圾收转运处置体系基本实现全覆盖，全市农村生活垃圾得到有效处理行政村比例达到 95%，建立农村生活垃圾处理设施运维长效机制，50% 行政村完成环境整治，开展生活垃圾分类收集处理的行政村比例达到 30%。

3. 农村生活污染治理

加快推进全市农村生活污水处理设施建设，处理设施运行监管不断加强，处理设施保障能力和服务水平全面提升。推进邛海流域内乡镇农村生活污染治理，逐步完善配套管网建设，保证污水收集并得到有效治理。到2025年，农村生活污水处理率达到40%。

4.畜禽养殖污染防治

完善邛海流域内规模化养殖场(小区)粪污治理设施，对于周边土地不能满足沼液和沼渣消纳需求的，废水必须经过处理达标后再排放或回用。到2025年，规模化养殖场粪污处理设施装备配套率达到100%，畜禽粪污综合利用率达到80%以上，畜禽粪污基本实现资源化利用。

5.农业面源污染防治

深入实施化肥农药减量增效行动，推进农业绿色转型。大力发展测土配方施肥和农作物病虫害统防统治与全程绿色防控，深入开展粮油作物绿色高质高效创建、绿色提质增效行动。完善废旧农膜、农药包装废弃物等回收处理制度。鼓励开展农田退水期间的污染物浓度控制，对影响收纳水体生态环境功能的有针对性地提出整治任务。

到2025年，农膜基本实现全回收，农业面源污染得到有效控制。初步建立科学施肥与农药使用管理体系和技术体系，科学施肥与农药管理水平明显提升，主要农作物化肥、农药使用量实现零增长。

### 3.5.4 水环境治理目标

到2025年，西昌市城镇、农村生活污水收集处理率分别达到45%和40%以上，城镇生活垃圾处理率达到90%。

邛海主要入湖河流——官坝河、鹅掌河、小箐河入湖口河流水质稳定达到Ⅱ类，土城河、缺缺河、干沟河、踏沟河、朱家河、高仓河和龙沟河入湖口河流水质达到Ⅲ类。

到2025年，湖水面清洁率达100%，邛海周边生活垃圾处理率达到90%。邛海流域水面清洁无垃圾。河岸绿化美化，因地制宜选择草木，提高河道堤防绿化效果。

### 3.5.5 水生态修复目标

1.生态流量保障目标

生态流量是维系河湖生态功能，控制水资源开发强度的重要指标，是统筹生活、生产和生态用水，优化配置水资源的重要基础，事关水安全保障和生态文明建设大局。邛海主要控制断面生态基流保证率达到100%。

2.水土保持

地方政府对水土保持投入稳步提升，水土流失防治工作成效明显。基本建成布局合理、功能完善的水土保持监测站点体系。水土流失动态监测能力和信息化水平明显提升。流域内，社会民众水土保持法律法规意识和生态文明理念得到大幅提高。

持续贯彻日常监管巡查制度，对巡查中发现的问题，及时解决；对已取得的河湖管理成果进一步加强监督，防止捕捞、采砂、围垦、乱弃乱倒、侵占水域岸线等活动的出现，持续严厉打击涉河违法行为；建立"两法衔接"机制，加强行政执法机关和刑事司法机关的信息共享和协调配合，逐步完善"两法衔接"机制。到2025 年，邛海流域水土保持率达到 98%。

## 3.6　邛海管理保护任务

邛海自然条件优越、资源禀赋独特、产业特色鲜明，在全省战略格局中具有重要地位。结合各部门工作要点，邛海管理保护将重点由水环境治理向水资源保护、水生态方向转变，实现河流的永续利用和生态系统完整。一方面要全面深化"十三五"重点任务，达到更高的目标要求，另一方面要对"十四五"水资源、水生态等新的管控要求进行落实，不仅要解决水环境的问题，更要解决水资源和水生态的问题。

(1)水资源保护：进一步落实最严格水资源管理制度、强化水资源"三条红线"管控，推进节水型社会建设，推进实施节水型社会建设项目；进一步加强水功能区监督管理工作；加强饮用水水源地规范化建设及水源地监测能力建设，巩固提升水源监控能力，推进实施农村区域供水工程的维修与养护；加快推进城区老旧小区供水系统改造建设项目。

(2)水域岸线管理保护：完成岸线保护与利用规划编制。

(3)水污染防治：全面提高城镇污水收集处理能力，完善乡镇支管网建设，提高污水收集率，实现雨污分流；强化城市生活垃圾污染防治，推进城区生活垃圾收集、分类、转运项目建设；强化农村生活垃圾及面源污染防治，优化城乡垃圾分类体系建设。

(4)水环境治理：推动"十四五"国、州控断面达标，完善水环境监测体系，推进农村水环境综合治理。

(5)水生态修复：持续加强水土流失预防与治理，进一步加强邛海及其上游流域治理与保护。

(6)执法监管：完善信息监管能力，建立健全联合执法机制，加强执法监管能力建设。

### 3.6.1 水资源保护

1. 全面落实最严格水资源管理制度

深入推进水资源管理，建立水资源调度长效机制，编制水资源调度方案，加强最严格水资源管理机制考核及考核结果运用。

加快节水型社会的建设，流域内各部门形成节水工程合力，强力推进计划用水、各类节水载体建设、超定额超计划加价等节水制度实施。

优化水资源配置，严守"用水总量控制、用水效率控制、水功能区限制"三条红线，加强水资源用途管制。对取用水总量超过控制指标的，暂停审批建设项目新增取水，对超过水资源承载能力的，实行有针对性的管控措施，实施用水总量削减方案，加快调整发展规划和产业结构。流域内工业集中发展区、工业园区，应依法开展规划水资源论证，小水电及农村安全饮水工程应依法办理取水许可证。严格控制从邛海取水水量。

2. 完善水功能区划，严格水功能区管理

根据水功能区划确定的河流水域纳污容量和限制排污总量，落实污染物达标排放要求，严格控制入河湖排污总量。

加强水功能区监测，逐年提高监测覆盖率，稳定保持水功能区水质达标率。

3. 加强饮用水源地管理

加强流域内水库水质管理与保护，强化水库监测能力，积极营造水清、岸绿、景美的库区水生态环境。

加强农村供水设施建设及农村饮水水源保护，逐步建立和完善农村饮水安全保障体系，推进农村集中式饮用水水源信息公开。

强化饮用水水源地保护和标准化建设，全面清查流域城镇集中饮用水源地，划定保护区，开展水源地保护区建设工程，优化取水口布局，加强水源地监测能力建设。

4. 强化入河排污口监管

禁止在邛海流域新设排污口。

5. 合理利用湖泊流域水土资源

(1) 维持湖泊合理的生态水位

兼顾水资源、水生态、水环境保护目标，制定与防洪、用水安全相适应的流域水资源优化配置方案，维持合理的湖泊生态水位。

(2) 节约利用水资源

推行农业领域节水改造及节水灌溉技术；推行工业领域节水和水循环利用，严格控制高耗水行业发展；积极开展城市节水，加强供水和公共用水管理，推行中水回用和雨水利用。

（3）优化国土空间开发格局

以主体功能区规划为基础，充分发挥城市总体规划和土地利用总体规划的引导和控制作用，根据湖泊流域各地区的主体功能定位，进一步强化国土空间管控，避免土地资源无序开发、城镇粗放蔓延和产业不合理布局，优化城镇空间布局，使人口适当向城镇聚集，形成湖泊流域良好的空间结构，保持湖泊流域完整的生态系统。

## 3.6.2　水域岸线管理保护

1. 河道管理范围、开展岸线利用与保护规划

（1）推进入湖河流域管理范围划定工作

开展入湖河流划界工作，为河长制河湖管理的水域、岸域空间管控提供依据，后续管理需以此作为依据，严格控制开发利用行为，严禁以任何形式围垦违法占用湖泊水域，严格控制跨湖、临湖建筑物和设施建设。到 2025 年，河湖岸线保护利用规划基本完成。

（2）加强流域生态空间管理，推进岸线分区管理制度

深化邛海湖水利工程管理划定工作，并同步制定相应的管理制度，严格落实，确保流域内生态得到更好的保护。

（3）严格河湖水域岸线管理

加强河道滩地、堤防和河岸的水土保持工作；加强对在江河湖泊上设障阻碍行洪、擅自建设防洪工作和其他水工程水电站等以及其他侵占河道湖泊、非法采砂取土等突出问题的监督排查，恢复河湖水域岸线生态功能；岸线利用与保护规划批复后，按照规划确定的岸线功能分区和管理要求，严格落实分区管理和用途管制，确保岸线得到有效保护、合理利用。加强河道邛海管理，对违反邛海管理条例的行为，发现一起整治一起。

2. 严格河湖采砂监管

根据《四川省河道采砂管理条例》的规定，按照属地管理原则，落实河道采砂管理地方人民政府行政首长负责制。有效兼顾砂石资源开发利用与生态环境保护，进一步完善流域内河道采砂许可制度。严格执行河道采砂规划、年度实施方案和河道采砂许可证制度。严厉打击未经许可的非法采砂和许可情况下的超范围、超量采砂行为。按行业管理职责督促涉砂企业落实安全生产主体责任，督促企业加强砂石运输源头装载管理、安装固定计重设备，实施货运车辆出厂（场、站）计重、货运单据、信息抄报制度，健全砂石运输源头装载监管机制。

3. 加强岸线防治清理

加强湖边滩地、堤防和湖岸的水土保持工作；加强对在江河湖泊上设障阻碍行洪、擅自建设防洪工程和其他水工程、水电站等以及其他侵占河道湖泊等突出

问题的监督排查，恢复河湖水域岸线生态功能。加强水城岸线防治，开展地质灾害危险性评估，并根据评估报告落实防治措施。

岸线利用与保护规划批复后，按照规划确定的岸线功能分区和管理要求，严格落实分区管理和用途管制，确保岸线得到有效保护、合理利用和依法管理。新建项目一律不得违法违规占用河道、库区，严格执行《城市蓝线管理办法》的规定。各行政主管部门长效加强部门协调联动，加强执法力度，增加河湖岸线巡查力度，杜绝违反侵占河道等乱占滥用河湖水域岸线的问题死灰复燃。

### 3.6.3　加强湖泊流域污染防治

1.深化工业污染防治

强化工业园区废水集中治理和深度处理；提高湖区重点行业氮磷污染物排放标准；严格企业环境准入门槛，严格执行环境影响评价制度；强化企业环境监管，加强工业企业的排污监控，杜绝违法排污。鼓励企业推行工业用水循环利用，发展节水型工业。

2.加强城镇生活污染防治

加强城镇污水处理设施建设，提升污水处理能力，新建、在建污水处理厂要配套脱氮除磷设施，提高氮和磷等营养物质的去除率。根据受纳水体环境质量现状和目标，从严控制生活污水处理厂出水水质标准，确保污水处理厂出水水质达到一级 A 排放标准。加快城镇污水收集管网建设，因地制宜实施雨污分流和环湖截污工程，提高城镇污水处理厂运行负荷率，增加初期雨水的收集和处理能力。加强中水回用，削减入湖污染物总量。建立完善的城镇生活垃圾收集、中转运输和处理系统，加强城镇生活垃圾的分类回收与资源化利用，提高生活垃圾处理率和资源化利用率。

3.加强农村生活污染治理

加快推进农村生活污水治理。因地制宜采取集中式、分散式等方式，加快推进农村生活污水处理设施建设。推行城乡生活垃圾一体化处置模式，推进农村有机废弃物处理利用和无机废弃物收集转运，严禁农村垃圾在水体岸边堆放。

4.加强农业污染防治

加强农田径流污染防治，积极引导和鼓励农民使用测土配方施肥、生物防治和精准农业等技术，指导农村科学施用农药、化肥，大力推广有机肥施用；采取措施削减流域内化肥、农药使用量，采取灌排分离等措施控制农田氮磷流失；推广使用生物农药或高效、低毒、低残留农药，进一步推行病虫害生物防控，实现农药、化肥零增长。

推进畜禽养殖污染防控与治理，科学规划畜禽饲养区域，明确划分湖泊流域禁养区和限养区，合理建设生态养殖场和养殖小区，通过制取沼气和生产有机肥等方式对畜禽养殖废弃物进行综合利用。实施畜禽粪便资源化利用，就地还田消纳等环境整治，构件养殖与种植优势互补、资源共享、良性互动的可持续生态系统；推广禽畜粪收集与利用技术，最大程度减少面源污染。

5. 加大湖泊内源污染防治力度

加大水产养殖污染防治力度，鼓励发展生态养殖，根据湖泊功能分类控制网箱养殖规模，以饮用水水源为主要功能的湖泊严禁网箱养殖，坚决取缔饮用水水源保护区内网箱养殖；科学实施重污染底泥环保疏浚，有效处理与处置疏浚污泥，避免二次污染；加强湖泊内航运船舶污染防治，建立航运船舶油污水和垃圾收集处置长效机制。

## 3.6.4　水环境治理

1. 巩固产业结构调整成果

在"一退、二调、三保"和"东限西进"的城市布局规划基础上，继续保持维护湖滨缓冲带流域内及其临近村落内，种植、养殖等所有产生污染并对邛海构成威胁的经济社会活动退出的成果，持续减轻对湖泊的污染压力，改善生态环境。

2. 加大入湖河流污染治理力度

入湖河流是输送面源污染物的重要途径。因地制宜建设河滨湿地和缓冲区域，对小流域汇集的面源污染实施生态拦截与净化，削减入河污染负荷；在确保防洪防涝前提下，选择适宜性生态修复技术，采取适当的工程措施，增加河水入湖前的滞留时间，净化径流污染物。

3. 加强流动源环境风险防范

全面调查交通运输可能带来的环境风险源，摸清流域内危险化学品、危险废弃物等有毒有害物质的种类、数量及其运输路线和运输工具。对有毒有害物质的运输、储存实施全过程监管，严禁非法倾倒，提升风险管理水平，最大限度降低事故风险。

4. 强化水环境质量目标管理，推动农村水环境综合治理

开展流域内环境综合治理，将污染治理和生态修复有机结合，完善各级水污染防治工作方案，开展水污染风险评价，构建水质监测网络及信息系统，加强水质监测能力建设。

5. 提高生活垃圾收集水平

继续实施邛海周边农村连片整治，推进上游乡镇农村环境综合整治，全面开展上游乡农村环境综合整治。

邛海周边农村增加生活垃圾收运设施，逐步完善垃圾分类收集、储运和处理系统的建设。

邛海上游乡镇农村增加生活垃圾收运设施，逐步完善垃圾分类收集、储运和

处理系统的建设。

全面实施农村增加生活垃圾收运设施，大力推进生活垃圾分类收集，完善垃圾分类收集、储运和处理系统的建设。

6. 加强日常维护

加强湿地的日常维护，形成湿地管护长效机制，定期清理水面垃圾、湿地植物，实时监测城镇排污口、重点工业、重点河段水质。

### 3.6.5 水生态修复

1. 实施湖泊流域生态建设和修复

(1)加强流域水源涵养能力建设

在流域水源涵养区实施水土保持、植树造林等工程，在符合土地利用总体规划并确保耕地和基本农田保护目标的前提下实施退耕还林等工程，提高水源涵养能力，从源头上提供清洁充足的水源。

开展水源涵养区保护，加强水土流失预防和治理。到2025年，西昌市水土保持率达到98%，继续实施天然林保护、退耕还林，加强入湖河流水土流失治理，适时开展邛海清淤工作，全面建立生态补偿机制，加强森林资源管理，加强湿地维护和生物多样性保护强化生态流量保障目标落实。

(2)实施湖滨缓冲区保护和修复

优先保护湖滨生态敏感区，实施生态修复，包括水生植物修复、退渔还湖、不合理占用湖滨湿地和湖岸线清理等综合整治工程，逐步恢复湖滨缓冲区的结构和功能；生态恢复中要优先选用本地物种，逐步提高生态系统修复能力。

2. 保护湖泊生物多样性

推动建立布局合理、类型齐全、重点突出、面积适宜的各类水生生物自然保护区；建立水产种质资源保护区，保护濒危水生野生动植物及珍稀鱼类栖息地、鱼类产卵场和洄游通道，建立濒危动植物重点保护区和水生野生动植物自然保护区；加强外来水生动植物物种管理，建立外来物种监控和预警机制。

继续实施天然林保护、退耕还林，加强入湖河流水土流失治理，适时开展邛海清淤工作，严厉打击非法捕捞作业行为，严格禁止非法渔获物交易行为，全面建立生态补偿机制，加强森林资源管理，加强湿地维护和生物多样性保护，强化珍稀濒危水生野生动物保护管理。

### 3.6.6 执法监管

1. 完善法规标准制度，完善河长制组织体系法

全河湖保护地方性法规规章，制定和完善河湖保护技术和管理规范体系；落实各级河长制机构、编制、装备、经费，加强执法队伍建设，包括执法机构人员、

装备车辆的保障，纳入年度考核内容，确保河长制工作的有序、有效推进。

2.加强水环境联合执法制度

加强各部门的水环境联合执法制度，共同做好邛海流域生态环境保护工作。

3.健全水污染突发事件应对工作机制，科学有序高效应对突发事件。

4.加强湖泊环境监管能力建设

按照环境监测和监察标准化建设要求，配置监测、监察仪器设备，强化湖泊流域生态环境监测、监察和环境污染事故应急能力建设。整合湖泊流域生态环境监测资源，结合卫星遥感监测技术，形成天地一体化的监测体系。建立湖泊环境信息共享平台，特别是对具有饮用水水源功能湖泊的供水水质实施全天候监测。制定湖泊水质异常、突发性水污染事件、藻类防控等应急预案，配备必要的应急设备和物质，全面提高应急处置能力。

## 3.7　邛海管理保护措施

### 3.7.1　调查和评估湖泊生态安全状况

1.湖泊生态环境调查

开展湖泊流域生态环境的系统调查工作。对湖泊水生态系统(湖体及入湖河流的水质、底质及生物等)、流域内污染源、流域土地利用等开展调查，确定存在的主要环境问题并分析成因，提出污染预防和生态保护措施。

2.湖泊生态安全评估

在湖泊流域生态环境调查的基础上，综合分析入湖水量、污染物负荷、流域水利工程、湖滨带开发利用等对湖泊生态安全影响的方式和程度，分别对湖泊水生态健康、生态系统服务功能、流域社会经济影响等方面进行综合评估。

### 3.7.2　构建湖泊保护长效机制

3.7.2.1　构建生态环境保护"邛海模式"

根据邛海的生态环境保护的特点，构建邛海流域"无工业企业，无规模化畜禽养殖、无湖面面积萎缩、生态旅游业、生态农业发达、生物多样性良好"的"三无三生"邛海湖泊生态文明建设模式，落实生态红线空间管控措施，严格产业布局，提出统筹水资源、水环境和水生态，集保护、治理和建设为一体的组织实施和湖泊管理模式，实现环境保护和科学发展的共赢，打造全国湖泊生态环境保护的典范。

(1)坚持"三无三生"的发展模式

根据邛海的生态环境保护的特点，构建邛海流域"无工业企业，无规模化畜禽养殖、无湖面面积萎缩、生态旅游业、生态农业发达、生物多样性良好"的邛海湖泊生态文明治理模式。调整产业结构,发展生态观光旅游,拒绝工业污染企业,开展环湖湿地体系建设,恢复生物多样性,开展流域支流水土流失防治,结合农村综合整治建设,开展流域农村污水处理。

(2)打造国际重要湿地生态旅游品牌

加强湿地保护与恢复,加快环湖湿地体系建设,完善国际重要湿地、国家重要湿地、湿地公园和湿地自然保护区(小区)为主体的湿地保护体系。积极申报国家湿地公园,积极争取湿地生态补偿、退耕还湿、以奖代补示范县湿地项目,推动湿地保护工作,大力发展湿地生态旅游等湿地生态经济。

全面深化湿地保护国际国内合作与交流。发挥邛海泸山管理局湿地中心的作用,积极引进和吸收国际上湿地保护的先进理念与技术,维护邛海高原淡水湖泊自然湿地原生态,树立高原淡水湖泊河口水土保持典范,打造西昌市生物多样性保护和展示的对外窗口,联合泸山景区,打造邛海湿地国际生态旅游品牌。

### 3.7.2.2 落实生态红线空间管控措施

基于邛海水环境系统格局,水生态脆弱区、水污染物汇集区等水环境系统维护关键区域,考虑邛海流域的生态敏感性、生态服务功能重要性及生态脆弱性,综合禁止开发区域,将邛海流域生态红线分为红线区(禁止开发区)、黄线区(限制开发区)两个管控级别。红线区对环境保护、资源开发、设施建设提出强制性管控要求,黄线区对环境保护、资源开发和设施建设提出限制性要求。

红线区内严禁不符合区域功能和环境功能定位的开发活动,控制人为因素对自然生态的干扰和破坏。红线区中法定保护区域应依据法律法规规定和相关规划实施强制性保护。饮用水源一级保护区禁止新建、改建、扩建任何与供水设施或水源保护无关的建设项目;自然保护区、风景名胜区禁止新建、改建、扩建任何无关的生产项目;严禁开发与自然保护区、风景名胜区、森林公园保护方向不一致的参观、旅游项目;旅游景点内必要的建设项目应严格遵照相关法律法规,建设用地面积和建设内容不得超出相关要求;已经建成的无关建设项目应责令拆除或者关闭;引导人口逐步有序转移,实现污染物"零排放",提高环境质量。

对于红线区内的湿地,禁止任何与环境保护无关的开发建设活动,实施强制性保护,加强区内及周边的植被保护;不得设立开发区、度假区,严禁出租转让湿地资源;严禁破坏水体,切实保护好动植物的生长条件和生存环境;禁止任何单位和个人在湿地保护区林地内采砂、开荒取土等改变地貌和破坏环境、景观的活动;防止引进外来有害物种入侵。

海拔1800 m以上的红线区,实施封闭管理,与生态保护有关的开发建设活动适度实施,实行最低的开发强度原则;引导人口逐步有序转移,积极开展人口生态搬迁,推进红线区内植被恢复,从源头控制水土流失。

　　对于生态功能黄线区,应谨慎开发,严格控制污染物排放总量,实行更加严格的产业准入环境标准,严把项目准入关,加强开发内容、方式及开放强度控制,限制新建、扩建破坏生态环境的建设项目;禁止主业项目,引导发展生态农业和生态旅游业;严格保护黄线区内林区和植被较好的区域,对已有水土流失严重区域,盲迁造成的荒山荒地、村民居住地等区域,积极开展生态环境综合整治,大力实施生态修复。

### 3.7.2.3　创新水环境管理机制

(1)理顺管理体制,实现湖泊资源统一管理

　　研究将邛海流域涉及的喜德县、昭觉县等邛海流域上游地区环境保护相关事宜划归凉山州管理,委托西昌市统筹管理,统筹协调邛海流域三县一市,达成流域内生态环境保护问题,提高项目的可执行性。在邛海泸山风景名胜区管理局的基础上,成立邛海湿地保护中心,加强湿地的保护管理。

(2)修订《凉山彝族自治州邛海保护条例》,实现湖泊依法管理与保护

　　修订《凉山彝族自治州邛海保护条例》,衔接新《环境保护法》,率先在邛海流域划分生态红线,调控产业布局,落实生态红线各项管控措施;统一职能分工和行政权力,建立专项资金保障制度,统筹协调各部门工作任务,进一步落实"严格保护,综合防治,全面规划,统一管理,合理开发,永续利用"的保护方针。

(3)加强邛海流域管理,保护湖泊生态健康

　　为确保湖泊综合规划目标的实现,各行业部口及沿湖各地政府都要在邛海泸山管理局的统一领导下,严格按照湖泊规划要求共同做好湖泊的日常管理工作,以保障湖泊生态环境治理为首要条件,各项开发活动都必须经管理局批准同意后实施,各地各部口不得擅自进行开发活动,凡不符合规划要求的开发行为坚决予以制止。为保证管理高效高质量开展,杜绝各类违章现象的发生,管理局应建立一支素质高、业务精、责任强的综合执法队伍,对各类违章违法活动进行及时认真查处,维护好湖泊的开发秩序。

## 3.7.3　加强邛海水土保持综合防治

### 3.7.3.1　开展生态清洁型小流域治理

(1)推进宜林地人工植被恢复。落实《邛海及西昌城区周边植被恢复工程建设总体规划》,在邛海流域内选择宜林荒山荒地、火烧地和坡耕地,通过块状植被清理,土壤改良和整地后进行人工造林。为促进植被恢复,在地块内,根据实际需要采取幼林灌满、补植等人工抚育措施。

(2)实施封山育林保护。在低质低效林地和灌木覆盖度小于30%,坡度较大,人工造林较困难的无林地,开展封山育林措施。开展人工巡护。根据封育面积大小和人、畜危害程度,考虑当地封育难易程度,结合森林管护,落实专职或

兼职巡护人员，对封育区进行人工巡护，防治乱砍滥伐和牲畜践踏。设置封育碑。选择符合封育条件的地块，在地块周围用网片、水泥杆等材料建设围栏进行全面围封，在封育区外围地势明显的地方设立永久封育标志牌，明确封育界限，起到警示和宣传作用。根据立地类型、当地原有天然植被状况，确定封育类型和封育年限。封育地块应实施禁牧，禁止封育区内的一切人为活动，并设置专职护林员，防止人畜破坏。

(3)大力推进生态移民工程。对于因盲迁人群造成荒山秃岭严重的地区，需逐步开展移民工程，合理布点，让盲迁移民迁入自然经济条件较好的区域，完善住房、交通、水电等基础设施，提供切实可行的就业机会，使盲迁户有稳定的经济收入。

(4)着力开展农村能源体系建设。结合退耕还林成果，开展农村户用沼气池和建设，在海拔2000 m下区域，积极发展农村户用沼气池，纳入"一池三改"项目，海拔2000 m以上高山区开展省柴节煤灶和"一炉一灶"建设，着力解决退耕还林区域农民生活用能问题。

### 3.7.3.2　推进坡耕地水土综合治理

(1)改造梯田(梯地)。由于土壤等条件的限制，流域内一般以修建石坎水平梯田和土坎水平梯田为主。修建梯田按照先易后难、先近后远、先缓坡后陡坡的原则，优先选择交通便捷、主质好、邻近水源的坡耕地进行"坡改梯"。

(2)种植生态经济林或水保林。在小菁河、官坝河、大沟河、干沟河交通相对发达，后备耕地资源较多的25°以下、上层较浅薄的坡耕地可发展生态经济林或种植水保林、种草。

(3)坡面径流调控。对部分坡耕地、园地，合理配置坡面截水沟、蓄水池(沟)、排水系统等小型蓄排工程，控制降水形成的地表径流，减少下泄的水量，增强防洪抗旱以及土壤保水保土能力，提高土地产出率。即在坡面上每隔一定距离沿等高线修建横沟及与若干横沟相通的纵沟，纵沟内修建若干跌水等消能设施，及时排出坡面水流，截短坡长减少地表径流对坡面的冲刷。有条件的还可以在排水沟适当部位修建蓄水池等，以减少泥沙入河、塘、库，拦截径流中携带的有机物质，进一步减少面源污染物的输出。

(4)25°以上坡耕地退耕还林还草。采取政策引导、加强宣传、政府补助等形式，制定退耕还林补偿优惠政策，保护农民利益，确保退耕不减收。退耕后进行封禁治理，提高植被覆盖度。

### 3.7.3.3　着力入湖河流沟道整治工程建设

完成重点支流河道泥沙综合整治。优先开展官坝河、鹅掌河流域沟道整治，将干沟河、大沟河、踏沟河、红眼河等河流一并纳入治理范围，以主要入湖河流为重点，完成重点入湖河道泥沙综合整治，减少入湖泥沙量；实施小菁河主要拦沙工程。在整治过程中尽量注意保持河道的自然特性，满足不同生物对栖息环境条件的需求，实现邛海入湖、出湖水系自然化和曲线化，提高生物多样性。

（1）沟道拦砂

全面治理入湖支流，按轻重缓急、分区分期、突出重点的原则，在鹅掌河、小菁河环海路上游段，建设梯级生态沉砂池，降低水流流速，提高沟道侵蚀基准面，促使山沟来沙快速沉积，防止水流再次产生揭底侵蚀；在鹅掌河、干沟河、踏沟河、红眼河出山口段选择口窄肚大、沟岸稳定区段修建拦砂工程，排水滞砂，粗颗粒停淤在库区内；在官坝河、鹅掌河，干沟河中游区的河道内，采用柳桩块石谷坊拦截措施，在起到拦砂作用的同时增加旅游景观效果。

（2）生物防护林

对靠近邛海的鹅掌河、官坝河等小流域的下半段或尾端，在农田与河岸间的空地营造防护林，种植香樟、银杏、彩叶桢、金叶栾树等树种，达到稳定岸堤效果；引洪漫地内可种植水稻等水生经济作物，在出水后设置沉沙函。对引洪漫地区域，引导施加有机肥，禁止施加农药、化肥。

（3）导排工程

采用引洪漫地措施，开垦出山口沟岸右侧荒地，形成阶梯式梯田工程，利用弯道离心作用，将水流引入田地，以实现农业发展和水质净化的双重作用。引洪漫地形式有畦田和 S 形串联两种，对于地势平坦的小区域采用畦田，每畦设有进出水口，水流呈斜线形，对于比降大的滩地采用串联形式连续漫游。

（4）强堤固坡

在官坝河焦家村段、新任寺河段修建防护堤工程，并在堤岸弯道和水流冲刷段修建丁坝，削弱斜向波和沿岸流对河岸的侵蚀作用，促进坝田淤积，形成新的河滩，达到保护河岸的目的；在入湖湿地区域对堤岸、堤脚河滩和水下河道分别种植护岸林、固滩林和水生植物，使横向高低错落有致，纵向形成三条植物带。

### 3.7.3.4　重点推进主要河流生态自净能力建设

开展河口底泥清淤，建设官坝河沉沙清淤场。在环湖路外侧、官坝河西侧结合官坝河山洪泥石流防治工程，在稳控排清防治的原则基础上，将入海口的清淤工程提前在湿地外围解决。清淤场利用弯道动力学规律对官蝴河残留的泥沙进行沉淀，河水经净化后再排入邛海。

建设水土保持林和生态岸线。固定官坝河入湖主河道，防止河道雨季变道，对其他区域造成侵蚀。主河道设置分叉水道，在雨季发挥泄洪作用，降低河水流速，消弱洪水对主河道的冲击力，防止官坝河任意改道。疏浚清理官坝河河口淤积泥沙，坚持退田还湖，开挖沉积泥沙。开展官坝河湿地恢复工程，以恢复官坝河古河道为切入口，模拟河口三角洲自然形态，开挖泥沙就近堆放，堆山堆坡，形成多种形态地貌景观，降低河口河水流速，促进泥沙沉积，防治泥沙进入邛海。

小菁河河口的 37.81 hm² 河口滩涂上，开展水土保持林种植，防止河口冲积扇地区水土流失；拓展小菁河右岸原有支流河道(现为农业灌溉渠)，分流小青和雨季洪水，沿小菁河河道设置多级沉砂池。沉淀池后河水排入沿湖附近自然恢复湿地，经水生生物截留和净化河水中的污染物。

### 3.7.4 开展环境基础设施建设与旅游产业调控

#### 3.7.4.1 加快环湖截污配套管网的建设

坚持"强化截污与回用，沿湖零排放"的原则，采用严格的雨、污水分流排水体制，完善邛海北岸、东北岸、南岸截污支管网建设，对接各部分截污干管，收集邛海沿岸、近郊场镇生活污水及旅游污水，污水收集后全部送邛海污水处理厂进行处理。

完善邛海北岸截污支管建设。结合小渔村至邛海污水处理厂段建设的环湖截污干管，配套建设该片区二、三级污水收集管网，收集该片区居民聚集点或旅馆等产生的生活污水，污水经收集后送入邛海污水处理厂进行处理。

完善邛海东北岸截污支管建设。结合月亮湾至小渔村段建设的环湖截污干管，配套建设该片区二、三级污水收集管网。管道沿道路敷设，最终汇入一级截污干管。

完善邛海南岸截污支管建设。结合核桃村至缸窑村段建设的环湖截污干管，配套建设该片区二、三级污水收集管网。管网覆盖海南乡所有农村，管道沿道路敷设，最终汇入一级截污干管。

#### 3.7.4.2 大力推进近湖场镇环境基础设施建设

加快邛海污水处理厂二级处理和深度处理改扩建工程。邛海污水处理厂改扩建工程新建一套 2.0 万 m³/d 规模的二级处理构筑物，同时将现有的沉淀+BAF 工艺改造为 2.0 万 m³/d 规模的深度处理工艺。污泥经斜板污泥浓缩池-储泥池-脱水机脱水处理后外运填埋。污水厂配套实施服务区域内航天大道东延线截污干管。

推进场镇及农村生活污水处理设施建设。根据村庄村民分布点排水量及污水处理规模合理划分"集中"和"分散"处理模式。在高枧乡联合村、王家村、张林村、陈所村集中居住区主要街道敷设二级管网，污水收集后经北岸截污干管，送邛海污水处理厂处理。在川兴镇、赵家村、海丰村和焦家村四个行政村的五个居民点搬迁后安置点主要街道敷设二级、三级支管，污水收集后经"邛海污水处理厂改扩建工程"的配套管网送邛海污水处理厂处理。在大菁乡和大兴乡采用组合式人工湿地工艺新建集中式生活污水处理设施，配套修建雨污管网以及沿河污水截流干管，确保污水管网服务人口比例达到80%以上。海南乡所有农村生活污水将由邛海南岸截污管网收集，并输送至邛海污水处理厂进行处理。四乡一镇未纳入集中处理范围的散户采用分散处理模式，根据散户居住聚集情况，分别采用 1 户型、5 户型、10 户型、15 户型、20 户型和 25 户型小型人工湿地，分散生活污水处理出水主要指标达《城镇污水处理厂污染物排放标准》( GB 18918—2002 ) 二级标准后，用于周边农田土地灌溉。

完善周边场镇及农村生活垃圾处理体系建设。按照"户集、村收、乡运、市处理"的处理模式，经收集后送往西昌市城市生活垃圾处理厂进行处置。加快乡镇配套集中中转站和村级配套垃圾收集池的建设，配备专人负责垃圾的收集清运。重点推进乡镇级清运清扫体系建设，可采取雇佣卫生人员或与保洁公司签订协议的模式，由专职队伍保障垃圾的全面清扫与收集；以试点的模式推进重点行政村垃圾清扫与收集工作，行政村可采用家庭轮流清理制或雇佣人员的方式清扫和收集农村垃圾。

### 3.7.3.3　合理调控人口布局

进一步开展邛海周边生态搬迁。严格控制邛海周围，特别是湖岸 1 km 范围内常住人口聚集点布局。合理调控人口过快增长，优化西昌中也城区扩张和城镇人口增长，继续推进湿地区域内退耕还湿、退田还湖、退房还湖措施和邛海周边生态移民搬迁工程。适度控制邛海流域农业人口的增长，通过生态移民搬迁和加快农转非城镇化步伐，力争实现流域农村人口的"零增长"，尤其严格控制邛海环湖周围散居农村人口的增长。

依托新农村建设适度控制人口。在沿湖滨带外侧形成旅游及服务产业开发区，适度控制人口。利用具有较好发展现状或潜力的居民点，在空间上能够为周边乡村地区提供设施服务的居民点，建设新型农村社区，配置合理的公共服务设施，充分考虑村庄自身以及周边乡村服务半径等多种因素，为自身及周边乡村提供均质服务，对靠近湖岸的散居农户，逐步搬迁或整治，实现集中居住。

结合农村环境综合整治，打造特色小城镇。结合农村环境综合整治，在川兴镇、高枧乡、海南乡等具有发展潜力的地方，依托良好的交通条件和用地条件，加强公共设施配置，整治村镇环境，打造特色小城镇。靠近城区的城郊村直接纳入城市建设管理范畴，统一设施配置；对与城市相距较远，短时间内无法与城市建成区连片的村庄，主要进行环保基础设施的合理配置和村容的整治，发展特色农业及服务业。

### 3.7.4.4　优化旅游产业发展格局

适度控制旅游开发强度，发展特色旅游，加强精品旅游区建设，打造邛海泸山景区。突出山水城相连及生态气候特色，重点发展阳光月色之旅和运动休闲之旅；突出民风民俗特色，打造樟木樱桃、川兴桃花等乡村旅游和"农家乐"旅游项目。强化旅游基础设施建设，建立调节和支持旅游业发展的有效机制，树立有吸引力的旅游形象，提升旅游业的发展潜力，开发有特色的旅游度假区，实现旅游业的可持续发展。

充分利用邛海——泸山风景区以及相邻的螺髻山、西昌航天城的旅游资源和市场基础，优化发展旅游服务业。旅游产业从接待事业型向经济产业型、单一型到复合型、粗放型向集约化、景区带动型向景区城市双带动型的转变。强化旅游产品开发和旅游服务升级，以邛海环境承载力为依据适度控制旅游规模，加强风景区内生态环境和景观的保护，控制风景区内居民点的人口规模，着重发展休闲旅游业。

优化布局旅游景点，划定旅游区、限制旅游区和控制旅游区，控制旅游开发强度，减少旅游开发对邛海的污染新增负荷。旅游开发布局如下：

（1）一般旅游区：保持历史旅游区和城市风景区（湿地一、二期），并在原有基础上进行生态保护提升，实现旅游区域规范化和生态化，拆除原有设施，取缔大量湖周餐饮，新设施污水进入管网，实施生态打造，有效改善和提升了城市环境和生态城市形象；

（2）禁止旅游区：在生态敏感区、物种重要生态环境和重要水体保护区（入湖河口、饮用水源保护区、珍稀鸟类栖息地等）设置禁止旅游区，严格控制游客进入。

（3）限制旅游区：在具备生态和环保功能的区域设置限制旅游区。

### 3.7.5 分类实施农业源污染防治

#### 3.7.5.1 加快农业产业结构调整

改变邛海周边土地利用模式，流域黄线区分别以生态旅游+生态农业+休闲观光农业为主。以川兴镇、高枧乡为中心，取消川兴坝子地区特别是高枧乡的农田常规作物种植，限制设施农业发展；加快川兴坝子地区农村居民城镇化，搬迁农村居民点，农村居民逐步退出农业生产，农村王地转变为生态林用地、休闲旅游用地或休闲观光农业用地。积极发展现代生态农业和休闲观光农业，在旅游、经济创收的同时，减少环湖近岸地区大面积农药化肥的播撒。逐步形成邛海周边的鲜切花、观赏苗木产业带，作为风景区的景点延伸和补充，兼顾旅游、休闲和度假为一体的新型城郊新农村现代观光花木园林示范集群。鲜切花以康乃馨、唐菖蒲为主；观赏苗木以温带、亚热带绿化苗木、观叶植物为主，适度开发盆花、盆景、盆栽观赏植物。全面转变邛海流域的农业产业布局，调整产业结构，减少大面积施肥、灌溉等生产模式，推行经济集约、环境友好的生产种类及模式。

#### 3.7.5.2 强化养殖业污染防治

划定全流域为规模化（小区）、专业化畜禽养殖禁养区。全面禁止专业户以上规模的畜禽养殖业发展。对散户养殖密集区域，实施畜禽粪便集中收集处理处置，推行粪便生产有机肥，为设施农业和观光农业提供肥料保障；对养殖散户，要求全面采用干清粪方式,并配备建设有固定防雨防渗污水/尿液储存池;对粪便农业利用的,必须保证每亩土地年消纳粪便量不超过 5 头猪(出栏)、200 只肉鸡(出栏)、50 只蛋鸡(存栏)、0.2 头肉牛(出栏)、0.4 头奶牛(存栏)的产生量。

推广农业固废实施无害化处理处置。在流域范围内的广大农村建立固废管理系统,通过收集和河道阻截,清除农业生产所产生的固废面状污染源,阻截其进入邛海;以集中式和分散式相结合的方法,对农业生产所产生的固废进行处理和利用,其中在农村经济较发达的地区以集中式产业生产多功能复合肥为主,保证无害化处理与利用,同时,在山区或半山区分散式农户型堆沤肥处理,作为农户利用农业生产固废的方式。

### 3.7.5.3　加强农田环境监管

加强流域范围内的病虫害预测预报,科学使用农药。在病虫害防治上要做到有药、有量、有方法,不能凭经验用药和盲目用药;开展农作物病虫害绿色防控和统防统治,推广使用低毒、低残留的生物农药,减少化学农药的残留污染,使流域范围内的农业产品逐步达到有机食品的标准。实行测土配方施肥,推行精准化平衡施肥技术。通过对土壤实施区域性农田养分管理,明确流域范围内土壤养分的空间分布情况,结合作物的养分需求,对作物进行滴灌施肥。

加强对环湖周边农田环境的监管。定期对邛海周边的农田环境进行整治,加强监管,确保邛海周边的农田环境整洁有序。加强农民用药、用肥的科学指导技术,提高农民的认知程度,增强科学施药、施肥的意识;强化农药、化肥的环境管理,制定相应的监督管理措施与法规,完善土壤肥力监测体系建设,加强肥料质量管理。

## 3.7.6　推进湖泊生态环境保护和修复

### 3.7.6.1　优先开展环湖人工湿地改造

调整三期湿地中土城河、缺缺河、干沟河等入湖河流人工湿地现有工艺。结合三期人工湿地污水处理现状,在人工湿地上游增加潜流型或亚潜流类型功能湿地,将目前三期湿地作为其后续处理系统,改善当前人工湿地进水负荷较高的问题。在现有人工湿化入水端设置表面曝气机,增加湿地入水溶解氧浓度,增强湿地处理过程中好氧过程。调整三期湿地植物体系配置,设置不同功能分区,控制狐尾藻生长量,生物处理池补种芦苇、茭草、菖蒲等植物,稳定塘种植荷花等挺水植物。防范生物入侵风险,控制朱家河湿地水葫芦生长管理,严格隔离或防止水葫芦向邛海湖体内蔓延生长。制定人工湿地运行管理制度,明确湿地进出水装置管理、定期清淤维护以及湿地植物不同季节、不同生长期内旧间管理、病虫害防治等事项。

邛海东岸和南岸湿地恢复工程应明确部分湿地功能定位,因地制宜突出湿地污水处理功能,加大人工介入力度,要与东岸和南岸整体规划相结合,恢复滨水低洼地区天然湿地;在东岸农田密集和海南乡等农村人口集中,农业相对发达的地区,根据水系汇流情况和实际地形地貌,建设功能型人工湿地。通过功能性人工湿地建设,融合自然景观设计,强化湿地对湖体周边面源污染物的去除效果。

### 3.7.6.2 着力开展湖滨带生态修复

进一步落实湖滨缓冲带内"三退三还"措施。对湖滨缓冲带内农田、鱼塘、房屋、宾馆酒店等实施清退,并控制缓冲带外围的村落、景区、城镇等生活污染,最终彻底清除缓冲带内的人为干扰和各种不合理侵占,为缓冲带的生态修复奠定基础,减少周边污染物的入湖量。

开展河口湿地恢复和河口林地恢复。河口湿地恢复:在踏沟河、红眼河、鹅掌河口进行林地、沼泽地改造,恢复完善其生态系统,特别对鹅掌河口模拟自然,进行河口漫滩处理,即将河口处挖成岛状陆地,使河流速度变缓,有利于水生植物生长,给鱼类产卵创造良好的环境。陆域栽种以国槐、小叶榕、四季杨、忍冬、花叶绣线菊、火棘等乡土树种为主的植物,湿生植物主要选择在邛海常见的芦苇、泽泻、野慈姑、菱角等,形成芦苇、茭草、菱角等水生植物群落。逐步恢复其生态功能,为生物提供较好的栖息地。

推进湖滨湿地缓冲带建设。在邛海环湖最高水位与最低蓄水位之间,选取有条件区域建设湖荡湿地,栽种芦苇、菖蒲、野慈姑、茭白、水竹、菱角、睡莲、苦草等水生植物,营造鱼类、底栖生物生态环境条件。开展邛海东北岸和邛海南岸湿地缓冲带建设。在邛海北岸部分农田区域外,横向进行大面积水道开挖,从湖岸到环湖路恢复成不同层次带形湿地空间;在邛海东岸,小菁河以北,沿岸用地狭长,高差较大,水土流失严重,对东岸人工石棚岸线进行缓坡生态处理,尽可能恢复自然缓坡岸线,对焦家大鱼塘进行退塘还湖生态治理,改善焦家大鱼塘和邛海水系循环,恢复沼泽类近似自然湿地。

### 3.7.6.3 不断加强湖体生态保育

生物栖息地修复,通过湖滨带湿地建设、栖息地改造以及物种繁育基地建设等措施,保护流域内各种生物资源,维护流域物种多样性和生态系统稳定性。

建设鸟类栖息地、土著水生植物和水禽保护区。在邛海西北岸部分区域、邛海南岸龙沟河以东古城河以西区域,通过植被恢复、生态环境建设、栖息地恢复改良等措施,建设鸟类栖息地,促进鸟类种群恢复和森林生态系统以及生物多样性的保护。在邛海北岸临海一带建设土著水生植物和水禽保护区,保留现状较好的岸线绿化和水生植物,恢复土著水生植物和水禽生存环境。

开展鱼类种群恢复保护。依托湿地沿湖周边各种水生植物、挺水植物、浮水植物、沉水植物群落,形成鲤、白鱼等土著鱼类主要产卵场合养场。在邛海东岸岸线生态修复带、小菁河河口水土保持及湿地恢复片区西侧和邛海南岸选择人为干扰相对较小的岸线区和水域,建设鱼类繁殖区。

开展水生植物多样性恢复。邛海湖盆区湿地水生植物多样性恢复主要是在邛海湖滨区进行,根据邛海原有的乡土湿地水生植物种类和群落,按照湿生植物带(湿生乔木)-挺水植物带-浮水植物带-沉水植物带分布模式进行恢复。在具体的恢复过程中,应尽可能在保留现有植被的基础上,注重优势、美观、有利物种生物群落的恢复和发展(如芦苇群落、茭草群落、莲群落、狐尾藻群落、金鱼藻群落、眼子菜群落等),注重对弱势群落分布的保护和恢复(如野菱群落)。

控制外来物种。选取合适方法,加强对凤眼莲、紫茎泽兰、空心莲子草等外来物种的防范和清除工作,控制其扩展和蔓延。对人工增殖的土著物种进行恢复,使土著物种重新占据入侵物种的生态位,达到生态环境的稳定。对湖泊周围生活的群众进行入侵种的种类及危害教育,避免入侵种被再次引入。

### 3.7.6.4 完善湖泊生态调控与管理

实施邛海流域湖泊生态安全调查评估项目。注重邛海流域本土生态环境普查,根据邛海流域生态环境保护的需要,完成邛海流域湖泊生态安全调查评估项目,对邛海生态健康及湖库安全进行综合调查,并对生态保护现状进行评估。通过委托技术机构开展专题调研,建立相关数据库,为湖泊生态环境保护和试点绩效评估提供基础资料。

建设邛海流域生态监测系统。建立湖泊的监测体系,对邛海及入河支流上游3000米的水域、生态、资源、水质以及汛期水情等进行动态监测,建设一套完整的湖泊数据库。因地制宜地开展湿地生态物种栖息地及观测站建设。结合邛海旅游景点建设,积极开展有关湿地保护修复等科研项目。建设土著鱼类科研观测站、鸟类科研观测站、珍稀植物研究站、东南科研站等科研监测站点,监测邛海周边生物资源,建立邛海流域物种资源库,筛选重点保护的物种资源和濒危物种清单,制定邛海湖区生物多样性保护战略措施。泥沙淤积监测,建设官坝河水土保持生态环境监测站、小菁河水土保持生态环境监测站。

推动邛海周边渔业生态系统管理。确定邛海适宜的捕捞量,改变传统的捕捞方式、限定捕捞的时间和方式。邛海流域禁止围网养鱼,推行邛海渔业天然养殖。禁止细网捕捞鱼类,全面取缔网箱养鱼,禁止邛海渔业饲料养殖,禁止向邛海投放螃蟹、草鱼等食草性水产品,调整邛海水产品养殖结构,增大滤食性鱼类的投放量,实行禁渔期,划定禁渔区,保证鱼类生长和正常繁殖。

## 3.8 保障措施

1. 强化主体责任,严格绩效考核

各省级人民政府对湖泊生态环境保护工作负总责,湖泊所在市(县)级人民政府负责湖泊保护工作的具体实施，建立工作协调机制，统筹协调各部门的湖泊生态环境保护相关工作，形成综合决策和协同管理机制。

跨省级行政区域的湖泊由有关省级人民政府建立协调机制，共同组织开展湖泊生态环境保护工作。

国务院有关部门负责对湖泊生态环境保护工作进行指导和监督。制定相关工作指导意见、标准和项目实施技术指南。加强湖泊生态环境保护工作监督检查、绩效评价和水质目标考核工作。对纳入中央资金支持范围内的湖泊，按照中央资金管理要求开展绩效评价，实施动态管理。生态环境部参照《重点流域水污染防治专项规划实施情况考核暂行办法》对规划内湖泊水质保护目标进行考核。

2.完善政策措施，建立长效机制

按照生态文明建设要求，完善制度和政策体系，建立湖泊生态环境保护长效机制。一是推动湖泊流域建立土地利用空间分区管控、湖泊合理生态水位、饮用水水源保护、污染防治、生态敏感区和生物多样性保护等管理制度。二是制定有利于湖泊流域经济发展方式转变的激励政策。加大产业结构调整、发展生态农业和生态养殖业以及减施化肥和农药的政策引导力度。三是积极探索湖泊流域污染负荷削减的经济政策，建立并完善湖泊流域内跨市断面考核和生态补偿机制。

3.拓宽融资渠道，创新融资方式

建立"中央引导，地方为主，市场运作，社会参与"的多元化投入机制。水质较好湖泊生态环境保护以地方投入为主，地方应积极拓展融资渠道，创新融资方式，发挥市场机制作用，在市场准入和扶持政策方面对各类投资主体同等对待。通过政府与社会企业合作等多种形式，吸引和鼓励社会资金参与。中央可根据事权和财力情况，对符合中央投入方向的项目，在现有渠道中给予适当支持。

4.加强生态监测，强化科技支撑

制定统一、规范的湖泊生态系统监测指标体系、监测方法、评价标准等相关技术文件。指导各地因地制宜编制湖泊生态监测方案，开展湖泊生态环境监测。加强"水体污染控制与治理"科技重大专项等成果的转化与应用，编制水质较好湖泊生态环境保护工作技术指南，提升科技支撑能力。

5.实施信息公开，鼓励公众参与

完善湖泊生态环境保护信息公开机制，促进公众参与和社会监督。建立水质较好湖泊名录，并及时发布相关信息。有关地方政府要公布当地湖泊生态环境保护实施方案、绩效目标、主要任务、工程项目和政策措施，以及湖泊生态环境保护工程项目实施情况。

加强环境宣传与教育，倡导绿色生活，有效利用社会媒体、宣传橱窗等渠道宣传湖泊生态环境保护的相关举措，普及水质较好湖泊保护的基础知识，提高公众湖泊生态环境保护意识，动员公众关心、支持、参与湖泊生态环境保护工作。

# 第 4 章
# 广西龟石水库生态安全调查评估与污染系统控制

## 4.1　总则

### 4.1.1　项目背景

　　龟石水库是一座以防汛抗旱、农田灌溉、水源保护、饮用水安全为主,结合发电、供水等综合利用的国家大(二)型水库,今后还将发挥城市生态补水的功能。龟石水库在富江中游拦截富江而修建,富江位于贺江上游,属珠江流域西江水系。龟石水库位于贺州市北部,地处富川瑶族自治县境内,大坝位于富川境内柳家乡长溪江村黄牛头处,另有一处坝址位于钟山县钟山镇龟石村;流入龟石水库的河流主要有富江、石家河、新华河、连山河、淮南河等,流域面积为1254 km²。

　　水库于 1958 年 10 月动工兴建,1960 年投入运行,水库控制集雨面积 1254 km²,全部位于富川县境内(占该县总面积的 80%)。水库总库容 5.95 亿 m³,水库正常蓄水位为 182.00 m 时,相应面积为 50 km²;死水位为 171.00 m 时,相应面积为16.5 km²,库容为 0.92 亿 m³。库区内主要河流 4 条,涉及柳家、莲山、古城、富阳等 12 个乡镇、137 个行政村、703 个自然村;库区内有人口 20 万,其中库区移民 3.3480 万人;库区内有耕地 26.08 万亩,其中水田 18.22 万亩,旱地 7.86万亩。

　　龟石水库是贺州防汛抗旱的龙头水库,是龟石灌区、龟石水力发电站和北控水务有限公司的主要水源,是钟山县城、贺州市区、旺高工业区以及沿途人民群众生产生活用水安全的重要保证。广西壮族自治区人民政府于 2011 年 12 月 29日下发了《关于贺州市市区饮用水水源保护区划定方案的批复》(桂政函〔2011〕349 号),将龟石水库列为贺州市市区饮用水源保护区,水质保护目标为Ⅱ类标准。因此，确保龟石水库的水质达标，对贺州社会稳定和经济发展具有十分重要的意义。

半个世纪以来，为了保护好龟石水库水质，保障贺江、西江中下游居民的饮水安全，贺州放弃了无数发展机遇，先后拒绝了众多污染大的工业项目。近年来，按照"既要金山银山，更要绿水青山"的发展理念，贺州市大力改善发展环境，科学开发自然资源，促进了本市经济快速发展，但生态环境保护的压力越来越大，龟石水库水质保护面临的形势日益严峻。

## 4.1.2 湖泊及流域基本概况调查

### 4.1.2.1 地理位置和地形地貌

龟石水库是在富江中游拦江而修的大型水库，大坝位于富川境内柳家乡长溪江村黄牛头处，龟石水库距离富川县城约 2 km，距贺州市城区约 50 km。龟石水库在西江支流贺江上，东经 111°10′~111°30′，北纬 24°36′~24°50′，是一座综合性水利工程。

富川瑶族自治县位于广西壮族自治区东北部，东经 111°5′~111°29′，北纬 24°37′~25°9′。地处湘、桂、粤三省交界的都庞、萌渚两岭余脉之间，东连湖南省江华瑶族自治县，南部为钟山县，西与恭城县接壤，北与湖南省江永县相连。县城位于富阳镇，西距桂林市 190 km，南距梧州市 220 km，到广东省广州市 380 km，与广西壮族自治区首府南宁距离为 369 km。

富川县域四面环山，中间低落，略呈椭圆形盆地，地势北高南低。主要构造形式有褶皱和断裂，西部及东南部分布着横亘连绵的山脉，谷深坡陡，地势高峻；东部为石灰岩溶蚀而成的岩溶峰林地貌，群峰拔挺；东北面为丘陵地貌，顶圆坡缓，波状起伏；中部为宽坦的溶蚀平原地区，孤峰独山拔地而起，富江河水北南纵流。地处都庞岭和萌渚岭余脉峡谷之间，形成南北风向要口，素有大风走廊之称。

### 4.1.2.2 气候与气象

龟石水库集水区位于北回归线以北，属中亚热带季风湿润气候区，光热丰富，雨量充沛，无霜期长，四季分明，冬寒、春暖、夏热、秋凉。春季雨水多，光照少，并时有"春寒"。夏季光照足，气温高，炎热多雨，但降雨不均，时有旱、涝出现。秋季天高气爽，秋旱多，秋寒来得早。县境年平均气温为 19.1℃，年均最高气温为 19.6℃，年均最低气温为 18.2℃，年均积温为 6993.1℃，极端最高气温为 40.0℃（2007 年 8 月 8 日）；极端最低气温为 −4.1℃（1969 年 1 月 31 日）。1990—2008 年平均日照时数 1426.8 h，太阳辐射能多年平均值为 99.25 kcal/cm²

（1 kcal＝4.1868 kJ）。

集水区雨量充沛，分布时间不均。近二十年的平均降雨量为 1730.0 mm。最多年（1977 年）为 2361.7 mm，最少年（2007 年）为 1092.3 mm。降雨主要集中在 4 月至 6 月，约占全年降雨量的 50%，而 9 月至次年 2 月降雨较少，仅占全年的 30% 左右；县域内平均相对湿度为 75%；全年平均风速为 2.4 m/s，冬季盛行风向是北偏西风，夏季盛行风向是南偏东风。

### 4.1.2.3　水系分布与水文特征

（1）龟石水库概况

龟石水库于 1958 年 10 月动工兴建，1966 年 3 月竣工，枢纽工程建筑物有主坝（溢流式）、吉山副坝、灌溉和发电输水管、坝后电站，是一座集灌溉、供水、发电、防洪等功能于一体的综合利用的大（二）型水库。水域面积为 57.00 km²，水库集雨面积为 1254 km²，全部位于富川县境内（占该县总面积的 80%），多年平均入库流量为 31.1 m³/s，多年平均径流量为 9.8 亿 m³。校核洪水位为 184.7 m，正常蓄水位为 182.58 m，汛限水位为 181.1 m，死水位为 171.58 m。总库容为 5.95×10⁸ m³，有效库容为 3.48×10⁸ m³，调洪库容为 1.55×10⁸ m³，死库容为 0.92×10⁸ m³。

原设计灌溉面积为 18.10 万亩，有效灌溉面积为 9.59 万亩，灌区灌溉工程主要是发电站 1#、2# 机组尾水接灌溉放水管，后紧接长 0.714 km 的总干渠，流量为 21.0 m³/s，总干渠后分东西干渠：东干渠长 59.78 km，流量为 16.0 m³/s；西干渠长 64.5 km，流量为 5.0 m³/s。龟石水库的灌溉用水和城镇用水主要利用水库电站发电后尾水渠的水进行供水。

（2）龟石水库调度运行方式

根据《贺州市龟石水库综合利用规划报告》，龟石水库调度运行方式如下：

①水库应首先满足河道下游生态基流要求。生态基流按常年流量的 10% 计算，为 3.02 m³/s。

②按工作任务的主次顺序供水，供水保证顺序为供水、灌溉、发电。各供水保证率的选定按城市供水日保证率达 98% 以上，灌溉供水年保证率达 85% 以上。

③水库按调度图操作。

④灌区水资源配置，灌区水量平衡原则为分片计算、总体平衡；先用引水及"瓜水"，后用库水。

⑤防洪调度：水库在 4 月初到 7 月底预留防洪库容，兴利调度时，水库水位控制在汛限水位运行；当下游发生防洪洪水时，按防洪调度规则运行。8 月 1 日起，水库可根据来水情况逐步蓄至正常蓄水位。

⑥发电调度：发电服从防洪、供水、灌溉，按一水多用原则，供水、灌溉的水

量优先通过 1#、2#发电机组发电后进入渠道；当水库按调度图需加大出力时，可逐步加大发电水量直至满发；发电专用水供给顺序为先供应水头差较大的 3#、4#机组，有多余的水再供应 1#、2#机组(表 4.1-1~表 4.1-2)。

表 4.1-1　龟石水库库容曲线

| 水位（黄） | 库容/万 m³ | 水位（黄） | 库容/万 m³ |
| --- | --- | --- | --- |
| 160.58 | 500 | 173.58 | 12950 |
| 161.58 | 660 | 174.58 | 15000 |
| 162.58 | 850 | 175.58 | 17250 |
| 163.58 | 1000 | 176.58 | 20500 |
| 164.58 | 1300 | 177.58 | 23250 |
| 165.58 | 1830 | 178.58 | 27000 |
| 166.58 | 2650 | 179.58 | 30500 |
| 167.58 | 3600 | 180.58 | 35000 |
| 168.58 | 4500 | 181.58 | 39350 |
| 169.58 | 6100 | 182.58 | 44000 |
| 170.58 | 7500 | 183.28 | 47690 |
| 171.58 | 9200 | 183.58 | 49300 |
| 172.58 | 11000 | 185.28 | 59500 |

表 4.1-2　集水区主要入库支流情况统计

| 水系名称 | 发源地 | 河流长度/km | 流域面积/km² | 平均水量/亿 m³ | 平均流速/(m³·s⁻¹) |
| --- | --- | --- | --- | --- | --- |
| 富江 | 麦岭镇 | 90.5 | 520 | 3.71 | 11.75 |
| 金田河 | 麦岭镇月塘村 | 18.58 | 65.04 | 0.41 | 1.29 |
| 巩塘河 | 麦岭镇秀林村 | 18.98 | 66.44 | 0.52 | 1.66 |
| 石家河 | 湖南江永县枇杷村 | 35.0 | 126.01 | 0.88 | 2.79 |
| 新华河 | 新华乡木龙村 | 15.13 | 52.97 | 0.39 | 1.23 |

续表4.1-2

| 水系名称 | 发源地 | 河流长度/km | 流域面积/km² | 平均水量/亿 m³ | 平均流速/(m³·s⁻¹) |
|---|---|---|---|---|---|
| 莲山河 | 新华乡路坪村 | 8.78 | 30.73 | 0.24 | 0.76 |
| 淮南河 | 柳家乡大湾山 | 10.25 | 35.06 | 0.28 | 0.87 |
| 涝溪河 | 富阳镇涝溪山 | 12.6 | 48.77 | 0.38 | 1.22 |
| 大源河 | 城北镇大源山 | 6.19 | 21.65 | 0.16 | 0.51 |
| 凤溪河 | 城北镇凤溪山 | 9.3 | 16.40 | 0.12 | 0.39 |
| 大围河 | 富阳镇大围山 | 10.72 | 17.04 | 0.13 | 0.43 |
| 大洋溪 | 富阳镇洋溪山 | 17.5 | 23.72 | 0.19 | 0.59 |

注：涝溪河、大源河、凤溪河、大围河、大洋溪均汇入富江。

（3）龟石水库入库支流

龟石水库主要入库河流有富江、金田河、巩塘河、石家河、新华河、莲山河、涝溪河、淮南河；次要支流有大源河、凤溪河、大围河、大洋溪、小洋溪、白水源、砂龙冲、乌龙山冲等。富江河发源于麦岭镇，为珠江流域贺江水系上游干流，流程长达 71.2 km。

（4）富江

富江古名临水，由富川东西两岸山溪汇合而成，是贺江上游干流，县内流域面积为 1343 km²，占全县总面积的 85.5%。富江纵穿富川南北，流至富阳镇的阳寿、新永注入龟石水库。库水下泄至钟山县的龟石村，经钟山镇、羊头、西湾，流入贺州后称贺江。涝溪河是流入富江的最大支流。涝溪河位于富江西侧，古名泸溪，下游称桥头江，发源于西岭的涝溪山。在山内的油榨屋，汇北卡、正岗、南卡 3 冲之水，东流经樟木湾、岩仔冲、枫木冲，至涝溪口下平原，经三百村、大江、桥头江，至粟家村东北约 300 m 处汇入富江。流域面积为 48.77 km²，多年平均径流量为 3839 万 m³，多年平均流量为 1.22 m³/s，枯水流量约为 0.3 m³/s（图 4.1-1）。河长 12.6 km，坡降为 6.5%，落差为 820 m。据水文资料，富江枯水期时 90%保证率最枯日均流量为 23.3 m³/s，平均水深为 1.4 m，河面平均宽度为 70 m，平均流速为 0.238 m/s，平均河床坡降为 0.86‰。

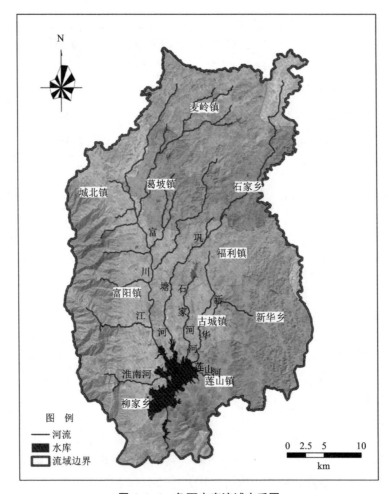

**图 4.1-1　龟石水库流域水系图**

### 4.1.2.4　水源地规划

2003 年 11 月，龟石水库被确定为贺州市的水源地，承载了全市城镇 80% 以上供水量，是贺州市重要的供水水源。龟石水库现状供水范围为贺州城区（包括平桂区）、钟山县城和沿江乡镇，供水人口为 14.5 万人，供水规模为 15.6 万 $m^3/d$，年供水量为 4351 万 $m^3$。其中，贺州市城区供水人口为 11 万人，供水规模为 5 万 $m^3/d$，年供水量为 1263 万 $m^3$；钟山县第二自来水厂供水人口为 2 万人，供水规模为 3.5 万 $m^3/d$，年供水量为 1065 万 $m^3$；旺高水厂供水人口为 1.5 万人，供水规模为 2 万 $m^3/d$，年供水量为 608 万 $m^3$；华润循环经济产业园区供水规模为 5 万 $m^3/d$，年供水量为 1595 万 $m^3$。根据供水规划，2020 年，供水人口达到 55.77 万人，供水规模达到 40.25 万 $m^3/d$，年供水量为 1.23 亿 $m^3$。

2011 年 6 月，贺州市划定了龟石水库饮用水水源地保护区。

2016 年 9 月，根据华南督查中心和广西壮族自治区环保厅的要求，贺州市编制了《贺州市市区（龟石水库）饮用水水源保护区划分调整划定方案》，并由市政府向自治区请示，调整保护区范围。

2016 年 10 月 12 日，自治区下发《广西壮族自治区人民政府关于同意调整贺州市市区集中式饮用水水源保护区的批复》（桂政函〔2016〕23 号），同意对位于龟石水库和望高东干明渠的贺州市市区集中式饮用水水源地保护区进行调整。经调整后，龟石水库饮用水水源保护区分为一级保护区、二级保护区和准保护区。

1. 一级保护区

①水域范围：龟石水库坝首取水口向水库上游延伸 5530 m（水库峡口处）的库区正常水位线以下的水域和该水域的所有入库支流，以及龟石水库坝首取水口向下游望高东干明渠延伸 20300 m（望高渡槽口止）的供水段水域。

库区水域面积为 2.47 km²；东干明渠水域面积为 0.2 km²，共 2.67 km²。

②陆域范围：龟石水库一级保护区水域两岸的汇水区陆域；龟石水库坝首取水口供水明渠至望高东干明渠与供水暗管交接口止的渠段两侧各纵深 50 m 的陆域。

库区陆域面积为 18.55 km²；干渠陆域面积为 2.02 km²。总共 20.57 km²。

2. 二级保护区

①水域范围：水库一级保护区上游边界向上游延伸 3000 m（沿着水库西岸边龙头村、东岸内新村划定）的库区正常水位线以下的水域（包括入库支流上溯 3000 m 的水域）。库区水域面积为 14.27 km²。

②陆域范围：水库东面一、二级保护区水域及支流（不小于 3000 m 汇水区域），水库西面一、二级保护区水域及支流（以永贺高速路为界）汇水区域，水库北面一、二级保护区水域及支流（东北以内新，西北以柳家乡为界）的汇水区域；龟石水库坝首取水口供水明渠至望高东干明渠与供水暗管交接口止的渠段，渠段两侧各纵深 1000 m 范围内的区域（一级保护区陆域除外）。

库区长度为 8530 m，水渠长 20300 m，共 28830 m。库区面积为 85.35 km²。

3. 准保护区

①水域范围指龟石水库除一、二级以外的全部水域（包括流入水库的支流上溯 3000 m 的水域）。面积为 21.66 km²。

②陆域范围指水库西面、北面的一、二级保护区水域的汇水区陆域，水库东面不小于 3000 m 的汇水区陆域（一、二级保护区陆域除外）。面积为 130.54 km²。

龟石水库坝首水源地中心经、纬度 111°17′04″、24°39′40″以上至狭口 111°17′13″、24°42′40″，东干明渠与供水暗管交接处中心经、纬度 111°23′33.1″、24°35′19.3″。

调整后的水源保护区范围见表 4.1-3。

表 4.1-3　龟石水库饮用水水源保护区划分表

| 保护区 | | 范围 | 面积 |
|---|---|---|---|
| 一级保护区 | 水域范围 | 龟石水库坝首取水口向水库上游延伸 5530 m(水库峡口处)的库区正常水位线以下的水域和该水域的所有入库支流,以及龟石水库坝首取水口向下游望高东干明渠延伸 20300 m(望高渡槽口止)的供水段水域 | 库区 2.47 km²;干渠 0.2 km²,共 2.67 km² |
| | 陆域范围 | 龟石水库一级保护区水域两岸的汇水区陆域;龟石水库坝首取水口供水明渠至望高东干明渠与供水暗管交接口止的渠段两侧各纵深 50 m 的陆域 | 库区 18.55 km²,干渠 2.02 km²,共 20.57 km² |
| | 小计 | | 23.24 km² |
| 二级保护区 | 水域范围 | 水库一级保护区上游边界向上游延伸 3000 m(沿着水库西岸边龙头村、东岸内新村划定)的库区正常水位线以下的水域(包括入库支流上溯 3000 m 的水域) | 14.27 km² |
| | 陆域范围 | 水库东面一、二级保护区水域及支流(不小于 3000 m 汇水区域,水库西面一、二级保护区水域及支流(以永贺高速路为界)汇水区域,水库北面一、二及保护区水域及支流(东北以内新,西北以柳家乡为界)的汇水区域;龟石水库坝首取水口供水明渠至望高东干明渠与供水暗管交接口止的渠段,渠段两侧各纵深 1000 m 范围内的区域(一级保护区陆域除外) | 85.35 km² |
| | 小计 | | 99.62 km² |
| 准保护区 | 水域范围 | 龟石水库除一、二级以外的全部水域(包括流入水库的支流上溯 3000 m 的水域) | 21.66 km² |
| | 陆域范围 | 水库西面、北面的一、二级保护区水域的汇水区陆域,水库东面不小于 3000 m 的汇水区陆域(一、二级保护区陆域除外) | 130.54 km² |
| | 小计 | | 152.20 km² |
| | 合计 | | 275.06 km² |

### 4.1.2.5　自然资源

(1)土地资源

集水区土地总面积为 125400 hm²。其中,耕地面积 38419 hm²,园地面积 1600.9 hm²,林地总面积 57249 hm²,牧草地面积 19031.2 hm²,居民点及工矿用地面积 2706.7 hm²,交通用地面积 1178.9 hm²,水域面积 9128.2 hm²。

集水区内人均占有土地 0.52 hm²、人均占有耕地 0.13 hm²、人均占有林地 0.18 hm²、人均占有园地 0.06 hm²。集水区内人均占有林地面积、耕地面积和园地面积均较大，农业发展潜力巨大。但随着集水区内人口的快速增长、农林牧副渔各产业生产蓬勃发展，城乡建设、道路建设和工业用地迅猛增加，集水区内土地利用也出现了较大压力：

①城镇化、工业化加剧了用地矛盾。随着集水区人口持续增长、城镇化与工业化进程加速，发展用地规模逐年增加，但年度新增建设用地指标非常有限，建设用地矛盾进一步加剧。

②基本农田保护形势严峻。集水区水田等良田多分布在富江河、秀水河等沿岸，而居民点及工矿用地也多集中在此，城乡建设和工业发展势必会影响这些耕地，从而加剧耕地面积的减少。

③耕地复种、轮种、套种和立体种植不多，秋冬季农田多数闲置，复种指数较低，耕地资源利用率不高。此外，大部分农民片面追求产出率，持续大量、过量使用化肥，对耕地重用轻养，造成耕地有机质含量降低，土壤肥力下降。

（2）植被和生物资源

集水区各类森林总面积为 57249 hm$^2$，森林覆盖率为 42.8%。在林业用地中，有林地面积 44584.4 hm$^2$，约占林业用地的 77.9%；灌木林地面积 6181.9 hm$^2$，约占林业用地的 10.8%；疏林地面积 1227.9 hm$^2$，约占林业用地的 2.2%；未成林地面积 5186.4 hm$^2$，约占林业用地的 9.1%；迹地面积 66.1 hm$^2$，约占林业用地的 0.1%；苗圃面积 2.45 hm$^2$。活立木蓄积量为 2074050 m$^3$，其中森林蓄积量 1907077 m$^3$，约占全县活立木蓄积量的 91.9%，疏林、散生林、四旁树蓄积量为 66973 m$^3$，约占全县活立木蓄积量的 3.3%。

集水区生物资源较为丰富，植物种类多达 1411 种，森林植被类型主要有灌木林、针叶林、阔叶林等，包括松科、杉科、茶科、樟科、壳斗科、木兰科等；常见的乔木树种主要有马尾松、杉木、楠木等，其中杉木、马尾松已发展成为县内用材林木的主要树种；主要的野生植物有茉莉花、杜鹃花、蕨根等；主要农作物有玉米、水稻、木薯、红薯、甘蔗等；常见药用植物有荆芥、山茶、苍术、野淮山等；果树有脐橙、蜜柑、沙田柚、柿子、板栗、梨子、桃子、梅、枣等。富川瑶族自治县盛产竹子，主要有毛竹、方竹、罗汉竹等。

为保护集水区内的生物多样性，经广西壮族自治区人民政府批准，于 2008 年 3 月成立了自治区级西岭山自然保护区。保护区位于集水区西部，其范围包括柳家乡、富阳镇、城北镇、朝东镇的部分山地，土地总面积 17460 hm$^2$，有林面积 16415.7 hm$^2$，森林覆盖率约为 94%。保护区内植物繁多，据调查，已知野生维管束植物 1411 种，隶属 175 科 665 属，其中蕨类植物 31 科 63 属 105 种，裸子植物 7 科 4 属 16 种，双子叶植物 115 科 474 属 1096 种。已知陆生脊椎动物有 4 纲 27 目 86 科 165 种，其中两栖类 20 种、爬行类 28 种、鸟类 87 种、兽类 30 种。其中列为国家珍稀濒危植物名录的有 14 种，属国家一级保护植物的有红豆杉 1 种，二级保护植物有 13 种；列为国家珍稀濒危动物名录的有 23 种，属国家一级保护动物的有 2 种，二级保护动物有 21 种。

近年来，集水区林业部门加强了林业建设，加大森林资源培育力度，累计完成退耕还林 6800 hm²，在珠江流域防林建设、石漠化治理、自然保护区建设和管理等方面开展了卓有成效的工作，实现了森林资源的快速增值和林产业的发展。但还存在缺少林业科技人员，林业资源管理、森林防火等工作开展不够，生物工程技术很少引入林种培育和竹木低产田改造等问题。

（3）水资源

龟石水库集水区主要在富川瑶族自治县，该县属中亚热带季风气候，雨量较充沛。境内四面环山，森林植被较多，蓄水能力较强；中、东部属岩溶地带，地下水蕴藏量也较丰富。多年平均水资源拥有量为 16.745 亿 m³，其中地表水径流量为 15.495 亿 m³，地下水蓄水量为 1.25 亿 m³，县内地表水主要来源于降雨，据1965—1989 年统计，年平均降雨量为 1667.4 mm，县内流域面积达 1572 km²，形成大小、长短不一的 23 条干流和主要支流，注入县内山塘水库约 5.2 亿 m³。全县 23 条主要河溪中，有 12 条源出高山，落差大，河床比降大，坡陡流急，形成水力资源丰富，径流水能蕴藏量大，已建电站 20 处，装机容量达 10105 kW，占可开发水资源的 28.87%。

（4）矿产资源

集水区内发现矿种 22 种，探明储量矿种 19 种（含伴生矿产），其中小型矿床16 处，矿点 84 处。全县矿产分布方面，花岗岩已探明小型矿床 5 处，保有资源储量 240×10⁴ m³；水泥灰岩已探明矿床 3 处，保有资源储量 31262.4×10⁴ t；高岭土、页岩保有资源储量 124×10⁴ m³；钨锡矿已探明矿床 19 个，保有资源储量 $WO_3$8.1×10³ t；锡金属量 6.4×10³ t；铜、铅、锌矿有矿床 9 个，保有资源储量 1.2×10⁵ t；稀土矿已探明开发小型矿床 2 处，保有资源储量 1×10⁴ t；铁矿保有资源储量为1.45×10⁷ t，储量丰富；硫铁矿保有资源储量 1.47×10⁶ t。

矿产资源的特点是：饰面花岗岩、水泥灰岩、稀土矿资源丰富，为优势矿产，可发展为支柱产业；钨锡铜铅锌铁资源储量较多，潜力较大，可作为特色矿产；花岗岩、石灰石、石英石、砂石、黏土、稀土等资源较为丰富，是具有发展前景的矿产。

集水区共有矿山开采企业 34 个，从业人员 585 人；矿产品加工企业 15 个，从业人员 383 人；开采的矿种主要为水泥灰岩、铁矿和用作普通建筑材料的砂、石、黏土等，主要分布在白沙镇、莲山镇、朝东镇、麦岭镇、新华乡等。截至 2008年，已开采矿山 48 座，开采矿石 500 万 t，工业产值达 8000 万元，成为富川经济快速发展过程中不可或缺的部分。矿产开采带动了当地经济的发展，但同时也带来了下列问题：

①矿产资源利用方式粗放，普遍存在矿山开采规模小、开采技术落后、资源

浪费的问题，造成生态环境破坏和"三废"污染，如白沙可达钨锡矿区、柳家铁矿区等矿山开采，以及河道边铁矿洗选和河砂的采挖、开山炸山，导致矿山植被严重破坏，废石和尾矿废渣乱堆，矿山废水随处排放，河床变形、改道、河流水质污染。

②矿山环境保护和恢复治理滞后，恢复治理缺乏资金保障，使部分生态环境比较严重的矿山未能治理，矿产资源综合利用水平不高，矿床中的伴生矿产，甚至共生矿产综合利用水平低，尾矿的综合利用率不高等。主要金属矿产回采率为75%~82%，有色金属矿产回收率为78%，资源回收和综合利用率有待提高。

## 4.1.3　项目建设的必要性与紧迫性

### 4.1.3.1　项目的必要性

(1)龟石水库为珠江流域西江中下游提供优质水源地

龟石水库位于富江中游，贺江源头之一，是珠江流域西江水系上游水源地，也是贺州市区、钟山县、平桂管理区、望高工业园区、华润循环经济工业园区的主要饮用水水源地。龟石水库水质好坏关系到贺州市市区、富川县及周边地区居民饮用水安全；更为重要的是，贺江跨桂、粤两省，水库出水经贺江直接进入珠江流域的西江干流，因此水库水质对西江中下游居民的饮水安全有重要影响。

近几年数据显示，龟石水库 COD、$NH_3$-N、TN 等指标已呈逐年上升趋势，库区水质已由优质Ⅱ类水逼近Ⅲ类水，营养水平为中营养。如果不加以宏观控制，水质持续恶化的可能性很大。因此，对龟石水库的生态安全进行调查与评估，制订科学的环境保护措施，对于保障贺州市及下游贺江和西江流域的饮用水安全具有重要意义。

(2)龟石国家湿地公园是区域重要的生态安全屏障

龟石水库位于富川南部，承接富川诸山之水，犹如富川"绿肾"。对富川而言，龟石水库具有区域生态安全屏障作用。实施龟石水库湿地生态系统保护和恢复工程，能有效保护、恢复富川"绿肾"，保证湿地生态系统的完整性。受周边社区居民农业生产、生活影响，龟石水库水质受到一定程度的污染，动植物栖息地遭受了一定的破坏。实施湿地植被恢复、栖息地保护等工程，湿地植被群落和动植物栖息地将得到恢复和保护，湿地生态系统自我维持和修复能力将逐步提高，成为众多动植物栖息的乐园。同时，作为亚太地区东亚-澳大利西亚水鸟迁飞通道，湿地公园建设有利于更好地保护这条重要的水鸟迁飞通道。因此，目前亟需加强库区生态建设和湿地水质的控制，持续开展重点河流、湖库和城镇农村环境综合治理，全面扭转龟石水库水质与水生态系统下降的趋势，保护和恢复湿地生态环境，为水鸟提供良好的栖息地和迁飞通道。

(3)龟石水库可为我国南方发展落后地区优质水源保护提供新思路

长期以来，贺州市和富川县的经济发展为龟石水库的保护付出了巨大的牺性，导致富川目前仍为国家级贫困县。2015年富川县地区生产总值为62.32亿元，其中第一产业增加值为20.84亿元，第二产业增加值为23.76亿元，第三产业增加值为17.72亿元，三次产业比例约为33.4：38.1：28.4。2015年城镇居民人均可支配收入为23527元，农村居民人均纯收入为7544元。龟石水库周边群众主要收入来源为种植业、养殖业、捕鱼等，对水库的依赖性较大。可见，富川县的经济发展水平较为落后，产业结构中农业比例较高，服务业比例较低，居民收入水平偏低，其中水库周边居民收入水平更低于农村居民平均水平。为了落实"既要金山银山，更要绿水青山"的发展理念，龟石库区应积极争取中央和广西壮族自治区的支持，结合国家良好湖泊保护项目、国家湿地公园建设项目等，加强龟石库区生态环境保护，保障优质水源安全；争取上级部门支持，建立长效生态补偿机制；在此基础上，积极发展生态渔业、生态种植和生态旅游业，打造保护为主、合理利用为辅的"富水瑶山，养生龟石"特色湿地生态旅游品牌形象，促进经济快速发展，为其他类似区域水源地的保护提供参考。

#### 4.1.3.2 项目的紧迫性

2008年前，龟石水库水质基本稳定在Ⅱ类水以上，但2008年以后水质逐年下降，枯水期水库局部水质曾低至Ⅵ类，并在夏季有偶发小面积水华的现象。水库周边农村生产生活污水乱排乱放、非法围库养鱼、散养山羊、开库种植水果和速生桉等行为未能根除，城镇生活排污量的增大及农业生产使用化肥、农药的增加，使水库水源遭受污染。根据2013年2月的监测数据，个别点位COD、高锰酸盐指数和氨氮超标，几乎所有点位总氮监测值超标。2014年6月14日，龟石水库爆发藻类水华，坝前峡口藻类细胞密度较高，水华优势种为微囊藻，水库库区内藻类细胞密度相对较低。龟石水库是贺州市主要饮用水水源地，龟石水库水质的下降将导致水库生态环境的恶化，并严重威胁贺州市饮用水的安全，同时对下游贺江和西江水质造成潜在的风险。因此，需尽快开展龟石水库生态安全的调查与评估工作，为制定科学的环境保护方案提供依据。

### 4.1.4 编制依据

#### 4.1.4.1 国家及地方法律、法规

(1)《中华人民共和国环境保护法》；

(2)《中华人民共和国水法》；

(3)《中华人民共和国水污染防治法》；

(4)《中华人民共和国环境影响评价法》；

(5)《中华人民共和国清洁生产促进法》；

(6)《中华人民共和国水土保持法》；

(7)《中华人民共和国渔业法》；

(8)《中华人民共和国水资源保护法》；

(9)《国家湿地公园管理办法》；

(10)《饮用水水源保护区污染防治管理规定》；

(11)《广西壮族自治区饮用水水源保护条例》。

### 4.1.4.2　政府文件

(1)《水污染防治行动计划》(国发〔2015〕17 号)；

(2)《财政部关于印发〈中央对地方专项转移支付绩效目标管理办法〉的通知》(财预〔2015〕163 号)；

(3)《国务院关于加强环境保护重点工作的意见》(国发〔2011〕35 号)；

(4)《国务院办公厅转发环保总局等部门关于加强重点湖泊水环境保护工作的意见的通知》(国办发〔2008〕4 号)；

(5)《水质较好湖泊生态环境保护总体规划(2013—2020 年)》(环发〔2014〕138 号)；

(6)《江河湖泊生态环境保护系列技术指南》(环办〔2014〕111 号)；

(7)《江河湖泊生态环境保护项目资金绩效评价暂行办法》(财建〔2014〕650 号)；

(8)《水污染防治专项资金管理办法》(财建〔2016〕864 号)；

(9)《江河湖泊生态环境保护资金管理办法》(财建〔2013〕788 号)；

(10)《关于深化"以奖促治"工作促进农村生态文明建设的指导意见》(环发〔2010〕59 号)；

(11)《关于进一步加强饮用水水源安全保障工作的通知》(环办〔2009〕30 号)；

(12)《关于开展全国城市集中式饮用水水源环境状况评估工作的通知》(环办〔2011〕4 号)；

(13)《关于印发〈全国城市饮用水水源地环境保护规划的通知〉》(环发〔2010〕63 号)；

(14)《广西壮族自治区人民政府关于印发〈生态广西建设规划纲要〉的通知》(桂政发〔2007〕34 号)；

(15)《中共广西壮族自治区委员会、广西壮族自治区人民政府〈关于推进生态文明示范区建设的决定〉》；

(16)《广西壮族自治区人民政府关于同意调整贺州市市区集中式饮用水水源保护区的批复》(桂政函〔2016〕203 号)；

(17)《广西水污染防治行动 2016 年度工作计划》(桂环发〔2016〕18 号)；

(18)《贺州市水污染防治行动计划工作方案》(贺政办发〔2015〕163 号)。

### 4.1.4.3　规划、规程、规范及标准

(1)《中华人民共和国国民经济和社会发展第十三个五年规划纲要》；

(2)《生态环境保护"十三五"规划》(国发〔2016〕65 号)；

（3）《地表水环境质量标准》（GB 3838—2002）；

（4）《生活饮用水水源水质标准》（CJ 3020—1993）；

（5）《生活饮用水卫生标准》（GB 5749—2006）；

（6）《农田灌溉水质标准》（GB 5084—2021）；

（7）《渔业水质标准》（GB 11607—1989）；

（8）《污水综合排放标准》（GB 8978—1996）；

（9）《畜禽养殖业污染物排放标准》（GB 18596—2001）；

（10）《城镇污水处理厂污染物排放标准》（GB 18918—2002）；

（11）《村庄整治技术规范》（GB 50445—2008）；

（12）《畜禽养殖业污染防治技术规范》（HJ/T 81—2001）；

（13）《酸沉降监测技术规范》（HJ/T 165—2004）；

（14）《水质 采样技术指导》（HJ 494—2009）；

（15）《人工湿地污水处理工程技术规范》（HJ 2005—2010）；

（16）《土壤侵蚀分类分级标准》（SL 190—2007）；

（17）《湖泊生态安全调查与评估技术指南》；

（18）《湖泊（水库）富营养化评价方法及分级技术规定》；

（19）《饮用水水源保护区划分技术规范》（HJ/T 388—2007）；

（20）《饮用水水源保护区标志技术要求》（HJ/T 433—2008）；

（21）《生态环境状况评价技术规范》（HJ/T 192—2006）；

（22）《全国集中式生活饮用水水源地水质监测实施方案》（环办函〔2012〕1266 号）；

（23）《地表水环境质量评价办法（试行）》（环办〔2011〕22 号）；

（24）《湖泊生态安全调查与评估技术指南》；

（25）《湖泊生态环境保护实施方案编写指南》；

（26）《贺州生态市建设规划（2010—2020）》；

（27）《贺州市水功能区划》；

（28）《广西壮族自治区水功能区划》；

（29）《广西贺州市水资源保护规划报告》；

（30）《广西贺州市城区供水水源规划报告》；

（31）《贺州市龟石水库综合利用规划报告》；

（32）《广西龟石国家湿地公园总体规划》；

（33）《广西贺州市富川瑶族自治县生态县建设规划（2009—2020）》；

（34）《广西富川瑶族自治县农村饮用水安全工程"十二五"建设规划（2011—2015）》》；

（35）《2015 年度龟石水库生态环境保护实施方案》；

（36）《2016 年度龟石水库生态环境保护实施方案》；

（37）《2017 年度龟石水库生态环境保护实施方案》；

（38）《广西环境保护和生态建设"十三五"规划》；

（39）《广西壮族自治区国民经济和社会发展第十三个五年规划纲要》；

（40）《贺州市国民经济和社会发展第十三个五年规划纲要》；

（41）《贺州市工业和信息化发展"十三五"规划及 2021—2030 年展望》。

## 4.1.5　整体思路与技术路线

龟石水库生态安全调查与评估内容主要包括流域社会经济活动对龟石水库生态的影响、龟石水库水生态系统健康、龟石水库生态服务功能、人类的"反馈"措施对社会经济发展的调控及龟石水库水质水生态的改善作用 4 个方面。根据该扩展的"驱动力–压力–状态–影响–响应"（DPSIR）评估模型，构建评估指标体系，计算指标权重和各层次的值，最终得出龟石水库整体或各功能分区的龟石水库生态安全指数（ESI），评估龟石水库生态安全相对标准状态的偏离程度。龟石水库生态安全评估可系统、全面地诊断龟石水库生态安全存在的问题，为龟石水库生态环境保护提供理论依据和技术支持。

龟石水库生态安全调查与评估技术路线如图 4.1–2 所示。

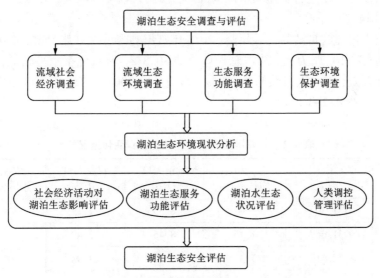

图 4.1–2　龟石水库生态安全调查与评估技术路线图

## 4.2　社会经济影响调查

在湖库生态系统中，湖库是主体，其水生态健康状况是系统安全的基础。而流域社会经济活动是影响湖泊生态健康的重要指标。因此，需对流域社会经济活动对湖泊的生态影响进行评估。流域社会经济活动对湖泊生态影响的评估以层次分析和多级模糊综合评价法为基础，使用《湖泊生态安全调查与评估技术指南》中推荐的评估指标体系、权重、评估标准和方法进行评估。

### 4.2.1　流域社会经济影响调查

#### 4.2.1.1　人口概况

富川瑶族自治县位于广西壮族自治区东北部，地处湘、桂、粤三省交界的都庞、萌渚两岭余脉之间，东连湖南省江华瑶族自治县，南部为钟山县，西与恭城县接壤，北与湖南省江永县相连。县城西距桂林市 190 km，南距梧州市 220 km，到广东省广州市 380 km。全县辖 12 个乡镇（富阳镇、白沙镇、莲山镇、古城镇、福利镇、麦岭镇、葛坡镇、城北镇、朝东镇、新华乡、石家乡、柳家乡），145 个村（街、居）委会，总面积为 1572.36 km²。2015 年全县总人口 332241 人，其中，朝东镇和白沙镇不在龟石水库集水区范围内，两镇人口 47609 人，集水区内总人口数为 283814 人。

根据富川瑶族自治县统计年鉴，2016 年富川县内总人口数为 33.62 万人，其中，城镇人口 10.21 万人，约占总人口数的 30.3%，城镇化率水平较低；农业人口 28.49 万人，占总人口数的 84.74%。富川县内 2007—2016 年人口变化情况如表 4.2-1 和图 4.2-1 所示。

表 4.2-1　富川县 2007—2016 年人口变化情况表

| 年份 | 年末总人口/万人 | 总人口年增长率/% | 城镇人口/万人 | 农业人口/万人 | 农业人口年增长率/% |
|---|---|---|---|---|---|
| 2007 | 31.30 | — | 8.33 | 27.19 | — |
| 2008 | 31.66 | 1.15 | 8.46 | 27.49 | 1.10 |
| 2009 | 32.11 | 1.42 | 8.57 | 27.92 | 1.56 |
| 2010 | 32.41 | 0.93 | 7.21 | 28.22 | 1.07 |
| 2011 | 32.56 | 0.46 | 7.92 | 28.37 | 0.53 |
| 2012 | 32.19 | -1.14 | 8.53 | 27.99 | -1.34 |

续表4.2-1

| 年份 | 年末总人口<br>/万人 | 总人口年<br>增长率/% | 城镇人口<br>/万人 | 农业人口<br>/万人 | 农业人口<br>年增长率/% |
|---|---|---|---|---|---|
| 2013 | 32.30 | 0.34 | 9.02 | 27.86 | -0.46 |
| 2014 | 32.78 | 1.49 | 9.50 | 27.95 | 0.32 |
| 2015 | 33.22 | 1.34 | 9.82 | 28.10 | 0.54 |
| 2016 | 33.62 | 1.20 | 10.21 | 28.49 | 1.39 |

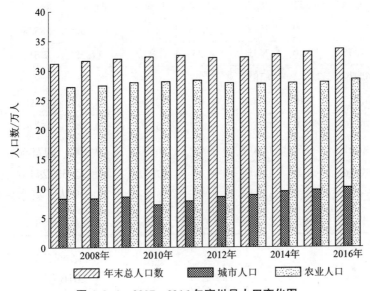

图 4.2-1　2007—2016 年富川县人口变化图

### 4.2.1.2　经济概况

根据统计资料，2015 年富川县地区生产总值为 62.32 亿元，同比增长 2.2%。其中，第一产业增加值为 20.84 亿元，同比增长 6.7%；第二产业增加值为 23.76 亿元，同比下降 4.3%；第三产业增加值为 17.72 亿元，同比增长 9%；三次产业比例约为 33.4∶38.1∶28.4，第三产业占 GDP 比重比"十一五"末提升 0.43 个百分点。经统计，"十二五"以来 GDP 年均增长 8.8%，第一产业年均增长 6.4%，第二产业年均增长 10.7%，第三产业年均增长 8.6%。

根据统计年鉴，2016 年集水区内生产总值为 67.26 亿元，其中，第一产业增加值为 23.26 亿元，年增长率为 11.59%；第二产业增加值为 24.29 亿元，年增长率为 2.22%；第三产业增加值为 18.50 亿元，年增长率为 0.80%。富川县 2004—2016 年三大产业产值变化如表 4.2-2、图 4.2-2 所示。

表 4.2-2 富川县 2004—2016 年三大产业产值变化表

| 年份 | 全县生产总值/万元 | 生产总值年增长率/% | 第一产业增加值/万元 | 第一产业年增长率/% | 第二产业增加值/万元 | 第二产业年增长率/% | 第三产业增加值/万元 | 第三产业年增长率/% |
|---|---|---|---|---|---|---|---|---|
| 2004 | 130903 | — | 56385 | — | 41174 | — | 33344 | — |
| 2005 | 151338 | 15.61 | 58813 | 4.31 | 58775 | 42.75 | 33750 | 1.22 |
| 2006 | 175577 | 16.02 | 62920 | 6.98 | 73950 | 25.82 | 38708 | 14.69 |
| 2007 | 229243 | 30.57 | 78256 | 24.38 | 104649 | 41.51 | 46338 | 19.71 |
| 2008 | 222398 | -2.99 | 75417 | -3.63 | 88427 | -15.50 | 58554 | 26.36 |
| 2009 | 217056 | -2.40 | 76358 | 1.25 | 72882 | -17.58 | 67816 | 15.82 |
| 2010 | 265930 | 22.52 | 85850 | 12.43 | 104148 | 42.90 | 75932 | 11.97 |
| 2011 | 301780 | 13.48 | 93620 | 9.05 | 128269 | 23.16 | 79890 | 5.21 |
| 2012 | 376620 | 24.80 | 126074 | 34.67 | 155166 | 20.97 | 95379 | 19.39 |
| 2013 | 560161 | 48.73 | 170040 | 34.87 | 262981 | 69.48 | 217323 | 127.85 |
| 2014 | 557436 | -0.49 | 187088 | 10.03 | 227422 | -13.52 | 178447 | -17.89 |
| 2015 | 623255 | 11.81 | 208433 | 11.41 | 237615 | 4.48 | 183562 | 2.87 |
| 2016 | 672610 | 7.92 | 232593 | 11.59 | 242892 | 2.22 | 185027 | 0.80 |

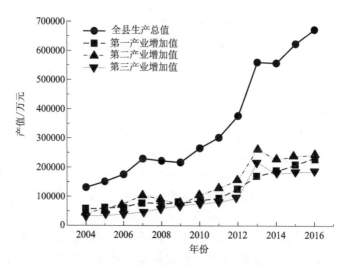

图 4.2-2 2004—2016 年富川县各产业产值变化折线图

##### 4.2.1.2.1　农林牧渔业情况

2015 年，农林牧渔业完成总产值 33.52 亿元，同比增长 6.65%，增幅在全市排名第一。其中：农业总产值 22.58 亿元，同比增长 6.85%（图 4.2-3）；牧业总产值 8.01 亿元，同比增长 5.5%；林业总产值 1.03 亿元，同比增长 12.15%；渔业总产值 0.89 亿元，同比增长 5.27%；农林牧渔服务业总产值 1.01 亿元，增长 6.66%。

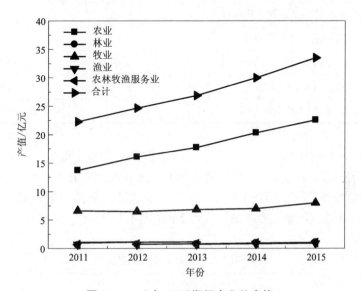

**图 4.2-3　"十二五"期间农业总产值**

##### 4.2.1.2.2　第二产业情况

（1）工业。2015 年全部工业总产值完成 58.4 亿元，是"十一五"末的 2.2 倍，"十二五"期间年均增长 16.7%。规模以上工业总产值完成 55.47 亿元，是"十一五"末的 3 倍，年均增长 24.6%；规模以上工业增加值完成 17.25 亿元，年均增长 14.3%。在规模以上工业中，重工业大幅下降，轻工业小幅上升。规模以上工业总产值中，轻工业产值为 24.2 亿元，同比增长 9.5%；重工业产值为 31.3 亿元，同比下降 29.7%。

（2）建筑业。2015 年建筑业增加值为 5.41 亿元，年均增长 11.7%，是"十一五"末的 1.9 倍；资质以上建筑业总产值为 1.84 亿元，年均增长 22%，是"十一五"末的 2.7 倍。

（3）八大行业大类"四升四降"。在全县的重点行业中，化学原料和化学制品业、非金属矿物制品业、电力、热力生产和供应业等主要行业呈下降趋势，酒、饮料和精制茶制造业、印刷和记录媒介复制业大幅增长（表 4.2-3）。

表 4.2-3 八大行业产值情况

| 产品名称 | 产值/亿元 | 同比/% |
|---|---|---|
| 非金属矿采选业 | 0.2 | −18.9 |
| 农副食品加工业 | 12.4 | 2.5 |
| 酒、饮料和精制茶制造业 | 1.2 | 26.5 |
| 皮革、皮毛、羽毛及其制品和制鞋业 | 0.58 | 13.9 |
| 印刷和记录媒介复制业 | 10 | 16.7 |
| 化学原料和化学制品业 | 0.6 | −20.2 |
| 非金属矿物制品业 | 5.6 | −13.5 |
| 电力、热力生产和供应业 | 24.9 | −31.4 |

产品产量和销售情况。2015 年，全县规模以上工业企业实现销售产值 54.2 亿万元，同比下降 15.8%，产品销售率为 97.8%，同比上升 1.1 个百分点。实现出口交货值 2698 万元，同比下降 13.4%。全县主要产品的产量如水泥、饲料、混凝土等保持增长，其他主要产品产量均下降(表 4.2-4)。

表 4.2-4 主要工业产品产量

| 产品名称 | 产量 | 同比 |
|---|---|---|
| 松香 | 2677 t | −13.3% |
| 松节油 | 60 t | −82% |
| 啤酒 | 5.1 万 m³ | −10.5% |
| 饲料 | 15.9 万 t | 34.7% |
| 水泥 | 234 万 t | 0.1% |
| 硅酸盐水泥熟料 | 185.4 万 t | −4.5% |
| 火力发电量 | 58 亿(kW·h) | −31.8% |
| 商品混凝土 | 12.9 万 m³ | 7.5% |

#### 4.2.1.2.3 第三产业情况

2015 年，批发和零售业实现增加值 3.92 亿元，交通运输、仓储和邮政业实现增加值 1.63 亿元，住宿和餐饮业实现增加值 0.85 亿元，金融业实现增加值 2.56 亿元，房地产业实现增加值 1.96 亿元，农林牧渔服务业实现增加值 0.5 亿元，营利性服务业实现增加值 1.6 亿元，非营利性服务业实现增加值 4.71 亿元。与"十一五"末相比,批发和零售业占第三产业比重下降了 1.2 个百分点,交通运输、仓储和邮政业比重下降了 2 个百分点,住宿和餐饮业比重下降了 0.9 个百分点,金融业比重上升了 5.9 个百分点,房地产业比重下降了 0.6 个百分点,营利性服务业比重不变,非营利性服务业比重下降了 4 个百分点。

#### 4.2.1.2.4　财政收支情况

2015 年,全县财政收入完成 5.9 亿元,是"十一五"末的 2.1 倍,"十二五"期间年均增长 16.2%;公共财政预算收入为 3 亿元,是"十一五"末的 1.7 倍,年均增长 11.8%;公共财政预算支出为 22.79 亿元,是"十一五"末的 2.3 倍,年均增长 18.5%。

#### 4.2.1.2.5　城乡居民收入情况

2015 年城镇居民人均可支配收入为 23527 元,是"十一五"末的 1.6 倍;农村居民人均纯收入为 7544 元,是"十一五"末的 1.9 倍,同比增长 10.5%,在全市排位第一。

综上所述,"十二五"期间经济的快速发展对环境造成较大的压力。由于当地对工业的发展进行了限制,农业在产业结构中的比重占三分之一,特别是近年来当地种果、种菜、养猪等产业迅猛发展,污染物排放量大幅增加,导致位于县域下游的龟石水库污染负荷增加,水质出现下降趋势。

## 4.2.2　流域污染源状况调查

#### 4.2.2.1　点源污染

本书中点源污染调查主要包括生活污染源、工业污染源和畜禽养殖污染源等。

（1）生活污染源

城镇生活污染源强估算根据环境保护局提供资料,人均用水量约为 200 L/d,污水排放系数约为 0.8,则城镇居民的人均排水量约为 160 L/d,城镇生活污水中COD 排放浓度约为 150 mg/L,氨氮排放浓度约为 15 mg/L,总氮排放浓度约为18 mg/L,总磷排放浓度约为 2.0 mg/L。农村生活污染源强估算采用《全国水环境容量核定技术指南》中推荐的参数,农村生活人均用水量为 145 L/d,污水排放系数为 0.7,则人均污水排放量约为 100 L/d,农村生活污水中 COD 排放浓度为 200 mg/L,氨氮排放浓度为 18 mg/L,总氮排放浓度为 20 mg/L,总磷排放浓度为 2.5 mg/L。

根据龟石水库集水区域内人口数量统计,2015 年年末集水区域总人口为28.38 万人,其中城镇人口 9.80 万人,农村人口 18.58 万人。计算得出 2015 年龟石水库集水区域内生活污染源排放量为 COD 2211.2 t/a,TN 排放量为 238.3 t/a,$NH_3-N$ 排放量为 207.6 t/a,总磷排放量为 28.4 t/a。如表 4.2-5 所示。

表 4.2-5　龟石水库流域内生活污染源现状汇总表

|  | COD 排放量 /(t·a$^{-1}$) | NH$_3$-N 排放量 /(t·a$^{-1}$) | TN 排放量 /(t·a$^{-1}$) | TP 排放量 /(t·a$^{-1}$) |
|---|---|---|---|---|
| 城镇 | 858.5 | 85.8 | 103.0 | 11.4 |
| 农村 | 1352.7 | 121.7 | 135.3 | 16.9 |
| 总排放量 | 2211.2 | 207.6 | 238.3 | 28.4 |

(2)工业污染源

根据贺州市环保局提供的数据,2013—2016 年龟石水库集水流域内工业污染源排放量见表 4.2-6。

表 4.2-6　龟石水库流域内 2013—2016 年工业污染源预测汇总表

| 年份 | 工业废水排放量 /万 t | COD 排放量 /(t·a$^{-1}$) | TN 排放量 /(t·a$^{-1}$) | 氨氮排放量 /(t·a$^{-1}$) | TP 排放量 /(t·a$^{-1}$) |
|---|---|---|---|---|---|
| 2013 年 | 84.02 | 42.01 | 12.60 | 4.20 | 0.42 |
| 2014 年 | 75.62 | 37.81 | 11.34 | 3.78 | 0.39 |
| 2015 年 | 60.49 | 30.25 | 9.07 | 3.02 | 0.31 |
| 2016 年 | 48.39 | 24.21 | 7.26 | 2.42 | 0.25 |

(3)畜禽养殖污染源

由于规模化养殖场废水处理率较低,因此对污染物采用排污系数法进行核算。畜禽养殖所排放的污染负荷是通过湖泊流域内畜禽的种类和数目、每头畜禽所产生的污染当量以及粪尿的流失量来计算,流域内畜禽养殖的排污系数参照《第一次全国污染源普查——畜禽养殖业源产排污系数手册》并结合龟石水库集水区域内畜禽养殖情况,确定猪的排污系数为 COD 24 g/(头·d),总氮 5.7 g/(头·d),氨氮 4.9 g/(头·d),总磷 1.0 g/(头·d)。畜禽量的换算关系为:45 只鸡=1 头猪,3 只羊=1 头猪,5 头猪=1 头牛,50 只鸭=1 头猪,40 只鹅=1 头猪,60 只鸽=1 头猪,均换算成猪的量进行计算。

据统计,2015 年龟石水库集水区畜禽存栏量为:猪 33.1 万头,牛 3 万头,山羊 0.91 万只,家禽 136 万只。经过换算可知,其中养猪场产生的污染负荷最大。计算结果得到龟石水库集水区域内规模化畜禽养殖的污染排放总量为:COD 4504.9 t/a,总氮 1069.9 t/a,氨氮 919.7 t/a,总磷 187.7 t/a。如表 4.2-7 所示。

表 4.2-7 龟石水库流域内规模化畜禽养殖污染源汇总表

| 畜禽 | 数量 /万头 | 换算为猪 /万头 | COD 排放量 /(t·a⁻¹) | TN 排放量 /(t·a⁻¹) | 氨氮排放量 /(t·a⁻¹) | TP 排放量 /(t·a⁻¹) |
|------|-----------|----------------|---------------------|--------------------|--------------------|---------------------|
| 猪 | 33.1 | 33.1 | 2899.6 | 688.6 | 592.0 | 120.8 |
| 牛 | 3.0 | 13.5 | 1314.0 | 312.1 | 268.3 | 54.8 |
| 羊 | 0.91 | 0.1 | 26.6 | 6.3 | 5.4 | 1.1 |
| 家禽 | 136 | 1.76 | 264.7 | 62.9 | 54.1 | 11.0 |
| 合计 | | 51.4 | 4504.9 | 1069.9 | 919.7 | 187.7 |

根据《贺州市循环农业发展规划》及相关规划，贺州市将大力发展循环农业模式，在畜禽养殖区大力推广以畜禽粪便综合利用为核心的循环农业园区经济链，按照循环经济理念和清洁生产标准打造低耗、低排放的循环农业。按保守估算，牲畜养殖总排放规模维持现状，不再扩大。

#### 4.2.2.2 面源污染

（1）种植业污染源

根据 2015 年富川县农业部门的统计数据，龟石水库集水区域内共有耕地 34.79 万亩，水田 19.25 万亩，旱地 15.54 万亩；化肥使用量为 46385 t，亩均使用化肥 133.32 kg。

氮肥的品种主要有硫酸铵、硝酸铵、尿素、氯化铵、碳铵及氨水等，其中以尿素和碳铵销量最大。尿素的含氮量为 46%，硝酸铵的含氮量为 34%，碳铵的含氮量为 16%。磷肥的国家行业强制性标准规定含磷量从 12% 到 18% 不等，取中间值 15% 为磷肥的含磷量进行计算，复合肥中含 N、P₂O₅、K₂O 量按照 15%：15%：15% 计算。

化肥流失量取决于化肥利用率的高低及土壤固定量，利用率高且固定量大，则流失量少；反之，则流失量多。但化肥的利用率及土壤固定量因土壤、作物、施肥方法各异，且现有的研究报告在这方面的结果悬殊。根据《第一次全国污染源调查——农业污染源》中的肥料流失手册，结合龟石水库集水区具体情况，取 TN 流失率为 7%，TP 流失率为 3% 进行计算。

此外，参考《全国水环境容量核定技术指南》中的污染源调查方法，并结合龟石流域具体情况，取农田径流 COD 源强系数为 15 kg/(亩·a)；参考《第一次全国污染源普查——农业污染源肥料流失系数手册》中关于氨氮流失系数数据，并结合龟石水库集水区实际情况，取农田径流氨氮源强系数为 0.125 kg/(亩·a)，则龟石水库集水区农田径流 COD 污染为 10829.03 t/a，氨氮流失量为 90.24 t/a，总氮流失量为 526.41 t/a, 总磷流失量为 88.48 t/a(表 4.2-8)。

根据《贺州市生态农业示范区建设总体规划》及相关规划,将大力发展生态农业建设,治理和保护农业生态环境。通过估算,近期内种植污染将保持在 2015 年的水平。

表 4.2-8　龟石水库流域内种植业污染源汇总表

| 耕地面积 /万亩 | 化肥施用量/t | | | 污染物排放量/(t·a⁻¹) | | | |
|---|---|---|---|---|---|---|---|
| | 氮肥 | 磷肥 | 复合肥 | COD | TN | 氨氮 | TP |
| 34.79 | 6015 | 3600 | 36788 | 10829.03 | 526.41 | 90.24 | 88.48 |

(2)城镇径流源

城镇径流采用污染物输出系数法,参照国内外文献报道的类似地区的输出系数值,根据龟石水库集水区集体情况做必要修正,然后确定研究区域不同土地利用类型污染物输出系数。最后根据水库集水区社会经济统计资料中的土地利用情况数据,计算出水库集水区城镇径流污染物排放量。考虑到集水区 2013—2016 年土地利用类型没有明显改变,所以 2013—2015 年的城镇径流都与 2015 年的统计结果保持一致,结果如表 4.2-9 所示。

表 4.2-9　龟石水库流域内城镇径流污染源汇总表

| 土地利用类型 | 污染物排放量/(t·a⁻¹) | | |
|---|---|---|---|
| | COD | TN | TP |
| 居民区 | 2159 | 39.6 | 7.2 |
| 商业区 | 996.5 | 16.6 | 1.66 |
| 工业区 | 116.9 | 33.5 | 5.58 |
| 公路 | 3434.7 | 69.2 | 11.01 |
| 合计 | 7707.1 | 158.9 | 25.8 |

(3)干湿沉降源

龟石水库集水区干湿沉降通量按全国平均水平计算。根据文献"大气干湿沉降对城市景观水体水质影响的评价"报告可知,全国大气干湿沉降通量月均值是 7.4 t/(km²·月)。污染物 COD、TN、TP 占干湿沉降通量比例分别为 24%、2.2% 和 0.35%。因此集水区年干湿沉降 COD、TN、TP 排放量分别为 888.2 t/a、81.3 t/a、12.9 t/a。

（4）水产养殖源

龟石水库正常库容蓄水量达 4.2 亿 m³，可养鱼水域面积达 4.5 万多亩，水质好，浮游生物资源丰富。根据《贺州市水域滩涂养殖规划》，由于龟石水库有提供饮用水水源功能，只适宜发展生态养殖不需投喂的滤食性鱼类如鲢鱼、鳙鱼等，不宜发展投饵投肥渔业，绝大部分鱼类属于野生放养。根据核算，水产养殖污染对龟石水库影响极小，故在此不对其进行分析。

#### 4.2.2.3　点源污染负荷量统计

根据点源污染状况调查，按污染源类别对龟石水库集水区内点源污染负荷量进行统计，结果如表 4.2-10 所示。

表 4.2-10　集水区点源污染物排放情况表

| 污染源类别 | 产生量/(t·a⁻¹) | | | |
|---|---|---|---|---|
| | COD | 总氮 | 氨氮 | 总磷 |
| 城镇生活 | 858.5 | 85.8 | 103.0 | 11.4 |
| 畜禽养殖 | 4504.9 | 1069.9 | 919.7 | 187.7 |
| 工业污染 | 24.21 | 7.26 | 2.42 | 0.25 |
| 总计 | 5387.61 | 1162.96 | 1025.12 | 199.35 |

#### 4.2.2.4　面源污染负荷量统计

根据 4.2.2.1 节点源污染状况调查，按污染源类别对龟石水库集水区内面源污染负荷量统计，结果如表 4.2-11 所示。

表 4.2-11　集水区面源污染物排放情况表

| 污染源类别 | 产生量/(t·a⁻¹) | | |
|---|---|---|---|
| | COD | 总氮 | 总磷 |
| 农村生活 | 1352.7 | 121.7 | 16.9 |
| 种植业 | 10829.02 | 526.41 | 88.48 |
| 城镇径流 | 7707.1 | 158.9 | 25.8 |
| 干湿沉降 | 888.2 | 81.3 | 12.9 |
| 总计 | 20777.02 | 888.31 | 144.08 |

### 4.2.2.5 污染负荷评价

（1）COD

由对各污染负荷排放量的分析可知，龟石水库 COD 最大的贡献来自农业面源的种植业污染，占整个 COD 总入库量的 41.2%，其次是城镇径流，占 29.5%。再次是畜禽养殖业，占 17.3%，如图 4.2-4 所示。

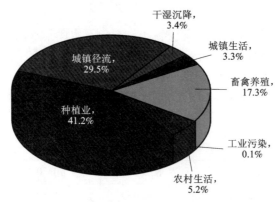

**图 4.2-4　各污染源对 COD 入库负荷贡献比例**

（2）TN

各污染源对 TN 入库负荷贡献比例如图 4.2-5 所示。从总氮来看，畜禽养殖污染负荷较大，占 52.1%；种植业和城镇径流所占比例次之，分别达到 25.7% 和 7.7%。

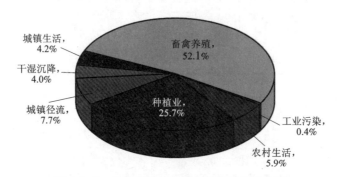

**图 4.2-5　各污染源对总氮入库负荷贡献比例**

（3）TP

各污染源对 TP 入库负荷贡献比例如图 4.2-6 所示。从总磷看，畜禽养殖所占污染负荷最大，占龟石水库总污染负荷的 54.6%，其次是种植业和城镇径流，分别占到比例的 25.8% 和 7.5%。其余污染源污染负荷较小。

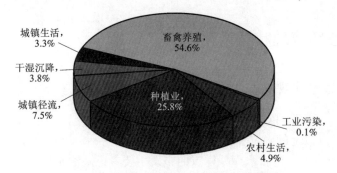

图 4.2-6　各污染源对总磷入库负荷贡献比例

## 4.2.3　主要入库河流水文参数

　　龟石水库主要入库河流有富江、金田河、巩塘河、石家河、新华河、莲山河、涝溪河、淮南河；次要支流有大源河、凤溪河、大围河、大洋溪、小洋溪、白水源、砂龙冲、乌龙山冲等(表 4.2-12)。富江河发源于麦岭镇，为珠江流域贺江水系上游干流，流程长达 71.2 km。

表 4.2-12　集水区主要入库支流情况统计

| 水系名称 | 发源地 | 河流长度 /km | 流域面积 /km² | 平均水量 /亿 m³ | 平均流速 /(m³·s⁻¹) |
|---|---|---|---|---|---|
| 富江 | 麦岭镇 | 90.5 | 520 | 3.71 | 11.75 |
| 金田河 | 麦岭镇月塘村 | 18.58 | 65.04 | 0.41 | 1.29 |
| 巩塘河 | 麦岭镇秀林村 | 18.98 | 66.44 | 0.52 | 1.66 |
| 石家河 | 湖南江永县枇杷村 | 35.0 | 126.01 | 0.88 | 2.79 |
| 新华河 | 新华乡木龙村 | 15.13 | 52.97 | 0.39 | 1.23 |
| 莲山河 | 新华乡路坪村 | 8.78 | 30.73 | 0.24 | 0.76 |
| 淮南河 | 柳家乡大湾山 | 10.25 | 35.06 | 0.28 | 0.87 |
| 涝溪河 | 富阳镇涝溪山 | 12.6 | 48.77 | 0.38 | 1.22 |
| 大源河 | 城北镇大源山 | 6.19 | 21.65 | 0.16 | 0.51 |
| 凤溪河 | 城北镇凤溪山 | 9.3 | 16.40 | 0.12 | 0.39 |
| 大围河 | 富阳镇大围山 | 10.72 | 17.04 | 0.13 | 0.43 |
| 大洋溪 | 富阳镇洋溪山 | 17.5 | 23.72 | 0.19 | 0.59 |

注：涝溪河、大源河、凤溪河、大围河、大洋溪均汇入富江。

## 4.3 生态环境现状及变化趋势

### 4.3.1 流域水质现状、变化趋势及原因分析

#### 4.3.1.1 采样和分析方法

（1）采样点数量的确定和设置

①采样点布设。龟石水库采样点的布设主要考虑湖泊水体的水动力条件、湖库面积、湖盆形状、补给条件、出水及取水、排污设施的位置和规模等因素。

②采样点数量的确定。综合考虑湖泊水域面积、湖泊形态、入湖河流等湖泊自然属性，龟石水库设监测点 20 个。具体监测点位见龟石水库库区监测点位图（图 4.3-1）。

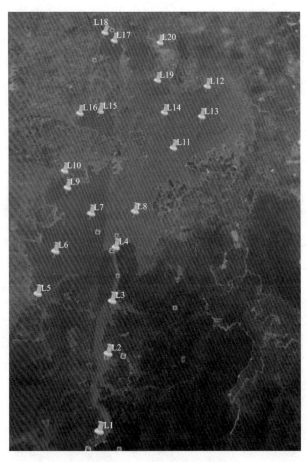

图 4.3-1　库区监测点位图

（2）样品采集频率和层次

①采样频率：每月 1 次，全年监测。

②采样层次。对于湖区监测点，一般湖水不超过 3 m 时，可在湖水表面 0.5 m 处采样，如果水深 3~10 m，则可在距水表面和湖底 0.5 m 处各采一次并混合取样；当湖水深度超过 10 m 时，可在距湖水表面、湖中间水深处和湖底 0.5 m 处各采一次并混合取样（表 4.3-1）。

表 4.3-1　龟石水库湖泊监测点设置一览表

| 点位名称 | 监测垂线设置 | 测试项目 | 调查频次 |
|---|---|---|---|
| L1 | 坝首 | 物化指标共 109 项 | 1 月 1 次，全年 12 次 |
| L2 | 一级保护区中心 | 物化指标共 15 项 | 1 月 1 次，全年 12 次 |
| L3 | 西南角钤阳湖 | 物化指标共 15 项 | 1 月 1 次，全年 12 次 |
| L4 | 东南角 | 物化指标共 15 项 | 1 月 1 次，全年 12 次 |
| L5 | 西南 | 物化指标共 15 项 | 1 月 1 次，全年 12 次 |
| L6 | 库区中部 | 物化指标共 15 项 | 1 月 1 次，全年 12 次 |
| L7 | 东北角 | 物化指标共 15 项 | 1 月 1 次，全年 12 次 |
| L8 | 西偏北 | 物化指标共 15 项 | 1 月 1 次，全年 12 次 |
| L9 | 北部 | 物化指标共 15 项 | 1 月 1 次，全年 12 次 |
| L10 | 西北角，富川江汇入点 | 物化指标共 15 项 | 1 月 1 次，全年 12 次 |
| L11 | 库区中部 | 物化指标共 15 项 | 1 月 1 次，全年 12 次 |
| L12 | 东北角（新华河、连山河河口） | 物化指标共 15 项 | 1 月 1 次，全年 12 次 |
| L13 | 东北湾区中部 | 物化指标共 15 项 | 1 月 1 次，全年 12 次 |
| L14 | 北部中间位置 | 物化指标共 15 项 | 1 月 1 次，全年 12 次 |
| L15 | 西偏北湾区 | 物化指标共 15 项 | 1 月 1 次，全年 12 次 |
| L16 | 西偏北湾区顶部 | 物化指标共 15 项 | 1 月 1 次，全年 12 次 |
| L17 | 西偏北湾区中部 | 物化指标共 15 项 | 1 月 1 次，全年 12 次 |
| L18 | 西北角（富川江汇入点） | 物化指标共 15 项 | 1 月 1 次，全年 12 次 |
| L19 | 北部 | 物化指标共 15 项 | 1 月 1 次，全年 12 次 |
| L20 | 北部湾区顶部（巩塘河、石家河河口） | 物化指标共 15 项 | 1 月 1 次，全年 12 次 |

（3）采样前的准备

①采样容器的清洗。采样前对采样容器进行彻底清洗，减少污染的可能。选择的清洗剂应根据待测组分确定，并在清洗后用蒸馏水冲洗干净。测定磷酸盐的

容器不能使用含磷的洗涤剂；测定硫酸盐或铬的容器不能使用铬酸-硫酸类清洗剂；测定重金属的容器通常要使用盐酸或硝酸浸泡 1~2 天后再用蒸馏水冲洗干净。采样时，用样点水样至少润洗采样器 3 次，然后进行采集。

②采样容器类型的选择。采样容器应根据待测组分确定。分析地表水中微量化学组分时，选取的容器应不对水样引起新的干扰和污染。玻璃容器在储存水样时会溶解出钠、钙、硅、硼等元素，在测定这些项目时应避免使用。玻璃容器易吸附金属，聚乙烯等塑料容器易吸附有机物质、磷酸盐和油类，在测各指标时应避免使用；在测定氟时，由于玻璃和氟化物发生反应，应避免使用。为降低光敏作用对水样的影响，可选深色容器。

（4）样品取样体积

对于入湖河流，其每个监测断面水样具体取样体积参见表4.3-2。

表 4.3-2　水质常规检验指标的取样体积

| 指标分类 | 容器材质 | 保存方法 | 取样体积/L | 备注 |
|---|---|---|---|---|
| 一般理化 | 聚乙烯 | 冷藏 | 3~5 | |
| 金属 | 聚乙烯 | 硝酸，pH≤2 | 0.5~1 | |
| 汞 | 聚乙烯 | 硝酸(1+9，含重铬酸钾 50 g/L) pH≤2 | 0.2 | 冷原子吸收 |
| 耗氧量 | 玻璃 | 每升水样加入 0.8 mL 浓硫酸，冷藏 | 0.2 | |
| 有机物 | 玻璃 | 冷藏 | 0.2 | 水样应充满容器至溢流并密封保存 |
| 微生物 | 玻璃（灭菌） | 每 125 mL 水样加入 0.1 mg 硫代硫酸钠除去残留余氯 | 0.5 | |

（5）样品的采集和运输保存

①采样设备的选择：在可以直接采样的场合，可用适当的容器采样，如水桶；在采集一定深度的水时，可用直立式或有机玻璃采水器。

②采样注意事项：

a. 采样时不可搅动水底部的沉积物。

b. 采样时应保证采样点的位置准确。必要时使用 GPS 定位。

c. 认真填写采样记录表，字迹应端正清晰。

d. 保证采样按时、准确、安全。

e. 采样结束前，应核对采样方案、记录和水样，如有错误和遗漏，应立即补采或重新采样。

f.如采样现场水体很不均匀,无法采到有代表性样品,则应详细记录不均匀的情况和实际采样情况,供使用数据者参考。

g.测定油类的水样,应在水面至水面下 300 mm 采集柱状水样,并单独采样,全部用于测定。采样瓶不能用采集的水样冲洗。

h.测溶解氧和有机污染物等项目时的水样,必须注满容器,不留空间,并用水封口。

i.如果水样中含沉降性固体,如泥沙等,应分离除去。分离方法:将所采水样摇匀后倒入筒型玻璃容器,静置 30 min,将已不含沉降性固体但含有悬浮性固体的水样移入盛样容器并加入保存剂。测定总悬浮物和油类的水样除外。

j.测定湖库水 COD、高锰酸盐指数、叶绿素 a、总氮、总磷时的水样,静置 30 min 后,用吸管一次或几次移取水样,吸管进水尖嘴应插至水样表层 50 mm 以下位置,再加保存剂保存。

k.测定溶解氧要单独采样。

③样品保存和运输。所有水样在 0~4℃冷藏保存,并尽快运回实验室进行分析。在运输样品过程中,应避免样品泄漏或容器破裂。水样的保存方法参见表 4.3-2。

(6)监测项目分析方法

①分析测试指标。包括水温、pH、溶解氧、高锰酸盐指数、透明度、化学需氧量、氨氮、总氮、总磷、叶绿素 a、汞、铁、锰和铅共 14 项指标。

②样品分析方法见表 4.3-3。其中水温、pH、溶解氧、透明度需现场测定。

表 4.3-3　水质监测项目分析方法一览表

| 序号 | 项目 | 分析方法 | 最低检出限 /$(mg \cdot L^{-1})$ | 方法来源 |
|---|---|---|---|---|
| 1 | 水温 | 温度计法 | | GB 13195—1991 |
| 2 | pH | 玻璃电极法 | | GB 6920—1986 |
| 3 | 溶解氧 | 碘量法 | 0.2 | GB 7489—1987 |
| | | 电化学探头法 | | GB 11913—1989 |
| 4 | 高锰酸盐指数 | | 0.5 | GB 11892—1989 |
| 5 | 透明度 | 塞氏盘法 | | |
| 6 | 化学需氧量 | 重铬酸盐法 | 10 | GB 11914—1989 |
| 7 | 氨氮 | 纳氏试剂比色法 | 0.05 | GB 7479—1987 |
| | | 水杨酸分光光度法 | 0.01 | GB 7481—1987 |

**续表4.3-3**

| 序号 | 项目 | 分析方法 | 最低检出限 /(mg·L⁻¹) | 方法来源 |
|---|---|---|---|---|
| 8 | 总磷 | 钼酸铵分光光度法 | 1.01 | GB 11893—1989 |
| 9 | 总氮 | 碱性过硫酸钾消解紫外分光光度法 | 0.05 | GB 11894—1989 |
| 10 | 叶绿素 a | 丙酮分光光度法 | | ① |
| 11 | 汞 | 冷原子吸收分光光度法 | 0.00005 | GB 7468—1987 |
| | | 冷原子荧光法 | 0.00005 | ① |
| 12 | 铅 | 原子吸收分光光度法(螯合萃取法) | 0.01 | GB 7475—1987 |
| 13 | 铁 | 火焰原子吸收分光光度法 | 0.03 | GB 11911—1989 |
| 14 | 溶解锰 | 火焰原子吸收分光光度法 | 0.01 | GB 11911—1989 |

注:暂采用下列分析方法,待国家标准发布后,执行国家标准。
①《水和废水监测分析方法(第四版)增补版》,中国环境科学出版社,2002年。
②《生活饮用水卫生规范》,中华人民共和国卫生部,2001年。

(7)质量控制

①对均匀样品,凡能做平行双样的分析项目,分析每批水样时均须做10%的平行双样,样品较少时,每批样品应至少做一份样品的平行双样。龟石水库湖泊20个监测点按上述要求可取其中2个监测点做平行双样。

②分析每批水样时,空白样品对被测项目有响应的,必须做一个实验室空白,出现空白值明显偏高时,应仔细检查原因,以消除空白值偏高的因素。

③例行龟石水库湖泊水质监测中,采用标准物质或质控样品作为控制手段,每批样品带一个已知浓度的质控样品,质控样品的测试结果应控制在90%~110%,对于痕量有机污染物应控制在60%~140%。

④对一些样品性质复杂的水样,需做监测分析方法适用性试验,或加标回收试验,如对于持久性或非有机物需进行加标回收实验。

4.3.1.2 监测结果分析

4.3.1.2.1 不同水期龟石水库库区水质现状评价

2016年1月至2017年4月对龟石水库流域进行水质调查,龟石水库湖区水质主要限制因子超标率和年均值数据见表4.3-4和表4.3-5。

表 4.3-4　龟石水库湖区水质主要限制因子超标率

| 水期 | 项目 | DO 浓度 | COD$_{Mn}$ | 氨氮浓度 | 总磷浓度 | 总氮浓度 |
|---|---|---|---|---|---|---|
| 枯水期 | Ⅱ类水质标准超标率 | | | | 35% | 100% |
| | Ⅲ类水质标准超标率 | | | | | 95% |
| 平水期 | Ⅱ类水质标准超标率 | | | | 54.23% | 100% |
| | Ⅲ类水质标准超标率 | | | | 38.57% | 81.43% |
| 丰水期 | Ⅱ类水质标准超标率 | 7.25% | | | | |
| | Ⅲ类水质标准超标率 | | | | 20.29% | 78.26% |

表 4.3-5　龟石水库湖区水质监测年均值数据

| 编码 | 监测点位 | 溶解氧浓度 /(mg·L$^{-1}$) | 高锰酸盐指数 /(mg·L$^{-1}$) | 氨氮浓度 /(mg·L$^{-1}$) | 总磷浓度 /(mg·L$^{-1}$) | 总氮浓度 /(mg·L$^{-1}$) |
|---|---|---|---|---|---|---|
| L1 | 坝首 | 7.454 | 1.765 | 0.123 | 0.038 | 1.491 |
| L2 | 一级保护区中心 | 7.562 | 1.735 | 0.132 | 0.037 | 1.528 |
| L3 | 西南角铃阳湖 | 7.556 | 1.769 | 0.100 | 0.033 | 1.429 |
| L4 | 东南角 | 7.758 | 1.863 | 0.148 | 0.032 | 1.475 |
| L5 | 西南 | 7.531 | 1.775 | 0.108 | 0.037 | 1.461 |
| L6 | 库区中部 | 7.789 | 1.765 | 0.105 | 0.041 | 1.462 |
| L7 | 东北角 | 7.541 | 1.863 | 0.087 | 0.032 | 1.441 |
| L8 | 西偏北 | 7.558 | 1.995 | 0.093 | 0.035 | 1.427 |
| L9 | 北部 | 7.958 | 1.98 | 0.109 | 0.039 | 1.573 |
| L10 | 西北角 （富川江汇入点） | 7.869 | 2.000 | 0.113 | 0.039 | 1.478 |
| L11 | 库区中部 | 7.939 | 1.705 | 0.108 | 0.040 | 1.503 |
| L12 | 东北角（新华河、连山河河口） | 8.066 | 1.756 | 0.130 | 0.037 | 1.540 |
| L13 | 东北湾区中部 | 7.826 | 1.813 | 0.117 | 0.046 | 1.534 |
| L14 | 北部中间位置 | 7.901 | 1.813 | 0.128 | 0.047 | 1.666 |
| L15 | 西偏北湾区 | 8.271 | 1.825 | 0.091 | 0.037 | 1.462 |
| L16 | 西偏北湾区顶部 | 8.181 | 1.819 | 0.116 | 0.036 | 1.483 |
| L17 | 西偏北湾区中部 | 8.213 | 1.794 | 0.118 | 0.044 | 1.779 |
| L18 | 西北角 （富川江汇入点） | 7.998 | 1.756 | 0.125 | 0.054 | 1.940 |

续表4.3-5

| 编码 | 监测点位 | 溶解氧浓度 /(mg·L⁻¹) | 高锰酸盐指数 /(mg·L⁻¹) | 氨氮浓度 /(mg·L⁻¹) | 总磷浓度 /(mg·L⁻¹) | 总氮浓度 /(mg·L⁻¹) |
|---|---|---|---|---|---|---|
| L19 | 北部 | 8.065 | 1.94 | 0.118 | 0.046 | 1.600 |
| L20 | 北部湾区顶部（巩塘河、石家河河口） | 7.976 | 1.894 | 0.086 | 0.041 | 1.575 |
| | Ⅰ类标准值 | 7.5 | 2 | 0.15 | 0.01 | 0.2 |
| | Ⅱ类标准值 | 6 | 4 | 0.5 | 0.025 | 0.5 |
| | Ⅲ类标准值 | 5 | 6 | 1 | 0.05 | 1 |
| | 超出Ⅲ类标准次数 | 0 | 0 | 0 | 30 | 152 |
| | 12期调查超标率 | 0 | 0 | 0 | 16.76 | 84.92% |

注：2016年4月至2017年4月，共进行为期12月次采样调查工作，其中2017年1月未进行采样；表中标准值均为《地表水环境质量标准》(GB 3838—2002)。

（1）丰水期水质情况分析

在丰水期（2016年6月、7月、8月、9月），溶解氧浓度检出范围为5.22~9.67 mg/L，除2016年6月L1（坝首）、L2（一级保护区中心）点位处于《地表水环境质量标准》(GB 3838—2002)Ⅲ类水质标准外，其余月份监测点位水质均达Ⅱ类水质标准（图4.3-2）。

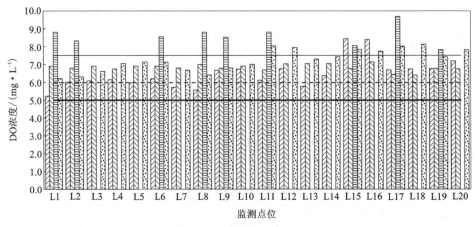

图4.3-2　丰水期湖区水体DO浓度

　　高锰酸盐指数检出范围为 1.0~2.9 mg/L, 所有监测点位均达到 Ⅱ 类标准及以上, 9 月各监测点位除 L2(一级保护区中心)水质为 Ⅱ 类标准外, 其余绝大部分监测点位达到 Ⅰ 类水质标准(图 4.3-3)。

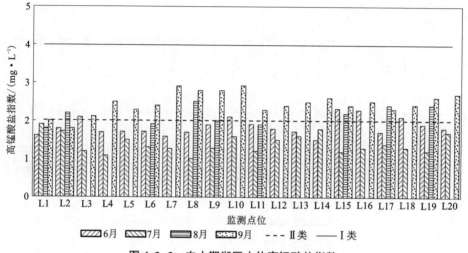

**图 4.3-3　丰水期湖区水体高锰酸盐指数**

　　氨氮浓度检出范围为 0.03~0.262 mg/L, 除 8 月 L2、L4、L6、L11, 9 月 L1、L2、L4、L5、L6、L9、L12、L16 处于 Ⅱ 类水质标准外, 其余监测点位水质状况均处在 Ⅰ 类标准(图 4.3-4)。

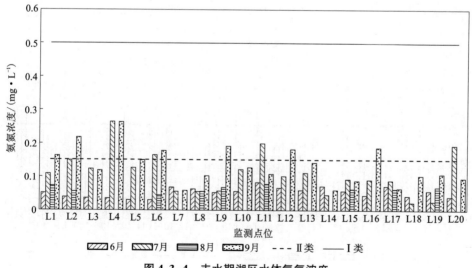

**图 4.3-4　丰水期湖区水体氨氮浓度**

总氮浓度检出范围为 0.78~2.43 mg/L，所有监测点位均超出《地表水环境质量标准》(GB 3838—2002)Ⅱ类水质标准，共有 54 处点位检出水质超出Ⅲ类水质标准，超标率为 78.26%，且在 6 月份 L6 处(库区中部)被检出最大值(图 4.3-5)。

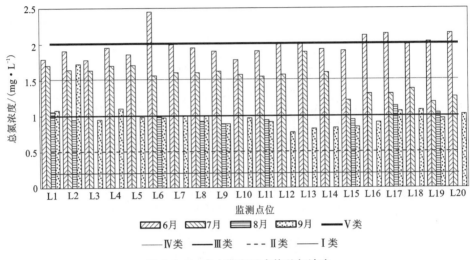

图 4.3-5　丰水期湖区水体总氮浓度

总磷浓度检出范围为 0.02~0.07 mg/L，共有 14 处点位检出水质超出Ⅲ类水质标准，超标率为 20.29%，且在 6 月的 L5(库区西南位置)和 7 月份 L18(富川江汇入点)处检出最大值(图 4.3-6)。

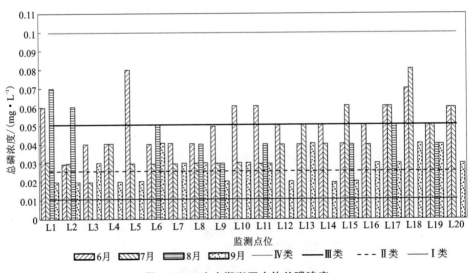

图 4.3-6　丰水期湖区水体总磷浓度

（2）平水期水质情况分析

在平水期（2016 年 4 月、5 月、10 月、11 月、2017 年 3 月），溶解氧浓度检出范围为 6.33～10.18 mg/L，所有月份的所有监测点位水质均达Ⅱ类水质标准（图 4.3-7）。

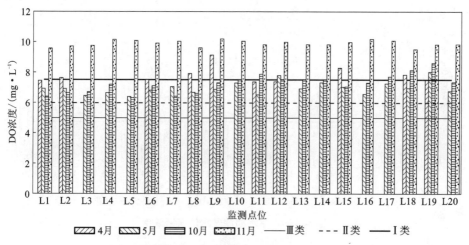

**图 4.3-7　平水期湖区水体 DO 浓度**

在平水期（2016 年 4 月、5 月、10 月、11 月、2017 年 3 月），高锰酸盐指数检出范围为 1.00～3.25 mg/L，所有月份的所有监测点位水质均未超过Ⅱ类水质标准（图 4.3-8）。

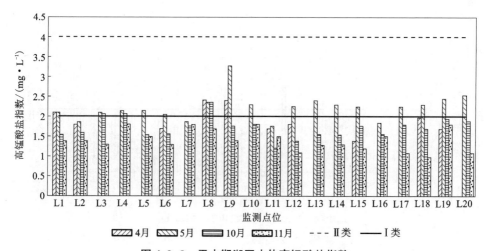

**图 4.3-8　平水期湖区水体高锰酸盐指数**

在平水期(2016 年 4 月、5 月、10 月、11 月、2017 年 3 月),氨氮浓度检出范围为 0.038~0.341 mg/L,所有月份的所有监测点位水质均未超过 Ⅱ 类水质标准(图 4.3-9)。

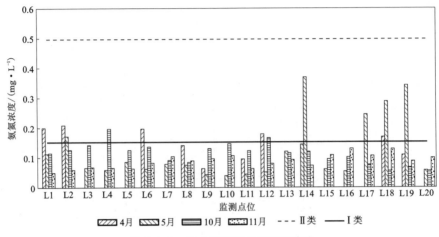

图 4.3-9  平水期湖区水体氨氮浓度

在平水期(2016 年 4 月、5 月、10 月、11 月、2017 年 3 月),总氮浓度检出范围为 0.72~3.64 mg/L,所有月份的所有监测点位水质均超过 Ⅱ 类水质标准。共有 152 个监测数据检出水质超出 Ⅲ 类水质标准,超标率为 84.92%,且在 4 月份 L9(库区北部)和 5 月份 L14(库区北部中间位置)处被检出最大值(图 4.3-10)。

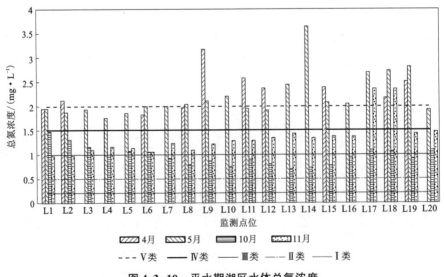

图 4.3-10  平水期湖区水体总氮浓度

在平水期(2016 年 4 月、5 月、10 月、11 月、2017 年 3 月),总磷浓度检出范围为 0.01 ~ 0.16 mg/L,共有 97 个监测数据超过 II 类水质标准,超标率为 54.23%;共有 69 个监测数据检出水质超出 III 类水质标准,超标率为 38.57%,且在 5 月份 L13(东北湾区中部)、L14(北部中间位置)、L19(库区北部)处被检出最大值(图 4.3-11)。

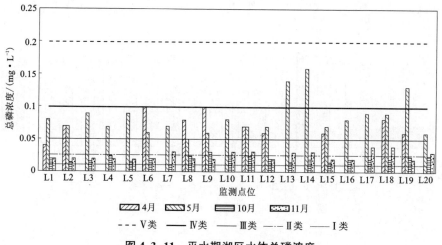

图 4.3-11 平水期湖区水体总磷浓度

(3)枯水期水质情况分析

在枯水期(2016 年 12 月、2017 年 2 月),溶解氧浓度检出范围为 6.54 ~ 10.90 mg/L,所有月份的所有监测点位水质均达 II 类水质标准(图 4.3-12)。

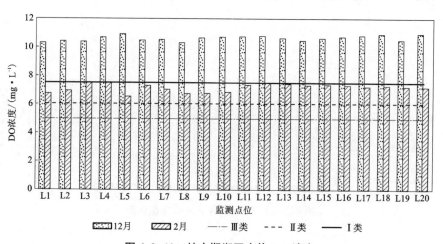

图 4.3-12 枯水期湖区水体 DO 浓度

在枯水期(2016 年 12 月、2017 年 2 月),高锰酸盐指数检出范围为 1.30 ~ 2.25 mg/L,所有月份的所有监测点位水质均达Ⅱ类水质标准(图 4.3-13)。

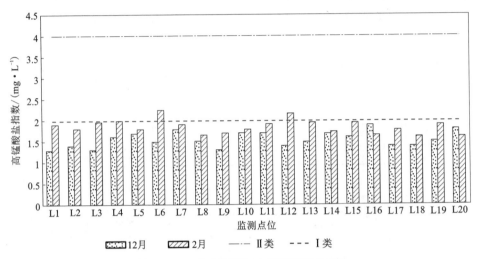

**图 4.3-13 枯水期湖区水体高锰酸盐指数**

在枯水期(2016 年 12 月、2017 年 2 月),氨氮浓度检出范围为 0.094 ~ 0.256 mg/L,所有月份的所有监测点位水质均达Ⅱ类水质标准(图 4.3-14)。

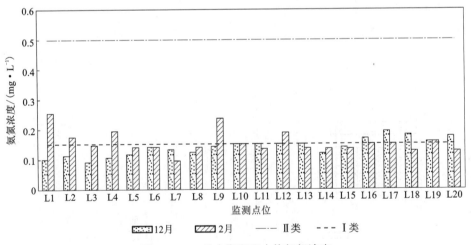

**图 4.3-14 枯水期湖区水体氨氮浓度**

在枯水期（2016 年 12 月、2017 年 2 月），总氮浓度检出范围为 0.98 ~ 2.47 mg/L，所有月份的所有监测点位水质均超过Ⅱ类水质标准。共有 38 个监测数据检出水质超出Ⅲ类水质标准，超标率为 95%，且在 12 月份 L17（西偏北湾区中部）、L18（西北角，富川江汇入点）处被检出最大值（图 4.3-15）。

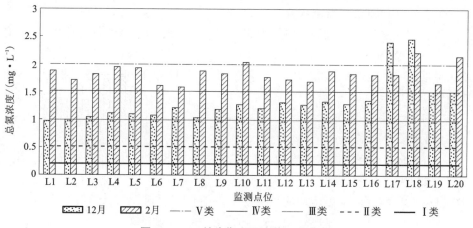

**图 4.3-15　枯水期湖区水体总氮浓度**

在枯水期（2016 年 12 月、2017 年 2 月），总磷浓度检出范围为 0.01 ~ 0.035 mg/L，共有 14 个监测数据超过Ⅱ类水质标准，超标率为 35%，在 2 月份 L14 和 L18 处被检出最大值（图 4.3-16）。

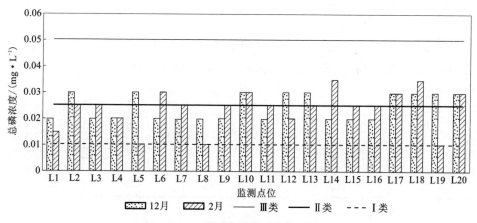

**图 4.3-16　枯水期湖区水体总磷浓度**

#### 4.3.1.2.2 龟石水库库区水质重金属含量分析

2016年4月至2017年4月（2017年1月未采集）对20个点位监测汞、铅、铁、锰4种重金属指标，12期的采样检测结果显示，12期所有检测点位的4种重金属监测值均未超标。

#### 4.3.1.3 龟石水库坝首水质现状及变化趋势

1. 监测断面布设及监测项目

龟石水库是贺州市区的主要集中式饮用水水源地，从2006年1月开始，对龟石水库每月监测一次，监测断面布设在龟石水库坝首。监测项目为《地表水环境质量标准》（GB 3838—2002）中表1、表2的29个指标和"叶绿素a"指标，共30项指标。

2. 评价方法

（1）水质常规指标分析

采用《地表水环境质量标准》（GB 3838—2002）Ⅱ类标准限值进行评价，识别主要污染指标。

①对污染程度随浓度增加的污染物，单项标准指数按下式计算：

$$S_{i,j} = C_{ij}/C_{s,i}$$

式中：$S_{i,j}$ 为单项水质评价因子 $i$ 在第 $j$ 取样点的标准指数；$C_{i,j}$ 为水质评价因子 $i$ 在第 $j$ 取样点的浓度，mg/L；$C_{s,i}$ 为水质评价因子 $i$ 的评价标准，mg/L。

监测结果中未检出的项目不参与评价。当各项参数的标准指数不超过1时，表明该参数满足规定的水质标准；当标准指数大于1时，则不能满足。

②超标倍数 $= C_j/C_s - 1$

式中：$C_j$ 为监测浓度，mg/L；$C_s$ 为标准浓度，mg/L。

（2）水库营养状态评价

采用《地表水环境质量评价方法（试行）》中的综合营养状态指数法 $[TLI(\sum)]$ 进行评价。采用0~100的一系列连续数字对湖泊营养状态进行分级，见表4.3-6。

表4.3-6 湖泊营养状态分级

| $TLI(\sum)$ 指数 | $TLI(\sum) < 30$ | $30 \leq TLI(\sum) \leq 50$ | $50 < TLI(\sum)$ |
|---|---|---|---|
| 营养级 | 贫营养 | 中营养 | 富营养 |

综合营养状态指数计算公式如下：

$$TLI(\sum) = \sum_{j=1}^{m} W_j \cdot TLI(j)$$

式中：$TLI(\sum)$ 为综合营养状态指数；$W_j$ 为第 $j$ 种参数的营养状态指数的相关权重；$TLI(j)$ 为第 $j$ 种参数的营养状态指数。

以 Chla 作为基准参数，则第 $j$ 种参数的归一化的相关权重计算公式为：

$$W_j = \frac{r_{ij}^2}{\sum\limits_{j=1}^{m} r_{ij}^2}$$

式中：$r_{ij}$ 为第 $j$ 种参数与基准参数 Chla 的相关系数；$m$ 为评价参数的个数。湖泊的 Chla 与其他参数之间的相关系数 $r_{ij}$ 及 $r_{ij}^2$ 见表 4.3-7。

表 4.3-7　湖泊其他参数与 Chla 的相关关系表

| 参数 | Chla | TP 浓度 | TN 浓度 | SD 浓度 | $COD_{Mn}$ |
|------|------|---------|---------|---------|------------|
| $r_{ij}$ | 1 | 0.84 | 0.82 | $-0.83$ | 0.83 |
| $r_{ij}^2$ | 1 | 0.7056 | 0.6724 | 0.6889 | 0.6889 |

各项目营养状态指数计算如下：

$TLI(\text{Chla}) = 10(2.5 + 1.086\ln\text{Chla})$

$TLI(\text{TP}) = 10(9.436 + 1.624\ln\text{TP})$

$TLI(\text{TN}) = 10(5.453 + 1.694\ln\text{TN})$

$TLI(\text{SD}) = 10(5.118 - 1.94\ln\text{SD})$

式中：Chla 单位为 $mg/m^3$；SD 单位为 m；其他指标单位均为 mg/L。

（2）综合污染指数法评价

评价分级依据见表 4.3-8。

表 4.3-8　综合污染指数评价分级依据

| 综合污染指数 $P$ | 水质状况 | 分级依据 |
|------------------|----------|----------|
| $\leqslant 0.20$ | 好 | 多个项目未检出，个别项目检出均在标准内 |
| $0.21 \sim 0.40$ | 较好 | 检出值在标准内，个别接近或超标 |
| $0.41 \sim 0.70$ | 轻度污染 | 个别项目检出且超标 |
| $0.71 \sim 1.00$ | 中度污染 | 有两项检出超标 |
| $1.01 \sim 2.00$ | 重污染 | 相当部分检出超标 |
| $>2.00$ | 严重污染 | 相当部分检出超标数倍或几十倍 |

综合污染指数 $P$ 的计算方法:

$$P = \frac{1}{n} \sum_{i=1}^{n} P_i$$

$$P_i = C_i / S_i$$

式中: $P$ 为污染综合指数; $P_i$ 为 $i$ 污染物的污染指数; $n$ 为污染物的数目; $C_i$ 为污染物实测浓度值, mg/L; $S_i$ 为污染物评价标准值, mg/L。

4. 结果分析

(1) 常规指标

基于 2012 年至 2016 年各月份坝首水质监测结果, 选取 $COD_{Mn}$、$NH_3-N$、$TN$ 和 $TP$ 四个指标对龟石水库坝首地表水环境质量进行分析(表 4.3-9)。

表 4.3-9 2012 年至 2016 年龟石水库坝首主要监测指标 单位: mg/L

| | 采样时间 | $COD_{Mn}$ | $NH_3-N$ 浓度 | TP 浓度 | TN 浓度 |
|---|---|---|---|---|---|
| 枯水期 | 2012 年 | 1.73 | 0.18 | 0.02 | 0.56 |
| | 2013 年 | 1.70 | 0.17 | 0.03 | 0.96 |
| | 2014 年 | 1.42 | 0.08 | 0.03 | 0.85 |
| | 2015 年 | 1.47 | 0.07 | 0.03 | 1.08 |
| | 2016 年 | 1.4 | 0.07 | 0.02 | 1.26 |
| 丰水期 | 2012 年 | 1.50 | 0.11 | 0.02 | 0.90 |
| | 2013 年 | 1.65 | 0.16 | 0.02 | 0.96 |
| | 2014 年 | 1.73 | 0.07 | 0.03 | 1.27 |
| | 2015 年 | 1.45 | 0.11 | 0.02 | 1.42 |
| | 2016 年 | 2.0 | 0.12 | 0.03 | 1.74 |
| 年平均 | 2012 年 | 1.62 | 0.14 | 0.02 | 0.73 |
| | 2013 年 | 1.68 | 0.17 | 0.03 | 0.96 |
| | 2014 年 | 1.58 | 0.075 | 0.03 | 1.06 |
| | 2015 年 | 1.46 | 0.09 | 0.03 | 1.25 |
| | 2016 年 | 1.7 | 0.095 | 0.025 | 1.50 |
| 地表水 Ⅱ 类标准 | | 4 | 0.5 | 0.025 | 0.5 |

注: 丰水期为 4—9 月共 6 个月, 枯水期为当年的其他月份。

图 4.3-17~图 4.3-20 为 2012 年至 2016 年龟石水库坝首水体中 $COD_{Mn}$、

NH$_3$-N 浓度、TN 浓度、TP 浓度的变化规律。由图 4.3-17 可知,坝首水体 COD$_{Mn}$ 浓度较低,基本保持在 1.5 mg/L 左右,总体水质优于地表水 Ⅱ 类标准;但是 2016 年,丰水期浓度升至 2.0 mg/L,全年平均浓度升至 1.7 mg/L。可见,坝首有机污染在丰水期有所增加。

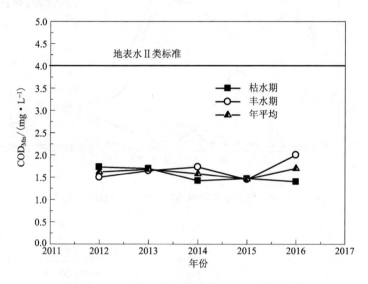

**图 4.3-17　龟石水库坝首水体 COD$_{Mn}$ 变化趋势**

由图 4.3-18 可知,2012 年至 2016 年库区水体 NH$_3$-N 浓度波动不大,维持在 0.07 mg/L 左右,优于地表水Ⅱ类水标准。但 2013—2016 年枯水期氨氮浓度有升高趋势,2016 年丰水期浓度达到 0.12 mg/L,全年平均浓度达到 0.095 mg/L。

由图 4.3-19 可知,2012—2016 年,库区水体中 TN 浓度逐年上升,坝首水体氮污染日益严重,2016 年丰水期平均浓度达到 1.73 mg/L,达到 Ⅴ 类,枯水期 TN 浓度 1.26 mg/L,达到 Ⅳ 类。2012—2016 年 TN 全年平均浓度从 0.73 mg/L 升至 1.50 mg/L。可见,坝首 TN 污染形势比较严峻,急需治理。

由图 4.3-20 可知,2012 年至 2016 年坝首水体中的 TP 浓度常年为 0.025 mg/L 左右,TP 浓度常年轻微波动,水质类别基本保持在 Ⅱ 类。

由此可见,坝首水体中 NH$_3$-N 浓度波动不大而 TN 浓度明显升高,而且在春、夏季节 TN 浓度的增加更为明显,与该时间段内的农业生产强度、降雨冲刷频率关系密切。深入研究 TN 污染负荷来源可知,库区水体中硝态氮和有机氮浓度在春、夏季节大幅增加。"硝态氮"易溶于水,许多水溶性肥料中含有硝态氮,含有"硝态氮"的物质有硝酸钾、硝酸铵、硝酸钠钙、硝酸钙等硝酸类化工原料。可溶性有机氮主要以尿素和蛋白质形式存在。可见,由于春、夏季节为农业生产

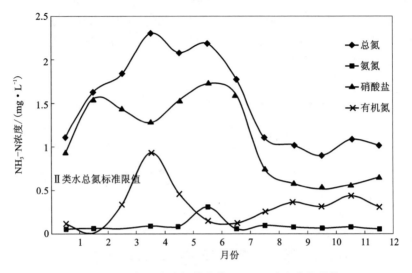

图 4.3-18　龟石水库坝首水体 NH₃-N 浓度变化趋势

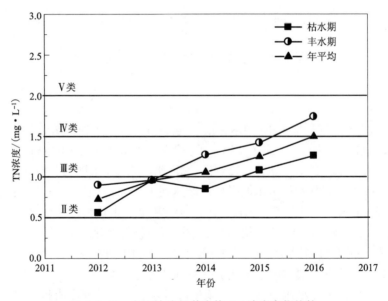

图 4.3-19　龟石水库坝首水体 TN 浓度变化趋势

（畜禽养殖、农田与果园种植等）的繁忙时期，化学施用量高，降雨量大且频繁，农作物吸收和土壤消纳能力有限，大量含氮物质随降雨排入河流和水库，造成库区水体 TN 浓度升高。

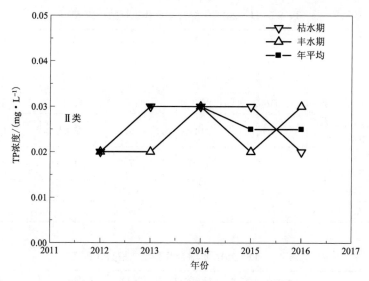

**图 4.3-20　龟石水库坝首水体 TP 浓度变化趋势**

　　虽然目前关于水华的形成有各种不同的观点，但水体中营养水平被认为是影响浮游植物水平分布最重要的因子，当水体氮磷浓度比达到一定数值后，水华爆发的风险就显著增加。基于 2006 年至 2015 年各月份库区水质监测结果，丰水期水体氮磷浓度比达到 70，枯水期也达到 50，因此，龟石水库具有极高的水华爆发的风险。

　　（2）叶绿素 a 浓度分析

　　根据近年来的监测数据（表 4.3-10），2011 年叶绿素 a 浓度高达 343 mg/m³，2013 年大幅降至 3 mg/m³，2015 年又升至 9.51 mg/m³，2016 年降至 4.87 mg/m³。可见，2013 年后叶绿素 a 浓度总体处于较低水平，但是 2015 年出现升高的趋势，需要引起注意。

**表 4.3-10　2011—2016 年叶绿素 a 浓度变化**

| 年份 | 2011 | 2013 | 2015 | 2016 |
|---|---|---|---|---|
| 浓度/（mg·m⁻³） | 343 | 3 | 2.8 | 4.87 |

　　（3）水库营养状态

　　按综合营养状态指数法计算，结果如表 4.3-11、表 4.3-12 所示。龟石水库 2015 年的营养状态指数值为 37.02，2016 年升高至 38.90，水库水体处于中营养状态，水质营养状态有升高趋势（表 4.3-13）。

　　如图 4.3-21 所示，2013—2015 年综合营养状态指数 $TLI(\sum)$ 变化幅度不大，但 2016 年有所升高，需要引起高度重视。

表 4.3-11 2015 年综合营养状态指数计算表

| 指标 | 叶绿素 a 浓度 | 总磷浓度 | 总氮浓度 | 透明度 | 高锰酸盐指数 |
|---|---|---|---|---|---|
| 单位 | mg/m³ | mg/L | mg/L | m | mg/L |
| 指标数值 | 2.8 | 0.025 | 1.25 | 1.57 | 1.66 |
| 各营养状态分指数 | 36.2 | 30.8 | 58.3 | 41.1 | 11.9 |
| 各参数与基准参数 Chla 的相关关系 | 1 | 0.84 | 0.82 | -0.83 | 0.83 |
| 各参数营养状态指数的相关权重 | 0.266 | 0.1879 | 0.1790 | 0.1834 | 0.1834 |
| 综合营养指数 | 37.02 | | | | |
| 营养状态等级 | 中营养 | | | | |

表 4.3-12 2016 年综合营养状态指数计算表

| 指标 | 叶绿素 a 浓度 | 总磷浓度 | 总氮浓度 | 透明度 | 高锰酸盐指数 |
|---|---|---|---|---|---|
| 单位 | mg/m³ | mg/L | mg/L | m | mg/L |
| 指标数值 | 4.87 | 0.02 | 1.5 | 1.44 | 1.7 |
| 各营养状态分指数 | 42.2 | 30.8 | 61.4 | 44.1 | 15.2 |
| 各参数与基准参数 Chla 的相关关系 | 1 | 0.84 | 0.82 | -0.83 | 0.83 |
| 各参数营养状态指数的相关权重 | 0.266 | 0.1879 | 0.1790 | 0.1834 | 0.1834 |
| 综合营养指数 | 38.90 | | | | |
| 营养状态等级 | 中营养 | | | | |

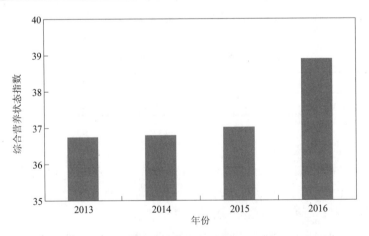

图 4.3-21 龟石水库坝首断面综合营养状态指数变化趋势

表 4.3-13　龟石水库饮用水源地坝首（一级保护区）水质全分析监测结果

单位：mg/L，水温：℃、pH 无量纲，粪大肠菌群浓度：个/L

| 序号 | 项目 | 1月 | 2月 | 3月 | 4月 | 5月 | 6月 | 7月 | 8月 | 9月 | 10月 | 11月 |
|---|---|---|---|---|---|---|---|---|---|---|---|---|
| 1 | 水温/℃ | 9.6 | 5.6 | 18.1 | 17.2 | 25.8 | 25 | 24 | 24.1 | 23 | 25 | 19.5 |
| 2 | pH | 8.11 | 8.42 | 8.82 | 8.76 | 8.16 | 8.01 | 8.16 | 8.5 | 7.97 | 8.07 | 7.6 |
| 3 | 溶解氧浓度 | 9.4 | 9.3 | 11.2 | 11.7 | 7.5 | 6.8 | 6.4 | 6.5 | 7 | 7.4 | 7.6 |
| 4 | 高锰酸盐指数 | 1.3 | 1.4 | 1.6 | 2 | 2.2 | 2.1 | 2.3 | 1.7 | 1.7 | 1.3 | 1.3 |
| 5 | 化学需氧量 | -1 | -1 | -1 | -1 | -1 | -1 | -1 | -1 | -1 | -1 | -1 |
| 6 | 五日生化需氧量 | 0.5 | 0.5 | 0.9 | 1.2 | 0.9 | 0.9 | 0.7 | 0.5L | 0.8 | 0.5 | 0.6 |
| 7 | 氨氮浓度 | 0.064 | 0.067 | 0.063 | 0.092 | 0.091 | 0.307 | 0.056 | 0.099 | 0.08 | 0.069 | 0.079 |
| 8 | 总磷浓度 | 0.01 | 0.02 | 0.04 | 0.02 | 0.02 | 0.05 | 0.02 | 0.02 | 0.02 | 0.03 | 0.01 |
| 9 | 总氮浓度 | 1.12 | 1.63 | 1.83 | 2.3 | 2.08 | 2.18 | 1.78 | 1.1 | 1.02 | 0.9 | 1.08 |
| 10 | 铜浓度 | 0.00008L | 0.00008L | 0.00019 | 0.00008L | 0.00008L | 0.00008L | 0.00043 | 0.00041 | 0.00055 | 0.00167 | 0.00055 |
| 11 | 锌浓度 | 0.00067L | 0.00067L | 0.00067L | 0.00067L | 0.00067L | 0.00067L | 0.0012 | 0.00067L | 0.00157 | 0.00161 | 0.00157 |
| 12 | 氟化物浓度 | 0.108 | 0.093 | 0.103 | 0.101 | 0.117 | 0.09 | 0.14 | 0.11 | 0.15 | 0.1 | 0.103 |
| 13 | 硒浓度 | 0.0002L | 0.0002L | 0.0002L | 0.0002 | 0.0002 | 0.0004L | 0.0004L | 0.0004L | 0.0004L | 0.0004L | 0.0004L |
| 14 | 砷浓度 | 0.0021 | 0.0012 | 0.0002L | 0.0004 | 0.0002 | 0.0004 | 0.0009 | 0.0003L | 0.0012 | 0.0003L | 0.0006 |
| 15 | 汞浓度 | 0.00001L | 0.00001L | 0.00002 | 0.00001 | 0.00001 | 0.00004L | 0.00004L | 0.00004L | 0.00004L | 0.00004L | 0.00004L |
| 16 | 镉浓度 | 0.00005L | 0.00005L | 0.00005L | 0.00005L | 0.00005L | 0.00005L | 0.00005L | 0.00005L | 0.00005L | 0.00005L | 0.00005L |

续表4.3-13

| 序号 | 项目 | 1月 | 2月 | 3月 | 4月 | 5月 | 6月 | 7月 | 8月 | 9月 | 10月 | 11月 |
|---|---|---|---|---|---|---|---|---|---|---|---|---|
| 17 | 六价铬浓度 | 0.004L | 0.004L | 0.004L | 0.004L | 0.004L | 0.004L | 0.004L | 0.004L | 0.004L | 0.004L | 0.004L |
| 18 | 铅浓度 | 0.00009L | 0.00009L | 0.00009L | 0.00009L | 0.00009L | 0.00009L | 0.00009L | 0.00009L | 0.00009L | 0.00009L | 0.00009L |
| 19 | 氰化物浓度 | 0.004L | 0.004L | 0.004L | 0.004L | 0.004L | 0.004L | 0.004L | 0.004L | 0.004L | 0.004L | 0.004L |
| 20 | 挥发酚浓度 | 0.0027 | 0.0025 | 0.0026 | 0.002 | 0.0027 | 0.0027 | 0.0009 | 0.0014 | 0.0013 | 0.0016 | 0.0015 |
| 21 | 石油类浓度 | 0.01 | 0.01L | 0.01L | 0.01L | 0.01 | 0.01L | 0.01L | 0.01L | 0.01L | 0.01L | 0.01L |
| 22 | 阴离子表面活性剂浓度 | 0.05 | 0.06 | 0.06 | 0.06 | 0.06 | 0.07 | 0.05L | 0.05L | 0.05L | 0.05L | 0.05L |
| 23 | 硫化物浓度 | 0.005L | 0.005L | 0.005L | 0.005 | 0.005L | 0.007 | 0.005 | 0.005L | 0.005L | 0.005L | 0.005L |
| 24 | 粪大肠菌群浓度 | 110 | 20 | 20 | 490 | 700 | 940 | 330 | 110 | 110 | 340 | 20 |
| 25 | 硫酸盐浓度 | 7.2 | 7.63 | 7.39 | 6.76 | 6.87 | 6.29 | 4.74 | 4.14 | 5.71 | 2.23 | 4.49 |
| 26 | 氯化物浓度 | 2.39 | 2.54 | 2.65 | 2.45 | 2.28 | 2.71 | 2.07 | 2.35 | 2.5 | 2.46 | 2.35 |
| 27 | 硝酸盐浓度 | 0.937 | 1.55 | 1.43 | 1.28 | 1.53 | 1.72 | 1.6 | 0.75 | 0.58 | 0.52 | 0.567 |
| 28 | 铁浓度 | 0.03L | 0.00082L | 0.00082L | 0.03L | 0.03132 | 0.00082L | 0.0054 | 0.00521 | 0.00849 | 0.00428 | 0.00463 |
| 29 | 锰浓度 | 0.01L | 0.00012L | 0.00012L | 0.01L | 0.00012L | 0.00012L | 0.00012L | 0.0021 | 0.00015 | 0.00016 | 0.00017 |
| 30 | 三氯甲烷浓度 | 0.00005L | 0.00005L | 0.00005L | 0.00005L | 0.0006L | 0.0006L | 0.0004L | 0.0006L | 0.0006L | 0.0004L | 0.0004L |
| 31 | 四氯化碳浓度 | 0.0001L | 0.0001L | 0.0001 | 0.0001L | 0.0003L | 0.0003L | 0.0004L | 0.0003L | 0.0003L | 0.0004L | 0.0004L |
| 32 | 三溴甲烷浓度 | —1 | —1 | —1 | —1 | —1 | —1 | —1 | —1 | —1 | —1 | —1 |
| 33 | 二氯甲烷浓度 | —1 | —1 | —1 | —1 | —1 | —1 | —1 | —1 | —1 | —1 | —1 |

续表4.3-13

| 序号 | 项目 | 1月 | 2月 | 3月 | 4月 | 5月 | 6月 | 7月 | 8月 | 9月 | 10月 | 11月 |
|---|---|---|---|---|---|---|---|---|---|---|---|---|
| 34 | 1,2-二氯乙烷浓度 | -1 | -1 | -1 | -1 | -1 | -1 | -1 | -1 | -1 | -1 | -1 |
| 35 | 环氧氯丙烷浓度 | -1 | -1 | -1 | -1 | -1 | -1 | -1 | -1 | -1 | -1 | -1 |
| 36 | 氯乙烯浓度 | -1 | -1 | -1 | -1 | -1 | -1 | -1 | -1 | -1 | -1 | -1 |
| 37 | 1,1-二氯乙烯浓度 | -1 | -1 | -1 | -1 | -1 | -1 | -1 | -1 | -1 | -1 | -1 |
| 38 | 1,2-二氯乙烯浓度 | -1 | -1 | -1 | -1 | -1 | -1 | -1 | -1 | -1 | -1 | -1 |
| 39 | 三氯乙烯浓度 | 0.0001L | 0.0001L | 0.0001L | 0.0001L | 0.003 | 0.003L | 0.0004L | 0.003L | 0.003L | 0.0004L | 0.0004L |
| 40 | 四氯乙烯浓度 | 0.0001L | 0.0001L | 0.0001L | 0.0001L | 0.0012L | 0.0012L | 0.0002L | 0.0012L | 0.0012L | 0.0002L | 0.0002L |
| 41 | 氯丁二烯浓度 | -1 | -1 | -1 | -1 | -1 | -1 | -1 | -1 | -1 | -1 | -1 |
| 42 | 六氯丁二烯浓度 | -1 | -1 | -1 | -1 | -1 | -1 | -1 | -1 | -1 | -1 | -1 |
| 43 | 苯乙烯浓度 | 0.00005L | 0.00005L | 0.00005L | 0.00005L | 0.01L | 0.01L | -1 | 0.01L | 0.01L | 0.0002L | 0.0002L |
| 44 | 甲醛浓度 | 0.053 | 0.07 | 0.05L | 0.071 | 0.063 | 0.06 | 0.05L | 0.05L | 0.05L | 0.05L | 0.05L |
| 45 | 乙醛浓度 | -1 | -1 | -1 | -1 | -1 | -1 | -1 | -1 | -1 | -1 | -1 |
| 46 | 丙烯醛浓度 | -1 | -1 | -1 | -1 | -1 | -1 | -1 | -1 | -1 | -1 | -1 |
| 47 | 三氯乙醛浓度 | -1 | -1 | -1 | -1 | -1 | -1 | -1 | -1 | -1 | -1 | -1 |
| 48 | 苯浓度 | 0.00001L | 0.00001L | 0.00001L | 0.00001L | 0.001L | 0.001L | 0.0004L | 0.001L | 0.001L | 0.0004L | 0.0004L |
| 49 | 甲苯浓度 | 0.00001L | 0.00001L | 0.00001L | 0.0001L | 0.005L | 0.005L | 0.0003L | 0.005L | 0.005L | 0.0003L | 0.0003L |

续表 4.3-13

| 序号 | 项目 | 1月 | 2月 | 3月 | 4月 | 5月 | 6月 | 7月 | 8月 | 9月 | 10月 | 11月 |
|---|---|---|---|---|---|---|---|---|---|---|---|---|
| 50 | 乙苯浓度 | 0.00001L | 0.00001L | 0.00001L | 0.00001L | 0.01L | 0.01L | 0.0003L | 0.01L | 0.01L | 0.0003L | 0.0003L |
| 51 | 二甲苯浓度① | 0.00001L | 0.00001L | 0.00001L | 0.00001L | 0.005L | 0.005L | 0.0005L | 0.005L | 0.005L | 0.0005L | 0.0005L |
| 52 | 异丙苯浓度 | 0.00001L | 0.00001L | 0.00001L | 0.00001L | 0.0032L | 0.0032L | 0.0003L | 0.0032L | 0.0032L | 0.0003L | 0.0003L |
| 53 | 氯苯浓度 | 0.000002L | 0.000002L | 0.00002L | 0.00002L | 0.00002L | 0.00002L | 0.0002L | 0.00002L | 0.00002L | 0.0002L | 0.0002L |
| 54 | 1,2-二氯苯浓度 | 0.000002L | 0.000002L | 0.00002L | 0.00002L | 0.002L | 0.002L | 0.0004L | 0.002L | 0.002L | 0.0004L | 0.0004L |
| 55 | 1,4-二氯苯浓度 | 0.000002L | 0.000002L | 0.00002L | 0.00002L | 0.002L | 0.002L | 0.0004L | 0.002L | 0.002L | 0.0004L | 0.0004L |
| 56 | 三氯苯浓度② | 0.000042L | 0.000042L | 0.000042L | 0.000042L | 0.00004L | 0.000004L | 0.0003L | 0.00004L | 0.00004L | 0.0003L | 0.0003L |
| 57 | 四氯苯浓度③ | -1 | -1 | -1 | -1 | -1 | -1 | -1 | -1 | -1 | -1 | -1 |
| 58 | 六氯苯浓度 | -1 | -1 | -1 | -1 | -1 | -1 | -1 | -1 | -1 | -1 | -1 |
| 59 | 硝基苯浓度 | 0.0000183L | 0.0000183L | 0.0000183L | 0.0000183L | 0.0002L | 0.0002L | 0.00004L | 0.0002L | 0.0002L | 0.00004L | 0.00004L |
| 60 | 二硝基苯浓度④ | 0.000069L | 0.000069L | 0.000069L | 0.000069L | 0.2L | 0.2L | 0.00005L | 0.2L | 0.2L | 0.00005L | 0.00005L |
| 61 | 2,4-二硝基甲苯浓度 | -1 | -1 | -1 | -1 | -1 | -1 | -1 | -1 | -1 | -1 | -1 |
| 62 | 2,4,6-三硝基甲苯浓度 | -1 | -1 | -1 | -1 | -1 | -1 | -1 | -1 | -1 | -1 | -1 |
| 63 | 硝基氯苯浓度⑤ | 0.0000716L | 0.0000716L | 0.0000716L | 0.0000716L | 0.0002L | 0.0002L | 0.00005L | 0.0002L | 0.0002L | 0.0005L | 0.0005L |
| 64 | 2,4-二硝基氯苯浓度 | -1 | -1 | -1 | -1 | -1 | -1 | -1 | -1 | -1 | -1 | -1 |

续表 4.3-13

| 序号 | 项目 | 1月 | 2月 | 3月 | 4月 | 5月 | 6月 | 7月 | 8月 | 9月 | 10月 | 11月 |
|---|---|---|---|---|---|---|---|---|---|---|---|---|
| 65 | 2,4-二氯苯酚浓度 | −1 | −1 | −1 | −1 | −1 | −1 | −1 | −1 | −1 | −1 | −1 |
| 66 | 2,4,6-三氯苯酚浓度 | −1 | −1 | −1 | −1 | −1 | −1 | −1 | −1 | −1 | −1 | −1 |
| 67 | 五氯酚浓度 | −1 | −1 | −1 | −1 | −1 | −1 | −1 | −1 | −1 | −1 | −1 |
| 68 | 苯胺浓度 | −1 | −1 | −1 | −1 | −1 | −1 | −1 | −1 | −1 | −1 | −1 |
| 69 | 联苯胺浓度 | −1 | −1 | −1 | −1 | −1 | −1 | −1 | −1 | −1 | −1 | −1 |
| 70 | 丙烯酰胺浓度 | −1 | −1 | −1 | −1 | −1 | −1 | −1 | −1 | −1 | −1 | −1 |
| 71 | 丙烯腈浓度 | −1 | −1 | −1 | −1 | −1 | −1 | −1 | −1 | −1 | −1 | −1 |
| 72 | 邻苯二甲酸二丁酯浓度 | 0.0001L | 0.0001L | 0.0003 | 0.0001L | 0.0001L | 0.0001L | 0.0007 | 0.0001L | 0.0001L | 0.00021 | 0.00030 |
| 73 | 邻苯二甲酸二(2-乙基己基)酯浓度 | 0.0001L | 0.0001L | 0.0002 | 0.0005 | 0.0004L | 0.0004L | 0.00093 | 0.0004L | 0.0004L | 0.00008 | 0.00027 |
| 74 | 水合肼浓度 | −1 | −1 | −1 | −1 | −1 | −1 | −1 | −1 | −1 | −1 | −1 |
| 75 | 四乙基铅浓度 | −1 | −1 | −1 | −1 | −1 | −1 | −1 | −1 | −1 | −1 | −1 |
| 76 | 吡啶浓度 | −1 | −1 | −1 | −1 | −1 | −1 | −1 | −1 | −1 | −1 | −1 |
| 77 | 松节油浓度 | −1 | −1 | −1 | −1 | −1 | −1 | −1 | −1 | −1 | −1 | −1 |
| 78 | 苦味酸浓度 | −1 | −1 | −1 | −1 | −1 | −1 | −1 | −1 | −1 | −1 | −1 |
| 79 | 丁基黄原酸浓度 | −1 | −1 | −1 | −1 | −1 | −1 | −1 | −1 | −1 | −1 | −1 |

续表4.3-13

| 序号 | 项目 | 1月 | 2月 | 3月 | 4月 | 5月 | 6月 | 7月 | 8月 | 9月 | 10月 | 11月 |
|---|---|---|---|---|---|---|---|---|---|---|---|---|
| 80 | 活性氯浓度 | -1 | -1 | -1 | -1 | -1 | -1 | -1 | -1 | -1 | -1 | -1 |
| 81 | 滴滴涕浓度 | 0.0000313L | 0.0000313L | 0.0000313L | 0.0000313L | 0.00002L | 0.00002L | 0.000031L | 0.00002L | 0.00002L | 0.000031L | 0.000031L |
| 82 | 林丹浓度 | 0.0000182L | 0.0000182L | 0.0000182L | 0.0000182L | 0.00001L | 0.000004L | 0.0000025L | 0.00001L | 0.00001L | 0.000025L | 0.000025L |
| 83 | 环氧七氯浓度 | -1 | -1 | -1 | -1 | -1 | -1 | -1 | -1 | -1 | -1 | -1 |
| 84 | 对硫磷浓度 | -1 | -1 | -1 | -1 | -1 | -1 | -1 | -1 | -1 | -1 | -1 |
| 85 | 甲基对硫磷浓度 | -1 | -1 | -1 | -1 | -1 | -1 | -1 | -1 | -1 | -1 | -1 |
| 86 | 马拉硫磷浓度 | -1 | -1 | -1 | -1 | -1 | -1 | -1 | -1 | -1 | -1 | -1 |
| 87 | 乐果浓度 | -1 | -1 | -1 | -1 | -1 | -1 | -1 | -1 | -1 | -1 | -1 |
| 88 | 敌敌畏浓度 | -1 | -1 | -1 | -1 | -1 | -1 | -1 | -1 | -1 | -1 | -1 |
| 89 | 敌百虫浓度 | -1 | -1 | -1 | -1 | -1 | -1 | -1 | -1 | -1 | -1 | -1 |
| 90 | 内吸磷浓度 | -1 | -1 | -1 | -1 | -1 | -1 | -1 | -1 | -1 | -1 | -1 |
| 91 | 百菌清浓度 | -1 | -1 | -1 | -1 | -1 | -1 | -1 | -1 | -1 | -1 | -1 |
| 92 | 甲萘威浓度 | -1 | -1 | -1 | -1 | -1 | -1 | -1 | -1 | -1 | -1 | -1 |
| 93 | 溴氰菊酯浓度 | -1 | -1 | -1 | -1 | -1 | -1 | -1 | -1 | -1 | -1 | -1 |
| 94 | 阿特拉津浓度 | 0.0000269L | 0.0000269L | 0.0000269L | 0.0000269L | 0.0005L | 0.0005L | 0.00004 | 0.0005L | 0.0005L | 0.00002 | 0.00005 |
| 95 | 苯并(a)芘浓度 | 0.000004L | 0.000004L | 0.000004L | 0.000004L | 0.000012L | 0.000012L | 1.6E-07 | 0.000012L | 0.000012L | 0.000004L | 0.000004L |
| 96 | 甲基汞浓度 | -1 | -1 | -1 | -1 | -1 | -1 | -1 | -1 | -1 | -1 | -1 |

续表4.3-13

| 序号 | 项目 | 1月 | 2月 | 3月 | 4月 | 5月 | 6月 | 7月 | 8月 | 9月 | 10月 | 11月 |
|---|---|---|---|---|---|---|---|---|---|---|---|---|
| 97 | 多氯联苯⑥浓度 | -1 | -1 | -1 | -1 | -1 | -1 | -1 | -1 | -1 | -1 | -1 |
| 98 | 微囊藻毒素-LR浓度 | -1 | -1 | -1 | -1 | -1 | -1 | -1 | -1 | -1 | -1 | -1 |
| 99 | 黄磷浓度 | -1 | -1 | -1 | -1 | -1 | -1 | -1 | -1 | -1 | -1 | -1 |
| 100 | 钼浓度 | 0.002L | 0.002L | 0.002L | 0.002L | 0.008L | 0.008L | 0.00018 | 0.008L | 0.008L | 0.00022 | 0.00018 |
| 101 | 钴浓度 | 0.005L | 0.005L | 0.005L | 0.005L | 0.0025L | 0.0025L | 0.00013 | 0.0025L | 0.0025L | 0.00012 | 0.00009 |
| 102 | 铍浓度 | 0.0003L | 0.0003L | 0.0003L | 0.0003L | 0.0012 | 0.0004 | 0.00004L | 0.00023 | 0.0002L | 0.00004L | 0.00004L |
| 103 | 硼浓度 | 0.002L | 0.002L | 0.002L | 0.002L | 0.0239 | 0.011L | 0.00589 | 0.011L | 0.011L | 0.00583 | 0.00587 |
| 104 | 锑浓度 | 0.0002L | 0.0002L | 0.0002 | 0.0004 | 0.000324 | 0.000294 | -1 | 0.00007L | 0.0003 | 0.0003 | 0.0003 |
| 105 | 镍浓度 | 0.00006L | 0.00006L | 0.00006L | 0.00006L | -1 | 0.00006L | 0.00006L | 0.0026 | 0.00043 | 0.00006L | 0.0002 |
| 106 | 钒浓度 | 0.007 | 0.009 | 0.021 | 0.008 | 0.001L | 0.0099 | 0.00682 | 0.004 | 0.003 | 0.00617 | 0.00675 |
| 107 | 铬浓度 | 0.01L | 0.01L | 0.01L | 0.01L | 0.005L | 0.005L | 0.00065 | 0.005L | 0.005L | 0.00035 | 0.00019 |
| 108 | 钛浓度 | -1 | -1 | -1 | -1 | -1 | -1 | 0.0195 | -1 | -1 | -1 | -1 |
| 109 | 铊浓度 | 0.00001L | 0.00001L | 0.00001L | 0.00001L | 0.000018 | 0.00001L | 0.00002L | 0.00001L | 0.000015 | 0.00002L | 0.00002L |
| 110 | 透明度浓度 | 160 | 165 | 141 | 150 | 140 | 140 | 140 | 130 | 140 | 120 | 130 |
| 111 | 叶绿素 a 浓度 | 0.0015 | 0.0009 | 0.0027 | 0.00177 | 0.004 | 0.00174 | 0.00637 | 0.0114 | 0.00958 | 0.00858 | 0.00887 |

注："-1"为"未检测"。

#### 4.3.1.4 龟石水库库区水质演变与原因分析

对龟石水库库区 2006 年至 2016 年的各主要监测指标进行数据分析，得到如下结果。

(1)监测指标评价结果

2006—2016 年龟石水库监测断面各主要监测指标状况见表 4.3-14。2006—2016 年，龟石水库溶解氧浓度、高锰酸盐指数、氨氮浓度三项指标均满足水环境功能要求，总磷浓度在 2006—2016 年，始终维持在 0.02~0.03 mg/L，总体数值相对稳定，但超Ⅱ类的超标率为 45.5%。总氮浓度从 2011 年开始进行系统的监测，监测数据显示，总氮浓度从 2011 年开始在持续增加，水质从Ⅲ类逐年恶化至Ⅴ类，总氮浓度超标情况不容乐观。

**表 4.3-14 龟石水库 2006—2016 年各主要监测指标状况**

| 主要水质指标 | 年份 | | | | | | | | | | |
|---|---|---|---|---|---|---|---|---|---|---|---|
| | 2006 | 2007 | 2008 | 2009 | 2010 | 2011 | 2012 | 2013 | 2014 | 2015 | 2016 |
| 溶解氧浓度 | Ⅰ类 | Ⅰ类 | Ⅰ类 | Ⅰ类 | Ⅱ类 | Ⅰ类 | Ⅰ类 | Ⅰ类 | Ⅰ类 | Ⅰ类 | Ⅰ类 |
| 高锰酸盐指数 | Ⅰ类 | Ⅰ类 | Ⅱ类 | Ⅱ类 | Ⅰ类 | Ⅰ类 | Ⅰ类 | Ⅰ类 | Ⅰ类 | Ⅰ类 | Ⅰ类 |
| 氨氮浓度 | Ⅰ类 | Ⅰ类 | Ⅱ类 | Ⅰ类 | Ⅰ类 | Ⅰ类 | Ⅰ类 | Ⅰ类 | Ⅰ类 | Ⅰ类 | Ⅰ类 |
| 总磷浓度 | Ⅲ类 | Ⅲ类 | Ⅲ类 | Ⅱ类 | Ⅲ类 | Ⅲ类 | Ⅲ类 | Ⅲ类 | Ⅲ类 | Ⅱ类 | Ⅱ类 |
| 总氮浓度 | — | — | — | — | — | Ⅲ类 | Ⅲ类 | Ⅲ类 | Ⅳ类 | Ⅳ类 | Ⅴ类 |

(2)库区主要污染物年度变化

根据龟石水库水质特点，评价参数选为溶解氧浓度、高锰酸盐指数、氨氮浓度、总磷浓度、总氮浓度。主要污染物年度变化趋势见图 4.3-22。由此可以看出，除了总氮浓度外，主要污染物浓度总体年度变化不明显。溶解氧浓度除 2010 年外，始终维持在Ⅰ类水质标准以上，满足水体功能要求；高锰酸盐指数从 2008 年以后，呈现出缓慢下降的趋势，基本维持在Ⅰ类水质标准以上，满足水体功能要求；氨氮浓度除 2008 年外，也始终保持在Ⅰ类水质标准，满足水体功能要求；总磷整体污染程度波动不大，近几年基本保持在Ⅱ类水质，基本满足水体功能要求。总氮浓度从 2011 年开始进行系统监测以来，一直呈明显的上升趋势，"十二五"期间总氮浓度共增长了 56.25%。从 2014 年开始，库区水体总氮浓度水平已经超过Ⅲ类水质标准，到 2016 年已经达到Ⅴ类，总氮污染不容乐观，已经远远无法满足水体功能要求。

调研数据显示，近年来富川县畜牧业发展迅猛。富川县利用国家及自治区生猪产业扶持政策，引进了富川广东温氏畜牧有限公司、立新畜牧有限公司等一批大型畜牧养殖企业，成功走出一条"公司+基地+农户"的发展路子，发展"猪、沼、果"生态种养。2015 年，全县生猪出栏 35.11 万头，同比增长 3.69%（图 4.3-

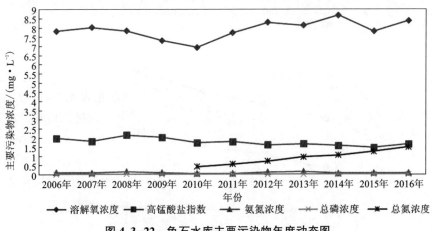

**图 4.3-22　龟石水库主要污染物年度动态图**

23)；牛出栏 1.62 万头，同比增长 10.2%；山羊出栏 1.09 万只，同比增长 3.81%；家禽出栏 269.99 万只，同比增长 8.61%，其中鸡出栏 212.87 万只，同比增长 5.48%。

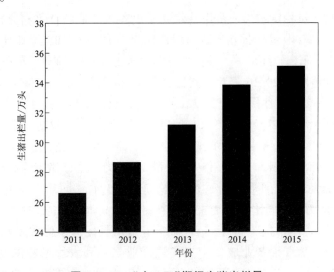

**图 4.3-23　"十二五"期间生猪出栏量**

2015 年，农林牧渔业完成总产值 33.52 亿元，同比增长 6.65%，增幅在全市排名第一。其中：农业总产值 22.58 亿元，同比增长 6.85%（图 4.3-24）；牧业总产值 8.01 亿元，同比增长 5.5%；林业总产值 1.03 亿元，同比增长 12.15%；渔业总产值 0.89 亿元，同比增长 5.27%；农林牧渔服务业总产值 1.01 亿元，同比增长 6.66%。

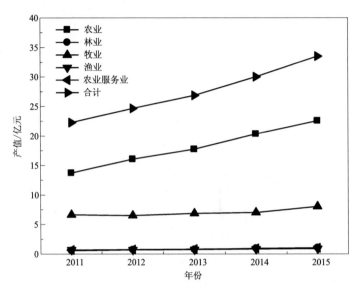

**图4.3-24 "十二五"期间农业总产值**

经济作物产量稳定增长。富川县建立了福利镇神仙湖特色农业核心示范区，建立了富兴果蔬有限责任公司、富川绿庄园果蔬种植有限公司等外向型蔬菜基地，现已形成夏阳白、红莴笋、芥蓝、番茄、茄子等多样品种发展的格局。2015年全县蔬菜种植面积20.16万亩，同比增长2.88%；产量31.73万t，同比增长4.51%（图4.3-25）。食用菌产量721t，同比增长4.34%；油料作物播种面积7.94万亩，同比增长2.34%，产量1.23万t，同比增长8.37%，其中花生播种面积6.9万亩，同比增长1.86%，产量1.14万t，同比增长7.76%；果用瓜作物播种面积1.65万亩，同比增长17.15%，产量0.47万t，同比增长14.87%，其中西瓜播种面积1.58万亩，同比增长18.36%，产量4594t，同比增长15.34%；木薯播种面积2.04万亩，同比增长2.33%，产量8614t，同比增长29.61%。

水果产业"稳步推进"。"十二五"期间，富川县促进以优质脐橙为主的水果产业快速发展，使水果产业成为富川支柱产业之一和农民增收致富的"黄金产业"。2015年全县年末水果面积36.04万亩，年均增长3.22%；产量39.77万t，年均增长3.22%；实现产值9.21亿元，占农林牧渔业总产值的27.5%。其中柑橘类水果面积32.1万亩，占全县水果面积的89.07%，产量37.12万t，占全县水果产量的93.33%（图4.3-26）。

根据2.2.5节所述，各污染源对TN入库负荷贡献比例为：畜禽养殖污染负荷较大，占52.2%；种植业和城镇径流所占比例次之，分别达到25.7%和7.7%。

以上数据进一步验证了上述结论。

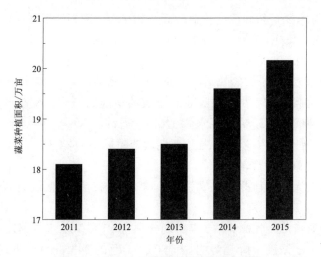

**图 4.3-25　"十二五"期间蔬菜种植面积**

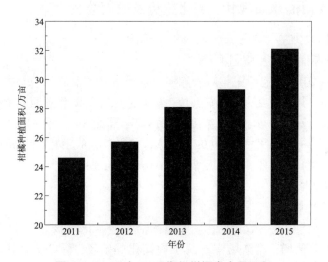

**图 4.3-26　"十二五"期间柑橘类水果面积**

### 4.3.1.5　小结

（1）2006—2016 年，龟石水库溶解氧浓度、高锰酸盐指数、氨氮浓度三项指标均优于Ⅱ类水平；总磷浓度总体稳定，呈小幅波动（55%为Ⅱ类，45%为Ⅲ类）；总氮浓度逐年上升，2012—2016 年库区 TN 全年平均浓度从 0.73 mg/L 升至 1.50 mg/L，水质从Ⅲ类逐年恶化至 V 类。2016 年丰、枯水期库区 TN 平均浓度分别为 1.73 mg/L（V 类）、1.26 mg/L（IV 类）。2010—2015 年坝首同期 7 月份相比较，自 0.68 mg/L 升至 1.91 mg/L。

（2）6月份库区各断面浓度普遍较高。2016年，总氮、氨氮、总磷全年平均浓度分别为 1.20 mg/L（0.59~2.41 mg/L）、0.10 mg/L（0.050~0.221 mg/L）、0.024 mg/L（0.01~0.06 mg/），总氮、氨氮、总磷月均浓度最高值均出现在6月份。春、夏季节农业生产（畜禽养殖、农田与果园种植等）的繁忙时期，化学施用量高，降雨量大且频繁，农作物吸收和土壤消纳能力有限，大量含氮、磷物质随雨水排入河流和水库，造成库区水体 TN 浓度升高。

（3）库区特征污染因子为总氮，12期调查超标率为84.92%，丰水期浓度远高于枯水期，且污染形势严峻。

（4）总氮最大的贡献来自畜禽养殖，占52.1%；种植业和城镇径流所占比例次之，分别达到25.7%和7.7%。

（5）水体氮磷浓度比高，枯、丰水期分别为50和70，水华爆发风险高。

（6）叶绿素 a 浓度下降趋势明显，自2011年的343 mg/m$^3$ 下降为2016年的4.87 mg/m$^3$。综合营养状态指数有上升趋势，2016年为38.90（中营养）。

## 4.3.2 入库河流水质现状、变化趋势及原因分析

### 4.3.2.1 2013—2015年入库河流水环境调查

（1）监测断面布设及监测项目

从2013—2015年连续三年对入库河流水质进行了监测。包括主要河流4条、次要河流8条，共布设22个监测点位（表4.3-15）。监测项目包括 pH、COD$_{Cr}$、高锰酸盐指数、氨氮浓度、总氮浓度。2013年，监测3次，分别为：平水期（2—4月）、丰水期（5—8月）、枯水期（9—11月）。2014年8月1日监测1次，2015年12月22日监测1次。监测结果见表4.3-16~表4.3-18。

（2）监测结果

①高锰酸盐指数。

18#点位高锰酸盐指数超标，最大超标倍数达1倍。该处位于大源冲洪水源村桥，有若干养猪场，养猪场皆不属于规模化养殖场，污染治理措施不够完善，甚至只建有简易的粪便尿水收集池，污染物超标排放。畜禽场产生的废液污水，多数未经处理就近排入周围水沟渠塘，最终进入水库，致使水中 COD 浓度上升。2014—2015年监测结果表明，18#点位 COD$_{Cr}$ 达标。

②氨氮和总氮浓度。

2013年，18#和21#点位的氨氮浓度监测值超标，最多超标0.43倍和7.1倍。所有监测断面总氮浓度均较高。2014年监测结果表明，18#点位氨氮浓度达标，21#点位氨氮浓度仍然超标10倍，总氮浓度的监测值比2013年有所降低，入库支流水质有所改善。2015年，18#和21#点位的氨氮浓度监测值均达标（如表4.3-16~表4.3-18）。

表 4.3-15　龟石水库入库支流水质监测断面一览表

| 序号 | 监测断面 | 周边主要污染源 |
|---|---|---|
| 1 | 富江菜花楼老桥(富江县城上游第二条桥) | 富江县城上游,对照断面 |
| 2 | 富江富川污水厂下游 150 m 南环路大桥 | 城区部分未经处理污水,朝东城北污水,富川污水处理厂尾水 |
| 3 | 崂溪栗家桥 | 2 个养猪场,栗家村约 600 人 |
| 4 | 富江毛家桥 | 毛家桥有 1 家农家乐,大坝村约 800 人 |
| 5 | 羊皮寨河变电站后面 | 城东新区部分城区污水,4 个养猪场 |
| 6 | 马鹿岭河(203 省道进去 200 m 马鹿岭村口) | 2 个村庄约 1000 人 |
| 7 | 龙潭引水渠蒙家村桥 | 8 个养猪场,2 个村庄约 800 人 |
| 8 | 龙潭引水渠汇合后(鲤鱼坝村大拱桥) | — |
| 9 | 马田河马田村桥头 | 马田村 500 人,养猪场 2 个 |
| 10 | 杨村河马田村牌门处 | 杨村 500 人 |
| 11 | 东庄河 203 省道桥(大岭村委旁) | 东庄河上游古城镇一带污水 |
| 12 | 连山河吉山村桥(203 省道进入 100 m 处) | 收集上游新华镇和莲山镇一带污水 |
| 13 | 沙洲河汇合后(沙洲村养猪场) | 沙洲村 800 人,猪场 3 个 |
| 14 | 吉山村河进入龟石水库处汇合前左支流 | — |
| 15 | 吉山村河进入龟石水库处汇合前右支流 | — |
| 16 | 吉山村河进入龟石水库处汇合后 | — |
| 17 | 大源冲老虎冲口(大源冲水库上游约 200 m) | 有一个铁矿开采点 |
| 18 | 大源冲洪水源村桥(大源冲水库下游约 200 m) | 大源冲水库内有一养猪场,存栏 1000 头猪 |
| 19 | 淮南河淮南小桥(x720 富两线 K10+382 处) | 恒丰矿业采矿区及 3 个选矿厂 |
| 21 | 老铺寨地表水径流排入水库处(庙附近) | |
| 22 | 柳家乡新石村附近木桥处 | 有 50 个稀土零矿开采痕迹 |

表 4.3-16　龟石水库入库支流水质监测结果（2013 年）

| 序号 | 监测断面 | 高锰酸盐指数/（mg·L⁻¹） | | | | | 氨氮浓度/（mg·L⁻¹） | | | | | 总氮浓度/（mg·L⁻¹） | | | | | pH | | | |
|---|---|---|---|---|---|---|---|---|---|---|---|---|---|---|---|---|---|---|---|---|
| | | 平水期 | 丰水期 | 枯水期 | 超标率 | 最大超标倍数 | 平水期 | 丰水期 | 枯水期 | 超标率 | 最大超标倍数 | 平水期 | 丰水期 | 枯水期 | 超标率 | 最大超标倍数 | 平水期 | 丰水期 | 枯水期 | 超标率 |
| 1 | 富江茶花楼老桥（富江县城上游第二条桥） | 1.8 | 2.1 | 2.4 | 0 | 0 | 0.162 | 0.080 | 0.025L | 0 | 0 | 3.84 | 1.91 | 2.45 | — | — | 8.07 | 8.05 | 8.23 | 0 |
| 2 | 富江富川污水厂下游 150 m 南环路大桥 | 2.1 | 2.3 | 2.4 | 0 | 0 | 0.454 | 0.091 | 0.191 | 0 | 0 | 4.35 | 2.24 | 2.49 | — | — | 7.97 | 8.01 | 8.13 | 0 |
| 3 | 崂溪栗家桥 | 1.4 | 1.8 | 2.6 | 0 | 0 | 0.157 | 0.058 | 0.030 | 0 | 0 | 4.01 | 0.78 | 1.43 | — | — | 8.16 | 8.26 | 8.20 | 0 |
| 4 | 富江毛家桥 | 1.8 | 1.9 | 3.3 | 0 | 0 | 0.223 | 0.136 | 0.063 | 0 | 0 | 5.44 | 2.22 | 1.47 | — | — | 7.92 | 8.36 | 8.74 | 0 |
| 5 | 羊皮寨河变电站后面 | 1.7 | 1.9 | 2.6 | 0 | 0 | 0.152 | 0.130 | 0.076 | 0 | 0 | 6.54 | 3.10 | 1.69 | — | — | 8.10 | 8.23 | 7.98 | 0 |
| 6 | 马鹿岭河（203 省道进去 200 m 马鹿岭村口） | 4.4 | 3.3 | 4.0 | 0 | 0 | 0.167 | 0.191 | 0.071 | 0 | 0 | 2.94 | 1.69 | 1.56 | — | — | 8.01 | 8.03 | 8.09 | 0 |
| 7 | 龙潭引水渠蒙家村桥 | 1.7 | 1.7 | 2.5 | 0 | 0 | 0.117 | 0.158 | 0.089 | 0 | 0 | 2.10 | 2.16 | 0.99 | — | — | 8.02 | 7.98 | 8.73 | 0 |
| 8 | 龙潭引水渠汇合后（鲤鱼坝村大拱桥） | 2.2 | 1.8 | 2.3 | 0 | 0 | 0.186 | 0.124 | 0.107 | 0 | 0 | 2.50 | 1.67 | 1.49 | — | — | 8.28 | 8.31 | 7.88 | 0 |
| 9 | 马田河马田村桥头 | 2.1 | 2.7 | 3.3 | 0 | 0 | 0.162 | 0.158 | 0.066 | 0 | 0 | 2.50 | 0.88 | 1.74 | — | — | 7.88 | 7.78 | 7.58 | 0 |
| 10 | 杨村河马田村闸门处 | 2.6 | 2.5 | 2.0 | 0 | 0 | 0.120 | 0.097 | 0.117 | 0 | 0 | 2.27 | 0.83 | 2.47 | — | — | 7.98 | 8.14 | 7.79 | 0 |
| 11 | 东庄河 203 省道桥（大岭村委会旁） | 1.7 | 2.2 | 2.1 | 0 | 0 | 0.325 | 0.080 | 0.076 | 0 | 0 | 5.57 | 1.66 | 2.04 | — | — | 8.10 | 8.28 | 7.91 | 0 |
| 12 | 连山河吉山村桥（203 省道进入 100 m 处） | 1.8 | 3.1 | 3.0 | 0 | 0 | 0.138 | 0.274 | 0.204 | 0 | 0 | 2.71 | 1.67 | 1.80 | — | — | 8.08 | 8.06 | 7.90 | 0 |

续表4.3-16

| 序号 | 监测断面 | 高锰酸盐指数/($mg \cdot L^{-1}$) | | | | | 氨氮浓度/($mg \cdot L^{-1}$) | | | | | 总氮浓度/($mg \cdot L^{-1}$) | | | | | pH | | | |
|---|---|---|---|---|---|---|---|---|---|---|---|---|---|---|---|---|---|---|---|---|
| | | 平水期 | 丰水期 | 枯水期 | 超标率 | 最大超标倍数 | 平水期 | 丰水期 | 枯水期 | 超标率 | 最大超标倍数 | 平水期 | 丰水期 | 枯水期 | 超标率 | 最大超标倍数 | 平水期 | 丰水期 | 枯水期 | 超标率 |
| 13 | 沙洲河汇合后（沙洲村养猪场） | 1.9 | 2.4 | 2.4 | 0 | 0 | 0.136 | 0.066 | 0.045 | 0 | 0 | 2.52 | 0.76 | 4.40 | — | — | 8.25 | 8.37 | 7.87 | 0 |
| 14 | 吉山村河进入龟石水库处汇合前左支流 | 2.2 | 2.5 | 3.1 | 0 | 0 | 0.154 | 0.080 | 0.037 | 0 | 0 | 3.45 | 1.64 | 3.87 | — | — | 7.89 | 7.84 | 7.58 | 0 |
| 15 | 吉山村河进入龟石水库处汇合前右支流 | 1.7 | 2.6 | 3.3 | 0 | 0 | 0.107 | 0.074 | 0.050 | 0 | 0 | 3.16 | 1.81 | 4.42 | — | — | 7.82 | 7.87 | 7.65 | 0 |
| 16 | 吉山村河进入龟石水库处汇合后 | 2.0 | 2.5 | 3.1 | 0 | 0 | 0.202 | 0.080 | 0.025L | 0 | 0 | 2.77 | 2.14 | 2.47 | — | — | 7.88 | 7.88 | 7.62 | 0 |
| 17 | 大源冲老虎冲口（大源冲水库上游约200 m） | 1.9 | 1.8 | 1.8 | 0 | 0 | 0.088 | 0.163 | 0.112 | 0 | 0 | 3.16 | 1.84 | 3.24 | — | — | 8.12 | 7.88 | 7.50 | 0 |
| 18 | 大源冲洪水源村桥（大源冲水库下游约200 m） | 40* | 28* | 13* | 66.7 | 1 | 1.435 | 0.241 | 0.42 | 33.3 | 0.43 | 2.44 | 1.90 | 3.76 | — | — | 7.77 | 7.93 | 7.45 | 0 |
| 19 | 淮南河淮南小桥（x720两线 K10+382处）富 | 1.8 | 2.9 | 1.3 | 0 | 0 | 0.188 | 0.094 | 0.127 | 0 | 0 | 1.77 | 1.60 | 1.35 | — | — | 8.25 | 8.55 | 7.68 | 0 |
| 21 | 老铺寨地表水径流排入水库处（庙附近） | 1.8 | 1.6 | 2.2 | 0 | 0 | 0.359 | 0.069 | 0.102 | 0 | 0 | 5.44 | 2.40 | 3.07 | — | — | 7.75 | 7.66 | 8.42 | 0 |
| 22 | 柳家乡新石村附近木桥处 | 2.0 | 1.9 | 2.2 | 0 | 0 | 8.095 | 7.133 | 7.089 | 66.7 | 77.1 | 8.93 | 10.1 | 1.23 | — | — | 7.23 | 7.84 | 8.57 | 0 |

表 4.3-17 龟石水库入库支流水质监测结果(2014 年 8 月 1 日)

| 序号 | 监测断面 | pH | | 化学需氧量 | | 高锰酸盐指数/(mg·L⁻¹) | | 氨氮浓度/(mg·L⁻¹) | | 总氮浓度/(mg·L⁻¹) | |
|---|---|---|---|---|---|---|---|---|---|---|---|
| | | 监测值 | 超标倍数 | 监测值 | 超标倍数 | 监测值 | 超标倍数 | 监测值 | 超标倍数 | 监测值 | 超标倍数 |
| 1 | 富江菜花楼老桥(富江县城上游第二条桥) | 8.03 | 0 | 10L | 0 | 1.8 | 0 | 0.047 | 0 | 1.54 | — |
| 2 | 富江富川污水厂下游 150 m 南环路大桥 | 8.31 | 0 | 10L | 0 | 2.3 | 0 | 0.042 | 0 | 2.00 | — |
| 3 | 崂溪栗家桥 | 8.40 | 0 | 10L | 0 | 0.9 | 0 | 0.048 | 0 | 1.09 | — |
| 4 | 富江毛家桥 | 8.33 | 0 | 10L | 0 | 2.5 | 0 | 0.056 | 0 | 1.20 | — |
| 5 | 羊皮寨河变电站后面 | 7.65 | 0 | 10L | 0 | 3.3 | 0 | 0.206 | 0 | 4.03 | — |
| 6 | 马鹿岭河(203 省道进去 200 m 马鹿岭村口) | 7.89 | 0 | 10.1 | 0 | 3.0 | 0 | 0.104 | 0 | 2.39 | — |
| 7 | 龙潭引水渠蒙家村桥 | 7.81 | 0 | 13.1 | 0 | 2.9 | 0 | 0.170 | 0 | 1.47 | — |
| 8 | 龙潭引水渠汇合后(鲤鱼坝村大拱桥) | 8.67 | 0 | 10L | 0 | 2.9 | 0 | 0.075 | 0 | 1.35 | — |
| 9 | 马田河马田村桥头 | 7.45 | 0 | 19.0 | 0 | 3.8 | 0 | 0.146 | 0 | 1.10 | — |
| 10 | 杨村河马田村牌门处 | 8.06 | 0 | 10L | 0 | 2.9 | 0 | 0.104 | 0 | 1.39 | — |
| 11 | 东庄河 203 省道桥(大岭村委旁) | 8.11 | 0 | 12.1 | 0 | 2.2 | 0 | 0.073 | 0 | 1.40 | — |
| 12 | 连山河吉山村桥(203 省道进入 100 m 处) | 8.40 | 0 | 10L | 0 | 3.0 | 0 | 0.047 | 0 | 1.42 | — |
| 13 | 沙洲河汇合后(沙洲村养猪场) | 8.33 | 0 | 10L | 0 | 2.0 | 0 | 0.054 | 0 | 1.05 | — |
| 14 | 吉山村河进入龟石水库处汇合前左支流 | 7.45 | 0 | 10L | 0 | 2.1 | 0 | 0.061 | 0 | 1.49 | — |
| 15 | 吉山村河进入龟石水库处汇合前右支流 | 7.39 | 0 | 10L | 0 | 2.1 | 0 | 0.168 | 0 | 1.60 | — |
| 16 | 吉山村河进入龟石水库处汇合后 | 8.35 | 0 | 10L | 0 | 3.2 | 0 | 0.042 | 0 | 1.21 | — |
| 17 | 大源冲老虎冲口(大源冲水库上游约 200 m) | 7.67 | 0 | 10.8 | 0 | 1.6 | 0 | 0.108 | 0 | 0.69 | — |
| 18 | 大源冲洪水源村桥(大源冲水库下游约 200 m) | 7.79 | 0 | 15.8 | 0 | 2.1 | 0 | 0.025 | 0 | 1.19 | — |
| 19 | 淮南河淮南小桥(x720 富两线 K10+382 处) | 6.96 | 0 | 10L | 0 | 4.1 | 0 | 0.196 | 0 | 0.42 | — |
| 20 | 老铺寨地表水径流排入水库处(庙附近) | 7.65 | 0 | 10L | 0 | 1.0 | 0 | 0.120 | 0 | 1.83 | — |
| 21 | 柳家乡新石村附近木桥处 | 7.14 | 0 | 10L | 0 | 1.9 | 0 | 11.0 | 10 | 13.6 | — |

表 4.3-18　龟石水库入库支流水质监测结果（2015 年 12 月 22 日）

| 序号 | 监测断面 | pH | | COD | | 高锰酸盐指数 /(mg·L⁻¹) | | BOD₅ | | 氨氮浓度 /(mg·L⁻¹) | | 总氮浓度 /(mg·L⁻¹) | |
|---|---|---|---|---|---|---|---|---|---|---|---|---|---|
| | | 监测值 | 超标倍数 | 监测值 | 超标倍数 | 监测值 | 超标倍数 | 监测值 | 超标倍数 | 监测值 | 超标倍数 | 监测值 | 超标倍数 |
| 1 | 富江茉花楼老桥（富江县城上游第二条桥） | 7.81 | 0 | 12 | 0 | 1.5 | 0 | 2.9 | 0 | 0.044 | 0 | 1.48 | — |
| 2 | 富江富川污水厂下游 150 m 南环路大桥 | 8.67 | 0 | 10L | 0 | 2.1 | 0 | 1.8 | 0 | 0.397 | 0 | 0.96 | — |
| 3 | 崅溪栗家桥 | 7.45 | 0 | 10L | 0 | 2.2 | 0 | 1.4 | 0 | 0.426 | 0 | 1.05 | — |
| 4 | 富江毛家桥 | 8.31 | 0 | 10 | 0 | 4.1 | 0 | 1.8 | 0 | 0.053 | 0 | 1.16 | — |
| 5 | 羊皮寨河变电站后面 | 8.06 | 0 | 10 | 0 | 1.5 | 0 | 2.2 | 0 | 0.196 | 0 | 0.99 | — |
| 6 | 吉山村河进入龟石水库处汇合后 | 8.40 | 0 | 10L | 0 | 3.1 | 0 | 0.9 | 0 | 0.040 | 0 | 1.16 | — |
| 7 | 马鹿岭河（203 省道进去 200 m 马鹿岭村口） | 8.11 | 0 | 10 | 0 | 3.5 | 0 | 2.4 | 0 | 0.099 | 0 | 1.33 | — |
| 8 | 龙潭引水渠裘家村桥 | 8.40 | 0 | 10L | 0 | 3.3 | 0 | 0.9 | 0 | 0.162 | 0 | 1.42 | — |
| 9 | 龙潭引水渠汇合后（鲤鱼坝村大拱桥） | 8.33 | 0 | 10 | 0 | 3.3 | 0 | 2.7 | 0 | 0.071 | 0 | 1.30 | — |
| 10 | 马田河马田村桥头 | 8.35 | 0 | 10L | 0 | 4.4 | 0 | 0.9 | 0 | 0.139 | 0 | 1.06 | — |
| 11 | 杨村河马田村牌门处 | 8.47 | 0 | 10L | 0 | 3.3 | 0 | 1.3 | 0 | 0.116 | 0 | 1.56 | — |
| 12 | 东庄河 203 省道桥（大岭村委旁） | 8.27 | 0 | 13 | 0 | 2.6 | 0 | 3.3 | 0 | 0.081 | 0 | 1.57 | — |

续表4.3-18

| 序号 | 监测断面 | pH | | COD | | 高锰酸盐指数 /(mg·L⁻¹) | | BOD₅ | | 氨氮浓度 /(mg·L⁻¹) | | 总氮浓度 /(mg·L⁻¹) | |
|---|---|---|---|---|---|---|---|---|---|---|---|---|---|
| | | 监测值 | 超标倍数 | 监测值 | 超标倍数 | 监测值 | 超标倍数 | 监测值 | 超标倍数 | 监测值 | 超标倍数 | 监测值 | 超标倍数 |
| 13 | 连山河吉山村桥(203省道进入100 m处) | 8.03 | 0 | 10L | 0 | 3.5 | 0 | 0.8 | 0 | 0.052 | 0 | 1.59 | — |
| 14 | 沙洲河汇合后(沙洲村养猪场) | 6.96 | 0 | 12 | 0 | 2.3 | 0 | 3.0 | 0 | 0.601 | 0 | 1.18 | — |
| 15 | 吉山村河进入龟石水库汇合前左支流 | 6.63 | 0 | 10L | 0 | 2.4 | 0 | 1.4 | 0 | 0.068 | 0 | 1.67 | — |
| 16 | 吉山村河进入龟石水库汇合前右支流 | 7.65 | 0 | 10L | 0 | 2.4 | 0 | 0.9 | 0 | 0.188 | 0 | 1.79 | — |
| 17 | 大源冲老虎冲口(大源冲水库上游约200 m) | 7.14 | 0 | 14 | 0 | 1.8 | 0 | 3.5 | 0 | 0.121 | 0 | 0.77 | — |
| 18 | 大源冲洪水源村桥(大源冲水库下游约200 m) | 7.39 | 0 | 11 | 0 | 2.4 | 0 | 2.5 | 0 | 0.028 | 0 | 1.34 | — |
| 19 | 淮南河淮南小桥(x720富两线K10+382处) | 8.74 | 0 | 10L | 0 | 2.5 | 0 | 1.0 | 0 | 0.220 | 0 | 0.47 | — |
| 20 | 老铺寨地表水径流排入水库处(庙附近) | 8.31 | 0 | 10L | 0 | 3.4 | 0 | 1.0 | 0 | 0.118 | 0 | 0.82 | — |
| 21 | 柳家乡新石村附近水桥处 | 8.40 | 0 | 15 | 0 | 2.4 | 0 | 3.8 | 0 | 0.880 | 0 | 1.35 | — |
| | 地表水环境质量标准Ⅲ类标准 | | | 20 | | 6 | | 4 | | 1.0 | | | |

### 4.3.2.2　2016 年入库河流水质分析

(1)监测点位设置

2015 年之前入库河流的监测断面有 22 个,但之前断面的选择主要是为了调查水库周围的污染源情况,很多断面选择在污水排放口附近,或者其他污染源下游,并不是布置在主要入库河流断面。

2016 年开始实施龟石水库生态安全调查与评估项目,根据相关技术指南的要求重新设计了入库河流监测断面,入库河流监测断面共 10 个,全部布置在主要入库河流汇入库区之前,或者上游重要断面,这种布置方式更为合理。按照监测布点方案,2016 年 2 月、4 月、8 月、11 月对入库支流 10 个点位进行了监测(表 4.3-19)。

**表 4.3-19　监测点位坐标**

| 序号 | 坐标 | | 位置说明 |
|------|------|------|----------|
| R1 | 24°46′47.70″N | 111°16′43.21″E | 富江入口(毛家桥) |
| R2 | 24°48′30.61″N | 111°16′8.46″E | 富江(南环路大桥) |
| R3 | 24°49′41.04″N | 111°16′15.43″E | 富江(菜花楼老桥) |
| R4 | 24°47′11.75″N | 111°18′5.06″E | 巩塘河和石家河汇入后 |
| R5 | 24°4731.73″N | 111°18′12.32″E | 巩塘河汇入前 |
| R6 | 24°47′27.07″N | 111°18′18.49″E | 石家河汇入前 |
| R7 | 24°45′47.42″N | 111°19′36.20″E | 新华河汇入点 |
| R8 | 24°45′55.67″N | 111°1955.39″E | 莲山河汇入点 |
| R9 | 24°44′10.39″N | 111°15′52.13″E | 淮南河汇入点 |
| R10 | 24°42′59.81″N | 111°19′25.89″E | 大源冲洪水源村桥 |

(2)监测结果分析

总磷浓度、氨氮浓度、总氮浓度和高锰酸盐指数的分析方法同 4.3,而各河流的流量则通过旋桨式流速仪(DY-CSY-1)进行测定。入库河流监测结果表明,4 月份总磷浓度和高锰酸盐指数达到最高值,11 月份氨氮浓度、总氮浓度达到最高值,与库区水质变化规律一致。从表 4.3-20 可见,河流污染物浓度普遍高于库区,其中总磷浓度的差别尤其明显,河流总磷浓度约为库区的 3.8 倍。

表 4.3-20　2016 年不同时间入库河流污染物浓度　　　　单位：mg/L

| 指标 | 2 月 | 4 月 | 8 月 | 11 月 | 支流平均 | 库区平均 |
|---|---|---|---|---|---|---|
| 总磷 | 0.09 | 0.13 | 0.09 | 0.05 | 0.09 | 0.024 |
| 氨氮 | 0.11 | 0.09 | 0.04 | 0.14 | 0.09 | 0.10 |
| 总氮 | 2.00 | 2.22 | 2.00 | 2.89 | 2.27 | 1.20 |
| 高锰酸盐指数 | 2.00 | 2.14 | 1.83 | 2.13 | 2.03 | 1.6 |

从不同断面来看，位于富江的 R2 和新华河 R7 断面的总磷浓度最高，达到 0.11 mg/L 左右，巩塘河、石家河、大源冲等其余多个断面的浓度也较高，在 0.10 mg/L 左右。在氨氮方面，位于大源冲的 R10 断面浓度最高，达到 0.19 mg/L；其次为位于富江的 R2 和巩塘河和石家河汇入后的 R4 断面，达到 0.13 mg/L。在总氮方面，位于石家河汇入后的 R4 断面浓度最高，达到 3.05 mg/L；其次为巩塘河。在高锰酸盐指数方面，巩塘河、石家河、莲山河等几条河流浓度较高（表 4.3-21，表 4.3-22 及图 4.3-27~图 4.3-30）。

表 4.3-21　2016 年入库支流不同断面流量与污染物浓度

| 序号 | 监测点位 | 流速 /(m·s⁻¹) | 流量 /(m³·h⁻¹) | 总磷浓度 /(mg·L⁻¹) | 氨氮浓度 /(mg·L⁻¹) | 总氮浓度 /(mg·L⁻¹) | 高锰酸盐指数浓度 /(mg·L⁻¹) |
|---|---|---|---|---|---|---|---|
| R1 | 富江入口（毛家桥） | 0.33 | 213250 | 0.10 | 0.11 | 1.94 | 1.68 |
| R2 | 富江（南环路大桥） | 0.60 | 133000 | 0.11 | 0.13 | 2.22 | 1.48 |
| R3 | 富江（菜花楼老桥） | 0.93 | 115550 | 0.09 | 0.05 | 2.36 | 1.90 |
| R4 | 巩塘河和石家河汇入后 | 0.80 | 30700 | 0.07 | 0.13 | 3.05 | 2.58 |
| R5 | 巩塘河汇入前 | 0.43 | 16075 | 0.10 | 0.05 | 3.02 | 2.58 |
| R6 | 石家河汇入前 | 0.43 | 75100 | 0.10 | 0.08 | 2.59 | 1.93 |
| R7 | 新华河汇入点 | 0.83 | 92625 | 0.11 | 0.05 | 2.53 | 1.88 |
| R8 | 莲山河汇入点 | 0.70 | 8875 | 0.07 | 0.12 | 2.10 | 2.83 |
| R9 | 淮南河汇入点 | 0.88 | 10640 | 0.05 | 0.03 | 1.10 | 1.03 |
| R10 | 大源冲洪水源村桥 | 0.65 | 2955 | 0.08 | 0.19 | 1.77 | 2.40 |
| | 平均 | 0.66 | 69877 | 0.09 | 0.09 | 2.27 | 2.03 |
| | Ⅱ类水质标准 | — | — | 0.1 | 0.5 | — | 4 |

**表 4.3-22 2016 年入库支流不同断面污染物通量**　　　　　单位：kg/a

| 序号 | 监测点位 | 总磷 | 氨氮 | 总氮 | 高锰酸盐指数 |
|---|---|---|---|---|---|
| R1 | 富江入口（毛家桥） | 186807 | 205487.7 | 3624055.8 | 3138357.6 |
| R2 | 富江（南环路大桥） | 128158.8 | 151460.4 | 2586477.6 | 1724318.4 |
| R3 | 富江（菜花楼老桥） | 91099.62 | 50610.9 | 2388834.48 | 1923214.2 |
| R4 | 巩塘河和石家河汇入后 | 18825.24 | 34961.16 | 820242.6 | 693844.56 |
| R5 | 巩塘河汇入前 | 14081.7 | 7040.85 | 425267.34 | 363307.86 |
| R6 | 石家河汇入前 | 65787.6 | 52630.08 | 1703898.84 | 1269700.68 |
| R7 | 新华河汇入点 | 89253.45 | 40569.75 | 2052829.35 | 1525422.6 |
| R8 | 莲山河汇入点 | 5442.15 | 9329.4 | 163264.5 | 220018.35 |
| R9 | 淮南河汇入点 | 4660.32 | 2796.192 | 102527.04 | 96002.592 |
| R10 | 大源冲洪水源村桥 | 2070.864 | 4918.302 | 45817.866 | 62125.92 |

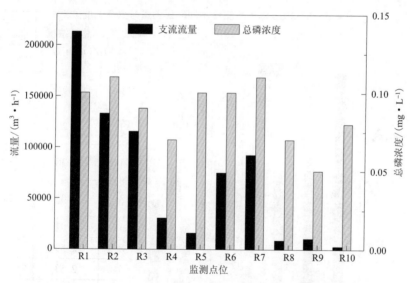

**图 4.3-27 2016 年入库支流不同断面流量与总磷浓度关系**

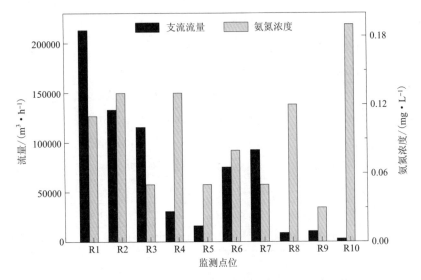

图 4.3-28　2016 年入库支流不同断面流量与氨氮浓度关系

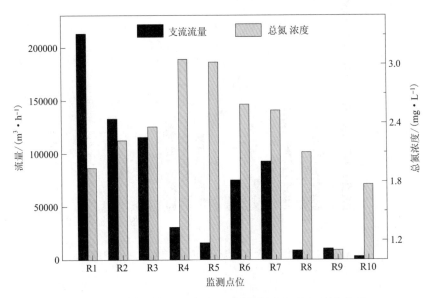

图 4.3-29　2016 年入库支流不同断面流量与总氮浓度关系

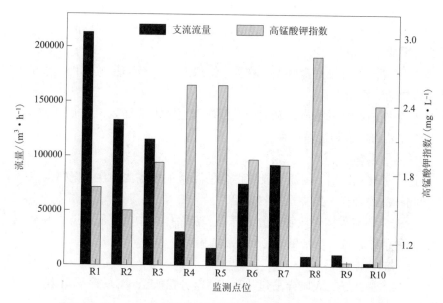

图 4.3-30　2016 年入库支流不同断面流量与高锰酸钾指数关系

由此可以看出，富江入口的 R1 断面流量最高，2016 年平均达 213250 $m^3/h$；而大源冲洪水源村桥的 R10 断面流量最低，为 2955 $m^3/h$。由于各支流流量的差异性，各污染物的入库量也随之变化。

### 4.3.2.3　小结

（1）富江、巩塘河、石家河三条河流的污染物浓度较高，对库区污染贡献较大，其中流量最大的富江污染贡献最大。淮南河各项指标在入库河流中均处于最低水平。大源冲的水质虽不是最好，但流量最小，对库区污染贡献最小。

（2）入库河流污染原因：畜禽养殖、农业面源和生活源是总氮超标和水质下降的主要原因。

（3）应加强龟石水库入库河流的水质监测，要科学规划、合理布局，严格控制各入库河流的污染通量。对富江、巩塘河、石家河流域进行重点治理。

## 4.3.3　龟石水库底质现状调查

### 4.3.3.1　湖区底质监测方法

（1）采样点数量的确定和设置

沉积物样品的采样点数量和设置与水质采样点保持一致，沉积物样品的采集在水质采样点的正下方进行。龟石水库湖泊底质监测点共布设 20 个。

（2）样品采集频率和层次

①采样频率：全年监测4次。

②采样层次：主要采集沉积物表层深度为0~15 cm的底泥样品。

（3）采样主要设备

采样主要设备有彼得森底泥采样器、便携式冰箱、整理箱、GPS、小铲子等。

（4）样品取样量

在每条湖泊监测垂线或入湖河流监测断面正下方采集2.5 kg底质样品。

（5）样品的采集和运输保存

①样品的采集

a.选定采样点位后，用抓斗或彼得森采泥器采集底泥3次，把每次采集表层的沉积物样品混合作为此点沉积物样品。

b.除去少许与采样器接触部分的样品，剔除样品中的碎石、贝壳及动植物等异物，将剩余样品装于清洁的聚乙烯密封袋中。

②样品的运输保存

将密封、遮光好的底质样品包装妥当，整齐摆放至4℃的冷藏箱运回实验室，尽快进行分析。

（6）监测项目分析方法

①分析项目。包括pH、含水率、总磷、总氮、有机质、汞、铜、铅、镉、锌、砷、铬、镍、颗粒物组成和容重共15项指标。

②样品制备。一般采用风干或冷冻干燥样品，干燥后的样品用玻璃板碾磨，过尼龙筛，保存备份，待测。

③样品分析方法，见表4.3-23。

表4.3-23　底质分析方法一览表

| 编号 | 底质待测项目 | 检测方法 | 方法来源 |
|---|---|---|---|
| 1 | pH | 土壤中pH的测定方法 | NY/T 1377—2007 |
| 2 | 含水率 | 土壤水分测定方法 | HJ 613—2011 |
| 3 | 总磷 | 土壤全磷测定法 | HJ 632—2011 |
| 4 | 总氮 | 半微量凯氏法 | NY/T 53—1987 |
| 5 | 有机质 | 重铬酸钾氧化法 | NY/T 1121.1—2006 |
| 6 | 汞 | 冷原子吸收法 | GB/T 22105.1—2008 |
| 7 | 铜 | 火焰原子吸收法 | GB/T 17138—1997 |
| 8 | 铅 | 火焰原子吸收法 | GB/T 17138—1997 |

续表4.3-23

| 编号 | 底质待测项目 | 检测方法 | 方法来源 |
|---|---|---|---|
| 9 | 镉 | 石墨炉原子吸收法 | GB/T 17141—1997 |
| 10 | 锌 | 火焰原子吸收法 | GB/T 17138—1997 |
| 11 | 砷 | 二乙基二硫代氨基甲酸银光度法 | GB/T 22105.2—2008 |
| 12 | 铬 | 火焰原子吸收法 | HJ 491—2009 |
| 13 | 镍 | 火焰原子吸收法 | GB/T 17139—1997 |
| 14 | 颗粒物组成 | 森林土壤颗粒组成（机械组成）的测定 | LY/T 1225—1999 |
| 15 | 容重 | 土壤容重的测定 | NY/T 1121.4—2006 |

（7）质量控制

①测含金属样品时，制样工具及容器应用非金属制品。

②每批样品每个项目分析时均须做 20% 的平行样品；当样品数为 5 个以下时，平行样不少于 1 个。

③平行双样测定结果的误差在允许误差范围之内者为合格，当平行双样测定合格率低于 95% 时，除对当批样品重新测定外，还要再增加 10% ~ 20% 样品数的平行样，直至平行双样测定合格率大于 95%。

④加标率：在一批试样中，随机抽取 10% ~ 20% 的试样进行加标回收测定。样品数不足 10 个时，适当增加加标比率。每批同类型试样中，加标试样不应少于 1 个。

### 4.3.3.2　底质调查结果分析

2016 年 6 月、9 月进行龟石水库流域底质调查，受检采样点共 20 个，分别在 L1 坝首、L2 一级保护区中心、L3 一级保护区北部、L4 垭口、L5 西南湾区顶部（河口）、L6 西南角、L7 西南部中心、L8 东南角、L9 西南、L10 西偏南湾区顶部（淮南河河口）、L11 库区中部、L12 东北角（新华河、莲山河河口）、L13 东北湾区中部、L14 北部中间位置、L15 西偏北湾区、L16 西偏北湾区顶部、L17 西北角湾区中部、L18 西北角（富川江汇入点）、L19 北部、L20 北部湾区顶部（巩塘河、石家河河口）（表 4.3-24 及表 4.3-25）。

检测结果显示，库区底质中有机质与营养物质较丰富，存在释放的风险。由于湖库沉积物没有环境质量标准，因此对照《土壤环境质量标准（GB 15618—1995）》，库区底泥 6 月的监测结果中各监测点位砷和铬普遍超出 Ⅰ 类标准，其他监测指标多数满足 Ⅰ 类标准，只有个别点位存在超过 Ⅰ 类标准的情况；9 月的监测结果中，各监测点位的汞、砷、铬多数超出 I 类标准，有 8 个点位存在锌超标的现象，其余的监测指标在各个点位均未超出 I 类标准。

表 4.3-24　2016 年 6 月龟石水库库区底质重金属等指标含量一览表

| 名称 | pH | 含水率 /% | 有机质含量 /(g·kg⁻¹) | 总氮含量 /(mg·kg⁻¹) | 总磷含量 /(mg·kg⁻¹) | 容重 /(g·cm⁻³) |
|---|---|---|---|---|---|---|
| L1 | 7.6 | 54.4 | 21.7 | 0.280 | 359 | 1.07 |
| L2 | 7.6 | 54.1 | 32.2 | 0.295 | 460 | 0.738 |
| L3 | 7.8 | 53.5 | 50.7 | 0.219 | 739 | 0.647 |
| L4 | 7.8 | 45.6 | 38.1 | 0.281 | 748 | 0.709 |
| L5 | 7.7 | 69.0 | 15.2 | 0.295 | 227 | 1.05 |
| L6 | 7.8 | 49.4 | 28.3 | 0.266 | 252 | 0.922 |
| L7 | 7.7 | 74.1 | 26.8 | 0.207 | 209 | 0.717 |
| L8 | 7.7 | 32.7 | 32.4 | 0.274 | 456 | 0.762 |
| L9 | 7.7 | 69.4 | 18.1 | 0.320 | 738 | 1.00 |
| L10 | 7.6 | 40.5 | 20.4 | 0.257 | 794 | 1.07 |
| L11 | 7.8 | 54.2 | 32.3 | 0.201 | 762 | 0.717 |
| L12 | 7.8 | 68.2 | 31.9 | 0.254 | 528 | 0.887 |
| L13 | 7.9 | 68.0 | 26.7 | 0.379 | 459 | 1.01 |
| L14 | 7.8 | 58.2 | 35.1 | 0.311 | 680 | 0.735 |
| L15 | 7.9 | 44.3 | 34.3 | 0.141 | 473 | 0.780 |
| L16 | 7.8 | 69.8 | 31.0 | 0.210 | 348 | 1.00 |
| L17 | 7.9 | 68.3 | 25.4 | 0.214 | 479 | 1.10 |
| L18 | 7.8 | 67.3 | 37.4 | 0.250 | 728 | 0.879 |
| L19 | 7.8 | 32.5 | 37.5 | 0.159 | 685 | 0.731 |
| L20 | 7.9 | 48.8 | 30.4 | 0.171 | 624 | 0.905 |

续表 4.3-24

| 名称 | 汞含量/(mg·kg⁻¹) | 砷含量/(mg·kg⁻¹) | 铜含量/(mg·kg⁻¹) | 铅含量/(mg·kg⁻¹) | 镉含量/(mg·kg⁻¹) | 锌含量/(mg·kg⁻¹) | 铬含量/(mg·kg⁻¹) |
|---|---|---|---|---|---|---|---|
| L1 | 0.078 | 35.4 | — | 35.0 | — | 81.0 | 35 |
| L2 | 0.100 | 31.3 | — | 67.6 | — | 131 | 48 |
| L3 | 0.128 | 55.6 | — | 56.2 | — | 142 | 89 |
| L4 | 0.130 | 51.1 | — | 58.1 | — | 137 | 95 |
| L5 | 0.041 | 13.8 | — | 16.9 | — | 79.9 | 47 |
| L6 | 0.100 | 16.4 | — | 49.1 | — | 108 | 65 |
| L7 | 0.125 | 29.1 | — | 53.9 | — | 124 | 80 |
| L8 | 0.153 | 38.2 | — | 53.6 | — | 148 | 72 |
| L9 | 0.079 | 19.1 | — | 51.6 | — | 85.0 | 58 |
| L10 | 0.071 | 20.2 | — | 60.2 | — | 95.8 | 66 |
| L11 | 0.163 | 30.9 | — | 57.7 | — | 146 | 105 |
| L12 | 0.196 | 17.4 | — | 44.2 | — | 153 | 103 |
| L13 | 0.217 | 22.5 | — | 37.4 | — | 115 | 92 |
| L14 | 0.174 | 27.2 | — | 56.4 | — | 159 | 117 |
| L15 | 0.135 | 24.9 | — | 57.0 | — | 141 | 104 |
| L16 | 0.096 | 21.1 | — | 46.0 | — | 121 | 81 |
| L17 | 0.085 | 17.8 | — | 36.8 | — | 95.4 | 77 |
| L18 | 0.120 | 29.7 | — | 43.9 | — | 105 | 80 |
| L19 | 0.142 | 29.4 | — | 55.3 | — | 151 | 107 |
| L20 | 0.143 | 33.0 | — | 65.0 | — | 174 | 98 |
| Ⅰ类标准 | 0.15 | 20.0 | 35.0 | 60.0 | 0.50 | 150.0 | 80.0 |
| Ⅱ类标准 | 0.50 | 65.0 | 100.0 | 130.0 | 1.50 | 350.0 | 150.0 |
| Ⅱ类标准 | 1.00 | 93.0 | 200.0 | 250.0 | 5.00 | 600.0 | 270.0 |

注："—"表示检测值低于检出限。标准参照《土壤环境质量标准(GB 15618—1995)》。

表 4.3-25 2016 年 9 月龟石水库库区底质重金属等指标含量一览表

| 名称 | pH | 含水率/% | 有机质含量/(g·kg⁻¹) | 总氮含量/(mg·kg⁻¹) | 总磷含量/(mg·kg⁻¹) | 容重/(g·cm⁻³) |
|---|---|---|---|---|---|---|
| L1 | 7.2 | 68.6 | 57.5 | 0.344 | 933 | 0.622 |
| L2 | 7.6 | 61.6 | 42.3 | 0.315 | 663 | 0.646 |
| L3 | 7.5 | 58.0 | 47.1 | 0.349 | 939 | 0.629 |
| L4 | 7.8 | 54.9 | 32.4 | 0.223 | 764 | 0.723 |
| L5 | 7.5 | 42.8 | 34.5 | 0.236 | 708 | 0.790 |
| L6 | 7.3 | 42.0 | 24.1 | 0.177 | 511 | 0.952 |
| L7 | 7.6 | 62.1 | 32.9 | 0.284 | 858 | 0.754 |
| L8 | 7.7 | 44.9 | 42.6 | 0.321 | 643 | 0.698 |
| L9 | 7.6 | 55.7 | 22.7 | 0.156 | 946 | 0.973 |
| L10 | 7.7 | 39.0 | 10.9 | 0.098 | 572 | 1.17 |
| L11 | 7.7 | 73.8 | 39.3 | 0.309 | 1100 | 0.675 |
| L12 | 7.5 | 66.2 | 32.6 | 0.272 | 708 | 0.776 |
| L13 | 7.6 | 60.8 | 35.5 | 0.286 | 1100 | 0.717 |
| L14 | 7.4 | 65.6 | 36.1 | 0.275 | 1200 | 0.719 |
| L15 | 7.3 | 64.0 | 20.2 | 0.263 | 831 | 0.899 |
| L16 | 7.8 | 59.8 | 39.7 | 0.314 | 1100 | 0.713 |
| L17 | 7.8 | 46.6 | 26.7 | 0.191 | 625 | 0.924 |
| L18 | 7.9 | 64.4 | 31.6 | 0.241 | 783 | 0.913 |
| L19 | 7.4 | 66.2 | 38.3 | 0.279 | 844 | 0.706 |
| L20 | 7.6 | 65.9 | 36.6 | 0.276 | 892 | 0.688 |

| 名称 | 汞含量/(mg·kg⁻¹) | 砷含量/(mg·kg⁻¹) | 铜含量/(mg·kg⁻¹) | 铅含量/(mg·kg⁻¹) | 镉含量/(mg·kg⁻¹) | 锌含量/(mg·kg⁻¹) | 铬含量/(mg·kg⁻¹) |
|---|---|---|---|---|---|---|---|
| L1 | 0.162 | 56.7 | 16 | 34.2 | 0.26 | 155 | 74 |
| L2 | 0.219 | 37.9 | 15 | 27.6 | 0.18 | 160 | 74 |
| L3 | 0.203 | 39.7 | 19 | 21.6 | 0.15 | 168 | 102 |
| L4 | 0.150 | 45.9 | 14 | 22.7 | 0.18 | 123 | 85 |
| L5 | 0.157 | 25.8 | 14 | 19.4 | 0.21 | 144 | 84 |
| L6 | 0.130 | 14.8 | 9 | 18.6 | 0.20 | 113 | 65 |
| L7 | 0.154 | 25.0 | 22 | 25.3 | 0.30 | 138 | 108 |
| L8 | 0.291 | 50.7 | 21 | 20.1 | 0.13 | 162 | 90 |

续表 4.3-25

| 名称 | 汞含量/(mg·kg⁻¹) | 砷含量/(mg·kg⁻¹) | 铜含量/(mg·kg⁻¹) | 铅含量/(mg·kg⁻¹) | 镉含量/(mg·kg⁻¹) | 锌含量/(mg·kg⁻¹) | 铬含量/(mg·kg⁻¹) |
|---|---|---|---|---|---|---|---|
| L9 | 0.123 | 19.4 | 18 | 22.7 | 0.06 | 120 | 102 |
| L10 | 0.0822 | 16.2 | 13 | 20.6 | 0.14 | 70.6 | 72 |
| L11 | 0.221 | 26.4 | 22 | 18.7 | 0.30 | 166 | 93 |
| L12 | 0.218 | 20.9 | 18 | 14.5 | 0.13 | 144 | 81 |
| L13 | 0.248 | 26.0 | 22 | 16.3 | 0.06 | 167 | 98 |
| L14 | 0.169 | 27.9 | 23 | 16.9 | 0.31 | 149 | 95 |
| L15 | 0.158 | 28.3 | 21 | 19.1 | 0.08 | 142 | 91 |
| L16 | 0.160 | 26.7 | 19 | 18.0 | 0.11 | 142 | 87 |
| L17 | 0.120 | 22.4 | 14 | 12.7 | 0.08 | 95.4 | 66 |
| L18 | 0.121 | 26.5 | 16 | 16.8 | 0.14 | 113 | 71 |
| L19 | 0.216 | 27.3 | 23 | 17.3 | 0.30 | 164 | 101 |
| L20 | 0.190 | 29.4 | 22 | 19.4 | 0.26 | 176 | 90 |
| Ⅰ类标准 | 0.15 | 20.0 | 35.0 | 60.0 | 0.50 | 150.0 | 80.0 |
| Ⅱ类标准 | 0.50 | 65.0 | 100.0 | 130.0 | 1.50 | 350.0 | 150.0 |
| Ⅱ类标准 | 1.00 | 93.0 | 200.0 | 250.0 | 5.00 | 600.0 | 270.0 |

注：标准参照《土壤环境质量标准》(GB 15618—1995)。

#### 4.3.3.3　库区底质物理性状

对库区底质进行颗粒物组成分析测试，库区底质以粉砂质黏壤土为主，颗粒组成以 0.02~0.002 mm 为主，占总颗粒物的 50% 左右，小于 0.002 mm 的颗粒物占 30%~40%。

### 4.3.4　龟石水库水生态环境状况变化趋势及原因分析

于 2016 年春季(4 月)、夏季(8 月)、秋季(11 月)和冬季(1 月)对龟石水库及主要入库支流进行了 4 次水生态调查研究，通过分析水体中浮游植物、浮游动物、底栖动物和鱼类的种群结构的演替变化，评价水生态健康水平，有针对性地提出合理的保护措施，为龟石水库水体的生态安全提供保障。

#### 4.3.4.1　采样时间和样点

于 2016 年春季(4 月)、夏季(8 月)、秋季(11 月)和冬季(1 月)对龟石水库及入库支流 21 个点位进行采样调查研究，调查样点见表 4.3-26 和图 4.3-31。

表 4.3-26  龟石水库调查样点信息表

| | 编号 | 点位名称 | 坐标 | | 位置说明 |
|---|---|---|---|---|---|
| 库区 | L1 | 坝首 | 24°39′43.06″N | 111°17′15.75″E | 坝首 |
| | L2 | 碧溪山冲口 | 24°40′49.81″N | 111°17′18.55″E | 一级保护区中心 |
| | L3 | 老铺寨 | 24°42′31.01″N | 111°16′13.85″E | 西南角 |
| | L4 | 洪水源冲口 | 24°43′8.22″N | 111°17′36.84″E | 东南角 |
| | L5 | 龙头 | 24°43′37.80″N | 111°16′19.92″E | 西南 |
| | L6 | 内新 | 24°44′16.81″N | 111°18′16.42″E | 库区中部 |
| | L7 | 坝头寨 | 24°44′55.99″N | 111°19′17.24″E | 东北角 |
| | L8 | 文龙井 | 24°45′4.73″N | 111°16′48.49″E | 西偏北 |
| | L9 | 蒙家 | 24°45′40.05″N | 111°17′54.00″E | 北部 |
| | L10 | 毛家大桥 | 24°46′34.46″N | 111°16′58.34″E | 富川江汇入点 |
| | L11 | 峡口 | 24°42′22.7″N | 111°17′22.85″E | 最狭窄段 |
| 入库支流 | R1 | 富江入库口 | 24°46′47.70″N | 111°16′43.21″E | 富江入口 |
| | R2 | 富江南环路大桥 | 24°48′30.61″N | 111°16′8.46″E | 富江 |
| | R3 | 菜花楼老桥 | 24°49′41.04″N | 111°16′15.43″E | 富江 |
| | R4 | 巩塘河入库口 | 24°47′8.37″N | 111°18′5.72″E | 巩塘河 |
| | R5 | 巩塘河上游 | 24°48′22.32″N | 111°18′3.77″E | 羊皮寨河变电站 |
| | R6 | 莲山河 | 24°45′47.42″N | 111°19′36.20″E | 莲山河汇入点（沙洲河汇入后） |
| | R7 | 沙洲河入莲山河 | 24°46′7.98″N | 111°19′53.44″E | 沙洲河汇入莲山河之前 |
| | R8 | 吉山村河 | 24°45′7.21″N | 111°20′11.95″E | 吉山村河 |
| | R9 | 淮南河入口 | 24°44′10.39″N | 111°15′52.13″E | 淮南河汇入点 |
| | R10 | 洪水源村桥 | 24°42′59.81″N | 111°19′25.89″E | 洪水源村桥 |

#### 4.3.4.2 采样方法

（1）浮游植物

浮游植物定性样品使用 25#浮游生物网（孔径为 64 μm），以网口上端在水面或水深一尺处作"∞"形的来回拖动，3~5 min 后，将网慢慢提起，使浮游植物集中在网头内，打开活塞，使样品流入瓶内，然后立即使用浓度为 4%的甲醛溶液固定后镜检观察。

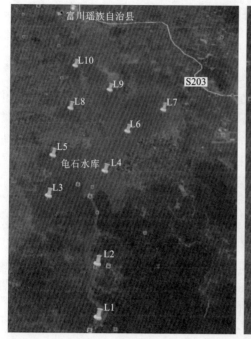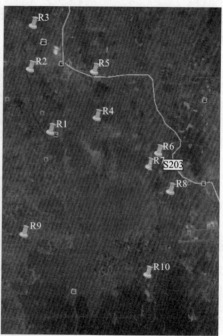

**图 4.3-31　龟石水库调查点位图**

浮游植物定量样品用采水器采集表层水（水下 0.5 m）水样 1000 mL，现场加入 10 mL 鲁哥氏碘液（Lugol's）固定，静置 24 h 后浓缩至 30 mL，再移取 0.1 mL 采用目镜视野计数法进行藻类细胞计数与鉴定。

（2）浮游动物

枝角类和桡足类的定性标本用 13#浮游生物网在水面下划"∞"形捞取，浓缩至 50 mL 的标本瓶中，再加福尔马林固定后带回实验室进行种类鉴定。定量样品取 50 L 水样经 25#浮游生物网过滤后，放入 50 mL 标本瓶中，再加福尔马林固定保存，之后带回实验室鉴定及计数。轮虫定性采集方法为：用 25#浮游生物网在水面下划"∞"形捞取，浓缩至 50 mL 标本瓶，再加福尔马林固定后带回实验室进行种类鉴定及计数。轮虫定量样品的采集为用采水器采集一定深度的水样放入 1000 mL容器中，加鲁哥试液固定，再带回实验室进行沉降、浓缩，定容至 30 mL。

浮游动物使用采样镜检进行计数，轮虫、枝角类和桡足类均沉淀后用 1 mL浮游生物计数框进行全沉淀计数，利用相关软件计算其生物密度和生物量。

（3）底栖动物

采用开口面积为 1/16 m² 的彼得森采泥器收集底泥样品，采获底泥样品后，用 60 目筛网过滤筛掉泥沙，保留底栖动物，将底栖动物标本置于 500 mL 白色乳胶瓶中并加入浓度为 75% 的酒精保存，带回实验室完成分类鉴定。底栖动物的鉴

定参照 *Aquatic Insects of China Useful For Monitoring Water Quality*、*Identification Manual for the Larval Chironomidae（Diptera）of North and South Carolina*、《中国经济动物志(淡水软体动物)》等。

（4）鱼类

鱼类调查以资料收集和野外实地调查为主。采集的标本于室内进行分类鉴定并测定生物学指标(体长、体重、年龄、成熟系数等)。调查方法主要有渔船现场捕捞调查、当地集镇市场购买、走访捕捞作业渔民。鱼类鉴定主要参照《中国动物志·硬骨鱼纲鲤形目(中卷)》《广西淡水鱼类志》《珠江鱼类志》《珠江水系渔业资源》。

### 4.3.4.3 浮游植物现状及变化趋势

#### 4.3.4.3.1 浮游植物种类组成

经鉴定，春季龟石水库及主要入库支流共检出浮游植物 7 门 104 种，种类较多的依次为绿藻门(45 种)、硅藻门(38 种)和蓝藻门(11 种)，所占比例之和达90%以上，分别为 43.27%、36.54% 和 10.58%；其他种类之和所占比例不到10%，其中隐藻门 2 种，占总数的 1.92%；甲藻门 3 种，占总数的 2.88%；裸藻门4 种，占总数的 3.85%；金藻门 1 种，占总数的 0.96%[图 4.3-32(a)]。

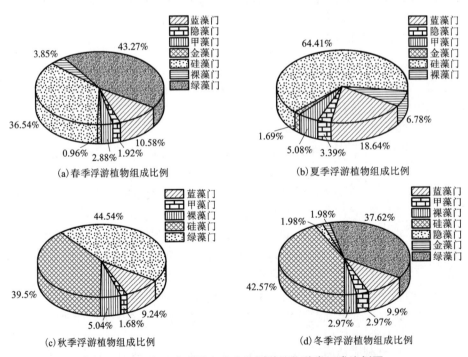

（a）春季浮游植物组成比例

（b）夏季浮游植物组成比例

（c）秋季浮游植物组成比例

（d）冬季浮游植物组成比例

**图 4.3-32　龟石水库及入库支流浮游植物种类组成比例图**

夏季龟石水库及主要入库支流共检出浮游植物 6 门 57 种，种类较多的依次为绿藻门（22 种）、硅藻门（20 种）和蓝藻门（9 种），所占比例之和接近 90%，分别为 38.60%、35.09% 和 15.79%；其他藻类种类数较少，其中隐藻门 2 种，占总数的 3.51%；甲藻门 1 种，占总数的 1.75%；裸藻门 3 种，占总数的 5.26%[图 4.3-32(b)]。

秋季龟石水库及主要入库支流共检出浮游植物 5 门 119 种，种类较多的依次为绿藻门（53 种）、硅藻门（47 种）和蓝藻门（11 种），所占比例之和达到 93.28%，分别为 44.54%、39.50% 和 9.24%；其他藻类种类数较少，甲藻门和裸藻门分别为 2 种和 6 种，所占比例分别为 1.68%、5.04%[图 4.3-32(c)]。

冬季龟石水库及主要入库支流共检出浮游植物 7 门 101 种，种类较多的依次为硅藻门（43 种）、绿藻门（38 种）和蓝藻门（10 种），所占比例之和约达到 90.10%，分别为 42.57%、37.62% 和 9.90%；其他藻类种类数较少，甲藻门和裸藻门均为 3 种，所占比例为 2.97%，隐藻和金藻门均为 2 种，所占比例为 1.98%[图 4.3-32(d)]。

由表 4.3-27 可以看出，春季龟石水库库区浮游植物以蓝藻门和绿藻门种类数居多，而入库河流硅藻门种类显著高于水库区，且指示清洁水体的金藻门仅在河流段（R5）出现。夏季龟石水库库区和入库支流的浮游植物均以硅藻门种类居多，其次为蓝藻门和绿藻门，清洁指示种未出现。秋季入库河流的浮游植物种类数高于水库库区，主要是硅藻门种类数明显增多，其他藻类种类数相当，隐藻门藻类未出现。冬季入库河流的浮游植物种类数仍高于水库库区，主要是硅藻门种类数和蓝藻门种类数增多，但水库出现金藻门的分枝锥囊藻等清洁种类。

#### 4.3.4.3.2　浮游植物细胞密度

春季龟石水库库区段浮游植物细胞密度变化范围[表 4.3-27(a)~表 4.3-27(d)]为 $7.69×10^5 ~ 1.60×10^7$ 个/L，L5（龙头）样点藻细胞密度最高，其次为 L8（文龙井）样点，藻细胞密度为 $7.28×10^6$ 个/L，L11（峡口）样点藻细胞密度最低。浮游植物群落组成以隐藻门贡献最大，除 L3、L6、L9、L10 样点外，其他样点均以隐藻门藻细胞密度最高，其中 L5 样点隐藻门藻细胞密度高达 93.38%。L3 和 L6 样点绿藻门的贡献率最大，所占比例达 50% 左右；L9 和 L10 样点硅藻门藻细胞密度所占比例最高，所占比例高达 50%，库区各样点蓝藻门所占比例均较低。因此，龟石水库库区浮游植物细胞密度分布有较大差异，可能与水库的形态、周围环境的影响及入库支流的汇入相关，库区整体以隐藻门为主，L3 和 L6 样点受周围居民生活的影响较大，浮游植物主要以耐污的绿藻门为主；L9 和 L10 样点有支流富江的汇入，更有利于适应河流生态环境的硅藻门的生长。

表 4.3-27（a） 春季各样点浮游植物种类组成

| 春季 | 水库样点 | | | | | | | | | | | 河流样点 | | | | | | | | | | 种 |
|---|---|---|---|---|---|---|---|---|---|---|---|---|---|---|---|---|---|---|---|---|---|---|
| | L1 | L2 | L3 | L4 | L5 | L6 | L7 | L8 | L9 | L10 | L11 | R1 | R2 | R3 | R4 | R5 | R6 | R7 | R8 | R9 | R10 | |
| 蓝藻门 | 3 | 3 | 2 | 3 | 2 | 4 | 1 | 5 | 3 | 3 | 2 | 4 | 2 | 1 | 4 | 3 | 2 | 3 | 4 | 2 | 2 | |
| 隐藻门 | 2 | 2 | 2 | 1 | 2 | 1 | 1 | 2 | 1 | 1 | 2 | 1 | 0 | 1 | 1 | 1 | 1 | 1 | 2 | 2 | 1 | |
| 甲藻门 | 1 | 1 | 1 | 2 | 2 | 1 | 2 | 2 | 2 | 1 | 2 | 1 | 1 | 2 | 2 | 2 | 3 | 1 | 1 | 1 | 1 | |
| 金藻门 | 0 | 0 | 0 | 0 | 0 | 0 | 0 | 0 | 0 | 0 | 0 | 0 | 0 | 0 | 0 | 1 | 0 | 0 | 0 | 0 | 0 | |
| 硅藻门 | 3 | 5 | 6 | 2 | 5 | 7 | 6 | 12 | 10 | 15 | 8 | 16 | 15 | 14 | 17 | 14 | 15 | 15 | 19 | 14 | 9 | |
| 裸藻门 | 0 | 0 | 0 | 1 | 0 | 0 | 1 | 0 | 0 | 0 | 0 | 1 | 1 | 1 | 1 | 2 | 2 | 0 | 1 | 0 | 0 | |
| 绿藻门 | 10 | 11 | 13 | 9 | 6 | 10 | 11 | 16 | 12 | 6 | 9 | 9 | 10 | 15 | 17 | 14 | 6 | 7 | 8 | 2 | 4 | |
| 合计 | 19 | 22 | 24 | 18 | 17 | 23 | 22 | 37 | 28 | 26 | 23 | 32 | 28 | 34 | 42 | 37 | 29 | 27 | 35 | 21 | 17 | |

表 4.3-27（b） 夏季各样点浮游植物种类组成

| 夏季 | 水库样点 | | | | | | | | | | | 河流样点 | | | | | | | | | | 种 |
|---|---|---|---|---|---|---|---|---|---|---|---|---|---|---|---|---|---|---|---|---|---|---|
| | L1 | L2 | L3 | L4 | L5 | L6 | L7 | L8 | L9 | L10 | L11 | R1 | R2 | R3 | R4 | R5 | R6 | R7 | R8 | R9 | R10 | |
| 蓝藻门 | 3 | 3 | 3 | 4 | 3 | 5 | 4 | 5 | 4 | 4 | 3 | 3 | 1 | 3 | 2 | 2 | 2 | 2 | 4 | 4 | 1 | |
| 隐藻门 | 2 | 2 | 2 | 2 | 1 | 2 | 2 | 1 | 1 | 0 | 2 | 2 | 0 | 0 | 0 | 1 | 0 | 0 | 1 | 1 | 0 | |
| 甲藻门 | 0 | 1 | 1 | 1 | 0 | 1 | 1 | 1 | 0 | 0 | 0 | 1 | 1 | 1 | 0 | 0 | 0 | 0 | 0 | 0 | 0 | |
| 裸藻门 | 0 | 0 | 0 | 0 | 0 | 0 | 0 | 0 | 0 | 0 | 0 | 0 | 0 | 0 | 0 | 0 | 0 | 0 | 1 | 1 | 2 | |
| 硅藻门 | 5 | 5 | 5 | 5 | 6 | 6 | 5 | 6 | 5 | 5 | 6 | 4 | 10 | 10 | 7 | 8 | 10 | 3 | 6 | 6 | 4 | |
| 绿藻门 | 4 | 1 | 3 | 0 | 2 | 2 | 5 | 2 | 4 | 4 | 4 | 4 | 2 | 2 | 1 | 2 | 1 | 0 | 4 | 4 | 3 | |
| 合计 | 14 | 12 | 14 | 12 | 12 | 16 | 16 | 15 | 14 | 14 | 15 | 14 | 13 | 16 | 10 | 13 | 13 | 5 | 16 | 16 | 10 | |

表 4.3-27（c）　秋季各样点浮游植物种类组成

单位：种

| 秋季 | 水库样点 | | | | | | | | | | | 河流样点 | | | | | | | | | |
| --- | L1 | L2 | L3 | L4 | L5 | L6 | L7 | L8 | L9 | L10 | L11 | R1 | R2 | R3 | R4 | R5 | R6 | R7 | R8 | R9 | R10 |
| 蓝藻门 | 1 | 1 | 3 | 1 | 2 | 0 | 2 | 1 | 2 | 0 | 0 | 5 | 2 | 1 | 2 | 4 | 1 | 1 | 1 | 1 | 0 |
| 甲藻门 | 0 | 0 | 0 | 0 | 0 | 0 | 1 | 0 | 1 | 0 | 0 | 0 | 0 | 0 | 0 | 0 | 0 | 0 | 0 | 0 | 0 |
| 裸藻门 | 0 | 0 | 0 | 0 | 0 | 0 | 2 | 0 | 0 | 1 | 0 | 2 | 0 | 1 | 2 | 0 | 1 | 0 | 0 | 0 | 2 |
| 硅藻门 | 4 | 5 | 10 | 9 | 9 | 9 | 8 | 10 | 8 | 12 | 5 | 14 | 13 | 11 | 8 | 8 | 7 | 5 | 14 | 6 | 3 |
| 绿藻门 | 3 | 5 | 13 | 12 | 14 | 8 | 11 | 6 | 7 | 9 | 6 | 11 | 8 | 4 | 7 | 10 | 3 | 2 | 11 | 0 | 1 |
| 合计 | 8 | 11 | 26 | 22 | 25 | 17 | 24 | 17 | 18 | 22 | 11 | 33 | 23 | 17 | 19 | 22 | 12 | 8 | 26 | 7 | 6 |

表 4.3-27（d）　秋季各样点浮游植物种类组成

单位：种

| 冬季 | 水库样点 | | | | | | | | | | | 河流样点 | | | | | | | | | |
| --- | L1 | L2 | L3 | L4 | L5 | L6 | L7 | L8 | L9 | L10 | L11 | R1 | R2 | R3 | R4 | R5 | R6 | R7 | R8 | R9 | R10 |
| 蓝藻门 | 3 | 1 | 1 | 3 | 3 | 3 | 3 | 3 | 3 | 1 | 1 | 5 | 2 | 0 | 2 | 0 | 4 | 2 | 2 | 1 | 0 |
| 甲藻门 | 0 | 0 | 0 | 1 | 0 | 1 | 0 | 2 | 2 | 1 | 0 | 1 | 0 | 0 | 0 | 0 | 0 | 0 | 0 | 0 | 0 |
| 裸藻门 | 0 | 0 | 0 | 0 | 0 | 0 | 0 | 0 | 0 | 1 | 0 | 3 | 0 | 0 | 0 | 0 | 0 | 0 | 0 | 0 | 1 |
| 硅藻门 | 7 | 7 | 8 | 8 | 14 | 5 | 6 | 13 | 5 | 16 | 9 | 14 | 13 | 11 | 13 | 9 | 17 | 11 | 9 | 13 | 4 |
| 隐藻门 | 2 | 2 | 2 | 2 | 2 | 2 | 1 | 2 | 2 | 2 | 2 | 0 | 0 | / | 0 | 0 | 0 | / | 0 | / | 1 |
| 金藻门 | 1 | 1 | 1 | 1 | 1 | 1 | 1 | 1 | 1 | 1 | 1 | / | / | / | / | / | / | / | / | / | / |
| 绿藻门 | 11 | 10 | 8 | 11 | 12 | 13 | 9 | 10 | 9 | 5 | 8 | 12 | 8 | 5 | 5 | 1 | 6 | 8 | 0 | 0 | 0 |
| 合计 | 24 | 21 | 20 | 26 | 32 | 25 | 20 | 31 | 22 | 27 | 22 | 35 | 23 | 16 | 20 | 10 | 27 | 21 | 11 | 14 | 6 |

春季龟石水库入库河流段浮游植物细胞密度相对较低，变化范围为 $1.92\times10^5$ ~ $1.72\times10^6$ 个/L，最高为 R1(富江入库口)样点，其次为 R4(巩塘河入库口)样点，藻细胞密度为 $1.39\times10^6$ 个/L，藻细胞密度最低为 R9(淮南河汇入口)样点。河流段 R2~R9 样点，浮游植物细胞密度均以硅藻门的贡献率最大，R6(莲山河)样点高达 63.87%；绿藻门所占比例次之，基本在 20% 以上(除样点 R9 以隐藻门次之，为 28%)；R1 样点蓝藻门藻细胞密度所占比例为 43.15%，其次为硅藻门，所占比例为 30.11%；R10 样点以绿藻门藻细胞密度最高，达到 54.92%，其次为隐藻门，所占比例为 18.88%。因此，龟石水库入库河流浮游植物以硅藻门为主，R1 样点蓝藻门细胞较高，主要是因为采样点接近水库，适宜水库生态环境的蓝藻门生长较快，R10 样点受居民人为影响严重(图 4.3-33)。

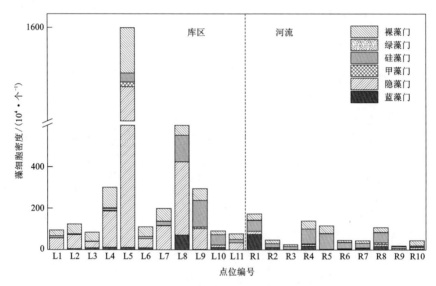

图 4.3-33　春季浮游植物细胞密度分布

夏季龟石水库库区段浮游植物细胞密度变化范围为 $2.09\times10^7$ ~ $5.69\times10^7$ 个/L，L4(洪水源冲口)样点藻细胞密度最高，最低为 L5(龙头)样点。浮游植物群落组成以蓝藻门贡献最大，各样点蓝藻门细胞所占比例基本在 70% 以上，L2(碧溪山冲口)样点蓝藻门所占比例最高，达到 93.41%，蓝藻门细胞密度为 $3.06\times10^7$ 个/L。各样点硅藻门也占有一定比例，L8(文龙井)、L10(毛家大桥)样点占比例相对较高一点，分别为 19.08% 和 18.81%。绿藻门、裸藻门和隐藻门细胞密度极低。龟石水库夏季蓝藻门细胞密度已达到水华程度，监测期间也发现水体有异常现象，没有大面积的爆发水华，跟外界环境条件有关。

夏季龟石水库各入库河流段浮游植物组成较复杂，跟周围居民的影响、人为对河流生态环境的破坏等相关。入库河流浮游植物细胞变化范围为 $1.74\times10^5$ ~

$7.52×10^7$ 个/L, 其中 R1(富江入库口)样点藻细胞密度最高, R7(沙洲河入莲山河)样点藻细胞密度最低, R5(巩塘河上游)样点相对较高, 为 $2.32×10^6$ 个/L。浮游植物细胞密度组成 R1、R5~R7 样点, 主要以蓝藻门占比最高, 其中 R1 样点蓝藻密度为 $6.79×10^7$ 个/L, 占藻细胞总密度的 90.39%, 主要因为 R1 样点接近水库, 类似水库的生态环境利于蓝藻生长; 其他样点以硅藻细胞密度占优势, 符合河流生态环境的生物生长(图 4.3-34)。

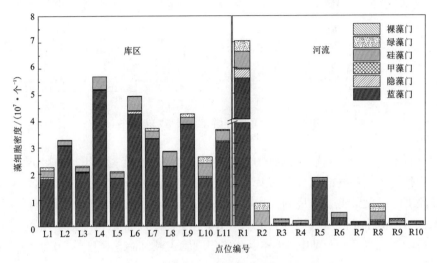

**图 4.3-34　夏季浮游植物细胞密度分布**

秋季龟石水库库区段浮游植物总细胞密度变化范围为 $2.52×10^7$ ~ $1.21×10^9$ 个/L, L3(老铺寨)样点藻细胞密度最高, 最低为 L1(坝首)样点。除 L3(老铺寨)样点, 蓝藻门贡献率最高, 所占比例达到 87.44%, 其他各样点均是硅藻门所占比例最高, 均超过 50%。L3 样点藻细胞密度异常升高, 可能与人为污染相关。水库局部蓝藻门细胞密度异常, 并未引起水华, 跟外界环境条件有关。龟石水库入库河流浮游植物细胞变化范围为 $4.53×10^6$ ~ $3.24×10^8$ 个/L, 其中 R1(富江入库口)样点藻细胞密度最高, R10(洪水源村桥)样点藻细胞密度最低。入库河流段浮游植物组成较复杂, 跟周围居民的影响、人为对河流生态环境的破坏等相关。浮游植物细胞密度组成, R4 和 R9 样点以蓝藻门所占比例最高, 其中 R9 样点蓝藻密度为 $1.36×10^7$ 个/L, 占藻细胞总密度的 69.23%; 其他样点以硅藻门或绿藻门细胞密度占优势(图 4.3-35)。

冬季龟石水库库区段浮游植物总细胞密度变化范围为 $1.52×10^6$ ~ $6.70×10^6$ 个/L, L3(老铺寨)样点藻细胞密度最高, 最低为 L10(毛家大桥)样点。从浮游植物细胞密度组成来看, L5(龙头)、L6(内新)和 L7(坝头寨)样点蓝藻门贡献率最高, 其他各样点均是硅藻门所占比例最高, 所占比例均为 50% 左右。

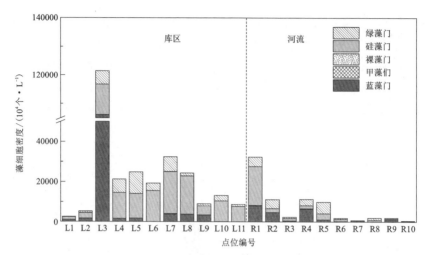

图4.3-35 秋季浮游植物细胞密度分布

龟石水库入库河流浮游植物细胞密度均较低,变化范围为 $2.04 \times 10^5 \sim 3.30 \times 10^6$ 个/L,其中 R1(富江入库口)样点藻细胞密度最高,R10(洪水源村桥)样点藻细胞密度最低。入库河流段浮游植物组成较复杂,跟周围居民的影响、人为干扰对河流生态环境的破坏等相关。R6~R9 样点浮游植物细胞密度组成主要以蓝藻门占比例最高,其中 R8 样点蓝藻门细胞占藻细胞总密度的 80.90%;其他样点以硅藻门细胞密度占优势(图4.3-36)。

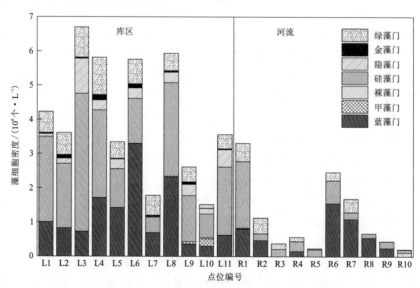

图4.3-36 冬季浮游植物细胞密度分布

### 4.3.4.3.3　主要优势种

春季龟石水库库区出现浮游植物优势种 4 种,其中隐藻门的卵形隐藻为第一优势种,优势度达到 0.49;河流段出现的优势种种类较多,且以硅藻门为主,其他门类也有出现[表 4.3-28(a)]。

夏季龟石水库库区浮游植物优势种有 5 种,以蓝藻门为主,其中伪鱼腥藻为第一优势种,优势度达到 0.44,硅藻门小环藻和曲壳藻为优势种。河流段也出现 5 种优势种,其中伪鱼腥藻仍为第一优势种,其他优势种均为硅藻门种类[表 4.3-28(b)]。

秋季龟石水库库区和入库支流浮游植物中均以硅藻门的颗粒直链藻和颗粒直链藻最窄变种为主要优势种,此外,蓝藻门和绿藻门也有出现,说明秋季水温低,更适宜硅藻的生长[表 4.3-28(c)]。

冬季龟石水库库区浮游植物优势种较多,以蓝藻门的伪鱼腥藻和硅藻门的颗粒直链藻最窄变种为第一和第二优势种,入库支流以硅藻门的优势种类较多,说明冬季水温低,更适宜硅藻的生长[表 4.3-28(d)]。

**表 4.3-28(a)　龟石水库春季浮游植物优势种与优势度**

| 项目 | 水库 | | 河流 | |
| --- | --- | --- | --- | --- |
| | 优势种 | 优势度 | 优势种 | 优势度 |
| 春季 | 蓝隐藻 | 0.05 | 伪鱼腥藻 | 0.02 |
| | 卵形隐藻 | 0.49 | 卵形隐藻 | 0.06 |
| | 颗粒直链藻 | 0.04 | 多甲藻 | 0.02 |
| | 小球藻 | 0.10 | 颗粒直链藻 | 0.05 |
| | — | — | 颗粒直链藻最窄变种 | 0.06 |
| | | | 小环藻 | 0.03 |
| | | | 针杆藻 | 0.02 |
| | | | 双壁藻 | 0.02 |
| | | | 舟形藻 | 0.04 |
| | | | 桥弯藻 | 0.02 |
| | | | 异极藻 | 0.02 |
| | | | 菱形藻 | 0.03 |
| | | | 小球藻 | 0.04 |
| | | | 四尾栅藻 | 0.06 |

表 4.3-28(b)    龟石水库夏季浮游植物优势种与优势度

| 项目 | 水库 | | 河流 | |
|------|------|------|------|------|
| | 优势种 | 优势度 | 优势种 | 优势度 |
| 夏季 | 弯形尖头藻 | 0.16 | 伪鱼腥藻 | 0.20 |
| | 伪鱼腥藻 | 0.44 | 小环藻 | 0.02 |
| | 拟柱孢藻 | 0.26 | 卵形藻 | 0.06 |
| | 小环藻 | 0.04 | 菱形藻 | 0.02 |
| | 曲壳藻 | 0.05 | 颗粒直链藻最窄变种 | 0.04 |

表 4.3-28(c)    龟石水库秋季浮游植物优势种与优势度

| 项目 | 水库 | | 河流 | |
|------|------|------|------|------|
| | 优势种 | 优势度 | 优势种 | 优势度 |
| 秋季 | 隐杆藻 | 0.14 | 颤藻 | 0.05 |
| | 颗粒直链藻 | 0.17 | 颗粒直链藻 | 0.05 |
| | 颗粒直链藻最窄变种 | 0.15 | 颗粒直链藻最窄变种 | 0.08 |
| | 小环藻 | 0.05 | 四尾栅藻 | 0.04 |
| | 尖针杆藻 | 0.02 | 顶锥十字藻 | 0.02 |

表 4.3-28(d)    龟石水库冬季浮游植物优势种与优势度

| 项目 | 水库 | | 河流 | |
|------|------|------|------|------|
| | 优势种 | 优势度 | 优势种 | 优势度 |
| 冬季 | 伪鱼腥藻 | 0.26 | 平裂藻 | 0.12 |
| | 鱼腥藻 | 0.02 | 颗粒直链藻 | 0.05 |
| | 颗粒直链藻 | 0.04 | 颗粒直链藻最窄变种 | 0.03 |
| | 颗粒直链藻最窄变种 | 0.22 | 小环藻 | 0.02 |
| | 钝脆杆藻 | 0.12 | 微小舟形藻 | 0.02 |
| | 尖尾蓝隐藻 | 0.06 | 四尾栅藻 | 0.02 |
| | 纤细月牙藻 | 0.03 | — | — |
| | 库津新月藻 | 0.02 | — | — |
| | 转板藻 | 0.02 | — | — |

### 4.3.4.3.4　浮游植物生态评价

采用浮游植物香农-威纳多样性指数(Shannon-Wiener, $H'$)和 Pielou 均匀度指数($J$)评价水体污染程度。

$H'$ 和 $J$ 的计算公式分别为:

$$H' = -\sum_{i=1}^{S} P_i \log_2 P_i$$

$$J = H' / (\log_2 S)$$

式中: $S$ 为种类数; $P_i = N_i / N$, $N$ 为同一样品中的个体总数, $N_i$ 为第 $i$ 种的个体数。

浮游植物多样性反映其种类的多寡和各个种类数量分配的函数关系。均匀度则反映其种类数量的分配情况。一般来说,藻类的 $H'$ 越高,其群落结构就越复杂,稳定性越大,水质越好;当水体受到污染时,敏感型种类消失,$H'$ 减小,群落结构趋于简单,稳定性变差,水质下降。$J$ 和 $H'$ 具有相关性,例如竞争、捕食、演替等生态过程都能够通过改变 $J$ 来改变 $H'$,而不会改变种类丰富度。$H'$ 和 $J$ 都可以作为水质监测的参数,其对水质的评价标准为: $H' > 3$ 时,轻或无污染; $H' = 1 \sim 3$ 时,中污染; $H' = 0 \sim 1$ 时,重污染。 $J = 0 \sim 0.3$ 时,重污染; $J = 0.3 \sim 0.5$ 时,中污染; $J = 0.5 \sim 0.8$ 时,轻或无污染。

春季各监测点的浮游植物香农-威纳多样性指数($H'$)和 Pielou 均匀度指数($J$)结果见表 4.3-29 和图 4.3-37。库区的 $H'$ 为 1.03~4.14,$H'$ 的平均值为 2.71,其中点位 L10 的 $H'$ 值最高,点位 L5 的 $H'$ 值最低。均匀度指数 $J$ 为 0.29~0.90,$J$ 的平均值为 0.67,其中点位 L10 的 $J$ 值最高,点位 L5 的 $J$ 值最低。河流区的 $H'$ 为 2.30~4.21,$H'$ 的平均值为 3.65,其中点位 R8 的 $H'$ 值最高,点位 R10 的 $H'$ 值最低。河流区均匀度指数 $J$ 为 0.66~0.95,$J$ 的平均值为 0.85,其中点位 R3 的 $J$ 值最高,点位 R10 的 $J$ 值最低。

**表 4.3-29　春季各点位多样性指数 $H'$ 和均匀度指数 $J$ 统计**

| 点位编号 | $H'$ | $J$ | 点位编号 | $H'$ | $J$ |
|---|---|---|---|---|---|
| L1 | 2.57 | 0.72 | R1 | 3.53 | 0.78 |
| L2 | 2.80 | 0.70 | R2 | 3.63 | 0.87 |
| L3 | 2.74 | 0.72 | R3 | 3.72 | 0.95 |
| L4 | 2.13 | 0.55 | R4 | 3.94 | 0.85 |
| L5 | 1.03 | 0.29 | R5 | 3.24 | 0.71 |
| L6 | 2.84 | 0.73 | R6 | 4.18 | 0.94 |

**续表4.3-29**

| 点位编号 | $H'$ | $J$ | 点位编号 | $H'$ | $J$ |
|---|---|---|---|---|---|
| L7 | 2.37 | 0.59 | R7 | 3.94 | 0.93 |
| L8 | 3.08 | 0.69 | R8 | 4.21 | 0.87 |
| L9 | 3.09 | 0.71 | R9 | 3.86 | 0.94 |
| L10 | 4.14 | 0.90 | R10 | 2.30 | 0.66 |
| L11 | 3.07 | 0.74 | / | / | / |

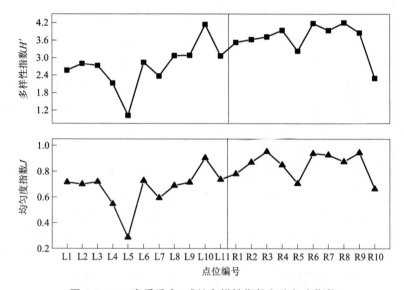

**图 4.3-37　春季香农-威纳多样性指数和均匀度指数**

夏季库区的 $H'$ 为 1.91~2.78，$H'$ 的平均值为 2.20，其中 L10(毛家大桥)样点最高，L5(龙头)样点最低。均匀度指数 $J$ 为 0.52~0.73，$J$ 的平均值为 0.58，L10样点最高，L11 样点最低。河流区的 $H'$ 为 0.73~3.60，$H'$ 的平均值为 2.49，R3 样点最高，R5 最低。河流区的均匀度指数 $J$ 为 0.20~0.90，$J$ 的平均值为 0.69，其中 R3 样点最高，R5 样点最低(表 4.3-30 及图 4.3-38)。

综合 $H'$ 和 $J$ 来看，夏季龟石水库库区处于中污染状态，L4 样点污染最严重；河流段污染水平差异显著，其中 R5 样点生物多样性最差，R3、R4、R8 和 R9 样点污染较小，生物群落较复杂。

**表 4.3-30　夏季各点位多样性指数 $H'$ 和均匀度指数 $J$ 统计**

| 点位编号 | $H'$ | $J$ | 点位编号 | $H'$ | $J$ |
|---|---|---|---|---|---|
| L1 | 2.39 | 0.63 | R1 | 1.46 | 0.38 |
| L2 | 1.96 | 0.55 | R2 | 2.06 | 0.54 |
| L3 | 2.12 | 0.56 | R3 | 3.60 | 0.90 |
| L4 | 1.91 | 0.53 | R4 | 2.95 | 0.89 |
| L5 | 2.11 | 0.59 | R5 | 0.73 | 0.20 |
| L6 | 2.22 | 0.56 | R6 | 2.81 | 0.76 |
| L7 | 2.25 | 0.56 | R7 | 1.17 | 0.51 |
| L8 | 2.42 | 0.62 | R8 | 3.53 | 0.88 |
| L9 | 2.04 | 0.54 | R9 | 3.57 | 0.89 |
| L10 | 2.78 | 0.73 | R10 | 3.00 | 0.90 |
| L11 | 2.03 | 0.52 | — | — | — |

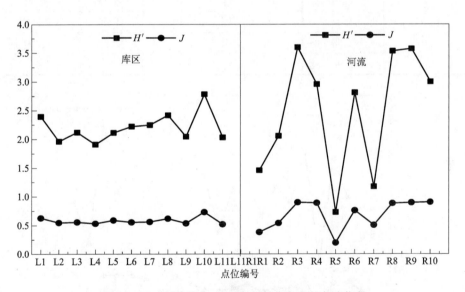

**图 4.3-38　夏季香农-威纳多样性指数和均匀度指数**

秋季库区的 $H'$ 为 1.22~3.74，$H'$ 的平均值为 2.61，其中点位 L5 的 $H'$ 值最高，点位 L4 的 $H'$ 值最低。均匀度指数 $J$ 为 0.27~0.80，$J$ 的平均值为 0.63，其中点位 L5 的 $J$ 值最高，点位 L4 的 $J$ 值最低。河流区的 $H'$ 为 1.66~4.33，$H'$ 的平均值为 3.10，其中点位 R8 的 $H'$ 值最高，点位 R9 的 $H'$ 值最低。均匀度指数 $J$ 为 0.55~1.00，$J$ 的平均值为 0.80，其中点位 R10 的 $J$ 值最高，点位 R4 的 $J$ 值最低。

综合 $H'$ 和 $J$ 来看，秋季龟石水库库区和入库支流均处于中污染至轻污染状态。处于轻污染或无污染的样点占所有样点的比例为 42.9%，说明调查区域秋季水质偏向中污染(见表4.3-31及图4.3-39)。

**表4.3-31 秋季各点位多样性指数 $H'$ 和均匀度指数 $J$ 统计**

| 点位编号 | $H'$ | $J$ | 点位编号 | $H'$ | $J$ |
| --- | --- | --- | --- | --- | --- |
| L1 | 1.78 | 0.56 | R1 | 3.20 | 0.62 |
| L2 | 2.68 | 0.78 | R2 | 3.42 | 0.76 |
| L3 | 3.57 | 0.76 | R3 | 3.69 | 0.90 |
| L4 | 1.22 | 0.27 | R4 | 2.32 | 0.55 |
| L5 | 3.74 | 0.80 | R5 | 3.66 | 0.82 |
| L6 | 2.60 | 0.64 | R6 | 3.30 | 0.92 |
| L7 | 2.93 | 0.64 | R7 | 2.82 | 0.94 |
| L8 | 2.30 | 0.56 | R8 | 4.33 | 0.92 |
| L9 | 3.04 | 0.73 | R9 | 1.66 | 0.59 |
| L10 | 2.88 | 0.64 | R10 | 2.58 | 1.00 |
| L11 | 1.96 | 0.57 | — | — | — |

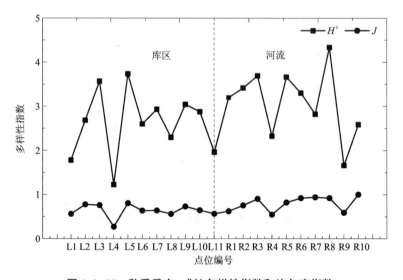

**图4.3-39 秋季香农-威纳多样性指数和均匀度指数**

冬季库区的 $H'$ 为 2.71~3.64，$H'$ 的平均值为 3.13，其中点位 L10 处的 $H'$ 值最高，点位 L8 处的 $H'$ 值最低。均匀度指数 $J$ 为 0.55~0.78，$J$ 的平均值为 0.68，

其中点位 L7 处的 $J$ 值最高，点位 L8 处的 $J$ 值最低。河流区的 $H'$ 值为 1.98～
3.94，$H'$ 的平均值为 2.93，其中点位 R4 的 $H'$ 值最高，点位 R10 处的 $H'$ 值最低。
均匀度指数 $J$ 为 0.58～0.92，$J$ 的平均值为 0.73，其中点位 R5 的 $J$ 值最高，点位
R7 处的 $J$ 值最低。综合 $H'$ 和 $J$ 来看，冬季龟石水库库区和入库支流均处于中污
染至轻污染状态。处于轻污染或无污染的样点占所有样点的比例为 71.4%，说明
调查区域冬季水质良好（见表 4.3-32 及图 4.3-40）。

表 4.3-32　冬季各点位多样性指数 $H'$ 和均匀度指数 $J$ 统计

| 点位编号 | $H'$ | $J$ | 点位编号 | $H'$ | $J$ |
|---|---|---|---|---|---|
| L1 | 3.00 | 0.65 | R1 | 3.20 | 0.62 |
| L2 | 3.09 | 0.70 | R2 | 3.42 | 0.76 |
| L3 | 3.08 | 0.71 | R3 | 3.51 | 0.88 |
| L4 | 3.24 | 0.69 | R4 | 3.94 | 0.91 |
| L5 | 3.38 | 0.68 | R5 | 3.06 | 0.92 |
| L6 | 3.02 | 0.65 | R6 | 3.00 | 0.63 |
| L7 | 3.38 | 0.78 | R7 | 2.61 | 0.58 |
| L8 | 2.71 | 0.55 | R8 | 2.04 | 0.59 |
| L9 | 3.06 | 0.69 | R9 | 2.54 | 0.67 |
| L10 | 3.64 | 0.77 | R10 | 1.98 | 0.77 |
| L11 | 2.86 | 0.63 | — | — | — |

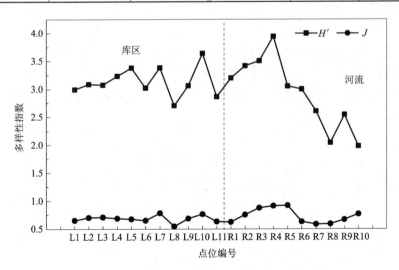

图 4.3-40　冬季香农-威纳多样性指数和均匀度指数

#### 4.3.4.4 浮游动物现状及变化趋势

##### 4.3.4.4.1 浮游动物种类组成

通过四季的调查,龟石水库及入库支流共采集浮游动物 63 种,其中轮虫 41 种,枝角类 17 种,桡足类 5 种。库区四次采集到的种类数分别为 39 种、24 种、12 种和 24 种,入库河流四次采集到的种类数分别为 24 种、26 种、3 种和 25 种。可以看出,库区中浮游动物的种类数:春季>夏季=冬季>秋季,而入库河流的浮游动物的种类数春、夏和冬三季相当,秋季则显著减少。

春季库区和入库河流共采集到浮游动物 49 种。其中,轮虫种类数最多,达 33 种,占 67.3%;其次为枝角类,为 14 种,占 28.6%;桡足类最少,仅 2 种,占 4.1%。夏季共采集到浮游动物 35 种。其中,轮虫种类数为 26 种,占 74.3%;其次为枝角类,为 5 种,占 14.3%;桡足类最少,为 4 种,占 11.4%。秋季共采集到浮游动物 12 种。其中轮虫种类数为 9 种,占 75%;桡足类 2 种,占 16.67%;枝角类仅 1 种,占 8.33%。冬季共采集到浮游动物 33 种。其中,轮虫种类数为 25 种,占 75.76%;枝角类和桡足类种类数均为 4 种,均占 12.12%。

##### 4.3.4.4.2 浮游动物优势种

春季调查所采集的 49 种浮游动物中,库区较常见的种类分别为螺形龟甲轮虫、晶囊轮虫和刺盖异尾轮虫;入库河流较常见的种类分别为腔轮虫和螺形龟甲轮虫,它们在数量上占较大优势(表 4.3-33)。

夏季调查所采集的 35 种浮游动物中,库区较常见的种类分别为长额象鼻溞、剪形臂尾轮虫和广布中剑水蚤;入库河流较常见的种类为曲腿龟甲轮虫。这些种类主要是热带、亚热带地区的常见种和广布种。除此之外,桡足类的无节幼体也有较多分布,在浮游动物群落构成中占有一定比例。

秋季调查所采集的 12 种浮游动物中,库区较常见的种类为螺形龟甲轮虫和针簇多肢轮虫。

冬季调查所采集的 33 种浮游动物中,库区和入库河流较常见的种类均是曲腿龟甲轮虫。

**表 4.3-33 龟石水库流域优势种**

| 库区优势种 | 所占百分比 | 入库河流优势种 | 所占百分比 |
|---|---|---|---|
| 春季(4 月) | | | |
| 螺形龟甲轮虫 | 16.14% | 腔轮虫 | 12.82% |
| 晶囊轮虫 | 10.06% | 螺形龟甲轮虫 | 11.54% |
| 刺盖异尾轮虫 | 22.22% | 无节幼体 | 17.95% |
| 无节幼体 | 11.47% | | |

**续表4.3-33**

| 库区优势种 | 所占百分比 | 入库河流优势种 | 所占百分比 |
|---|---|---|---|
| 夏季(8月) | | | |
| 长额象鼻溞 | 16.23% | 曲腿龟甲轮虫 | 11.39% |
| 剪形臂尾轮虫 | 12.55% | 无节幼体 | 29.11% |
| 广布中剑水蚤 | 18.79% | | |
| 无节幼体 | 24.68% | | |
| 秋季(11月) | | | |
| 螺形龟甲轮虫 | 29.09% | | |
| 针簇多肢轮虫 | 27.27% | | |
| 冬季(1月) | | | |
| 曲腿龟甲轮虫 | 54.97% | 曲腿龟甲轮虫 | 15.45% |

#### 4.3.4.4.3　浮游动物密度及空间分布

春季龟石水库流域浮游动物的密度见图4.3-41,库区密度为25.2~290.4 ind/L,平均为124.15 ind/L。L5和L9点位浮游动物密度较大,分别为290.4 ind/L和259.8 ind/L。L5点位以刺盖异尾轮虫占优势,L9点位以异尾轮虫占优势。密度最小值出现在L6点位,仅为25.2 ind/L,同时L2和L3点位的浮游动物密度也较低,分别为57 ind/L和47.4 ind/L。龟石水库入库河流密度为0.6~11.4 ind/L,平均为4.44 ind/L。R8点位浮游动物密度最高,为11.4 ind/L;而R9和R10点位较小,分别为1.2 ind/L和0.6 ind/L。

夏季龟石水库库区浮游动物密度分布见图4.3-42,库区密度为30.0~135.6 ind/L,平均为67.0 ind/L。L8点位浮游动物密度最高,为135.6 ind/L,且以长额象鼻溞占优势。而L2和L3点位浮游动物密度较小,分别为30.0 ind/L和41.0 ind/L。龟石水库入库河流密度为0.6~60 ind/L,平均为10.14 ind/L。R1点位浮游动物密度最高,为60 ind/L,远高于其他点位,而R1点位浮游植物的藻细胞数也和浮游动物有相似的情况。

秋季龟石水库库区浮游动物密度分布见图4.3-43,库区密度为0~12 ind/L,平均为3.00 ind/L。L3点位浮游动物最高,而L10点位未发现浮游动物。龟石水库入库河流仅在R1、R4和R5点位发现浮游动物,且密度均很小,分别为1.2 ind/L、1.2 ind/L和0.6 ind/L。

冬季龟石水库库区浮游动物密度分布见图4.3-44,库区密度为5.4~138.0 ind/L,平均为34.1 ind/L。L4点位浮游动物密度最高,以曲腿龟甲轮虫占优势;而L1点位浮游动物密度最小。龟石水库入库河流密度为1.2~29.4 ind/L,平均为7.38 ind/L。R1点位浮游动物密度最高,R6和R9点位浮游动物密度最低。

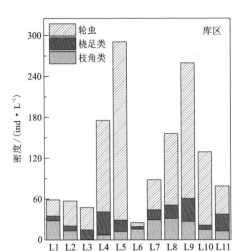
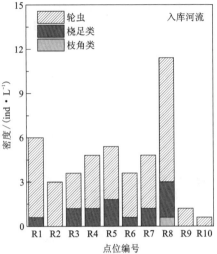

图 4.3-41 春季龟石水库浮游动物密度分布图

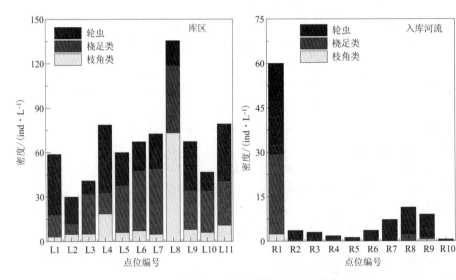

图 4.3-42 夏季龟石水库浮游动物密度分布图

与春季龟石水库库区相比，夏季浮游动物的平均密度有较大幅度的减少，主要是因为部分点位轮虫的密度显著减少。组成上则由春季以轮虫为主演变为夏季的三大类均衡分布。到了秋冬两季，浮游动物各类群密度显著减少。浮游动物的分布可能与水体流速以及被捕食和竞争压力等相关。一般而言，在温带地区水体中，鱼类的繁殖高峰期在晚春及早夏时期，较大的捕食压力对浮游动物的群落结构有显著的影响。在捕食压力较小的温带水体中，枝角类通常以溞属为优势，而

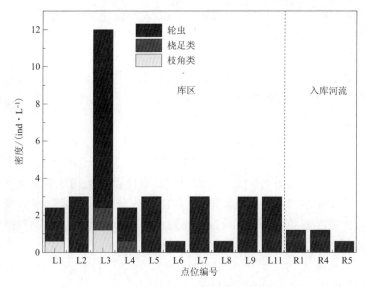

图 4.3-43　秋季龟石水库浮游动物密度分布图

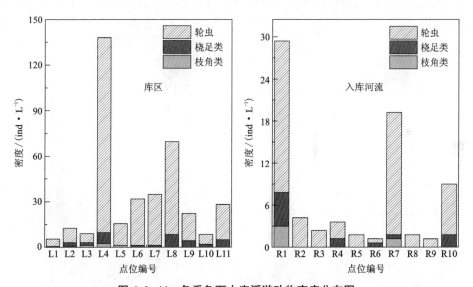

图 4.3-44　冬季龟石水库浮游动物密度分布图

溞属在与轮虫的食物竞争中能取得优势。相反，在捕食压力较大的水体中，浮游动物通常以小型枝角类、桡足类或轮虫为优势。龟石水库库区浮游动物的优势种由春季的异尾轮科逐渐演变为以小型枝角类长额象鼻溞为主，反映了轮虫相对较高的被捕食压力。到了秋冬两季，水温和光照等环境因子则成为主要因素，较低的水温会影响动物的生长和繁殖，光照强度不够会影响浮游植物的生长，导致动物的食物减少，间接影响动物的密度。同时，L2 和 L3 点位处于峡口地带，风速较大，水流速度较快，使得浮游动物难以形成集聚层，表现为浮游动物密度相对较低。

整体而言，入库河流浮游动物的密度小于库区，且组成上以小个体的轮虫为主。浮游动物的分布可能与水体流速以及被捕食和竞争压力等相关。在水流流速较快的河流中，即使在被捕食压力很低的情况下，浮游动物的高生长速率也不一定导致较高的密度分布。

#### 4.3.4.4.4 浮游动物生物量及空间分布

春季龟石水库流域浮游动物的生物量见图 4.3-45，库区生物量为 55.3~4073.7 μg/L，平均为 1014.6 μg/L。L5 和 L9 点位浮游动物生物量较大，分别为 2384.8 μg/L 和 4073.7 μg/L。L5 和 L9 点位组成分别以数量较多的刺盖异尾轮虫和个体较大的晶囊轮虫为主，导致生物量远高于其他点位。生物量最小值出现在 L3，仅为 55.3 μg/L，其分布情况和密度相似。

春季入库河流生物量为 0.02~9.3 μg/L，平均为 1.7 μg/L。R8 浮游动物生物量最高，为 9.3 μg/L；R10 生物量最低，仅为 0.02 μg/L。库区生物量显著高于入库河流，这可能与采样点水流的急缓程度有重要关系，入库河流流速显著高于库区流速。

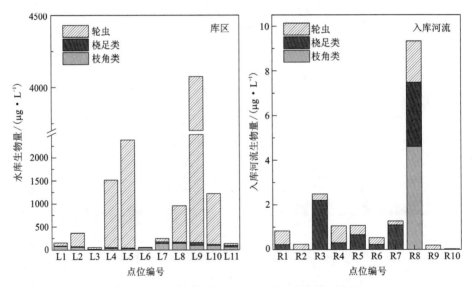

图 4.3-45 春季龟石水库浮游动物生物量分布图

夏季库区生物量分布见图 4.3-46，生物量为 36.5~456.9 μg/L，平均为 136.2 μg/L。L8 点位浮游动物生物量最高，为 456.9 μg/L。L2 和 L3 点位浮游动物生物量较低，分别为 36.5 μg/L 和 76.3 μg/L。入库河流生物量在 0.02~

52.83 μg/L，平均为 6.2 μg/L。R1 点位浮游动物生物量最高，为 52.8 μg/L，其他点位浮游动物生物量均维持在较低水平。可以看出，R1 点位浮游动物的密度和生物量均维持在较高水平，而 R1 点位浮游的藻细胞密度也达到 7.52×10⁷ 个/L，且组成主要以伪鱼腥藻和拟柱胞藻等丝状藻为主，高密度的丝状蓝藻会在一定程度上抑制大型浮游动物的生长和繁殖，而小型的浮游动物将会逐渐成为该水域的优势种群。

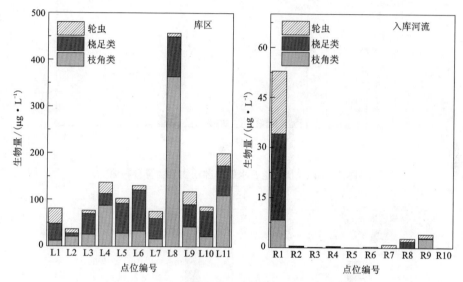

图 4.3-46　夏季龟石水库浮游动物生物量分布图

秋季库区生物量分布见图 4.3-47，生物量为 0～19.71 μg/L，平均为 2.18 μg/L。L3 浮游动物生物量最高，L10 最低。入库河流仅在 R1、R4 和 R5 点位发现浮游动物，其生物量分别为 0.05 μg/L、0.03 μg/L 和 0.03 μg/L。

冬季库区生物量分布见图 4.3-48，生物量为 1.25～416.8 μg/L，平均为 59.64 μg/L。L4 点位浮游动物生物量最高，L1 点位浮游动物生物量较低。入库河流生物量为 0.14～46.23 μg/L，平均为 6.86 μg/L。R1 点位浮游动物生物量最高，R9 点位浮游动物生物量最低。

与春季龟石水库库区相比，夏季浮游动物的平均生物量有较大幅度的减少，主要是因为部分点位轮虫的密度显著减少，且浮游动物组成由个体较小的轮虫逐渐演变为个体较大的枝角类，枝角类在生物量的贡献上占绝对优势。

### 4.3.4.4.5　浮游动物生态评价

对流域不同采样点位的浮游动物进行生态评价，春季龟石水库库区浮游动物多样性指数分析结果如图 4.3-49 所示，为 2.11～3.41，平均值为 2.81。L1、L7、

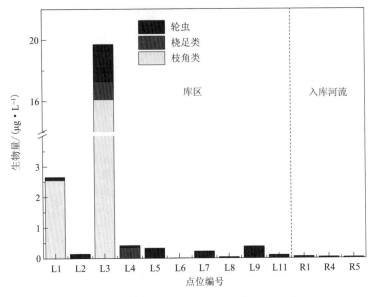

**图 4.3-47　秋季龟石水库浮游动物生物量分布图**

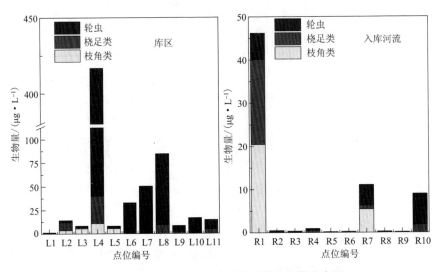

**图 4.3-48　冬季龟石水库浮游动物生物量分布图**

L8 和 L9 点位均为轻或无污染水域, 而库区其他点位则为中污染水域。入库河流浮游动物多样性指数为 1.0~3.12, 平均值为 2.20。R1、R6 和 R8 点位为轻或无污染水域, 而入库河流其他点位则为中污染水域。

夏季龟石水库库区浮游动物多样性指数分析如图 4.3-50 所示, 为 2.31~2.99, 平均值为 2.63。库区 L3 点位为轻或无污染水域, 其余点位均为中污染水

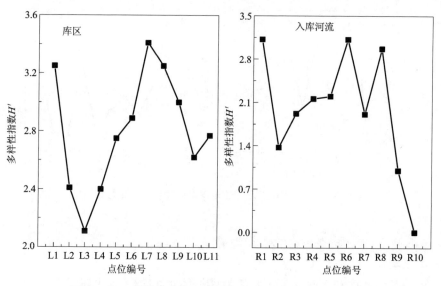

**图 4.3-49　春季龟石水库流域浮游动物多样性指数评价图**

域。入库河流浮游动物多样性指数为 0.41~2.98，平均值为 1.83。入库河流 R1
为轻或无污染水域，其他点位均为中污染水域。

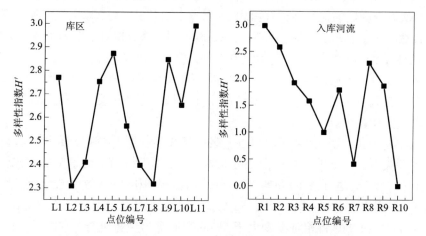

**图 4.3-50　夏季龟石水库流域浮游动物多样性指数评价图**

冬季龟石水库库区浮游动物多样性指数分析结果如图 4.3-51 所示，为
0.50~2.87，平均值为 2.06。所有点位均为中污染水域。入库河流浮游动物多样
性指数为 0.92~3.87，平均值为 1.95。除 R1 点位为轻或无污染外，其余点位均
为中污染状态。

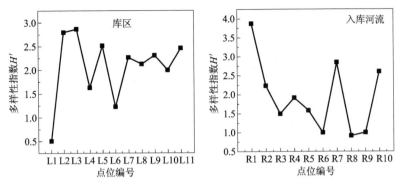

图 4.3–51　冬季龟石水库流域浮游动物多样性指数评价图

#### 4.3.4.5　底栖动物现状及变化趋势

#### 4.3.4.5.1　种类组成

春季龟石水库和入库支流共采获大型底栖动物 138 头，隶属于 2 门 4 纲 16 科 21 属种，其中腹足纲为主要类群，共 7 科 11 属种，占到 52%；其次为昆虫纲，共 8 科 8 属种，占到 38%，昆虫纲中蜉蝣目（19%）为优势类群，双翅摇蚊类次之，其他两种类群所占比例相似；双壳纲 1 科 1 属种，占到 5%；甲壳纲 1 科 1 属种，占到 5%（图 4.3-52）。按照 Bunn 等（1986）将相对丰度大于 5% 的类群定为优势类群，本次调查区域的优势种类有：铜锈环棱螺，相对丰度为 20%；光滑狭口螺，相对丰度为 13%；河蚬，相对丰度为 11%；瓶螺属一种，相对丰度为 11%；钉螺属指名亚种，相对丰度为 9%；匙指虾科 1 种，相对丰度 7%；赤豆螺，相对丰度为 6%（表 4.3-34）。从优势种类耐污性来看，铜锈环棱螺属于耐污类型，其他优势类群基本都属于中度耐污，这说明龟石水库水域生态环境受到一定程度的损害，敏感类群大幅减少。

夏季共采获大型底栖动物 114 头，隶属于 3 门 6 纲 14 科 15 属种，其中昆虫纲为主要类群，共 5 科 6 属种，占到 40%，昆虫纲中蜉蝣目为优势类群（20%），广翅目（6%）、毛翅目（7%）和蜻蜓目（6%）所占比例相似；其次为腹足纲，共 5 科 5 属种，占到 30%；双壳纲、甲壳纲、蛭纲和腹足纲所占比例相似（表 4.3-35）。按照 Bunn 等（1986）将相对丰度大于 5% 的类群定为优势类群，本次调查区域的优势种类有：卵萝卜螺，相对丰度为 33%；匙指虾科 1 种，相对丰度为 15%；扁蜉属 1 种，相对丰度为 8%；铜锈环棱螺，相对丰度为 8%；瓶螺属一种，相对丰度为 6%；泽蛭属 1 种，相对丰度为 7%。从优势种类耐污性来看，卵萝卜螺属于中度耐污类型，其他优势类群基本都属于这一耐污类型，但这次调查优势种里有扁蜉科物种，该类物种属于轻度耐污类型，说明 2016 年 8 月龟石水库流域水生态环境受损程度有所好转（图 4.3-53）。

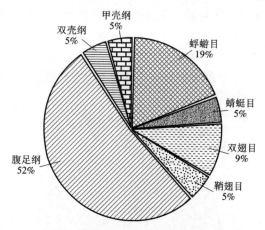

图 4.3-52 春季龟石水库底栖动物物种组成

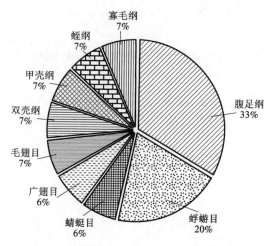

图 4.3-53 夏季龟石水库流域底栖动物物种组成

秋冬季共采获大型底栖动物 453 头，隶属于 3 门 7 纲 12 目 27 科 41 属种，其中昆虫纲为主要类群，共 16 科 24 属种，占到 63.41%，昆虫纲中蜉蝣目为优势类群（39.28%），其次为双翅目（32.14%）、毛翅目（10.71%）和蜻蜓目（7.14%），鞘翅目、颤蚓目和吻蛭目所占比例相同，均为 3.57%；其次为腹足纲，共 7 科 10 属种，占到 24%；双壳纲、甲壳纲、蛭纲和寡毛纲所占比例相似（图 4.3-54）。按照 Bunn 等（1986）将相对丰度大于 5% 的类群定为优势类群，本次调查区域的优势种类有：秀丽白虾，相对丰度为 15.67%；椭圆萝卜螺，相对丰度为 10.82%；霍甫水丝蚓，相对丰度为 9.05%；方格短沟蜷，相对丰度为 7.95%；赤豆螺，相对丰度为

5.08%。从优势种类耐污性来看，秀丽白虾和霍甫水丝蚓属于耐污类型，椭圆萝卜螺和赤豆螺属于一般耐污类群，方格短沟蜷属于轻度耐污类型，说明龟石水库生态系统受到一定程度的破坏，但群落优势类群从耐污到清洁敏感种均有分布，现阶段基本可以维持生态平衡，冬季龟石水库流域水生态环境状况良好（表4.3-36）。

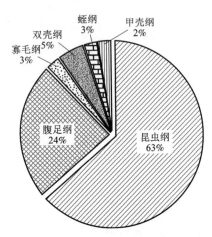

**图4.3-54 冬季龟石水库流域底栖动物物种组成**

**表4.3-34 春季龟石水库流域底栖动物名录**

| 种类 | 出现样点 | | | | | | | | | | |
|---|---|---|---|---|---|---|---|---|---|---|---|
| | R1 | R2 | R3 | R4 | R5 | R6 | R7 | R8 | R9 | L6 | L7 |
| 软体动物门 Mollusca | | | | | | | | | | | |
| 腹足纲 Gastropoda | | | | | | | | | | | |
| 田螺科 Viviparidae | | | | | | | | | | | |
| 铜锈环棱螺 Bellamya aeruginosa | | + | + | | + | | | + | | | |
| 梨形环棱螺 Bellamyapurificata | + | | | | | + | | | | | |
| 瓶螺科 Pilaidae | | | | | | | | | | | |
| 瓶螺属 Pila sp. | | | | | | | | + | | | |
| 盖螺科 Pomatiopsidae | | | | | | | | | | | |
| 钉螺属指名亚种 OncomelaniaGredler | | | + | | | | | | | | |
| 斛螺科 Hydrobiidae | | | | | | | | | | | |
| 赤豆螺 Bithynia fuchsinna | | | | | | | + | | | | |

续表4.3-34

| 种类 | 出现样点 | | | | | | | | | |
|---|---|---|---|---|---|---|---|---|---|---|
| 纹沼螺 Parafossarulusstriatulus | | | | | + | | | | | |
| 光滑狭口螺 stenothya glabra | | | | | | | + | | | |
| 膀胱螺科 Physida | | | | | | | + | | | |
| 椎实螺科 Lymnaeidae | | | | | | | | | | |
| 卵萝卜螺 Radix ovata | + | | | | | | | + | | |
| 扁蜷螺科 Planorbidae | | | | | | | | | | |
| 大脐圆扁螺 Hippeutisumbilicalis | | | | | | | + | | | |
| 凸旋螺 Gyraulusconvexiusculus | | | + | | | | | | | |
| 双壳纲 Bivalvia | | | | | | | | | | |
| 蚬科 Corbiculidae | | | | | | | | | | |
| 河蚬 Corbicula fluminea | | + | | | | + | + | + | | |
| 节肢动物门 Arthropoda | | | | | | | | | | |
| 甲壳纲 Crustacea | | | | | | | | | | |
| 匙指虾科 Atyidae | | | | | + | | | + | | |
| 昆虫纲 Insecta | | | | | | | | | | |
| 蜻蜓目 Odonata | | | | | | | | | | |
| 螅科 Coenagrionidae | | | | | | | | | | |
| Matrona sp. | | | | | | | | + | | |
| 双翅目 Diptera | | | | | | | | | | |
| 摇蚊亚科 Chironominae | | | | | | | | | + | + |
| 摇蚊属一种 Chironomus sp. | | | | | | | | | | |
| 直突摇蚊亚科 Orthocladiinae | | + | | | | | | | | |
| 蜉蝣目 Ephemeroptera | | | | | | | | | | |
| 四节蜉科 Baetidae | | | | | | | | | | |
| 七腮假二翅蜉属 Pseudocloeonmorum | | | | | | | | + | | |
| 细蜉科 Caenidae | | | | | | | | | | |
| 细蜉属 Caenis sp. | | + | | | | | | | | |
| 扁蜉科 Heptageniidae | | | | | | | | | | |

续表4.3-34

| 种类 | 出现样点 | | | | | | | | |
|---|---|---|---|---|---|---|---|---|---|
| 似动蜉属 Cinygminasp. | | | | | | | | + | |
| 等蜉科 Isonychiidae | | | | | | | | | |
| 江西等蜉 Isonychiakiangsinensis | | | | | | | | + | |
| 鞘翅目 Coleoptera | | | | | | | | | |
| 长角泥甲科 Elmidae | | | | | | | | | |
| Elmidsp. | | + | | | | | | | |

表 4.3-35　夏季龟石水库流域底栖动物名录

| 种类 | R3 | R4 | R5 | R6 | R8 | R10 | L7 |
|---|---|---|---|---|---|---|---|
| 软体动物门 Mollusca | | | | | | | |
| 腹足纲 Gastropoda | | | | | | | |
| 田螺科 Viviparidae | | | | | | | |
| 铜锈环棱螺 Bellamya aeruginosa | | + | + | | + | + | |
| 瓶螺科 Pilaidae | | | | | | | |
| 瓶螺属 Pila sp. | | + | + | + | + | | |
| 膀胱螺科 Physida | + | | | | + | + | |
| 椎实螺科 Lymnaeidae | | | | | | | |
| 卵萝卜螺 Radix ovata | + | | | | | | |
| 扁蜷螺科 Planorbidae | | | | | | | |
| 大脐圆扁螺 Hippeutisumbilicalis | | | | | | + | |
| 双壳纲 Bivalvia | | | | | | | |
| 蚬科 Corbiculidae | | | | | | | |
| 河蚬 Corbicula fluminea | + | | | | | | |
| 节肢动物门 Arthropoda | | | | | | | |
| 甲壳纲 Crustacea | | | | | | | |
| 匙指虾科 Atyidae | + | + | | | + | | |
| 昆虫纲 Insecta | | | | | | | |

续表4.3-35

| 种类 | | | | | | |
|---|---|---|---|---|---|---|
| 蜻蜓目 Odonata | | | | | | |
| 蜻科 Libellulidae | | | | | | |
| 华丽灰蜻 Othetrumchrysis | + | | | | | |
| 蜉蝣目 Ephemeroptera | | | | | | |
| 扁蜉科 Heptageniidae | | | | | | |
| 似动蜉属 Cinygminasp. | | + | | | | |
| 扁蜉属 Heptagenia sp. | | | | | | |
| 河花蜉科 Potammanthidae | | | | | | |
| 河花蜉 Patomanthus sp. | | + | | | | |
| 广翅目 Megaloptera | | | | | | |
| 齿蛉科 Corydalidae | | | | | | |
| 中华斑鱼蛉 Neochauliodessinensis | | | | | + | |
| 毛翅目 Trichoptera | | | | | | |
| 纹石蛾科 Hydropsychidae | | | | | | |
| 纹石蛾 Chumatopsyche sp. | | | | | + | |
| 环节动物门 Annelida | | | | | | |
| 颤蚓目 Tubificida | | | | | | |
| 颤蚓科 Tubificidae | | | | | | |
| 霍甫水丝蚓 Limnodrilushoffmeisteri | | | | | | + |
| 吻蛭目 Rhynchobdellida | | | | | | |
| 舌蛭科 Glossiphoniidae | | | | | | |
| 泽蛭属 Helobdellasp. | + | | + | | | + |

表 4.3-36 冬季龟石水库流域底栖动物名录

| 种类 | 出现样点 | | | | | | | | | | | | | | | |
|------|----|----|----|----|----|----|----|----|-----|----|----|----|----|----|-----|-----|
| | R2 | R3 | R4 | R5 | R6 | R7 | R8 | R9 | R10 | L1 | L3 | L5 | L6 | L9 | L10 | L11 |
| 软体动物门 Mollusca | | | | | | | | | | | | | | | | |
| 腹足纲 Gastropoda | | | | | | | | | | | | | | | | |
| 田螺科 Viviparidae | | | | | | | | | | | | | | | | |
| 铜锈环棱螺 Bellamya aeruginosa | + | + | + | + | | + | | | | | | | | | | |
| 瓶螺科 Pilaidae | | | | | | | | | | | | | | | | |
| 瓶螺属 Pila sp. | | | | | | + | | + | | | | | | | | |
| 斜螺科 Hydrobiidae | | | | | | | | | | | | | | | | |
| 赤豆螺 Bithynia fuchsinna | | + | + | | | + | | | | | | | | | | |
| 膀胱螺科 Physida | | | | + | | | + | | + | | | | | | | |
| 椎实螺科 Lymnaeidae | | | | | | | | | | | | | | | | |
| 椭圆萝卜螺 Radix swinhoei | + | + | | | | | | + | | | | | | | | |
| 耳萝卜螺 Radix auricularia | | + | | | | | | | | | | | | | | |
| 静水椎实螺 Lymnaeastagnalis | | | + | + | | | | | | | | | | | | |
| 长角涵螺 Alocinmalongicornis | | | | | | | + | | | | | | | | | |
| 黑螺科 Melaniidae | | | | | | | | | | | | | | | | |
| 方格短沟蜷 Semisulcospiracancellata | | + | | | | + | | | | | | | | | | |
| 扁蜷螺科 Planorbidae | | | | | | | | | | | | | | | | |
| 大脐圆扁螺 Hippeutisumbilicalis | | | | | | + | | | + | | | | | | | |
| 双壳纲 Bivalvia | | | | | | | | | | | | | | | | |
| 蚬科 Corbiculidae | | | | | | | | | | | | | | | | |
| 河蚬 Corbicula fluminea | + | + | | | | + | | | | | | | | | | |
| 淡水壳菜 Limnopernalacustris | | | | | | | | | | | | | | | | |

续表4.3-36

| 种类 | 出现样点 | | | | | | | | | | |
|---|---|---|---|---|---|---|---|---|---|---|---|
| 节肢动物门 Arthropoda | | | | | | | | | | | |
| 甲壳纲 Crustacea | | | | | | | | | | | |
| 匙指虾科 Atyidae | | | | | | | | | | | |
| 秀丽白虾 Palaemonmodestus | + | + | | | + | | | | | | |
| 昆虫纲 Insecta | | | | | | | | | | | |
| 蜻蜓目 Odonata | | | | | | | | | | | |
| 螅科 Coenagrionidae | | | | | | | | | | | |
| 斑螅属 Pseudagrion sp. | | | + | | | | | | | | |
| Agriocnemis sp. | | | | | + | | | | | | |
| 毛翅目 Trichoptera | | | | | | | | | | | |
| 短脉纹石蛾 Chumatopsyche sp. | | | | | | + | | | | | |
| 纹石蛾属 Hydropsychesp. | | | | | | + | | | | | |
| 角石蛾属 Setodes sp. | + | | | | | | | | | | |
| 双翅目 Diptera | | | | | | | | | | | |
| 大蚊科 Tipulidae | | | | | | | | | | | |
| 朝大蚊属 Antocha sp1 | | | | | | + | | | | | |
| 大蚊属 Tipula sp. | | | | + | | | | | | | |
| 摇蚊亚科 Chironominae | | | | | | | | | | | |
| 柔嫩雕翅摇蚊 Glyptotendipescauliginellus | | | | | | | | + | + | + | |
| 渐变长跗摇蚊 Tanytarsusmendax | | | | | | | | | + | | + |
| 萨特摇蚊（寡营养水体）Saetheria sp. | | | | | | + | | | | | |
| 肛齿摇蚊属一种 Neozavreliesp. + | | | | | | | | | | | |
| 直突摇蚊亚科 Orthocladiinae | | | | | | | | | | | |

续表4.3-36

| 种类 | 出现样点 | | | | | | | | | | | | |
|---|---|---|---|---|---|---|---|---|---|---|---|---|---|
| 直突摇蚊属一种 Othocladius sp. | + | | | | | + | + | | | | | | |
| 长足摇蚊亚科 Tanypodinae | | | | | | | | | | | | | |
| 中国长足摇蚊 Tanypuschinensis | | | | | | | | | + | | | | |
| 蜉蝣目 Ephemeroptera | | | | | | | | | | | | | |
| 四节蜉科 Baetidae | | | | | | | | | | | | | |
| 七腮假二翅蜉属 Pseudocloeonmorum | | | + | | | | | | | | | | |
| 四节蜉属 Baetis sp. | | | | | | | + | | | | | | |
| 花翅蜉属 Baetiellasp | | | | | | + | | | | | | | |
| 细蜉科 Caenidae | | | | | | | | | | | | | |
| 细蜉属 Caenis sp. | | + | | | | | | | | | | | |
| 扁蜉科 Heptageniidae | | | | | | | | | | | | | |
| 似动蜉属 Cinygminasp. | | | | | | | + | | | | | | |
| 红斑似动蜉 Cinygminarubromacu | | | | | | + | | | | | | | |
| 蜉蝣科 Ephemeridae | | | | | | | | | | | | | |
| 东方蜉 Ephemera orientalis | + | + | | | | | | | | | | | |
| 新蜉科 Neoephemeridae | | | | | | | | | | | | | |
| 小河蜉属 Potomanthellus sp. | | + | | | | | + | | | | | | |
| 细裳蜉 科 Leptophlebiidae | | | | | | | | | | | | | |
| 宽基蜉 Choroterpes sp. | + | + | | | | + | | | | | | | |
| 小蜉科 Ephemeridae | | | | | | | | | | | | | |

续表4.3-36

| 种类 | 出现样点 | | | | | | | | | | |
|---|---|---|---|---|---|---|---|---|---|---|---|
| 白背锯型蜉 Serratellaalbostriata | | | | | + | | | | | | |
| 河花蜉科 Potamanthidae | | | | | | | | | | | |
| 河花蜉 Patomanthus sp. | + | + | | | + | | | | | | |
| 鞘翅目 Coleoptera | | | | | | | | | | | |
| 长角泥甲科 Elmidae | | | | | | | | | | | |
| Elmidsp. | | + | | | + | | | | | | |
| 环节动物门 Annelida | | | | | | | | | | | |
| 颤蚓目 Tubificida | | | | | | | | | | | |
| 颤蚓科 Tubificidae | | | | | | | | | | | |
| 霍甫水丝蚓 Limnodrilushoffmeisteri + | | + | | | | | + | | | + | + |
| 吻蛭目 Rhynchobdellida | | | | | | | | | | | |
| 医蛭科 Hirudinidae | | | | | | | | | | | |
| 泽蛭属 Helobdellasp. | | + | | + | | | | | | | |

#### 4.3.4.5.2　密度分布

春季龟石水库流域河流段底栖动物平均密度为 166.67 ind/m$^2$，整体偏低，其中腹足纲密度最高，昆虫纲次之，其他类群密度最小。昆虫纲中蜉蝣目密度最高，其次为双翅目。R8 样点密度最高（544.44 ind/m$^2$），腹足纲贡献最多，其次为蜉蝣目和双壳纲，这可能与吉山村河样点生态环境保持良好有关；R9 淮南河汇入点样点密度为 266.66 ind/m$^2$，R3 菜花楼老桥富江段样点密度为 244.44 ind/m$^2$，R9 样点主导类群为昆虫纲蜉蝣目且物种多样性较高，物种密度分布较均一，这与淮南河汇入点受人为干扰较少，生态环境维持较好有关；R3 样点则以腹足纲为主，物种密度分布与 R9 样点类似，但整体密度低，可能与受到一定的公路交通影响有关。湖泊段共设置 10 个采样点，仅有 2 个样点采获底栖动物，且均为双翅目摇蚊类，平均密度为 60 ind/m$^2$，此值很低，这可能与湖泊底质翻新有关（图 4.3-55）。

夏季龟石水库流域河流段底栖动物平均密度为 207.40 ind/m$^2$，与春季相比稍高，但整体仍偏低，其中腹足纲密度最高，昆虫纲次之，双壳纲密度最小。与

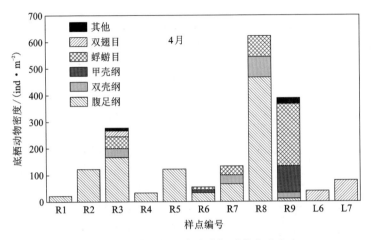

图 4.3-55　春季龟石水库底栖动物密度分布

春季相同，昆虫纲密度的主要贡献者仍是蜉蝣目类群。从样点密度分布看，底栖密度最高的样点为 R3(666.66 ind/m²)，腹足纲贡献最多，且该样点物种构成也是最丰富的，这可能与 R3 菜花楼老桥富江段位于入库支流富江的最上游，受人为干扰少，生态环境保持良好有关；其次为 R10(277.77 ind/m²)，昆虫纲为其主导类群，且同时出现毛翅目和蜉蝣目两种敏感类群，说明该样点也具有较好的生态环境条件，可能也是由于 R10 大源冲洪水源村桥样点位于支流上游，受到干扰较少，生态环境保持良好所致；密度含量最低的样点为 R6(11.11)，可能因为该点靠近村镇，受生活排污或建筑垃圾堆积等的影响所致。湖泊段共设置 10 个采样点，与春季类似，仅 1 个样点采获底栖动物，且为寡毛纲霍甫水丝蚓，密度为 22.22 ind/m²，此值很低，这可能与湖泊底质翻新，底栖动物栖息地环境被破坏或湖泊生态环境受损有关(图 4.3-56)。

　　冬季龟石水库流域河流段底栖动物平均密度为 512.35 ind/m²，比 2016 年两期的平均密度都高，其中腹足纲密度最高，昆虫纲次之，蛭纲密度最小。与春秋季相同，昆虫纲密度的主要贡献者仍是蜉蝣目类群。从密度样点分布看，底栖密度最高的样点为 R3(1633.33 ind/m²)，腹足纲和昆虫纲贡献最多，且该样点物种构成也是最丰富的，这可能与 R3 菜花楼老桥富江段样点位于入库支流富江的最上游，受人为干扰少，生态环境保持良好有关；其次为 R8(777.78 ind/m²)和 R9(633.33 ind/m²)样点，R8 吉山村河样点甲壳纲为主导类群，但物种丰富度较低，可能与附近农田分布较多有关；R9 淮南河汇入点样点昆虫纲为其主导类群，且同时出现毛翅目和蜉蝣目两种敏感类群，说明该样点也具有较好的生态环境条件。底栖动物密度含量最低的样点为 R6(77.78 ind/m²)，可能因为该点靠近村镇，受生活排污或建筑垃圾堆积等的影响所致。湖泊段共设置 10 个采样点，与春秋季不同，本次采样在

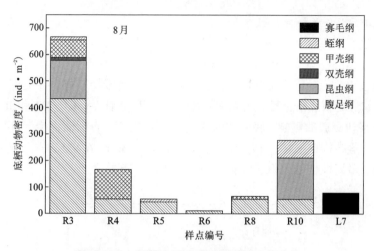

图 4.3-56　夏季龟石水库底栖动物密度分布

7 个样点采获底栖动物，平均密度为 217.14 ind/m²，其中密度最高的为 L5 样点（520 ind/m²），该样点密度主要由渐变长跗摇蚊和柔嫩雕翅摇蚊贡献，这两种均为中度富营养和重度富营养化的指示物种，L9 样点（320 ind/m²）次之，主要贡献类群为霍甫水丝蚓，L6 样点密度最低（80 ind/m²），也是以柔内雕翅摇蚊为主要类群，这说明龟石水库目前可能已经处于中度-重度富营养化的状态（图 4.3-57）。

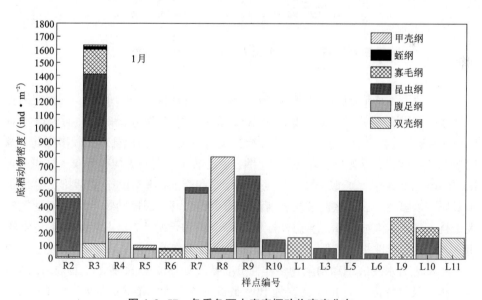

图 4.3-57　冬季龟石水库底栖动物密度分布

#### 4.3.4.5.3 多样性指数分布

春季龟石水库底栖动物生物多样性分布情况如图 4.3-58 所示，香农-威纳多样性指数最高的样点为 R9，其次为 R8 和 R3，最低的样点为 R1、R4、R5、L6 和 L7。河流段 R9 样点受人为干扰较少，底质生态环境维持较好，各类底栖生物均有分布，如蜉蝣目、鞘翅目、双壳纲、腹足纲和甲壳纲等。R1、R4 和 R5 样点可能受到修路和交通的影响，底质和河流堤岸受到破坏，底栖动物生活环境受到较大干扰，群落结构被破坏，生物多样性下降。湖泊部分 L6 和 L7 样点仅采到双翅目摇蚊类，多样性指数较低，可能与湖泊底质翻新有关。

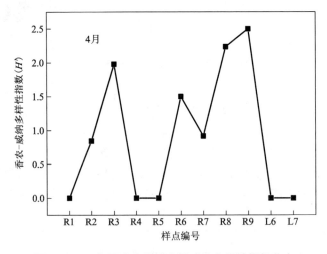

图 4.3-58　龟石水库流域底栖动物多样性指数分布

夏季龟石水库底栖动物生物多样性分布情况如图 4.3-59 所示，香农-威纳多样性指数最高的样点为 R10，其次为 R3，最低的样点为 R6 和 L7。河流段样点 R10 和 R3 受人为干扰较少，生态环境维持良好，底栖动物栖息地比较多样化，像昆虫纲的毛翅目、蜉蝣目、蜻蜓目、蛭纲、腹足纲和双壳纲等均有分布。样点 R4、R5 和 R6 与春季情况类似，除了可能受到修路和交通的影响外，生活排污等也是主要影响因素之一，这些使底质和河流堤岸受到破坏，底栖动物生活环境受到较大干扰，群落结构被破坏，生物多样性下降。湖泊部分 L7 样点仅采到寡毛纲霍甫水丝蚓，多样性指数较低，可能与湖泊底质翻新有关。

冬季龟石水库底栖动物生物多样性分布情况如图 4.3-60 所示，香农-威纳多样性指数最高的样点为 R3，其次为 R9，最低的样点为湖泊段的样点 L1、L3、L6、L9 和 L11。河流段样点 R3 和 R9 受人为干扰较少，生态环境维持良好，底栖动物栖息地比较多样化，像昆虫纲的毛翅目、蜉蝣目、蜻蜓目、蛭纲、腹足纲和双壳纲

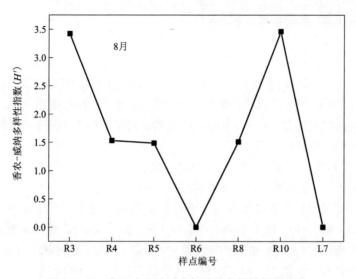

**图 4.3-59　龟石水库流域底栖动物多样性指数分布**

等均有分布。相比春季和秋季，河流样点 R2、R3、R4、R5 和 R7 的生物多样性均有所增加，这可能与枯水期底栖动物群落结构的自然演替及底质受河水流量增大的冲击减小有关。湖泊部分样点以摇蚊科类群和寡毛纲类群为主，由于湖泊有富营养化现象，导致种群的多样性较低，以耐受富营养化的柔嫩雕翅摇蚊和渐变长跗摇蚊为主导类群。相对于春秋季，湖泊生物多样性增加，可能与枯水期湖泊受扰动较小有关。

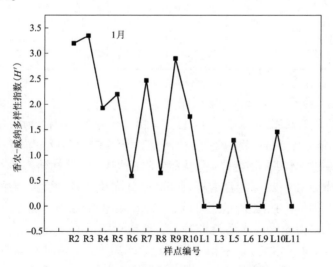

**图 4.3-60　龟石水库流域底栖动物多样性指数分布**

### 4.3.4.6 鱼类现状及变化趋势

龟石水库鱼类资源丰富，调查期间共有鱼类 32 种，隶属于 1 纲 6 目 13 科。其中土著鱼类占 80%以上，鲤科鱼类为本地区的主要类群，分布广，种类和数量多，共 16 种，占 50%。本土经济鱼类主要有草鱼、青鱼、鲢鱼、鳙鱼、鲤鱼和鲫鱼等，还有光倒刺鲃、黄颡鱼、鳜鱼、胡子鲶、黄鳝、泥鳅等优质鱼类。引进国内的养殖鱼类品种有建鲤、丰鲤、团头鲂、银鲫、太湖银鱼等；引进的国外鱼类品种有埃及塘角鱼、尼罗罗非鱼等。

此外，龟石水库还包括水生经济动物鳖、龟、河蚌、田螺、福寿螺、青虾、青蛙等。

### 4.3.4.7 水生植物现状及变化趋势

调查统计发现，龟石水库内共有维管束植物 101 科 199 属 265 种，其中蕨类植物 12 科 13 属 18 种，裸子植物 1 科 2 属 2 种，被子植物 88 科 184 属 245 种。除去 6 种外来种(喜旱莲子、番石榴、大藻、凤眼莲、赤桉、小叶桉)，龟石水库内野生维管植物共计 101 科 193 属 259 种，其中蕨类植物 12 科 13 属 18 种，种子植物 89 科 180 属 241 种。广西龟石水库集水区野生维管植物的科、属、种组成见表 4.3-37。

**表 4.3-37　龟石水库维管植物种类组成**

| 分类群 | 科 | | 属 | | 种 | |
|---|---|---|---|---|---|---|
| | 数量 | 比例/% | 数量 | 比例/% | 数量 | 比例/% |
| 合计 | 101 | 100.00 | 193 | 100.00 | 259 | 100.00 |
| 蕨类植物 | 12 | 11.88 | 13 | 6.74 | 18 | 6.95 |
| 裸子植物 | 1 | 0.99 | 2 | 1.04 | 2 | 0.77 |
| 被子植物 | 88 | 87.13 | 180 | 93.26 | 239 | 92.28 |
| 双子叶植物 | 71 | 70.30 | 145 | 75.13 | 190 | 73.36 |
| 单子叶植物 | 17 | 16.83 | 39 | 20.21 | 49 | 18.92 |

### 4.3.4.8 龟石水库浮游植物历年数据对比分析

对比分析龟石水库 2013 年 7 月、11 月，2014 年 6 月、8 月，2016 年 4 月、8 月、11 月及 2017 年 1 月浮游植物的监测数据，探讨浮游植物群落结构特征及变化规律，判断龟石水库蓝藻水华的演变趋势，从而为龟石水库的水华防治提供依据。

龟石水库 2013—2017 年浮游植物细胞密度变化及各种类浮游植物所占比例如图 4.3-61 和图 4.3-62 所示。可以看出，龟石水库 2013—2017 年浮游植物细胞密度变化规律为先升高然后逐渐降低，且枯水期浮游植物细胞密度低于丰水期。2013 年 7 月(丰水期)浮游植物以蓝藻、绿藻为主，两种藻细胞密度分别为 $5.51×10^6$ 个/L、$5.40×10^6$ 个/L，分别占浮游植物总密度的 47.73%、46.71%；11 月(枯水期)浮游植物演变为以蓝藻为主，蓝藻贡献率达到 86.95%，细胞密度为

2.16×10$^7$ 个/L，根据大量研究表明，该细胞密度已达到蓝藻水华发生时藻细胞密度水平，龟石水库未观测到水华现象，可能与枯水期水温较低、光照较弱等外界环境不适宜藻类的大量繁殖有关，但仍存在极高的水华风险。2014 年 6 月，龟石水库爆发大规模的蓝藻水华，水华优势种为惠氏微囊藻，密度最高达到 5.36×10$^8$ 个/L，叶绿素 a 浓度最高为 74.48 μg/L；至 2014 年 8 月，浮游植物总细胞密度显著降低，主要以绿藻为主，细胞密度为 1.19×10$^7$ 个/L。2016 年 4 月（丰水期初期）浮游植物总细胞密度较低，为 3.37×10$^7$ 个/L，主要以隐藻为主，所占比例为 66.98%；8 月（丰水期）浮游植物细胞密度又升高，总细胞密度为 3.43×10$^7$ 个/L，有水华现象，采样时肉眼可见水体表层有漂浮的蓝藻；2016 年 11 月至 2017 年 1 月，浮游植物细胞密度均较低，主要以蓝藻、硅藻、绿藻为主（图 4.3-61）。

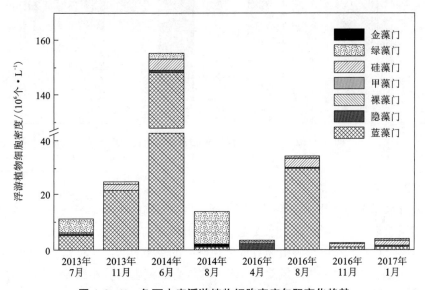

**图 4.3-61　龟石水库浮游植物细胞密度年际变化趋势**

综上所述，2013—2017 年龟石水库浮游植物群落特征，以蓝藻、绿藻、硅藻型为主，硅藻通常在枯水期水温较低时占优势，丰水期主要以蓝藻为主，且蓝藻细胞密度相当高，已达到水华爆发的水平。2014 年蓝藻水华大规模爆发后，藻细胞密度有所降低，但 2016 年藻细胞密度仍高达 10$^7$ 数量级，且有水华现象发生。尽管蓝藻水华爆发的驱动因素较多，由于龟石水库地处低山丘陵，库区周边的污染来源多且直接排入水体，导致水体氮磷营养盐丰富，并且流速极慢，适宜的条件导致蓝藻仍会大量繁殖，因此要及时关注龟石水库的蓝藻水平，特别是丰水期浮游植物群落变化（图 4.3-62）。

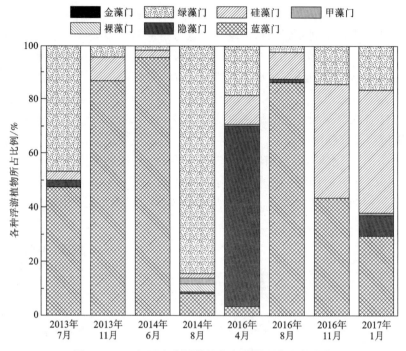

图 4.3-62 龟石水库浮游植物各种类所占比例变化

### 4.3.4.9 小结

龟石水库作为贺州市主要的饮用水源,当前面临的主要生态问题是每年频繁发生蓝藻水华现象,影响饮用水安全。项目组调查结果显示,龟石水库发生蓝藻水华的风险较高,水库浮游植物数量呈现明显的季节性差异,夏季蓝藻细胞密度最高,是蓝藻水华发生的高风险期,库区内较高的氮磷营养物浓度及夏季适宜的气温是水华发生的重要影响因素。

春季,龟石水库库区浮游植物细胞密度变化范围为 $7.69 \times 10^5 \sim 1.60 \times 10^7$ 个/L,浮游植物群落组成以隐藻门为主,库区各样点蓝藻门所占比例均较低,春季龟石水库蓝藻水华风险较低。夏季,库区浮游植物细胞密度变化范围为 $2.09 \times 10^7 \sim 5.69 \times 10^7$ 个/L,浮游植物群落组成以蓝藻门为主,其中伪鱼腥藻为第一优势种,各样点蓝藻细胞所占密度基本在 70% 以上,碧溪山冲口样点蓝藻最高达到 93.41%,夏季龟石水库蓝藻水华风险较高。秋季,龟石水库库区段浮游植物总细胞密度变化范围为 $2.52 \times 10^7 \sim 1.21 \times 10^9$ 个/L,个别样点蓝藻门贡献率高,所占比例达到 87.44%,其他各样点均是硅藻门所占比例最高,水库局部蓝藻细胞密度异常,但并未引起水华,秋季龟石水库蓝藻水华风险仍然较低。冬季,龟石水库库区段浮游植物总细胞密度变化范围为 $1.52 \times 10^6 \sim 6.70 \times 10^6$ 个/L,以蓝藻门的伪鱼腥藻和硅藻门的颗粒直链藻最窄变种为第一和第二优势种，冬季水温低，适宜硅藻的生长，蓝藻水华风险较低。

根据前期调查，2013 年龟石水库藻细胞密度高达 $10^7$ 个/L，已显现出较高的蓝藻水华风险，至 2014 年夏季龟石水库第一次爆发大规模的蓝藻水华，水华期间尽管水库水源水质未受到微囊藻毒素的污染，但仍对饮用水安全构成较大威胁，使得水环境管理部门不得不采取水华应急处置措施。防范蓝藻水华是加强龟石水库水环境保护工作的重要内容。结合近年来龟石水库水质变化状况（水质保护目标为Ⅱ类标准），水库的氮磷浓度逐年升高，TN 浓度已超过地表水Ⅲ类标准，部分样点的 TP 浓度也超过Ⅱ类标准，氮磷污染已成为影响龟石水库水质的主要污染因子，造成水库富营养化的来源主要是规模化养殖和农业面源污染。蓝藻与水体富营养化密切相关，龟石水库水华期间藻类总细胞密度与 TN、TP、$NO_3$-N 浓度和高锰酸盐指数呈现显著正相关关系。

蓝藻水华发生的驱动因素很多，既与蓝藻能够适应低光、易形成群体等特性有关，也与水体氮磷营养盐浓度升高、气候变暖等因素相关。由此可见，蓝藻水华防治具有较高的复杂性。然而，水体氮磷浓度的削减仍是最有效的措施。因此，基于龟石水库作为水源的重要性和水华爆发原因的复杂性，结合水库集水区内社会经济发展特点，应从产业结构调整（如畜禽养殖业）、控制化肥使用量、集中处理生活污水等方面来削减氮、磷营养盐入库量，提高水体自净能力，逐步减缓水体富营养化进程，从根本上控制蓝藻水华爆发，保障饮用水安全。

## 4.4 生态服务功能调查

### 4.4.1 饮用水服务功能调查

龟石水库为大型水库，控制流域面积 1254 $km^2$，多年平均流量为 30 $m^3/s$，多年平均径流量为 $9.45 \times 10^8$ $m^3$，总库容为 $5.95 \times 10^8$ $m^3$，有效库容为 $3.48 \times 10^8$ $m^3$，调洪库容为 $1.55 \times 10^8$ $m^3$。龟石水库功能为供水、灌溉、发电、防洪等，工作任务的主次顺序为供水—灌溉—发电。各供水保证率的选定：城市供水日保证率98%以上，灌溉供水年保证率85%以上。

龟石水库坝首上游约 5.5 km 处有一狭口，饮用水源取水口位于龟石水库坝首，水源地点位置为东经 111°17′4″，北纬 24°39′40″。该水源地供水服务范围为贺州市区城区及周边居民，服务人口约 20.7 万人。

根据《广西壮族自治区人民政府关于同意调整贺州市市区集中式饮用水水源保护区的批复》（桂政函〔2016〕203 号），龟石水库饮用水水源保护区分为一级保护区、二级保护区、准保护区。其饮用水水源保护区具体情况如表 4.4-1 所示。

表 4.4-1　龟石水库饮用水水源一级保护区情况

| 类型 | | 区域 |
|---|---|---|
| 一级保护区 | 一级保护区水域 | (1)龟石水库坝首取水口至水库狭口的水域范围(包括流入水库的支流);<br>(2)龟石坝首取水口供水明渠至望高东干明渠与供水暗管交接口止的渠道水域。水域面积为 2.47 km² |
| | 一级保护区陆域 | (1)龟石水库一级保护区水域两岸的汇水区陆域;<br>(2)龟石水库坝首取水口供水明渠至望高东干明渠与供水暗管交接口止的渠段两侧各纵深 50 m 的陆域。陆域面积为 20.57 km² |
| 二级保护区 | 二级保护区水域 | 水库一级保护区上游边界向上游延伸 3000 m(沿着水库西岸边龙头村、东岸内新村划定)的库区正常水位线以下的水域(包括入库支流上溯 3000 m 的水域)。面积为 14.27 km² |
| | 二级保护区陆域 | (1)水库东面一、二级保护区水域及支流[不小于 3000 m 的汇水区域,水库西面一、二级保护区水域及支流(以永贺高速路为界)汇水区域],水库北面一、二级保护区水域及支流(东北以内新,西北以柳家乡为界)的汇水区域;<br>(2)龟石水库坝首取水口供水明渠至望高东干明渠与供水暗管交接口止的渠段,渠段两侧各纵深 3000 m 范围内的区域(一级保护区陆域除外)。面积为 85.35 km² |
| 准保护区 | 准保护区水域 | 龟石水库除一、二级以外的全部水域(包括流入水库的支流上溯 3000 米的水域),面积为 21.66 km² |
| | 准保护区陆域 | 库西面、北面的一、二级保护区水域的汇水区陆域,水库东面不小于 3000 m 的汇水区陆域(一、二级保护区陆域除外),面积为 127.84 km² |

　　饮用水水源地生态安全调查以龟石水库坝首为监测断面,监测指标为《地表水环境质量标准》(GB 3838—2002)中对集中式生活饮用水地表水源地规定的 24 项基本指标,5 项补充指标,以及 80 项特定指标(特定指标由县级以上人民政府环境保护行政主管部门选择确定)。同时,考虑到湖泊富营养化对于饮用水水源地服务功能的影响,增加藻毒素和异味两个监测项目,这两个指标能够很好地表征湖泊富营养化对于饮用水水源地服务功能影响。

　　依据《全国集中式生活饮用水水源地水质监测实施方案》(环办函〔2012〕1266号)和《地表水环境质量评价办法(试行)》(环办〔2011〕22号),水温、总氮、粪大肠菌群 3 项指标可不参与评价。但由于本次评价为生态安全调查评估,因此,按照《湖泊生态安全调查与评估技术指南(2015 版)》,仍然考虑水温、总氮、粪大肠菌群 3 项指标。

　　龟石水库饮用水水源地水质监测指标结果见表 4.4-2 及表 4.4-3。

表 4.4-2　龟石水库饮用水源地坝首(一级保护区)水质监测结果　　单位: mg/L　粪大肠菌群: 个/L

| 参数 | 2016 年月平均水质 | | | | | | | | | | | |
|---|---|---|---|---|---|---|---|---|---|---|---|---|
| | 1 月 | 2 月 | 3 月 | 4 月 | 5 月 | 6 月 | 7 月 | 8 月 | 9 月 | 10 月 | 11 月 | 12 月 |
| 水体颜色 | 透明 | 透明 | 透明 | 透明 | 透明 | 透明 | 透明 | 透明 | 透明 | 透明 | 透明 | 透明 |
| 溶解氧 DO 浓度 | 9.4 | 9.3 | 11.2 | 11.7 | 7.5 | 6.8 | 6.4 | 6.5 | 7 | 7.4 | 7.6 | 9.9 |
| 藻毒素 | 未检出 | 未检出 | 未检出 | 未检出 | 未检出 | 未检出 | 未检出 | 未检出 | 未检出 | 未检出 | 未检出 | 未检出 |
| 铅浓度 | 0.0009L | 0.0009L | 0.0009L | 0.0009L | 0.0009L | 0.0009L | 0.0009L | 0.0009L | 0.0009L | 0.0009L | 0.0009L | 0.0009L |
| 氨氮浓度 | 0.064 | 0.067 | 0.063 | 0.092 | 0.091 | 0.307 | 0.056 | 0.099 | 0.08 | 0.069 | 0.079 | 0.058 |
| 高锰酸盐指数 | 1.3 | 1.4 | 1.6 | 2 | 2.2 | 2.1 | 2.3 | 1.7 | 1.7 | 1.3 | 1.3 | 1.0 |
| 异味物质 | ND | ND | ND | ND | ND | ND | ND | ND | ND | ND | ND | ND |
| 挥发酚浓度 | 0.0027 | 0.0025 | 0.0026 | 0.002 | 0.0027 | 0.0027 | 0.0009 | 0.0014 | 0.0013 | 0.0016 | 0.0015 | 0.0015 |
| BOD$_5$ 浓度 | 0.5 | 0.5 | 0.9 | 1.2 | 0.9 | 0.9 | 0.7 | 0.5L | 0.8 | 0.5 | 0.6 | 0.7 |
| TP 浓度 | 0.01 | 0.02 | 0.04 | 0.02 | 0.02 | 0.05 | 0.02 | 0.02 | 0.02 | 0.03 | 0.01 | 0.03 |
| TN 浓度 | 1.12 | 1.63 | 1.83 | 2.3 | 2.08 | 2.18 | 1.78 | 1.1 | 1.02 | 0.9 | 1.08 | 1.02 |
| Hg 浓度 | 0.00001L | 0.00001L | 0.00002 | 0.00001 | 0.00001 | 0.00004L | 0.00004L | 0.00004L | 0.00004L | 0.00004L | 0.00004L | 0.00004L |
| 氰化物浓度 | 0.004L | 0.004L | 0.004L | 0.004L | 0.004L | 0.004L | 0.004L | 0.004L | 0.004L | 0.004L | 0.004L | 0.004L |
| 硫化物浓度 | 0.005L | 0.005L | 0.005L | 0.005 | 0.005L | 0.007 | 0.005 | 0.005L | 0.005L | 0.005L | 0.005L | 0.005L |
| 粪大肠杆菌 | 110 | 20 | 20 | 490 | 700 | 940 | 330 | 110 | 110 | 340 | 20 | 20 |

表 4.4-3 龟石水库饮用水源地坝首（一级保护区）水质全分析监测结果

单位：mg/L，水温：℃，pH 无量纲，粪大肠菌群：个/L

| 序号 | 项目 | 1月 | 2月 | 3月 | 4月 | 5月 | 6月 | 7月 | 8月 | 9月 | 10月 | 11月 |
|------|------|------|------|------|------|------|------|------|------|------|------|------|
| 1 | 水温 | 9.6 | 5.6 | 18.1 | 17.2 | 25.8 | 25 | 24 | 24.1 | 23 | 25 | 19.5 |
| 2 | pH | 8.11 | 8.42 | 8.82 | 8.76 | 8.16 | 8.01 | 8.16 | 8.5 | 7.97 | 8.07 | 7.6 |
| 3 | 溶解氧浓度 | 9.4 | 9.3 | 11.2 | 11.7 | 7.5 | 6.8 | 6.4 | 6.5 | 7 | 7.4 | 7.6 |
| 4 | 高锰酸盐指数 | 1.3 | 1.4 | 1.6 | 2 | 2.2 | 2.1 | 2.3 | 1.7 | 1.7 | 1.3 | 1.3 |
| 5 | 化学需氧量 | -1 | -1 | -1 | -1 | -1 | -1 | -1 | -1 | -1 | -1 | -1 |
| 6 | 五日生化需氧量 | 0.5 | 0.5 | 0.9 | 1.2 | 0.9 | 0.9 | 0.7 | 0.5L | 0.8 | 0.5 | 0.6 |
| 7 | 氨氮浓度 | 0.064 | 0.067 | 0.063 | 0.092 | 0.091 | 0.307 | 0.056 | 0.099 | 0.08 | 0.069 | 0.079 |
| 8 | 总磷浓度 | 0.01 | 0.02 | 0.04 | 0.02 | 0.02 | 0.05 | 0.02 | 0.02 | 0.02 | 0.03 | 0.01 |
| 9 | 总氮浓度 | 1.12 | 1.63 | 1.83 | 2.3 | 2.08 | 2.18 | 1.78 | 1.1 | 1.02 | 0.9 | 1.08 |
| 10 | 铜浓度 | 0.00008L | 0.00008L | 0.00019 | 0.00008L | 0.00008L | 0.00008L | 0.00043 | 0.00041 | 0.00055 | 0.00167 | 0.00055 |
| 11 | 锌浓度 | 0.00067L | 0.00067L | 0.00067L | 0.00067L | 0.00067L | 0.00067L | 0.0012 | 0.00067L | 0.00157 | 0.00161 | 0.00157 |
| 12 | 氟化物浓度 | 0.108 | 0.093 | 0.103 | 0.101 | 0.117 | 0.09 | 0.14 | 0.11 | 0.15 | 0.1 | 0.103 |
| 13 | 硒浓度 | 0.0002L | 0.0002L | 0.0002L | 0.0002L | 0.0002L | 0.0004L | 0.0004L | 0.0004L | 0.0004L | 0.0004L | 0.0004L |
| 14 | 砷浓度 | 0.0021 | 0.0012 | 0.0002L | 0.0004 | 0.0002 | 0.0004 | 0.0009 | 0.0003L | 0.0012 | 0.0003L | 0.0006 |
| 15 | 汞浓度 | 0.00001L | 0.00001L | 0.00002 | 0.00001 | 0.00001 | 0.00004L | 0.00004L | 0.00004L | 0.00004L | 0.00004L | 0.00004L |
| 16 | 镉浓度 | 0.00005L | 0.00005L | 0.00005L | 0.00005L | 0.00005L | 0.00005L | 0.00005L | 0.00005L | 0.00005L | 0.00005L | 0.00005L |
| 17 | 六价铬浓度 | 0.004L | 0.004L | 0.004L | 0.004L | 0.004L | 0.004L | 0.004L | 0.004L | 0.004L | 0.004L | 0.004L |

续表4.4-3

| 序号 | 项目 | 1月 | 2月 | 3月 | 4月 | 5月 | 6月 | 7月 | 8月 | 9月 | 10月 | 11月 |
|---|---|---|---|---|---|---|---|---|---|---|---|---|
| 18 | 铅浓度 | 0.00009L | 0.00009L | 0.00009L | 0.00009L | 0.00009L | 0.00009L | 0.00009L | 0.00009L | 0.00009L | 0.00009L | 0.00009L |
| 19 | 氰化物浓度 | 0.004L | 0.004L | 0.004L | 0.004L | 0.004L | 0.004 | 0.004L | 0.004L | 0.004L | 0.004L | 0.004 |
| 20 | 挥发酚浓度 | 0.0027 | 0.0025 | 0.0026 | 0.002 | 0.0027 | 0.0027 | 0.0009 | 0.0014 | 0.0013 | 0.0016 | 0.0015 |
| 21 | 石油类浓度 | 0.01 | 0.01L | 0.01L | 0.01L | 0.01 | 0.01L | 0.01L | 0.01L | 0.01L | 0.01L | 0.01L |
| 22 | 阴离子表面活性剂浓度 | 0.05 | 0.06 | 0.06 | 0.06 | 0.06 | 0.07 | 0.05L | 0.05L | 0.05L | 0.05L | 0.05L |
| 23 | 硫化物浓度 | 0.005L | 0.005L | 0.005L | 0.005 | 0.005L | 0.007 | 0.005 | 0.005L | 0.005L | 0.005L | 0.005L |
| 24 | 粪大肠菌群 | 110 | 20 | 20 | 490 | 700 | 940 | 330 | 110 | 110 | 340 | 20 |
| 25 | 硫酸盐浓度 | 7.2 | 7.63 | 7.39 | 6.76 | 6.87 | 6.29 | 4.74 | 4.14 | 5.71 | 2.23 | 4.49 |
| 26 | 氯化物浓度 | 2.39 | 2.54 | 2.65 | 2.45 | 2.28 | 2.71 | 2.07 | 2.35 | 2.5 | 2.46 | 2.35 |
| 27 | 硝酸盐浓度 | 0.937 | 1.55 | 1.43 | 1.28 | 1.53 | 1.72 | 1.6 | 0.75 | 0.58 | 0.52 | 0.567 |
| 28 | 铁浓度 | 0.03L | 0.00082L | 0.00082L | 0.03L | 0.03132 | 0.00082L | 0.0054 | 0.00521 | 0.00849 | 0.00428 | 0.00463 |
| 29 | 锰浓度 | 0.01L | 0.00012L | 0.00012L | 0.01L | 0.00012L | 0.00012L | 0.00012L | 0.0021 | 0.00015 | 0.00016 | 0.00017 |
| 30 | 三氯甲烷浓度 | 0.00005L | 0.00005L | 0.00005L | 0.00005L | 0.0006L | 0.0006L | 0.0004L | 0.0006L | 0.0006L | 0.0004L | 0.0004L |
| 31 | 四氯化碳浓度 | 0.0001L | 0.0001L | 0.0001L | 0.0001L | 0.0003L | 0.0003L | 0.0004L | 0.0003L | 0.0003L | 0.0004L | 0.0004L |
| 32 | 三溴甲烷浓度 | — | — | — | — | — | — | — | — | — | — | — |
| 33 | 二氯甲烷浓度 | — | — | — | — | — | — | — | — | — | — | — |
| 34 | 1,2-二氯乙烷浓度 | — | — | — | — | — | — | — | — | — | — | — |

续表4.4-3

| 序号 | 项目 | 1月 | 2月 | 3月 | 4月 | 5月 | 6月 | 7月 | 8月 | 9月 | 10月 | 11月 |
|---|---|---|---|---|---|---|---|---|---|---|---|---|
| 35 | 环氧氯丙烷浓度 | —1 | —1 | —1 | —1 | —1 | —1 | —1 | —1 | —1 | —1 | —1 |
| 36 | 氯乙烯浓度 | —1 | —1 | —1 | —1 | —1 | —1 | —1 | —1 | —1 | —1 | —1 |
| 37 | 1,1-二氯乙烯浓度 | —1 | —1 | —1 | —1 | —1 | —1 | —1 | —1 | —1 | —1 | —1 |
| 38 | 1,2-二氯乙烯浓度 | —1 | —1 | —1 | —1 | —1 | —1 | —1 | —1 | —1 | —1 | —1 |
| 39 | 三氯乙烯浓度 | 0.0001L | 0.0001L | 0.0001L | 0.0001L | 0.003L | 0.003L | 0.0004L | 0.003L | 0.003L | 0.0004L | 0.0004L |
| 40 | 四氯乙烯浓度 | 0.0001L | 0.0001L | 0.0001L | 0.0001L | 0.0012L | 0.0012L | 0.0002L | 0.0012L | 0.0012L | 0.0002L | 0.0002L |
| 41 | 氯丁二烯浓度 | —1 | —1 | —1 | —1 | —1 | —1 | —1 | —1 | —1 | —1 | —1 |
| 42 | 六氯丁二烯浓度 | —1 | —1 | —1 | —1 | —1 | —1 | —1 | —1 | —1 | —1 | —1 |
| 43 | 苯乙烯浓度 | 0.00005L | 0.00005L | 0.00005L | 0.00005L | 0.01L | 0.01L | —1 | 0.01L | 0.01L | 0.0002L | 0.0002L |
| 44 | 甲醛浓度 | 0.053 | 0.07 | 0.05L | 0.071 | 0.063 | 0.06 | 0.05L | 0.05L | 0.05L | 0.05L | 0.05L |
| 45 | 乙醛浓度 | —1 | —1 | —1 | —1 | —1 | —1 | —1 | —1 | —1 | —1 | —1 |
| 46 | 丙烯醛浓度 | —1 | —1 | —1 | —1 | —1 | —1 | —1 | —1 | —1 | —1 | —1 |
| 47 | 三氯乙醛浓度 | —1 | —1 | —1 | —1 | —1 | —1 | —1 | —1 | —1 | —1 | —1 |
| 48 | 苯浓度 | 0.00001L | 0.00001L | 0.00001L | 0.00001L | 0.001L | 0.001L | 0.0004L | 0.001L | 0.001L | 0.0004L | 0.0004L |
| 49 | 甲苯浓度 | 0.00001L | 0.00001L | 0.00001L | 0.00001L | 0.005L | 0.005L | 0.0003L | 0.005L | 0.005L | 0.0003L | 0.0003L |
| 50 | 乙苯浓度 | 0.00001L | 0.00001L | 0.00001L | 0.00001L | 0.01L | 0.01L | 0.0003L | 0.01L | 0.01L | 0.0003L | 0.0003L |

续表4.4-3

| 序号 | 项目 | 1月 | 2月 | 3月 | 4月 | 5月 | 6月 | 7月 | 8月 | 9月 | 10月 | 11月 |
|---|---|---|---|---|---|---|---|---|---|---|---|---|
| 51 | 二甲苯浓度 | 0.00001L | 0.00001L | 0.00001L | 0.00001L | 0.005L | 0.005L | 0.0005L | 0.005L | 0.005L | 0.0005L | 0.0005L |
| 52 | 异丙苯浓度 | 0.00001L | 0.00001L | 0.00001L | 0.00001L | 0.0032L | 0.0032L | 0.0003 | 0.0032L | 0.0032L | 0.0003 | 0.0003 |
| 53 | 氯苯浓度 | 0.00002L | 0.00002L | 0.00002L | 0.00002L | 0.00002L | 0.00002L | 0.0002 | 0.00002L | 0.00002L | 0.0002 | 0.0002 |
| 54 | 1,2-二氯苯浓度 | 0.00002L | 0.00002L | 0.00002L | 0.00002L | 0.002L | 0.002L | 0.0004 | 0.002 | 0.002 | 0.0004 | 0.0004 |
| 55 | 1,4-二氯苯浓度 | 0.00002L | 0.00002L | 0.00002L | 0.00002L | 0.002L | 0.002L | 0.0004 | 0.002 | 0.002 | 0.0004 | 0.0004 |
| 56 | 三氯苯浓度 | 0.000042L | 0.000042L | 0.000042L | 0.000042L | 0.00004L | 0.00004L | 0.0003 | 0.00004L | 0.00004L | 0.0003 | 0.0003 |
| 57 | 四氯苯浓度 | -1 | -1 | -1 | -1 | -1 | -1 | -1 | -1 | -1 | -1 | -1 |
| 58 | 六氯苯浓度 | -1 | -1 | -1 | -1 | -1 | -1 | -1 | -1 | -1 | -1 | -1 |
| 59 | 硝基苯浓度 | 0.0000183L | 0.0000183L | 0.0000183L | 0.0000183L | 0.0002L | 0.0002L | 0.00004L | 0.0002L | 0.0002L | 0.00004L | 0.00004L |
| 60 | 二硝基苯浓度 | 0.000069L | 0.000069L | 0.000069L | 0.000069L | 0.2L | 0.2L | 0.00004L | 0.2L | 0.2L | 0.00005L | 0.00005L |
| 61 | 2,4-二硝基甲苯浓度 | -1 | -1 | -1 | -1 | -1 | -1 | -1 | -1 | -1 | -1 | -1 |
| 62 | 2,4,6-三硝基甲苯浓度 | -1 | -1 | -1 | -1 | -1 | -1 | -1 | -1 | -1 | -1 | -1 |
| 63 | 硝基氯苯浓度 | 0.0000716L | 0.0000716L | 0.0000716L | 0.0000716L | 0.0002L | 0.0002 | 0.00005L | 0.0002 | 0.0002 | 0.0005L | 0.00005L |
| 64 | 2,4-二硝基氯苯浓度 | -1 | -1 | -1 | -1 | -1 | -1 | -1 | -1 | -1 | -1 | -1 |

续表4.4-3

| 序号 | 项目 | 1月 | 2月 | 3月 | 4月 | 5月 | 6月 | 7月 | 8月 | 9月 | 10月 | 11月 |
|---|---|---|---|---|---|---|---|---|---|---|---|---|
| 65 | 2,4-二氯苯酚浓度 | -1 | -1 | -1 | -1 | -1 | -1 | -1 | -1 | -1 | -1 | -1 |
| 66 | 2,4,6-三氯苯酚浓度 | -1 | -1 | -1 | -1 | -1 | -1 | -1 | -1 | -1 | -1 | -1 |
| 67 | 五氯酚浓度 | -1 | -1 | -1 | -1 | -1 | -1 | -1 | -1 | -1 | -1 | -1 |
| 68 | 苯胺浓度 | -1 | -1 | -1 | -1 | -1 | -1 | -1 | -1 | -1 | -1 | -1 |
| 69 | 联苯胺浓度 | -1 | -1 | -1 | -1 | -1 | -1 | -1 | -1 | -1 | -1 | -1 |
| 70 | 丙烯酰胺浓度 | -1 | -1 | -1 | -1 | -1 | -1 | -1 | -1 | -1 | -1 | -1 |
| 71 | 丙烯腈浓度 | -1 | -1 | -1 | -1 | -1 | -1 | -1 | -1 | -1 | -1 | -1 |
| 72 | 邻苯二甲酸二丁酯浓度 | 0.0001L | 0.0001L | 0.0003 | 0.0001L | 0.0001L | 0.0001L | 0.0007 | 0.0001L | 0.0001L | 0.00021 | 0.00030 |
| 73 | 邻苯二甲酸二(2-乙基己基)酯浓度 | 0.0001L | 0.0001L | 0.0002 | 0.0005 | 0.0004L | 0.0004L | 0.00093 | 0.0004L | 0.0004L | 0.00008 | 0.00027 |
| 74 | 水合肼浓度 | -1 | -1 | -1 | -1 | -1 | -1 | -1 | -1 | -1 | -1 | -1 |
| 75 | 四乙基铅浓度 | -1 | -1 | -1 | -1 | -1 | -1 | -1 | -1 | -1 | -1 | -1 |
| 76 | 吡啶浓度 | -1 | -1 | -1 | -1 | -1 | -1 | -1 | -1 | -1 | -1 | -1 |
| 77 | 松节油浓度 | -1 | -1 | -1 | -1 | -1 | -1 | -1 | -1 | -1 | -1 | -1 |
| 78 | 苦味酸浓度 | -1 | -1 | -1 | -1 | -1 | -1 | -1 | -1 | -1 | -1 | -1 |
| 79 | 丁基黄原酸浓度 | -1 | -1 | -1 | -1 | -1 | -1 | -1 | -1 | -1 | -1 | -1 |

续表4.4-3

| 序号 | 项目 | 1月 | 2月 | 3月 | 4月 | 5月 | 6月 | 7月 | 8月 | 9月 | 10月 | 11月 |
|---|---|---|---|---|---|---|---|---|---|---|---|---|
| 80 | 活性氯浓度 | -1 | -1 | -1 | -1 | -1 | -1 | -1 | -1 | -1 | -1 | -1 |
| 81 | 滴滴涕浓度 | 0.0000313L | 0.0000313L | 0.0000313L | 0.0000313L | 0.00002L | 0.00002L | 0.000031L | 0.00002L | 0.00002L | 0.0000031L | 0.0000031L |
| 82 | 林丹浓度 | 0.0000182L | 0.0000182L | 0.0000182L | 0.0000182L | 0.00001L | 0.000004L | 0.000025L | 0.00001L | 0.00001L | 0.000025L | 0.000025L |
| 83 | 环氧七氯浓度 | -1 | -1 | -1 | -1 | -1 | -1 | -1 | -1 | -1 | -1 | -1 |
| 84 | 对硫磷浓度 | -1 | -1 | -1 | -1 | -1 | -1 | -1 | -1 | -1 | -1 | -1 |
| 85 | 甲基对硫磷浓度 | -1 | -1 | -1 | -1 | -1 | -1 | -1 | -1 | -1 | -1 | -1 |
| 86 | 马拉硫磷浓度 | -1 | -1 | -1 | -1 | -1 | -1 | -1 | -1 | -1 | -1 | -1 |
| 87 | 乐果浓度 | -1 | -1 | -1 | -1 | -1 | -1 | -1 | -1 | -1 | -1 | -1 |
| 88 | 敌敌畏浓度 | -1 | -1 | -1 | -1 | -1 | -1 | -1 | -1 | -1 | -1 | -1 |
| 89 | 敌百虫浓度 | -1 | -1 | -1 | -1 | -1 | -1 | -1 | -1 | -1 | -1 | -1 |
| 90 | 内吸磷浓度 | -1 | -1 | -1 | -1 | -1 | -1 | -1 | -1 | -1 | -1 | -1 |
| 91 | 百菌清浓度 | -1 | -1 | -1 | -1 | -1 | -1 | -1 | -1 | -1 | -1 | -1 |
| 92 | 甲萘威浓度 | -1 | -1 | -1 | -1 | -1 | -1 | -1 | -1 | -1 | -1 | -1 |
| 93 | 溴氰菊酯浓度 | -1 | -1 | -1 | -1 | -1 | -1 | -1 | -1 | -1 | -1 | -1 |
| 94 | 阿特拉津浓度 | 0.0000269L | 0.0000269L | 0.0000269L | 0.0000269L | 0.0005L | 0.0005L | 0.00004 | 0.0005L | 0.0005L | 0.00002 | 0.00005 |
| 95 | 苯并（a）芘浓度 | 0.0000004L | 0.0000004L | 0.0000004L | 0.0000004L | 0.0000012L | 0.0000012L | 1.6E-07 | 0.0000012L | 0.0000012L | 0.0000004L | 0.0000004L |
| 96 | 甲基汞浓度 | -1 | -1 | -1 | -1 | -1 | -1 | -1 | -1 | -1 | -1 | -1 |

续表4.4-3

| 序号 | 项目 | 1月 | 2月 | 3月 | 4月 | 5月 | 6月 | 7月 | 8月 | 9月 | 10月 | 11月 |
|---|---|---|---|---|---|---|---|---|---|---|---|---|
| 97 | 多氯联苯浓度 | -1 | -1 | -1 | -1 | -1 | -1 | -1 | -1 | -1 | -1 | -1 |
| 98 | 微囊藻毒素-LR浓度 | -1 | -1 | -1 | -1 | -1 | -1 | -1 | -1 | -1 | -1 | -1 |
| 99 | 黄磷浓度 | -1 | -1 | -1 | -1 | -1 | -1 | -1 | -1 | -1 | -1 | -1 |
| 100 | 钼浓度 | 0.002L | 0.002L | 0.002L | 0.002L | 0.008L | 0.008L | 0.00018 | 0.008L | 0.008L | 0.00022 | 0.00018 |
| 101 | 钴浓度 | 0.005L | 0.005L | 0.005L | 0.005L | 0.0025L | 0.0025L | 0.00013 | 0.0025L | 0.0025L | 0.00012 | 0.00009 |
| 102 | 铍浓度 | 0.0003L | 0.0003L | 0.0003L | 0.0003L | 0.0012 | 0.0004 | 0.00004L | 0.00023 | 0.0002L | 0.00004L | 0.00004L |
| 103 | 硼浓度 | 0.002L | 0.002L | 0.002L | 0.002L | 0.0239 | 0.011L | 0.00589 | 0.011L | 0.011L | 0.00583 | 0.00587 |
| 104 | 锑浓度 | 0.0002L | 0.0002L | 0.0002 | 0.0004 | 0.000324 | 0.000294 | -1 | 0.00007L | 0.0003 | 0.0003 | 0.0003 |
| 105 | 镍浓度 | 0.00006L | 0.00006L | 0.00006L | 0.00006L | -1 | 0.00006L | 0.00006L | 0.0026 | 0.00043 | 0.00006L | 0.0002 |
| 106 | 钡浓度 | 0.007 | 0.009 | 0.021 | 0.008 | 0.001L | 0.0099 | 0.00682 | 0.004 | 0.003 | 0.00617 | 0.00675 |
| 107 | 钒浓度 | 0.01L | 0.01L | 0.01L | 0.01L | 0.005L | 0.005L | 0.0065 | 0.005L | 0.005L | 0.00035 | 0.00019 |
| 108 | 钛浓度 | -1 | -1 | -1 | -1 | -1 | -1 | 0.0195 | -1 | -1 | -1 | -1 |
| 109 | 铊浓度 | 0.00001L | 0.00001L | 0.00001L | 0.00001L | 0.000018 | 0.00001L | 0.00002L | 0.00001L | 0.000015 | 0.00002L | 0.00002L |
| 110 | 透明度 | 160 | 165 | 141 | 150 | 140 | 140 | 140 | 130 | 140 | 120 | 130 |
| 111 | 叶绿素a浓度 | 0.0015 | 0.0009 | 0.0027 | 0.00177 | 0.004 | 0.00174 | 0.00637 | 0.0114 | 0.00958 | 0.00858 | 0.00887 |

注："-1"为"未检测"

以《地表水环境质量标准》(GB 3838—2002)的 Ⅱ 类水质标准为参照,从 2016 年龟石水库饮用水水源地坝首(一级保护区)的水质监测结果来看,111 个监测指标中,有 108 个指标的全年达标率为 100%。挥发酚和总磷浓度在部分月份出现超标情况,挥发酚浓度超标倍数为 0.25~0.35,超标率为 42%;总磷浓度超标倍数为 0.2~1,超标率为 33%。而总氮浓度在全年的监测过程中,超标率 100%,超标倍数为 0.8~3.36。

饮用水水源地水质达标率是水库饮用水服务功能的一项代表性指标。饮用水水质达标率是指流域内所有集中式饮用水水源地的水质监测中,达到或优于《地表水环境质量标准》(GB 3838—2002)的 Ⅱ 类水质标准的检查频次占全年检查总频次的比例。其计算方法为:集中饮用水水质达标率=(所有断面达标频次之和/全年所有断面监测总频次)×100%。

综合分析 2016 年龟石水库流域内所有集中式饮用水水源地的水质监测结果,按照 Ⅱ 类水质标准评价,该水源地水质达标率为 0,主要超标因子为总氮、挥发酚、总磷。

## 4.4.2　水产品供给服务功能

水库水产品供给调查的指标为水产品产量。目前龟石水库鱼类有 6 目 14 科 35 种,受水利设施工程、外来物种和过渡捕捞等影响,跟几十年前的 40 多种相比下降很多。经济鱼类主要有大眼鳜、斑鳜、鲤鱼、草鱼、鲢鱼、鳙鱼、鲫鱼等。

龟石水库水产品产量情况如表 4.4-4 所示。

表 4.4-4　龟石水库水产品产量

| 指标 | 单位 | 数据 | 数据来源 | 备注 |
|------|------|------|----------|------|
| 水产品产量 | t | 2334 | 富川县水产畜牧兽医局 2016 年上半年工作总结和下半年工作计划 | 比上年同期增长 8.07% |

## 4.4.3　栖息地服务功能

湖泊是野生动植物、鱼类及候鸟等的栖息地,对维持生物多样性具有重要作用。栖息地功能调查主包括鱼的种类及数量、天然湿地的面积、候鸟种类及数量。

龟石水库集水区土地总面积为 125400 hm²,其中林地总面积 57249 hm²,牧草地面积 19031.2 hm²。

广西富川龟石国家湿地公园(以下简称"湿地公园")位于广西壮族自治区东北部、富川县南部,地理坐标为东经 111°17′35″—111°18′4″,北纬 24°39′32″—

24°46′34″，总面积为 4173.13 hm²。湿地公园范围以龟石水库为主体，水面范围以龟石水库设计最高水位 184.7 m 为界限，东至吉山村副坝坝址，西至凤岭村临库处，北至富江南环路桥，南至龟石水库坝址。关于龟石水库栖息地服务功能的调查参考龟石国家湿地公园的自然资源数据。

据调查统计，湿地公园内天然湿地面积为 98.24 hm²，人工湿地面积为 3589.16 hm²。湿地公园内脊椎动物共计 31 目 76 科 205 种，其中哺乳类 8 目 11 科 19 种、鸟类 14 目 37 科 105 种、爬行类 2 目 9 科 28 种、两栖类 1 目 5 科 18 种、鱼类 6 目 14 科 35 种。

湿地公园内鱼类有 6 目 14 科 35 种，分别占广西壮族自治区鱼类 14 目 33 科 200 种的 42.85% 左右、42.42% 左右和 17.5%，其中以鲤形目种类最多，共 8 亚科 18 种，占总种数的 51.42%。依照动物地理分布区划，水库内淡水鱼类为东洋界的华南区。

湿地公园内鸟类共计 14 目 37 科 105 种，分别约占广西壮族自治区 23 目 82 科 687 种鸟类的 60.87%、37.80%、10.63%。其中雀形目鸟类种数占湿地公园内鸟类种数的 30%，在非雀形目鸟类中，以鸭科和鹭科的鸟类最多，其中鹭科鸟类在湿地公园内广为分布，多栖息在植被较好的湖心洲岛和库周山体森林的林冠层，在夏、秋季数量较多。

湿地公园内保护物种较多，国家二级重点保护动物 19 种，其中鸟类 16 种，分别为黄嘴白鹭、黑鸢、蛇雕、普通鵟、赤腹鹰、燕隼、鸳鸯、黑冠鹃隼、苍鹰、松雀鹰、日本松雀鹰、灰背隼、红隼、红腹锦鸡、草鸮、红角鸮；兽类 2 种，分别为穿山甲、水獭；两栖类 1 种，为虎纹蛙。

关于水库栖息地服务功能的具体调查指标情况见表 4.4-5。

表 4.4-5　湖泊流域栖息地功能调查

| 编号 | 指标 | 单位 | 历史数据 | 现状数据 | 数据来源 |
|---|---|---|---|---|---|
| 1 | 天然湿地面积 | km² | | 0.98 | 《龟石国家湿地公园总体规划》 |
| 2 | 人工湿地面积 | km² | | 35.89 | |
| 3 | 林地面积 | km² | | 572.49 | 《2016 年度龟石水库生态环境保护实施方案》 |
| 4 | 草地面积 | km² | | 190.31 | |

续表4.4-5

| 编号 | 指标 | | 单位 | 历史数据 | 现状数据 | 数据来源 |
|---|---|---|---|---|---|---|
| 5 | 鱼类种类数 | | 种 | | 35 | |
| 6 | 候鸟种类 | | 种 | | 105 | |
| 7 | 国家重点保护种群类 | 植物 | 种 | | 1 | |
| 8 | | 鸟类 | 种 | | 16 | |
| 9 | | 兽类 | 种 | | 2 | |
| 10 | | 两栖类 | 种 | | 1 | 《龟石国家湿地公园总体规划》 |
| 11 | 外来入侵物种 | 种类1 | | | 喜旱莲子 | |
| 12 | | 种类2 | | | 番石榴 | |
| 13 | | 种类3 | | | 大薸 | |
| 14 | | 种类4 | | | 凤眼莲 | |
| 15 | | 种类5 | | | 赤桉 | |
| 16 | | 种类6 | | | 小叶桉 | |

## 4.4.4　拦截功能调查

　　湖滨带是水陆生态系统交错带，主要由各种生态型水生高等植物、微生物、小型动物及底质组成，是连接湖泊水域生态系统与陆地生态系统的功能过渡区，也是湖泊的天然保护屏障。湖滨带可以定义为：湖滨带是湖泊流域中水域与陆地相邻生态系统间的过渡地带，其特征由相邻生态系统之间相互作用的空间、时间及强度所决定。植被的存在是滨岸缓冲带的特点所在，植被通过自身吸收、输送溶解氧、为微生物提供栖息地、疏松土壤、滞缓径流、调节微气候等功能来实现其对滨岸缓冲带面源污染防治和生态环境改善作用。不同植被在滨岸缓冲带生态系统中所起的作用是不一样的，草本类植物由于生长密集、覆盖于地表等特点，能最有效地滞缓径流，截留地表径流污染物和降解、吸收沉积污染物质。

　　湖滨带对面源污染物有一定的净化和截留效应，是污染负荷进入湖泊的最后一道屏障。消落带指库区被淹没土地周期性暴露于水面之上的区域。湖滨带、消落带拦截净化功能调查要点主要为其现状情况调查，指标包括湖滨缓冲区、消落带的长度、宽度，湖体周长，天然湖滨区面积，人工恢复面积等。具体调查指标见表4.4-6。

表 4.4-6　湖泊湖滨拦截功能调查

| 编号 | 指标 | | 单位 | 历史数据 | 现状数据 | 备注 |
|---|---|---|---|---|---|---|
| 1 | 湖体周长 | | km | | 152.75 | |
| 2 | 湖滨缓冲区、消落带的长度 | 天然 | km | | 120 | |
| | | 人工 | km | | 32.75 | |
| 3 | 湖滨缓冲区、消落带的宽度 | 天然 | km | | | |
| | | 人工 | km | | | |
| 4 | 缓冲带、消落带的面积 | 天然 | km² | | | |
| 5 | | 人工 | km² | | | |
| 6 | 湖滨挺水植物覆盖度 | | % | | 54.82 | |
| 7 | 天然湖滨带保护指数 | | | | | |
| 8 | 污染物截留量 | 总氮 | kg/d | | | |
| 9 | | 总磷 | kg/d | | | |
| 10 | | COD | kg/d | | | |

## 4.4.5　人文景观功能

湖泊人文景观是指在长期与自然环境相互作用的过程中，人类在了解、感受、利用、使用、改造自然和创造生活的实践中，创造的强烈区别于农事活动的物质文明以及形成诸如环境观念、生活观念、道德观念、生产观念、行为方式、风土人情及宗教信仰、土地所有形式等涉及湖泊社会、经济、宗教、政治和组织形式等各方面的社会价值观。这些无形的和有形的要素构成了湖泊旅游区景观的核心，是湖泊人文景观的灵魂和精神所在。

湖泊景观特点以不同的地貌类型为存在背景，具有美学和文化特征。湖泊人文景观功能调查的指标主要包括旅游业总产值、自然保护区、珍稀濒危动植物和天然集中分布等。

西岭山自然保护区位于广西东北部，贺州市富川县境内。保护区地跨朝东、城北、富阳、柳家 4 个乡镇，南北长 30 km，东西宽 14 km，总面积为 17560 hm²，其中林地面积 16415.7 hm²，森林覆盖率为 93.5%。保护区面积占富川县土地总面积 1573 km² 的 11.16%。西岭山自然保护区的主要保护对象有中亚热带山地常绿阔叶林森林生态系统、黄腹角雉(国家一级重点保护野生动物)等珍稀野生动植物资源及其栖息地、水源涵养林及其生物多样性。据调查，已知野生维管束植物 1411 种，隶属 175 科 665 属，其中蕨类植物 31 科 63 属 105 种，裸子植物 7 科 4

属 16 种，双子叶植物 115 科 474 属 1096 种。已知陆生脊椎动物有 4 纲 27 目 86 科 165 种。其中，两栖类 20 种，爬行类 28 种，鸟类 87 种，兽类 30 种。其中列为国家珍稀濒危植物名录的有 14 种，属国家一级保护植物的有红豆杉 1 种，二级保护植物有 13 种；列为国家珍稀濒危动物名录的有 23 种，属国家一级保护动物 2 种、二级保护动物 21 种。

湖泊人文景观调查情况和自然保护区信息见表 4.4-7～表 4.4-8。

**表 4.4-7　湖泊人文景观调查情况**

| 编号 | 指标 | 单位 | 数据 | 数据来源 |
|---|---|---|---|---|
| 1 | 自然保护区级别 | | 自治区级 | 《广西壮族自治区人民政府关于同意建立广西西岭山自然保护区的批复》（桂政函〔2008〕35 号） |
| 2 | 旅游业总产值 | 亿元 | 15.9 | 富川瑶族自治县人民政府 2015 年工作总结 |
| 3 | 流域水质安全人口比例 | % | 100 | |
| 4 | 公众满意度指数 | | | |

**表 4.4-8　自然保护区信息表**

| 自然保护区名称 | 位置 | 面积 /km² | 主要保护对象 | 始建时间 | 始建批准机关 | 保护区现级别 |
|---|---|---|---|---|---|---|
| 龟石水库西领山自然保护区 | 位于广西东北部，龟石水库集水区西部 | 174.6 | 水源涵养林及珍稀动植物 | 2008.3 | 广西壮族自治区人民政府 | 自治区级 |

## 4.5　生态环境保护调查

### 4.5.1　环保投入调查

多年来龟石水库水质一直保持在《地表水环境质量标准》（GB 3838—2002）Ⅱ类水平，但随着集水区城镇化进程不断加快、人口持续增加及产业发展，龟石水库 COD、$NH_3-N$、TN 等指标浓度已呈逐年上升趋势，其中 TN 浓度已逼近国家地表水 Ⅴ 类限值；与此同时，流域水土流失及生态系统逐年下降，枯水期水库局部水质曾低至 Ⅵ 类，并在夏季有偶发小面积水华现象。为做好水库综合整治工作，切实保护龟石水库水质安全，各级政府均投入资金，开展水库的保护工作。

### 4.5.1.1 国家和自治区层面

2014年国家林业局批复了富川龟石国家湿地公园（试点）建设项目，并给予国家专项奖励资金500万元；2015年6月份国家发改委批复2015—2016年富川龟石国家湿地公园湿地保护工程建设项目（总投资2890万元，其中中央投资1156万元，地方配套1734万元）。2015年6月底龟石水库项目获《新增湖泊生态环境保护批复》，并于7月13日在贵阳召开项目启动工作会议；2015年11月广西壮族自治区财政厅、环保厅下发《关于明确2015年中央水污染专项资金湖泊生态环境保护项目具体项目的通知》（桂财建〔2015〕287号），批复确定龟石水库2015年度实施10个项目建设（2000万元）。

### 4.5.1.2 贺州市层面

贺州市政府高度重视龟石水库环境保护工作，2008—2009年实施了"龟石水库饮用水水源地保护示范工程"。2008年（一期工程）投资80万元，其中安排在龟石水库古城镇蒙家实施点36万元，工程内容为种植香松草25亩，新建耕作道路600 m，种植竹子900株，设置宣传牌2块。2009年（二期工程）投资145万元。实施地点为柳家乡石比村龟石水库岸、柳家乡中屯村库叉灌区、富阳镇压大坝村村边库叉、古城镇蒙家木园头库叉消落区。实施内容为种植香松草41.24亩，百喜草786 m²，柳树600株，天竺楼树490株，竹子867株，河堤护岸340 m，机耕路191 m，修建垃圾池3个，排水沟66 m，宣传牌1块。

### 4.5.1.3 富川县层面

2016年，投入0.209亿元用于17个农村环境综合整治项目，建成一批农村生活污水处理设施和一批农村生活垃圾收集处理设施。

开展饮用水水源地保护区专项整治工作，富川瑶族自治县共组织110人次，车辆22台次，对龟石水库一、二级保护区的养猪场、网箱养鱼、农家乐等各类污染源进行大清查。拆除龟石水库饮用水源一级保护区内猪舍2处，取缔了龟石水库80个非法灯光诱捕点。

严厉打击非法采选矿行为，取缔了可达矿区及白沙重点流域周边的5个无证照非法采选矿点。

建成环境监测实验室并通过自治区的计量认证。建成龟石水库水质自动监测站和县城环境空气质量自动监测站并投入使用。

全县植树造林2.85万亩，森林覆盖率提升至57.2%。

## 4.5.2 已有措施及成效

广西壮族自治区、贺州市高度重视龟石水库水资源的保护管理工作，近年来，自治区、市财政投入龟石水质保护的专项资金累计已达数亿元，主要措施包括：

（1）构建了完善的区域生态环境保护规划体系。

各级部门高度重视水库水环境保护工作，委托相关单位编制并组织实施《广西贺州市水资源保护规划报告》《广西贺州市城区供水水源规划报告》《广西龟石国家湿地公园总体规划》，为加强饮用水水源地保护提供政策引导。通过制定完善和严格实施规划，推动水库集雨区域经济建设与生态保护进入一个互促互动的良性发展轨道，为库区乃至贺江水环境污染防治和科学利用提供法规政策保障。

（2）饮用水水源地保护措施得力。

①饮用水水源地综合整治。对库区周边进行整治，效果明显。

②水源涵养林建设。贺州市成功申请了龟石国家湿地公园，对水源涵养林建设进行了详细规划。根据广西壮族自治区发展和改革委员会《关于广西富川龟石国家湿地公园湿地保护与恢复工程建设项目可行性研究报告的批复》，龟石国家湿地公园项目总投资 2890 万元，资金来源为申请中央补助和地方自筹，实施湿地保护与恢复工程、科研与监测工程、宣传与教育工程和能力建设工程四大类工程。

③龟石水库饮用水水源地保护示范工程。2008—2009 年受市水电局委托实施了"龟石水库饮用水水源地保护示范工程"（业主为市水电局）。2008 年（一期工程）投资 80 万元，其中安排在龟石水库古城镇蒙家实施点 36 万元，工程内容为种植香松草 25 亩，新建耕作道路 600 m，种植竹子 900 株，设置宣传牌 2 块。

2009 年度（二期工程）投资 145 万元。实施地点为柳家乡石比村龟石水库岸、柳家乡中屯村库叉灌区、富阳镇压大坝村村边库叉、古城镇蒙家木园头库叉消落区。实施内容为种植香松草 41.24 亩，百喜草 786 $m^2$，柳树 600 株，天竺楼树 490 株，竹子 867 株，河堤护岸 340 m，机耕路 191 m，垃圾池 3 个，排水沟 66 m，宣传牌 1 块。

（3）加强对龟石国家湿地公园的建设。

富川龟石国家湿地公园于 2013 年 12 月 31 日由国家林业局批准建设（试点），2014 年 10 月 27 日成立富川龟石国家湿地公园管理局，有编制人员 3 名。龟石湿地公园以龟石水库为主体，总面积为 4173.13 $hm^2$（约 6.3 万亩）。根据湿地公园生态环境和资源特征，龟石湿地公园划分为五个功能区，即湿地保育区、恢复重建区、宣教展示区、合理利用区、管理服务区。

富川龟石国家湿地公园项目建设期限为 5 年，即 2014—2018 年，计划总投资 2.62 亿元。项目建设内容为湿地保护与恢复、科普宣教、科研监测、合理利用、防御灾害、社区协调、基础工程。

在政府部门支持和努力下，目前已完成的工作有：毛家桥浮动码头建设，毛家码头保护管理站和码头公厕建设，广西富川龟石国家湿地公园湿地保护与恢复工程初步设计，并通过专家评审获自治区林业厅批复实施，凤岭、毛家码头停车场、生态栈道、界碑、界桩、宣传牌等的建设，项目仪器和设备的采购，山体修复，科教与宣教中心和毛家码头保护管理站水电安装，凤岭保护管理站的建设等。

（4）稳步推进农村饮水工程建设。

2006—2010 年，富川瑶族自治县共建设乡镇饮水安全工程 9 项，总投资 3622.02 万元，供水规模总计 12730 m³/d，解决饮水不安全人口 8.69 万人。

（5）建设城镇污水处理设施。

富川县城区约 6.2 km²，县城区人口约 3.56 万人。富川县城污水处理厂位于富川县富阳镇洞深村野鸭塘，主要处理来自城区的生活污水。项目设计总规模为 2 万 m³/天（设计年限 2015 年），远景目标为 4 万 m³/d（设计年限 2025 年）。一期工程设计处理规模 1 万 t/d，污水管网 12.15 km，总投资 4565 万元，污

图 4.5-1　富川县城污水处理厂

水处理工艺采用"CASS+紫外线消毒"，出水水质执行《城镇污水处理厂污染物排放标准》（GB 18918—2002）一级 A 标准。排污口设置在富江野鸭塘段，此处距离龟石水库回水点约 1.5 km。现污水处理厂一期工程已通过环保验收，并正式投入运营（图 4.5-1）。

现场调查发现，目前污水厂运行负荷较低，处理水量为 7000~8000 m³/d，进水浓度偏低，进水 COD 为 80 mg/L 左右，出水 COD 为 20 mg/L 左右；进水氨氮浓度为 10~15 mg/L，出水氨氮浓度为 2~4 mg/L。由于进水浓度较低，出水可稳定达到一级 A 标准。由于富川县污水管网建设滞后，未实现雨污分流，污水收集率较低。

（6）建设农村生活污水处理设施。

富川县 2010—2015 年实施广西农村环境综合整治项目共 25 个行政村，建设污水处理设施 59 套。

2011 年朝东镇秀水村、福溪村 3 套污水处理池项目：采用"厌氧预处理+微动力+人工湿地"的工艺建设污水处理设施 3 套，处理规模分别为 100 m³/d、80 m³/d、200 m³/d，管网改造 2750 m，并由自治区环保厅统一进行垃圾设备采购。2011 年莲山镇吉山村采用"厌氧预处理+微动力+人工湿地"的工艺建设污水处理设施 1 套，处理规模 150 m³/d，管网改造 2670 m，并由自治区环保厅统一进行垃圾设备采购。

2013 年柳家乡下湾村 3 套污水处理池项目,处理规模分别为 60 m³/d、60 m³/d、20 m³/d,配套管网分别为 1500 m、1050 m、1150 m。

2014 年葛坡镇极乐村、白沙镇茶青村、白沙镇木江村和白沙镇井山村 4 个行政村建污水处理设施 18 套,处理规模为 690 t/d,配套管网 39.3 km。

2016 年整县推进农村环境综合整治项目已基本建成(表 4.5-1 及图 4.5-2～图 4.5-3)。包含富阳镇黄龙村、江塘村、羊公井村、新坝村和葛坡镇马槽村等 10 个乡镇 17 个行政村建污水处理设施 34 套,其处理规模为 1375 t/d,配套管网 63.25 km。其中朝东镇和白沙镇的 3 个行政村的项目不在龟石水库流域范围内。

**表 4.5-1　富川瑶族自治县已建污水处理设施情况表**

| 序号 | 立项时间 | 建成时间 | 乡镇 | 村 | 设计规模/(t·d⁻¹) | 投资/万元 |
|---|---|---|---|---|---|---|
| 1 | 2011 | 2013 | 朝东镇 | 秀水、福溪村 | 3 套, 100 m³/d、80 m³/d、200 m³/d | 210 |
| 2 | 2011 | 2013 | 莲山镇 | 吉山村 | 150 m³/d | 120 |
| 3 | 2013 | 2014 | 柳家乡 | 下湾村 | 3 套, 60 m³/d、60 m³/d、20 m³/d | 210 |
| 4 | 2014 | 2016 | 葛坡镇、白沙镇 | 葛坡镇极乐村,白沙镇茶青村、木江村和井山村 | 18 套, 690 m³/d | 1000 |
| 5 | 2015 | 2016 | 柳家乡 | 凤岭 | 45 | 100 |
| | | | | 洋新 | 140 | 195 |
| | | | 富阳镇 | 黄龙 | 200 | 260 |
| | | | | 西屏 | 70 | 75 |
| | | | | 江塘 | 175 | 240 |
| | | | | 新坝 | 95 | 165 |
| | | | 莲山镇 | 罗山 | 60 | 75 |
| | | | 城北镇 | 六合村 | 20 | 45 |
| | | | 福利镇 | 浮田 | 20 | 45 |
| | | | | 毛家 | 40 | 55 |
| | | | | 花坪 | 50 | 65 |
| | | | 葛坡镇 | 马槽 | 30 | 55 |
| | | | 古城镇 | 秀山 | 100 | 105 |
| | | | 石家乡 | 黄竹 | 100 | 130 |

图 4.5-2　柳家乡柳家社区村污水处理工程　　　图 4.5-3　柳家乡下湾村污水处理工程

(7)建设生活垃圾处理设施。

富川瑶族自治县生活垃圾无害化处理项目是国家重点建设项目,总投资 3805 万元,项目选址在柳家乡龙岩村委所属山场内,项目占地 122.6 亩(均为荒坡地),建设规模为日处理生活垃圾 90 t,采取卫生填埋方式处理生活垃圾。目前,富川县生活垃圾无害化处理填埋场已正式投入使用。垃圾渗滤液处理系统,处理规模 100 $m^3/d$。渗滤液经调节池进行水质水量的均化后,经厌氧塔进行厌氧反应,再由 MBR 池进行处理后,使用纳滤及反渗透进行二级深度处理,引到保护区外污水处理厂处理(图 4.5-4)。

(a)垃圾填埋场　　　　　　　　　　　(b)垃圾渗滤液处理系统

(c)垃圾渗滤液处理系统-RO膜

图 4.5-4　富川县生活垃圾无害化处理场

### 4.5.3　2015 年度龟石水库生态环境保护项目实施进展

#### 4.5.3.1　项目基本情况

（1）2015 年 6 月底龟石水库项目获《新增湖泊生态环境保护批复》，并于 7 月 13 日在贵阳召开项目启动工作会议。

（2）2015 年 10 月 10 日在桂林灵川县召开项目实施方案技术指导会议。会后，编制单位对方案进行修改并上报。

（3）2015 年 11 月 2 日广西壮族自治区财政厅、环保厅下发《关于明确 2015 年中央水污染专项资金湖泊生态环境保护项目具体项目的通知》（桂财建〔2015〕287 号），批复确定龟石水库 2015 年度实施 10 个项目建设（项目相关照片见图 4.5-5~图 4.5-12）。

#### 4.5.3.2　项目推进情况

（1）项目管理情况。

为加快推进龟石良好湖泊生态环境保护项目具体项目的工作进度，贺州市环保局于 2015 年 11 月 20 日印发了《贺州市环境保护局关于推进龟石水库湖泊生态环境保护项目工作方案》，成立了以市环保局局长为组长的项目推进工作组，并分别成立了三个分工合作的具体工作小组，以加快项目整体推进进度。至 2015 年 12 月底，工作组已完成政府采购批复、招标采购计划表填报和批复等工作。

（2）2015 年度绩效评估工作情况。

2016 年 2 月，广西壮族自治区环保厅委托广西环科院开展良好湖泊绩效评估工作。3 月 10 日，在北京召开绩效评价审核会议，由广西环科院汇报评估结果。龟石水库已通过这次绩效评估，得分 71 分。

（3）中央资金项目进展情况。

截至 2016 年 12 月，2015 年度的龟石水库 10 个项目全部建成（表 4.5-2 及图 4.5-5~图 4.5-12）。

表 4.5-2　中央资金项目实施进展

| 序号 | 项目名称 | 总投资/万元 | 项目进度 |
|---|---|---|---|
| 1 | 龟石水库生态安全调查与评估 | 200 | 已完工 |
| 2 | 龟石水库饮用水水源地标示标识、标志建设 | 30 | 已完工 |
| 3 | 入库河流生态恢复 | 200 | 已完工 |
| 4 | 毛家桥湿地植被生态恢复工程 | 200 | 已完工 |
| 5 | 隔污缓冲林带工程 | 110 | 已完工 |
| 6 | 农村生活污水处理工程 | 480 | 已完工 |
| 7 | 富川县古城镇污水处理工程 | 140 | 已完工 |
| 8 | 富川县福利镇污水处理工程 | 160 | 已完工 |
| 9 | 畜禽养殖小区污染治理工程 | 280 | 已完工 |
| 10 | 龟石水库环境监测能力提升建设 | 200 | 已完工 |
| | 合计 | 2000 | |

图 4.5-5　龟石水库饮用水水源地标示标识、标志建设

图 4.5-6　入库河流生态恢复　　　　图 4.5-7　毛家桥湿地植被生态恢复工程

图 4.5-8　畜禽养殖小区污染治理工程　　　图 4.5-9　农村生活污水处理工程

图 4.5-10　巡查监测用船

图 4.5-11　流动注射分析仪

图 4.5-12　便携式水质重金属监测仪

(4) 地方资金项目进展情况。

截至 2016 年 12 月, 2015 年度的地方资金投资的 21 个龟石水库项目中, 14 个项目已建成, 4 个项目在建, 2016 年年底前所有项目全部建成, 另外 3 个项目由于资金缺乏等原因未开工 (表 4.5-3)。

表 4.5-3　地方资金项目实施进展

| 序号 | 项目类型 | 项目名称 | 项目总投资/万元 | 项目进度 |
|---|---|---|---|---|
| 1 | 水源地综合整治工程 | 龟石水库水源地综合整治工作方案编制 | 20 | 完工 |
| 2 | | 龟石水库水源地违章建筑/项目清理 | 80 | 完工 |
| 3 | | 龟石水库库区非法养殖清理和整治 | 50 | 完工 |
| 4 | 龟石库区周边湿地建设 | 富川龟石水库生态观测站点 10 个 | 2200 | 在建 |
| 5 | | 富川龟石水库湖岸滩涂生态修复工程 | 813 | 在建 |

续表4.5-3

| 序号 | 项目类型 | 项目名称 | 项目总投资/万元 | 项目进度 |
|---|---|---|---|---|
| 6 | 库区集镇污水处理工程 | 生活污水处理厂配套截污管网完善工程 | 1500 | 在建 |
| 7 | 库区垃圾处理工程建设 | 富川县垃圾填埋场渗滤液收集管网建设 | 560 | 完工 |
| 8 | | 富川县生活垃圾填埋场技改 | 250 | 完工 |
| 9 | 集雨区矿山整治 | 柳家铁矿区生态环境综合整治工程 | 1000 | 前期 |
| 10 | | 富川方宇矿业有限责任公司生态环境综合整治工程 | 500 | 前期 |
| 11 | 畜禽养殖污染治理工程 | 富川县畜禽养殖污染防治规划 | 30 | 在建 |
| 12 | | 温氏长春猪场养殖污染治理工程 | 380 | 完工 |
| 13 | | 温氏福源猪场养殖污染治理工程 | 380 | 完工 |
| 14 | | 温氏新贵猪场养殖污染治理工程 | 380 | 完工 |
| 15 | | 温氏金旺猪场养殖污染治理工程 | 380 | 完工 |
| 16 | | 温氏新华猪场养殖污染治理工程 | 380 | 完工 |
| 17 | | 桂林富丽施通科技有限公司年产10万t机肥项目 | 1500 | 前期 |
| 19 | 集雨区面源综合整治 | 富阳镇区域环境综合整治工程 | 260 | 完工 |
| 20 | | 柳家乡库区环境综合整治工程 | 320 | 完工 |
| 21 | | 莲山镇农村连片环境综合整治工程 | 150 | 完工 |

#### 4.5.3.3 2015年度项目产生的绩效

经过初步核算，通过2015年度项目的实施，龟石水库流域范围内增加湖滨、河滨缓冲带480亩，恢复湿地面积450亩，增加生态涵养林315亩。龟石水库集水区内COD负荷削减量为976 t，总氮负荷削减量为120.8 t，氨氮负荷削减量为60.4 t，总磷负荷削减量为11.29 t。此外，在饮用水水源地保护方面，在龟石水库水源保护区设立界碑20块，界桩250块。在环境监管能力建设方面，购置澳大利亚MTI便携式水质重金属监测仪一台、美国OI联系流动注射分析仪一台等，购置巡查监测用船一艘。

#### 4.5.3.4 2015年度中央资金使用情况

贺州市龟石水库生态环境保护项目2015年获得中央专项资金2000万元。截至2016年11月，总共支出了1610.324万元，执行率为80.52%（表4.5-4）。

表 4.5-4　2015 年度中央资金项目执行情况

| 序号 | 项目名称 | 总投资/万元 | 已拨付资金/万元 |
|---|---|---|---|
| 1 | 龟石水库生态安全调查与评估 | 200 | 159.60 |
| 2 | 龟石水库饮用水水源地标示标识、标志建设 | 30 | 29.75 |
| 3 | 入库河流生态恢复 | 200 | 137.6 |
| 4 | 毛家桥湿地植被生态恢复工程 | 200 | 139.024 |
| 5 | 隔污缓冲林带工程 | 110 | 87.72 |
| 6 | 农村生活污水处理工程 | 480 | 363.648 |
| 7 | 富川县古城镇污水处理工程 | 140 | 106.12 |
| 8 | 富川县福利镇污水处理工程 | 160 | 121.112 |
| 9 | 畜禽养殖小区污染治理工程 | 280 | 207.15 |
| 10 | 龟石水库环境监测能力提升建设 | 200 | 197.80 |
|  | 其他(监理费,设计费等) | — | 60.8 |
|  | 合计 | 2000 | 1610.324 |

#### 4.5.3.5　项目实施计划

全面推进中央资金项目实施进度,积极与富川县人民政府及各职能部门协调合作,扫除项目实施障碍。

(1)2016 年 12 月,全部建成,发挥效益。

(2)2017 年 1 月,完成所有项目的竣工验收,并拨付全部工程费用。

### 4.5.4　2016 年度龟石水库生态环境保护项目实施进展

#### 4.5.4.1　项目基本情况

2016 年度龟石水库生态环境保护规划项目共 3 类 15 项,全部为污染源治理项目。其中,畜禽养殖污染治理工程 3 项,库区集镇污水处理工程 4 项,集雨区面源综合整治项目 8 项。

建设预算总投资 9580.63 万元。其中,中央财政资金投入 0 万元,地方政府财政资金投入 7858.63 万元,约占总投资 82.0%,社会资金 1722 万元,约占总投资 18.0%。

#### 4.5.4.2　项目推进情况

截至 2017 年 11 月,所有 15 个项目中完工的有 5 个,在建的有 6 个,在开展前期工作的有 4 个(表 4.5-5)。

**表 4.5-5  2016 年度项目推进情况**

| 项目名称 | 分项名称 | 进展 |
|---|---|---|
| 畜禽养殖污染治理工程 | 发酵床建设工程 | 在建 |
| | "猪-沼-果"生态农业工程 | 在建 |
| | 猪场废水雨污分离改造工程 | 在建 |
| 库区集镇污水处理工程 | 富川县葛坡镇镇级污水处理工程 | 前期 |
| | 富川县城北镇镇级污水处理工程 | 前期 |
| | 富川县麦岭镇镇级污水处理工程 | 前期 |
| | 富川县石家乡污水处理工程 | 前期 |
| 集雨区面源综合整治 | 城北镇农村环境综合整治工程 | 完工 |
| | 古城镇农村环境综合整治工程 | 完工 |
| | 葛坡镇农村环境综合整治工程 | 完工 |
| | 石家乡农村环境综合整治工程 | 完工 |
| | 福利镇农村环境综合整治工程 | 完工 |
| | 城北镇农村垃圾处理工程 | 在建 |
| | 古城镇农村垃圾处理工程 | 在建 |
| | 富川县乡镇生活垃圾转运系统项目 | 在建 |

### 4.5.4.3  项目产生的绩效

经过初步核算，通过 2016 年度项目的实施，截至 2016 年 12 月，龟石水库集水区内 COD 负荷削减量为 63.07 t，总氮负荷削减量为 8.42，氨氮负荷削减量为 6.31 t，总磷负荷削减量为 0.65 t。

### 4.5.4.4  项目实施计划

加快落实项目资金，积极推进项目建设，确保所有项目尽早完成。

## 4.5.5  产业结构调整情况调查

龟石水库集水区内各镇产业结构以绿色经济为主，有农业、渔业、旅游业，少量工业，主要包括种植农业、水产养殖与零散畜禽养殖。概括为"山上造林蓄水，山腰种果养鸡，山坡种植茶叶，山下种桑养蚕，旱地种姜种药，水上发展网箱"的经济发展模式。为进一步优化集水区内产业结构调整，从源头减少影响水源的污染物的产生。富川县近年加快实施"生态名县、工业富县，三农兴县，旅游活县"战略，大力发展现代生态农业、生态旅游业和特色经济，推动区域经济发展。保护县域自然资源和人文资源，精心打造生态名县，建立人与自然相和谐的"宜居城镇"和山水名县，实现"工业强县、三农兴县，旅游活"的目标。

### 4.5.5.1　产业结构调整总体思路

以主要污染物排放量与入湖量总量分配为核心来构建与龟石水库水质相适应的流域绿色产业体系；坚持科学发展和可持续发展原则，按照生态建设产业化、产业发展生态化的要求，建立流域优化的社会经济发展模式；通过流域产业结构的优化和调整，创建以绿色与生态经济为主导的"绿色产业区"，优化产业结构，促进工业和服务业的发展，降低农业在产业结构中的比重，减少农业面源污染；鼓励低能耗、低污染甚至无污染的环保低碳型工业化发展，实行严格的园区化管理，对环境污染进行严格的全过程控制；大力发展以旅游业为主的现代服务业，促进对自然资源和生态环境的合理有效利用。

### 4.5.5.2　流域产业结构布局

充分利用富川瑶族自治县丰富的自然资源、优良的生态环境、浓郁的民族文化、便利的交通条件，结合沿湖景区的建设，在保护好环境的前提下，按照人口向城镇、中心村集中，工业向园区集中，旅游向景区集中的要求，逐步形成以龟石国家湿地公园为核心，包括西岭山自然保护区和瑶族村寨的生态旅游区，以富阳镇为主的城镇和生态工业发展区，以及水源保护区以外的各乡镇构成的生态农业发展区。

### 4.5.5.3　主要产业结构调整情况

近年来各级政府部门为保护龟石水库水源，对库区内进行的主要产业结构调整可以概括为"一退、二调、三保"。一退，即对湖滨缓冲带进行环境综合整治，对库区范围内的村落、企业、酒店或宾馆等进行拆迁，并进行湖滨缓冲带的建设；二调，即对流域内的产业结构进行优化，压缩农业发展空间，为第三产业发展腾出余地，并在调整的部分农田内建设湿地，净化流域的低污染水；三保，即对流域的山区进行水源涵养林和绿色果木林的建设，增加流域森林覆盖率。具体表现在以下四个方面：

（1）湖滨缓冲带内"退田、退塘、退房"工程。对湖滨缓冲带涉及的农田和鱼塘全部清退；对湖滨缓冲带内的房屋、工业企业、酒店或宾馆等进行拆迁；退出所有产生污染并对水库构成威胁的经济社会活动。

（2）湖滨缓冲带生态建设工程。通过绿篱带、生态透水植被带、多自然型乔草带、灌草带的构建，形成完善的湖滨生态体系和湖泊的生态屏障。减缓水土流失，涵养水源，保持湖滨地貌与自然生态的稳定。

（3）流域产业结构调整与绿色农业建设示范工程。以做强三产、做优一产、严控二产为目标。在水库北部大力发展绿色农业，优化种植结构，最大程度减少农业面源对环境的影响。充分利用自然生态系固有的自然生产力，以当代生物科学技术成果的有效应用为支撑，对农业生态系统及其自然环境进行有效保护和良化培育。

（4）水源涵养林保护工程。积极引导，推进林种树种结构调整，逐步改造水库及主要入库河流可视范围内的纯桉树林，逐步将水库和入库河流沿河一侧的林木全部变为水源涵养林，一级饮用水源保护区内全部种植生态公益林；关闭水源保护区内采石场，在采石场原址建设生态林；进行林分改造，将现有经济林转变为高端经济林。

### 4.5.6　生态建设

#### 4.5.6.1　湖滨带建设情况

根据监测结果，2014 年龟石水库自然岸线长度为 118.5 km，湖（库）滨岸线总长度为 152.75 km，湖（库）滨自然岸线率为 77.58%。2015 年，龟石水库自然岸线长度实际为 118.2 km，湖（库）滨岸线总长度实际为 152.77 km，湖（库）滨自然岸线率实际为 77.37%。从两次监测结果来看，虽然 2015 年龟石水库自然岸线率较 2014 年下降了 0.21%，但其自然岸线率依然大于标准 75%，总体情况优良。

#### 4.5.6.2　植被覆盖率情况

调查发现，龟石水库集水区内植被构成较为复杂，基本上为湿生植物群落，并有少量的水生植物群落和外来入侵植物构成的植物系统。植物群系多以小群落斑块状分布于库区消落带，其面积相对较小，具有代表性的主要群落类型有蓼子草群系、节节草群系、尼泊尔蓼群系等。龟石水库流域总面积为 1572 km²，流域范围内植被覆盖面积为 837.10 km²，植被覆盖率为 54.82%。流域范围内植被覆盖度小于 75%，总体情况良好。

### 4.5.7　监管能力

2015 年，贺州市环境监察能力建设达标，贺州市环境监察支队已通过环保厅标准化建设达标验收《环境保护厅关于同意贺州市环境监察支队通过标准化建设二级达标验收的函》（桂环函〔2015〕1850 号），已按要求制定并实施监测方案。但由于未能形成良好的环境监管机制，加上资金投入及技术力量有限，监测能力和应急能力建设达不到要求，故环境监测能力建设和应急能力建设有待加强。

### 4.5.8　长效机制

广西壮族自治区、贺州市高度重视龟石水库水资源的保护管理工作，近年来，投入龟石水质保护的专项资金累计已达数亿元，在龟石水库生态保护的实践中，政府部门不断提高认识、创新措施、加大投入，并逐步建立起水库生态保护的长效机制。

（1）构建了完善的区域生态环境保护规划体系。广西壮族自治区、贺州市委、市政府及有关部门高度重视水库水环境保护工作，委托相关单位编制并组织实施《广西贺州市水资源保护规划报告》《广西贺州市城区供水水源规划报告》《广西龟石国家湿地公园总体规划》，为加强饮用水水源地保护提供政策引导。通过制定完善的实施规划，推动水库集雨区域经济建设与生态保护进入一个互促互动的良性发展轨道，为库区水环境污染防治和科学利用提供法规政策保障。

（2）完善污染源长效监管机制。由市政府牵头组成综合执法队伍，加大行政联合执法力度，依法打击查处水库违法违章行为。市政府下发龟石水库整治通知，富川县相关乡镇、相关部门做好宣传，在告知库区移民和相关当事人的基础上，各职能部门做好调查取证工作。

①灯光诱捕由交通、水产畜牧部门负责；

②围库垦植由水利部门负责；

③开山垦植由林业部门负责；

④网箱养殖、围库养鸭、散养山羊家鸡由水产畜牧、水利部门负责；

⑤偷采稀土由国土部门负责；

⑥库区兴建农家乐由卫生、工商部门负责；

⑦库区修建养猪场由水产畜牧、环保部门负责。

（3）建立违法行为综合整治机制。市政府组织各职能部门在各自调查取证的基础上，下达执法通知，违法项目业主限期整改拆除，处理相关事宜。市政府牵头组成综合执法队伍，先易后难，依法打击查处水库违法违章行为：

①依法强制拆除在库区内违法修建的围库养鱼工程，遏制围库养殖行为。

②依法强制拆除在库区内围库垦植工程，维护水库的合法权益；

③坚决取缔灯光诱捕、网箱养殖、围库养鸭、散养山羊家鸡、库区兴建农家乐、库区修建养猪场等违法行为，保护渔业生态平衡和水库生态环境。

④坚决取缔非法开采的矿山，对已取缔的柳家乡新岭磅稀土矿点，要由市安监局、国土资源局加强监管，严禁当地群众零星收集尾矿行为。

⑤及时制止开山垦植违法行为，严厉打击乱砍滥伐森林的行为，确保集雨区森林覆盖率稳步提高，有效控制水土流失。

⑥按照《中华人民共和国矿产资源法》有关规定，矿山开采审批、关闭权归属广西壮族自治区人民政府及其相关工作部门。对于采矿选矿权已到期的企业，需由市政府及时向上级汇报并沟通处理。

（4）建设强有力的监管队伍。解决龟石水管处水库巡查大队的编制、资金问题，并赋予其相应的权利，负责龟石水库日常管理并承担管理范围内水资源、水域、生态环境及水利工程或设施等的保护工作，对水事活动进行监督检查，维护正常的水事秩序。

（5）建立投融资机制。建立正常的财政投入增长机制，坚持发挥政府投入的引导作用，加大环保专项资金额度和比例，加大产业政策、技术政策和经济政策对环境污染治理相关产业发展的支持力度，鼓励和引导金融机构加强对环境污染治理项目的信贷支持。

大力引进社会资本参与环境基础设施建设和运营，采用 PPP 模式、引资、环境资源有偿服务体系等方式推动环保基础设施建设。按照国家和地方有关规定，逐步提高污水处理费和开征生活垃圾处理费，保障环保基础设施的建设和运营费用。

（6）建立绩效考核机制。市政府将相关县区及市直单位落实龟石水库水质保护工作情况纳入年度考核内容，实行"一票否决"，并与其主要负责人的政绩挂钩，考核结果将在网络上予以公布，并抄送组织、人事部门作为干部任用、奖惩的依据。

（7）建立健全生态补偿和保护激励机制。建立长效的生态效益补偿机制，争取中央和省政府适当加大生态补偿和奖励力度，建立相应的风险基金。同时，根据上游生态建设和保护成本以及水质、水量保护目标要求，配套建立生态保护绩效评估体系、考核体系和跨地区利益平衡机制，完善生态激励基金使用管理办法。

市人民政府着手制定实施《龟石水库水源林生态效益补偿办法》，出台《关于对龟石水库定期投放鱼苗的决定》《关于龟石水库库区移民生产扶持十年规划》《关于落实龟石水库库区移民生产发展基金的决定》等相关政策，支持解决库区移民的生产生活问题。着力解决西岭山自然保护区林农生活问题。按照水源林生态效益补偿办法，对水源林资源进行价值评估，实施分期相应补偿。引导扶持林农发展多种经营。扶持林农发展竹业、森林旅游业、种植业、养殖业；扶持林农建设沼气池、改燃节柴，利用间伐抚育的枝丫及小材小料发展菌药类的培养与加工项目，提高林农自我发展的能力，逐渐解决林农的生活问题。

## 4.6　水库生态安全综合评估

在上述调查的基础上，从龟石水库流域社会经济影响、湖泊水生态系统健康、湖泊生态服务功能以及人类的"反馈"措施对社会经济发展的调控和湖泊水质水生态的改善 4 个方面分别进行评估。进一步采用 DPSIR 生态安全评估，建立水库生态安全综合评估指标体系，并得出湖泊整体或各功能分区的湖泊生态安全指数（ESI），评估湖泊生态安全相对标准状态的偏离程度。系统全面地诊断湖泊生态安全存在的问题，为湖泊生态安全的建设提供理论依据和技术支持。

## 4.6.1　评估指标体系的建立

生态安全评估从人类社会经济影响(驱动力、压力)、水生态健康(状态)、服务功能(影响)和管理调控(响应)4 个方面,以湖泊污染物迁移转化过程为主线,对可得数据进行指标初选。

(1)社会经济影响指标

社会经济影响指标包括驱动力和压力两个方面。驱动力反映湖泊流域所处的人类社会经济系统的相关属性,可以分为人口、经济和社会三个部分,而压力指标反映人类社会对湖泊的直接影响,突出反映在流域污染负荷和入湖河流水质、水量两个方面。人口指标在常规统计中包括人口数量、人口密度、人口自然增长率、人口迁入迁出数量等。经济指标主要包括工业比例、第三产业比例、工农业产值比、单位 GDP 水耗等,经济数量结构指标包括 GDP、人均 GDP、工农业总产值等。社会指标包括国民社会经济统计的常规统计项目。流域污染负荷是人类活动影响水质的主要方式。表征污染物排放的指标包括污染物入湖总量及点源或面源的入湖总量、入湖河流水质等,其计算方式包括总量指标、单位湖泊面积负荷、单位湖泊容积负荷等多种形式。入湖河流污染指标包括湖泊主要入湖河流的 TN、TP、COD、氨氮等水质指标,以及流量、流速等水文参数指标。

(2)水生态健康指标

水生态健康指标可以通过水质与水生态两个方面来反映。水质指标包括 DO 浓度、TN 浓度、TP 浓度、高锰酸盐指数、氨氮浓度、SD、SS、叶绿素 a 浓度、重金属浓度等指标。水生态指标包括浮游植物生物量、浮游动物生物量、底栖生物生物量、浮游植物多样性指数、浮游动物多样性指数、底栖生物完整性指数等指标。

(3)生态服务功能指标

湖泊的服务功能主要体现在水质净化、水产品和水生态支持等方面,主要包括污染物净化总量、水产品总产值、鱼类总产值、生物栖息地服务、调蓄水量等。

(4)调控管理指标

调控管理指标反映人类的"反馈"措施对社会经济发展的调控及湖泊水质水生态的改善作用。响应指标主要体现在经济政策、部门政策和环境政策三个方面。因此,响应指标包括资金投入、污染治理、产业结构调整、生态建设、监管能力建设和长效机制。

本评估指标体系参考《湖泊生态安全调查与评估技术指南》,并以此为依据进行湖泊生态安全综合评估。评估指标体系由目标层(V)、方案层(A)、因素层(B)、指标层(C)构成,包括 1 个目标层、4 个方案层、18 个因素层和 40 个指标层指标,见表 4.6-1。

表 4.6-1 湖泊生态安全评估指标体系

| 目标层 | 方案层 | 因素层 | 指标层 |
|---|---|---|---|
| 生态安全综合指数（V） | 社会经济影响（A1） | 人口 B1 | 人口密度 C11 |
| | | | 人口增长率 C12 |
| | | 经济 B2 | 人均 GDP C21 |
| | | 社会 B3 | 人类活动强度指数 C31 |
| | | 流域污染负荷 B4 | 单位面积面源 COD 负荷量 C41 |
| | | | 单位面积面源 TN 负荷量 C42 |
| | | | 单位面积面源 TP 负荷量 C43 |
| | | | 单位面积点源 COD 负荷量 C44 |
| | | | 单位面积点源 TN 负荷量 C45 |
| | | | 单位面积点源 TP 负荷量 C46 |
| | 水生态健康（A2） | 入湖河流 B5 | 主要入湖河流 COD 浓度 C51 |
| | | | 主要入湖河流 TN 浓度 C52 |
| | | | 主要入湖河流 TP 浓度 C53 |
| | | | 单位入湖河流流水量 C54 |
| | | 水质 B6 | 溶解氧 C61 |
| | | | 透明度 C62 |
| | | | 氨氮 C63 |
| | | | 总磷 C64 |
| | | | 总氮 C65 |
| | | | 高锰酸钾指数 C66 |
| | | 富营养化 B7 | 叶绿素 a C71 |
| | | | 综合营养指数 C72 |
| | | 沉积物 B8 | 总氮 C81 |
| | | | 总磷 C82 |
| | | | 有机质 C83 |
| | | | 重金属风险指数 C84 |
| | | 水生生物多样性 B9 | 浮游植物多样性指数 C91 |
| | | | 浮游动物多样性指数 C92 |
| | | | 底栖生物多样性指数 C93 |

续表4.6-1

| 目标层 | 方案层 | 因素层 | 指标层 |
|---|---|---|---|
| 生态安全综合指数（V） | 生态服务功能（A3） | 饮用水服务功能 B10 | 集中饮用水水质达标率 C101 |
| | | 水源涵养功能 B11 | 林草覆盖率 C111 |
| | | 拦截净化功能 B13 | 湖（库）滨自然岸线率 C131 |
| | | 人文景观功能 B14 | 自然保护区级别 C141 |
| | | | 珍稀物种生态环境代表性 C142 |
| | 调控管理（A4） | 资金投入 B15 | 环保投入指数 C151 |
| | | 污染治理 B16 | 工业企业废水排放稳定达标率 C161 |
| | | | 城镇生活污水集中处理率 C162 |
| | | | 农村生活污水处理率 C163 |
| | | 监管能力 B17 | 监管能力指数 C171 |
| | | 长效机制 B18 | 长效管理机制构建 C181 |

## 4.6.2　参照标准的确定

在指标标准值确定的过程中，主要参考：①已有的国家标准、国际标准或经过研究已经确定的区域标准；②流域水质、水生态、环境管理的目标或者国内外具有良好特色的流域现状值；③依据现有的湖泊与流域社会、经济协调发展的理论，以定量化指标作为参照标准；④对于那些目前研究较少，但对流域生态环境评估较为重要的指标，在缺乏有关指标统计数据时，暂时根据经验数据作为参照标准。在上述四种参照标准的基础上，将湖泊生态系统健康状况分为五级标准以反映生态系统的优劣变化。各指标对生态系统影响的评估标准及对应的得分情况见表 4.6-2。

参考全国重点湖泊水库生态安全评估方法和权重计算成果，以及生态环境部华南环境科学研究所承担的《新丰江水库生态安全调查与评估》《南水水库生态安全调查与评估》的相关权重计算成果，采用客观赋权法、主观赋权法、层次分析法相结合的方式，计算各指标层的权重。层次分析法（AHP）是一种使人们的思维过程和主观判断实现规范化、数量化的方法，可以使很多不确定因素得到很大程度的降低，适用于指标过多时数据统计量大且权重难以确定的案例。最终，根据层次分析法计算结果，结合龟石水库相关数据，确定本项目生态安全评估指标体系中各指标的权重，结果如表 4.6-3 和表 4.6-4 所示。

表4.6-2 生态健康评估指标层参考标准

| 指标类别 | 指标层名称 | 单位 | 指标层参数标准 | | | | |
|---|---|---|---|---|---|---|---|
| | | | 一级 | 二级 | 三级 | 四级 | 五级 |
| 社会经济影响（A1） | 人口密度 C11 | 人/km | 80~100 | 60~80 | 40~60 | 20~40 | 0~20 |
| | 人口增长率 C12 | ‰ | <5 | 5~10 | 10~15 | 15~20 | >20 |
| | 人均 GDP C21 | 元/（人·年） | <1000 | 1000~4000 | 4000~5000 | 5000~10000 | >10000 |
| | 人类活动强度指数 C31 | 无量纲 | <25 | 25~40 | 40~60 | 60~80 | >80 |
| | 单位面积面源 COD 负荷量 | t/(km²·a) | <20 | 20~40 | 40~60 | 60~80 | >80 |
| | 单位面积面源 TN 负荷量 | t/(km²·a) | <5 | 5~10 | 10~15 | 15~20 | >20 |
| | 单位面积面源 TP 负荷量 | t/(km²·a) | <0.5 | 0.5~1.0 | 1.0~1.5 | 1.5~2.0 | >2.0 |
| | 单位面积点源 COD 负荷 | t/(km²·a) | <40 | 40~60 | 60~100 | 100~150 | >150 |
| | 单位面积点源 TN 负荷 | t/(km²·a) | <1.5 | 1.5~3.5 | 3.5~6 | 6.0~10 | >10 |
| | 单位面积点源 TP 负荷 | t/(km²·a) | <0.10 | 0.1~0.20 | 0.20~0.30 | 0.30~0.40 | >0.40 |
| | 主要入湖河流 COD 浓度 | mg/L | <3.5 | 3.5~5.5 | 5.5~6.5 | 6.5~8.5 | >8.5 |
| | 主要入湖河流 TN 浓度 | mg/L | <0.45 | 0.4~0.85 | 0.85~1.30 | 1.30~2.50 | >2.50 |
| | 主要入湖河流 TP 浓度 | mg/L | <0.11 | 0.11~0.15 | 0.15~0.25 | 0.25~0.45 | >0.45 |
| | 单位入湖河流流水量 | 无量纲 | >3.5 | 3.5~2.5 | 2.5~1.5 | 1.5~0.8 | <0.8 |

续表4.6-2

| 指标类别 | 指标层名称 | 单位 | 指标层参数标准 | | | | |
|---|---|---|---|---|---|---|---|
| | | | 一级 | 二级 | 三级 | 四级 | 五级 |
| | 溶解氧浓度 C61 | mg/L | 80~100 | 60~80 | 40~60 | 20~40 | 0~20 |
| | 透明度 C62 | | ≥7.5 | 6~7.5 | 5~6 | 3~5 | <3 |
| | 氨氮浓度 C63 | mg/L | >4 | 2~4 | 1~2 | 0.5~1 | <0.5 |
| | 总磷浓度 C64 | mg/L | ≤0.15 | 0.15~0.5 | 0.5~1.0 | 1.0~1.5 | >1.5 |
| | 总氮浓度 C65 | mg/L | ≤0.01 | 0.01~0.025 | 0.025~0.05 | 0.05~0.1 | >0.1 |
| | 高锰酸钾指数 C66 | mg/L | ≤0.2 | 0.2~0.5 | 0.5~1.0 | 1.0~1.5 | >1.5 |
| | 叶绿素 a 浓度 C71 | μg/L | ≤2 | 2~4 | 4~6 | 6~10 | >10 |
| | 综合营养指数 C72 | 无量纲 | <1.6 | 1.6~10 | 10~26 | 26~64 | >64 |
| | 总氮浓度 C81 | mg/kg | <30 | 30~50 | 50~60 | 60~70 | >70 |
| | 总磷浓度 C82 | mg/kg | <500 | 500~1100 | 1100~2000 | 2000~4000 | >4000 |
| | 有机质浓度 C83 | g/kg | <250 | 250~400 | 400~600 | 600~800 | >800 |
| 水生态健康（A2） | 重金属风险指数 C84 | 无量纲 | <10 | 10~20 | 20~30 | 30~40 | >40 |
| | 浮游植物多样性指数 C91 | 无量纲 | <150 | 150~300 | 300~600 | ≥600 | ≥600 |
| | 浮游动物多样性指数 C92 | 无量纲 | >3 | 2~3 | 1~2 | 0.5~1 | <0.5 |
| | 底栖生物多样性指数 C93 | 无量纲 | >3 | 2~3 | 1~2 | 0.5~1 | <0.5 |
| | | | >3 | 2~3 | 1~2 | 0.5~1 | <0.5 |

续表4.6-2

| 指标类别 | 指标层名称 | 单位 | 指标层参数标准 | | | | |
|---|---|---|---|---|---|---|---|
| | | | 一级 | 二级 | 三级 | 四级 | 五级 |
| 生态服务功能（A3） | 集中饮用水水质达标率 C101 | % | 80~100 | 60~80 | 40~60 | 20~40 | 0~20 |
| | 林草覆盖率 C111 | % | 100 | 97~100 | 95~97 | 93~95 | <93 |
| | 湖（库）滨自然岸线率 C131 | % | >75 | 68~75 | 58~68 | 22~58 | <22 |
| | 自然保护区级别 C141 | 无量纲 | 国家级 | 省级 | 市级 | 县级 | 其他 |
| | 珍稀物种生态环境代表性 C142 | 无量纲 | 国家级 | 省级 | 市级 | 县级 | 其他 |
| | 环保投入指数 | % | >2.5 | 1.5~2.5 | 1~1.5 | 0.5~1 | >0.5 |
| 生态服务功能（A4） | 工业企业废水排放稳定达标率 C161 | % | 100 | 93~100 | 90~93 | 85~90 | <85 |
| | 城镇生活污水集中处理率 C162 | % | >40 | 30~40 | 20~30 | 10~20 | <10 |
| | 农村生活污水处理率 C163 | % | >20 | 15~20 | 10~15 | 5~10 | <5 |
| | 监管能力指数 C171 | 无量纲 | 专家打分 | | | | |
| | 长效管理机制构建 C181 | 无量纲 | 专家打分 | | | | |

表 4.6-3　生态安全评估指标体系中各指标权重表

| 方案层 | 权重 | 因素层 | 分权重 | 指标层 | 分权重 |
|---|---|---|---|---|---|
| 社会经济影响（A1） | 0.34 | 人口 B1 | 0.1 | 人口密度 C11 | 0.67 |
| | | | | 人口增长率 C12 | 0.33 |
| | | 经济 B2 | 0.1 | 人均 GDP C21 | 1 |
| | | 社会 B3 | 0.1 | 人类活动强度指数 C31 | 1 |
| | | 流域污染负荷 B4 | 0.4 | 单位面积面源 COD 负荷量 C41 | 0.12 |
| | | | | 单位面积面源 TN 负荷量 C42 | 0.18 |
| | | | | 单位面积面源 TP 负荷量 C43 | 0.25 |
| | | | | 单位面积点源 COD 负荷量 C44 | 0.11 |
| | | | | 单位面积点源 TN 负荷量 C45 | 0.13 |
| | | | | 单位面积点源 TP 负荷量 C46 | 0.2 |
| | | 入湖河流 B5 | 0.3 | 主要入湖河流 COD 浓度 C51 | 0.18 |
| | | | | 主要入湖河流 TN 浓度 C52 | 0.25 |
| | | | | 主要入湖河流 TP 浓度 C53 | 0.29 |
| | | | | 单位入湖河流流水量 C54 | 0.28 |
| 水生态健康（A2） | 0.29 | 水质 B6 | 0.4 | 溶解氧浓度 C61 | 0.2 |
| | | | | 透明度 C62 | 0.2 |
| | | | | 氨氮浓度 C63 | 0.1 |
| | | | | 总磷浓度 C64 | 0.2 |
| | | | | 总氮浓度 C65 | 0.2 |
| | | | | 高锰酸钾指数 C66 | 0.1 |

**续表4. 6-3**

| 方案层 | 权重 | 因素层 | 分权重 | 指标层 | 分权重 |
|---|---|---|---|---|---|
| 水生态健康（A2） | 0.29 | 富营养化 B7 | 0.28 | 叶绿素 a 浓度 C71 | 0.33 |
| | | | | 综合营养指数 C72 | 0.67 |
| | | 沉积物 B8 | 0.16 | 总氮质量分数 C81 | 0.2 |
| | | | | 总磷质量分数 C82 | 0.2 |
| | | | | 有机质量质量分数 C83 | 0.2 |
| | | | | 重金属风险指数 C84 | 0.4 |
| | | 水生生物多样性 B9 | 0.16 | 浮游植物多样性指数 C91 | 0.4 |
| | | | | 浮游动物多样性指数 C92 | 0.4 |
| | | | | 底栖生物多样性指数 C93 | 0.2 |
| 生态服务功能（A3） | 0.2 | 饮用水服务功能 B10 | 0.6 | 集中饮用水质达标率 C101 | 1 |
| | | 水源涵养功能 B11 | 0.2 | 林草覆盖率 C111 | 1 |
| | | 拦截净化功能 B13 | 0.1 | 湖（库）滨自然岸线率 C131 | 1 |
| | | 人文景观功能 B14 | 0.1 | 自然保护区级别 C141 | 0.5 |
| | | | | 珍稀物种生态环境代表性 C142 | 0.5 |
| 调控管理（A4） | 0.17 | 资金投入 B15 | 0.3 | 环保投入指数 C151 | 1 |
| | | 污染治理 B16 | 0.3 | 工业企业废水排放稳定达标率 C161 | 0.4 |
| | | | | 城镇生活污水集中处理率 C162 | 0.3 |
| | | | | 农村生活污水处理率 C163 | 0.3 |
| | | 监管能力 B17 | 0.2 | 监管能力指数 C171 | 1 |
| | | 长效机制 B18 | 0.2 | 长效管理机制构建 C181 | 1 |

表 4.6-4 生态安全评估指标体系中各指标权重表

| 方案层及分权重 | 因素层及分权重 | 指标层及分权重 | 指标层综合权重 (Ci) | 备注 |
|---|---|---|---|---|
| 社会经济影响 A1=0.3 | 人口 (B1=0.1) | 人口密度 C11=0.67 | 0.0201 | |
| | | 人口增长率 C12=0.33 | 0.0099 | |
| | 经济 (B2=0.1) | 人均 GDP C21=1 | 0.0300 | |
| | 社会 (B3=0.1) | 人类活动强度指数 C31=1 | 0.0300 | |
| | 流域污染负荷 (B4=0.4) | 单位面积面源 COD 负荷 C41=0.12 | 0.0144 | |
| | | 单位面积面源 TN 负荷 C42=0.18 | 0.0216 | |
| | | 单位面积面源 TP 负荷 C43=0.25 | 0.0300 | |
| | | 单位面积点源 COD 负荷 C44=0.11 | 0.0132 | |
| | | 单位面积点源 TN 负荷 C45=0.13 | 0.0156 | |
| | | 单位面积点源 TP 负荷 C46=0.2 | 0.0240 | |
| | 入湖河流 (B5=0.3) | 主要入湖河流 COD 浓度 C51=0.18 | 0.0162 | |
| | | 主要入湖河流 TN 浓度 C52=0.25 | 0.0225 | |
| | | 主要入湖河流 TP 浓度 C53=0.29 | 0.0261 | |
| | | 单位入湖河流水量 C54=0.28 | 0.0252 | |

续表4.6-4

| 方案层<br>及分权重 | 因素层<br>及分权重 | 指标层<br>及分权重 | 指标层<br>综合权重（Ci） | 备注 |
|---|---|---|---|---|
| 水生态<br>状况<br>A2=0.26 | 水质<br>（B6=0.4） | 溶解氧浓度 C61=0.2 | 0.0208 | |
| | | 透明度 C62=0.2 | 0.0208 | |
| | | 氨氮浓度 C63=0.1 | 0.0104 | |
| | | 总磷浓度 C64=0.2 | 0.0208 | |
| | | 总氮浓度 C65=0.2 | 0.0208 | |
| | | 高锰酸钾指数<br>C66=0.1 | 0.0104 | |
| | 富营养化（B7=0.28） | 叶绿素 a 浓度 C71=0.33 | 0.0240 | |
| | | 综合营养指数<br>C72=0.67 | 0.0488 | |
| | 沉积物（B8=0.16） | 总氮质量分数 C81=0.2 | 0.0083 | |
| | | 总磷质量分数 C82=0.2 | 0.0083 | |
| | | 有机质质量分数 C83=0.2 | 0.0083 | |
| | | 重金属风险指数<br>C84=0.4 | 0.0167 | |
| | 水生生物多样性<br>（B9=0.16） | 浮游植物多样性<br>指数 C91=0.4 | 0.0167 | |
| | | 浮游动物多样性<br>指数 C92=0.4 | 0.0167 | |
| | | 底栖生物多样性<br>指数 C93=0.2 | 0.0083 | |

续表4.6-4

| 方案层<br>及分权重 | 因素层<br>及分权重 | 指标层<br>及分权重 | 指标层<br>综合权重（Ci） | 备注 |
|---|---|---|---|---|
| 生态服<br>务功能<br>A3＝0.27 | 饮用水服务功能<br>（B10＝0.6） | 集中饮用水水质<br>达标率 C101＝1 | 0.1620 | 权重值>0.05 |
| | 水源涵养功能<br>（B11＝0.2） | 林草覆盖率 C111＝1 | 0.0540 | 权重值>0.05 |
| | 拦截净化功能<br>（B13＝0.1） | 湖（库）滨自然岸线率<br>C131＝1 | 0.0270 | |
| | 人文景观<br>功能<br>（B14＝0.1） | 自然保护区级别<br>C141＝0.5 | 0.0135 | |
| | | 珍稀物种生态环境代表<br>性 C142＝0.5 | 0.0135 | |
| 调控<br>管理<br>A4＝0.17 | 资金投入<br>（B15＝0.3） | 环保投入指数<br>C151＝1 | 0.0510 | 权重值>0.05 |
| | 污染治理<br>（B16＝0.3） | 工业企业废水排放<br>稳定达标率<br>C161＝0.4 | 0.0204 | |
| | | 城镇生活污水集中<br>处理率 C162＝0.3 | 0.0153 | |
| | | 农村生活污水处理<br>率 C163＝0.3 | 0.0153 | |
| | 监管能力<br>（B17＝0.2） | 监管能力指数<br>C171＝1 | 0.0340 | |
| | 长效机制（B18＝0.2） | 长效管理机制构建<br>C181＝1 | 0.0340 | |

由表4.6-4可知，方案层对生态安全综合评估的贡献率顺序依次为：社会经济影响(0.3)>生态服务功能(0.27)>水生态健康(0.26)>调控管理(0.17)。"社会经济影响A1"为方案层最主要影响因素。对于各指标的综合权重，集中饮用水水质达标率C101、林草覆盖率C111、环保投入指数C151三个指标所占权重分别为0.1620、0.0540、0.0510。

### 4.6.3　综合评估结果及分析

#### 4.6.3.1　方案层评估

根据表4.6-2中生态健康评估指标层参考标准，按照内插法对龟石水库库区内有关数据进行打分，得到指标层评估得分结果，进一步计算出各方案层评估结果(表4.6-5~表4.6-8)。

表4.6-5　龟石水库2016年社会经济影响得分

| 方案层 | 因素层及权重 | 指标层 | 龟石水库数值 | 指标层得分 | 指标层权重($C_i$) |
|---|---|---|---|---|---|
| 社会经济影响A1 | 人口(B1=0.1) | 人口密度 C11 | 218.3 | 95.6 | 0.67 |
| | | 人口增长率 C12 | 11.97 | 52.12 | 0.33 |
| | 经济(B2=0.1) | 人均 GDP C21 | 20006.2 | 15.0 | 1 |
| | 社会(B3=0.1) | 人类活动强度指数 C31 | 14.46 | 88.43 | 1 |
| | 流域污染负荷(B4=0.4) | 单位面积面源 COD 负荷 C41 | 13.25 | 86.72 | 0.12 |
| | | 单位面积面源 TN 负荷 C42 | 0.57 | 97.72 | 0.18 |
| | | 单位面积面源 TP 负荷 C43 | 0.09 | 96.4 | 0.25 |
| | | 单位面积点源 COD 负荷 C44 | 3.44 | 98.28 | 0.11 |
| | | 单位面积点源 TN 负荷 C45 | 0.75 | 90.0 | 0.13 |
| | | 单位面积点源 TP 负荷 C46 | 0.13 | 74.0 | 0.2 |
| | 入湖河流(B5=0.3) | 主要入湖河流 COD 浓度 C51 | 6.0 | 50 | 0.18 |
| | | 主要入湖河流 TN 浓度 C52 | 1.97 | 28.8 | 0.25 |
| | | 主要入湖河流 TP 浓度 C53 | 0.08 | 85.5 | 0.29 |
| | | 单位入湖河流水量 C54 | 0.44 | 11 | 0.28 |
| 小计 | | | 67.45 | | |

表 4.6-6　龟石水库 2016 年水生态状况得分

| 方案层 | 因素层及权重 | 指标层 | 龟石水库数值 | 指标层得分 | 指标层权重（Ci） |
|---|---|---|---|---|---|
| 水生态状况 A2 | 水质（B6 = 0.4） | 溶解氧浓度 C61 | 7.85 | 84.67 | 0.2 |
| | | 透明度 C62 | 1.35 | 47 | 0.2 |
| | | 氨氮浓度 C63 | 0.113 | 84.93 | 0.1 |
| | | 总磷浓度 C64 | 0.04 | 48 | 0.2 |
| | | 总氮浓度 C65 | 1.54 | 18.4 | 0.2 |
| | | 高锰酸钾指数 C66 | 1.83 | 81.7 | 0.1 |
| | 富营养化（B7 = 0.28） | 叶绿素 a 浓度 C71 | 7.54 | 65.86 | 0.33 |
| | | 综合营养指数 C72 | 44.97 | 65.03 | 0.67 |
| | 沉积物（B8 = 0.16） | 总氮质量分数 C81 | 0.25 | 99.99 | 0.2 |
| | | 总磷质量分数 C82 | 686.7 | 31.33 | 0.2 |
| | | 有机质质量分数 C83 | 32.24 | 35.32 | 0.2 |
| | | 重金属风险指数 C84 | 21.48 | 57.04 | 0.4 |
| | 水生生物多样性（B9 = 0.16） | 浮游植物多样性指数 C91 | 2.66 | 73.2 | 0.4 |
| | | 浮游动物多样性指数 C92 | 2.5 | 70 | 0.4 |
| | | 底栖生物多样性指数 C93 | 3.1 | 82 | 0.2 |
| 小计 | | | 61.57 | | |

表 4.6-7　龟石水库 2016 年生态服务功能得分

| 方案层 | 因素层及权重 | 指标层 | 龟石水库数值 | 指标层得分 | 指标层权重（Ci） |
|---|---|---|---|---|---|
| 生态服务功能 A3 | 饮用水服务功能（B10 = 0.6） | 集中饮用水水质达标率 C101 | 0 | 0 | 1 |
| | 水源涵养功能（B11 = 0.2） | 林草覆盖率 C111 | 54.82 | 53.09 | 1 |
| | 拦截净化功能（B13 = 0.1） | 湖（库）滨自然岸线率 C131 | 77.37 | 84.74 | 1 |
| | 人文景观功能（B14 = 0.1） | 自然保护区级别 C141 | 省级 | 80 | 0.5 |
| | | 珍稀物种生态环境代表性 C142 | 省级 | 80 | 0.5 |
| 小计 | | | 48.88 | | |

表 4.6-8　龟石水库 2016 年调控管理得分

| 方案层 | 因素层及权重 | 指标层 | 龟石水库数值 | 指标层得分 | 指标层权重($C_i$) |
|---|---|---|---|---|---|
| 调控管理 A4 | 资金投入（B15=0.3） | 环保投入指数 C151 | 2.90 | 88 | 1 |
| | 污染治理（B16=0.3） | 工业企业废水排放稳定达标率 C161 | 100 | 100 | 0.4 |
| | | 城镇生活污水集中处理率 C162 | 49.32 | 98.64 | 0.3 |
| | | 农村生活污水处理率 C163 | 60 | 100 | 0.3 |
| | 监管能力（B17=0.2） | 监管能力指数 C171 | 60 | 60 | 1 |
| | 长效机制（B18=0.2） | 长效管理机制构建 C181 | 70 | 70 | 1 |
| 小计 | | | 82.28 | | |

### 4.6.3.2　目标层评估

根据生态安全评估方法，以 DPSIR 模型为基本框架，结合龟石水库库区内人类社会经济活动对湖泊生态的影响、湖泊水生态系统健康、湖泊生态服务功能、人类的"反馈"措施对社会经济发展的调控及湖泊水质水生态的改善情况，得到龟石水库 2016 年生态安全指数(ESI)，具体结果如表 4.6-9 及图 4.6-1 所示。

表 4.6-9　龟石水库生态安全综合评估结果

| 社会经济影响 | 生态健康 | 生态服务功能 | 调控管理 | 生态安全指数(ESI) |
|---|---|---|---|---|
| 67.45 | 61.57 | 31.56 | 82.28 | 58.75 |

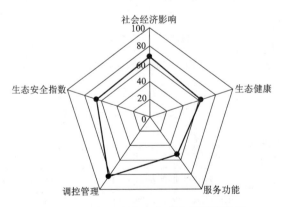

图 4.6-1　龟石水库生态安全评估雷达图

### 4.6.4　湖泊生态安全成因诊断

（1）基于"驱动力-压力-状态-影响-效应"（DPSIR）模型，龟石水库2016年生态安全指数为58.75，处于Ⅲ级"一般安全"状态。

（2）得分最少、影响库区综合安全指数最大的为"生态服务功能"（影响），已经处于"欠安全"水平，而"生态服务功能"的指标中得分最低的指标为"集中饮用水水质达标率"。进一步分析可知，"集中饮用水水质达标率"影响最大的因素为总氮［与《地表水环境质量标准》（GB 3838—2002）的Ⅱ类水质标准相比较的超标率为100%］。总氮最大的贡献来自畜禽养殖，占52.2%；种植业和城镇径流所占比例次之，分别达到25.7%和7.7%。

"水生态健康"（状态）得分61.57分，与综合生态安全指数（58.75）持平，远低于最高得分因素"调控管理"（82.28）。其中，得分最低指标为水质部分的总氮（18.4）、"透明度"（47）和总磷（48），以及沉积物中的总磷（31.33）和有机质（35.32）。

"社会经济影响"（驱动力、压力）得分67.45，比综合生态安全指数（58.75）略高，但远低于最高得分因素"调控管理"（82.28），说明集水区内社会经济发展等人为活动已对水库产生了影响。从指标得分分析可知，内在原因为在人口增长和经济水平持续发展情况下，人均GDP增加，入湖河流污染负荷增大。

"调控管理"（响应）得分82.28。说明近年政府对龟石水库的资金投入和污染治理力度较大，为库区生态安全起到了较好的保障作用。

（3）综合以上分析可知，龟石水库2016年生态安全指数的正面影响因素主要为政府响应部分的资金投入和污染治理方面的"调控管理"；负面影响因素主要为集中饮用水水质达标率、水质指标总氮、入湖河流污染负荷、沉积物中的总磷和有机质等，其中关键影响因素为总氮。主要原因为经济快速发展背景下的畜禽养殖、种植业和城镇径流等人为活动的影响。

## 4.7　生态环境保护综合对策

### 4.7.1　流域污染源排放与污染负荷现状

#### 4.7.1.1　流域污染源排放现状及预测

（1）点源污染物负荷排放现状及预测

①生活污染源排放量

城镇生活污染源强估算采用环境保护局提供的资料，人均用水量约为200 L/d，污水排放系数约为0.8，则城镇居民的人均排水量约为160 L/d，城镇生活污水中COD排放浓度约为150 mg/L，氨氮排放浓度约为15 mg/L，总氮排放浓度约为

18 mg/L，总磷排放浓度约为 2.0 mg/L。农村生活污染源强估算则采用《全国水环境容量核定技术指南》中推荐的参数，农村生活人均用水量为 145 L/d，污水排放系数为 0.7，则人均污水排放量约为 100 L/d，农村生活污水中 COD 排放浓度为 200 mg/L、氨氮排放浓度为 18 mg/L、总氮排放浓度为 20 mg/L、总磷排放浓度为 2.5 mg/L。

根据龟石水库集水区域内人口数量统计，2015 年年末集水区域总人口为 28.33 万人，其中城镇人口 9.80 万人，农村人口 18.53 万人。计算得出 2015 年龟石水库集水区域内生活污染源 COD 排放量为 2211.2 t/a，TN 排放量为 238.3 t/a，$NH_3$-N 排放量为 207.6 t/a，总磷排放量为 28.4 t/a。如表 4.7-1 所示。

表 4.7-1　龟石水库流域内生活污染源现状汇总表

|  | COD 排放量 /(t·a$^{-1}$) | $NH_3$-N 排放量 /(t·a$^{-1}$) | TN 排放量 /(t·a$^{-1}$) | 总磷排放量 /(t·a$^{-1}$) |
|---|---|---|---|---|
| 城镇 | 858.5 | 85.8 | 103.0 | 11.4 |
| 农村 | 1352.7 | 121.7 | 135.3 | 16.9 |
| 总排放量 | 2211.2 | 207.6 | 238.3 | 28.4 |

②工业污染排放现状

根据环保局提供的数据，2015 年富川县工业废水排放总量为 23.2 万 t，COD 排放量为 706.4 t/a，氨氮排放量为 22.8 t/a。由于缺乏 TN 和 TP 的数据，只能进行初步估算。其中，TN 排放量按氨氮的 2 倍估算，约为 45.6 t/a；TP 排放量按氨氮的十分之一计算，为 2.28 t/a（表 4.7-2）。

表 4.7-2　龟石水库流域内工业污染源现状汇总表

| 年份 | 工业废水排放量 /(万 t) | COD 排放量 /(t·a$^{-1}$) | TN 排放量 /(t·a$^{-1}$) | 氨氮排放量 /(t·a$^{-1}$) | TP 排放量 /(t·a$^{-1}$) |
|---|---|---|---|---|---|
| 2015 年 | 23.2 | 706.4 | 45.6 | 22.8 | 2.28 |

③养殖污染现状及预测

由于规模化养殖场废水处理率较低，因此对污染物采用排污系数法进行核算。畜禽养殖所排放的污染负荷根据湖泊流域内畜禽的种类和数目、每头畜禽所产生的污染当量以及粪尿的流失量来计算，流域内畜禽养殖的排污系数参照《第一次全国污染源普查——畜禽养殖业源产排污系数手册》并结合龟石水库集水区域内畜禽养殖情况，确定猪的排污系数为 COD 24 g/(头·d)，总氮排污系数为 5.7 g/(头·d)，氨氮排污系数为 4.9 g/(头·d)，总磷排污系数为 1.0 g/(头·d)。

畜禽量的换算关系为：45 只鸡=1 头猪，3 只羊=1 头猪，5 头猪=1 头牛，50 只鸭=1 头猪，40 只鹅=1 头猪，60 只鸽=1 头猪，均换算成猪的量进行计算。

据统计，2015 年龟石水库集水区畜禽存栏量为猪 33.1 万头、牛 3 万头、山羊 0.91 万只、家禽 136 万只。经过换算可知，养猪场产生的污染负荷最大。计算结果得到龟石水库集水区域内规模化畜禽养殖的污染排放总量为：COD 4504.9 t/a，总氮 1069.9 t/a，氨氮 919.7 t/a，总磷 187.7 t/a。如表 4.7-3 所示。

表 4.7-3　龟石水库流域内规模化畜禽养殖污染源汇总表

| 畜禽 | 数量 /万头 | 换算为猪 /万头 | COD 排放量 /(t·a⁻¹) | TN 排放量 /(t·a⁻¹) | 氨氮排放量 /(t·a⁻¹) | TP 排放量 /(t·a⁻¹) |
|---|---|---|---|---|---|---|
| 猪 | 33.1 | 29 | 2899.6 | 688.6 | 592.0 | 120.8 |
| 牛 | 3.0 | 13.5 | 1314.0 | 312.1 | 268.3 | 54.8 |
| 羊 | 0.91 | 0.1 | 26.6 | 6.3 | 5.4 | 1.1 |
| 家禽 | 136 | 1.76 | 264.7 | 62.9 | 54.1 | 11.0 |
| 合计 | | 51.4 | 4504.9 | 1069.9 | 919.7 | 187.7 |

根据《贺州市循环农业发展规划》及相关规划，贺州市将大力发展循环农业模式，在畜禽养殖区大力推广以畜禽粪便综合利用为核心的循环农业园区经济链，按照循环经济理念和清洁生产标准打造低耗、低排放的循环农业。按保守估算，牲畜养殖总排放规模维持现状，不再扩大。

（2）农业面源污染现状及预测

根据 2015 年富川县农业部门的统计数据，龟石水库集水区域内共有耕地 34.79 万亩，水田 19.25 万亩，旱地 15.54 万亩；化肥使用量为 46385 t，亩均使用化肥量为 133.32 kg。

氮肥的品种主要有硫酸铵、硝酸铵、尿素、氯化铵、碳铵及氨水等，其中以尿素和碳铵销量最大。尿素的含氮量为 46%，硝酸铵的含氮量为 34%，碳铵的含氮量为 16%。磷肥的国家行业强制性标准规定含磷量从 12% 到 18% 不等，取中间值 15% 为磷肥的含磷量进行计算，复合肥中 $w(N):w(P_2O_5):w(K_2O)$ 按照 15%：15%：15% 计算。

化肥流失量取决于化肥利用率的高低及土壤固定量，利用率高且固定量大，则流失量少；反之，流失量多。但化肥的利用率及土壤固定量因土壤、作物、施肥方法而各异，且现有的研究报告在这方面的结果悬殊。根据《第一次全国污染源调查——农业污染源》中的肥料流失手册，结合龟石水库集水区具体情况，取 TN 流失率为 7%，TP 流失率为 3% 进行计算。

此外，参考《全国水环境容量核定技术指南》中的污染源调查方法，并结合龟石流域具体情况，取农田径流 COD 源强系数为 15 kg/（亩·a）；参考《第一次全国污染源普查——农业污染源肥料流失系数手册》中关于氨氮流失系数的数据，并结合龟石水库集水区实际情况，取农田径流氨氮源强系数为 0.125 kg/（亩·a），则龟石水库集水区农田径流 COD 污染量为 10829.03 t/a，氨氮流失量为 90.24 t/a，总氮流失量为 526.41 t/a，总磷流失量为 88.48 t/a（表 4.7-4）。

根据《贺州市生态农业示范区建设总体规划》及相关规划，将大力发展生态农业建设，治理和保护农业生态环境。通过估算，近期内农业面源污染将保持在 2015 年的水平。

表 4.7-4　龟石水库流域内农业面源污染源汇总表

| 耕地面积 /万亩 | 化肥施用量/t | | | 污染物排放量/(t·a⁻¹) | | | |
|---|---|---|---|---|---|---|---|
| | 氮肥 | 磷肥 | 复合肥 | COD | TN | 氨氮 | TP |
| 34.79 | 6015 | 3600 | 36788 | 10829.03 | 526.41 | 90.24 | 88.48 |

（3）水产养殖污染现状

龟石水库正常库容蓄水量达 4.2 亿 m³，可养鱼水域面积达 4.5 万多亩，水质清新，浮游生物资源丰富。根据《贺州市水域滩涂养殖规划》，由于龟石水库有提供饮用水水源功能，只适宜发展生态养殖不需投喂的滤食性鱼类如鲢鱼、鳙鱼等，不宜发展投饵投肥渔业，绝大部分鱼类属于野生放养。根据核算，水产养殖污染对龟石水库影响极小，故在此不对其进行分析。

#### 4.7.1.2　入河负荷现状及预测

（1）污染负荷产生量和入河（库）量分析

$$W_{入河量} = (W_{排放量} - W_{处理量}) \times \beta$$

式中：$W_{入河量}$ 为污染入河量；$W_{排放量}$ 为污染排放量；$W_{处理量}$ 为污水处理量；$\beta$ 为污染物入河系数。

计算结果如表 4.7-5 所示。其中污染物入河系数的取值原则是：根据实地调查和资料分析，对龟石水库产生直接影响的周边乡镇取较大值，汇水区内距离水库较远的乡镇根据其对河流远近情况取较低的入河系数。最终计算得出，2015 年汇入龟石水库的 COD 量为 4718.38 t/a，总氮量为 591.43 t/a，氨氮量为 414.81 t/a，总磷量为 98.37 t/a。

对 2015—2017 年龟石水库入库总负荷进行计算。数据表明，生活污染负荷随着污水厂的投入运营而逐年减小，而农业面源污染与畜禽养殖仍然是主要的污染源之一。尽管污染物负荷随着环境保护的投入而减少，但是入库总量仍然可观，需要进一步加大环境保护的力度。

**表 4.7-5　2015 年集水区污染负荷产生量和入库量计算结果**

| 类别 | 产生量/(t·a⁻¹) | | | | 入河系数 | 污水处理率/% | 入库量/(t·a⁻¹) | | | |
|---|---|---|---|---|---|---|---|---|---|---|
| | COD | 总氮 | 氨氮 | 总磷 | | | COD | 总氮 | 氨氮 | 总磷 |
| 城镇生活 | 858.5 | 85.8 | 103.0 | 11.4 | 0.2~0.3 | 70 | 180.29 | 18.02 | 21.63 | 2.39 |
| 农村生活 | 1352.7 | 121.7 | 135.3 | 16.9 | 0.1~0.2 | 35 | 216.43 | 19.48 | 21.64 | 2.71 |
| 养殖 | 4504.9 | 1069.9 | 919.7 | 187.7 | 0.2~0.4 | 40 | 1711.86 | 406.56 | 349.49 | 71.33 |
| 农业面源 | 10829.02 | 526.41 | 90.24 | 88.48 | 0.1~0.3 | 20 | 2598.96 | 126.34 | 21.66 | 21.24 |
| 工业污染 | 706.4 | 45.6 | 22.8 | 2.28 | 1.00 | 100 | 46.68 | 14 | 4.67 | 0.46 |
| 入库总量 | 18251.5 | 1849.5 | 1271.0 | 306.8 | | | 4754.22 | 584.40 | 419.09 | 98.13 |

（2）入库负荷评价

①COD。由图 4.7-1 和对各污染负荷排放量和总入库量的分析可以看出，龟石水库 COD 最大的贡献来自农业面源污染，占整个 COD 总入库量的 55.1%；其次是规模养殖，占 36.3%；再次是农村生活污水，占 4.6%。

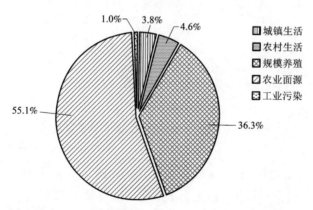

**图 4.7-1　各污染源对 COD 入库负荷贡献比例**

②TN。各污染源对 TN 入库负荷贡献比例如图 4.7-2 所示。从总氮量来看，规模养殖污染负荷较大，占 68.7%；农业面源和农村生活所占比例次之，分别达到 21.4% 和 3.3%。

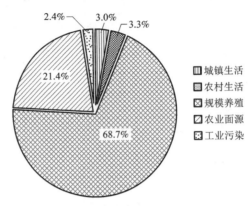

图 4.7-2　各污染源对总氮入库负荷贡献比例

③NH₃-N。各污染源对 NH₃-N 入库负荷贡献比例如图 4.7-3 所示。从氨氮量来看，规模养殖污染负荷较大，占 84.3%；农村生活、城镇生活和农业面源所占比例次之，所占比例全部为 5.2%。

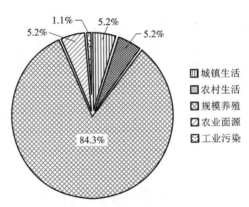

图 4.7-3　各污染源对氨氮入库负荷贡献比例

④TP。各污染源对 TP 入库负荷贡献比例如图 4.7-4 所示。从总磷量来看，规模养殖所占污染负荷最大，占龟石水库总污染负荷的 72.5%，其次是农业面源和农村生活，所占比例分别 21.6% 和 2.8%。其余污染源污染负荷较小。

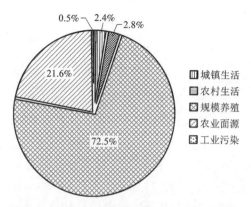

图 4.7-4　各污染源对总磷入库负荷贡献比例

## 4.7.2　生态环境主要问题及治理的重点

### 4.7.2.1　主要问题识别

#### 1. 水质呈现恶化趋势，藻类爆发时有发生

龟石水库水质监测项目中除总氮外，其他监测项目均能保持在Ⅲ类水质标准内，所以影响龟石水库水质的主要指标为总氮浓度。2013 年，坝首水质全年达到地表水Ⅲ类水质标准，但总氮浓度平均值已经接近Ⅲ类水质限值。2014 年，总氮浓度有 4 个月份超Ⅲ类水质标准，年平均值为 1.06 mg/L，比 2013 年上升10.5%。2015 年，总氮浓度有 9 个月超Ⅲ类水质标准，总氮浓度范围为 0.91~1.98 mg/L，年平均值为 1.25 mg/L，比 2014 年上升 18.4%，比 2013 年上升30.8%，龟石水库富营养化趋势逐年加速。2016 年 1—10 月，总氮浓度有 9 个月（1—9 月）超Ⅲ类水质标准，其中 2—7 月份超过Ⅳ类标准，4—6 月超Ⅴ类标准；浓度范围为 0.91~2.3 mg/L，平均值为 1.594 mg/L，有进一步升高的趋势。

龟石水库丰水期总氮浓度远高于枯水期，表明在丰水期水库有大量含氮物质随着地表径流汇入，导致水库总氮浓度升高。根据社会经济发展状况可知产生此现象的原因是，水库集水区内畜禽养殖过多、果树种植过量施肥，加上丰水期降雨量大，土壤对畜禽养殖废水的吸纳能力有限，大量含氮物质随降雨排入河流进入水库。

#### 2. 生活源污染的影响

由于社会的发展、进步，使得库区周围的人口不断增多，周边大部分乡镇及村庄生活污水集中处理设施未建成。大量未经处理的生活污水最终还是进入了龟石水库库区。目前，富川县污水处理厂由于管网不完善，每天实际收集县城约5000 t 的生活污水；柳家、大深坝等农村连片整治项目没能发挥作用，其余库区周边的生活污水未经处理就进入小河小溪,最终汇入龟石水库,使得水库中氮、磷等污染物总量明显增多。由于群众生活水平不断提高,饮食结构改善,生活污染有机物排放量增加,导致入库污染物浓度增加,这也是龟石水库库区水质富营养化加剧的主要原因之一。

3.畜禽养殖污染问题

富川县内畜禽养殖总量巨大(2013年猪牛羊出栏总数为50.74万头,存栏总数为27.95万头;家禽出栏总数为269.2万羽,存栏总数为126.4万羽;2014年猪牛羊出栏总数为62.91万头,存栏总数为34.65万头;家禽出栏总数为297.2万羽,存栏总数为131.2万羽;2015年猪牛羊出栏总数为64.92万头,存栏总数为37.2万头;家禽出栏总数为307.3万羽,存栏总数为160.5万羽),且近三年每年都以较大的比例增长(2014年猪牛羊出栏总数增长率为23.99%,存栏总数增长率为27.93%;家禽出栏总数增长率为10.40%,存栏总数增长率为3.80%;2015年猪牛羊出栏总数增长率为3.20%,存栏总数增长率为7.36%;家禽出栏总数增长率为3.40%,存栏总数增长率为22.33%),大量的畜禽养殖产生的废液污水影响了龟石水库水质。

4.农业面源污染问题

根据富川县农业部门的统计数据,龟石水库集水区域内共有耕地21.765万亩,每年均使用大量的化肥和农药(2013年化肥使用量为52927.5 t,农药使用量为645 t;2014年化肥使用量为47273 t,农药使用量为661 t;2015年化肥使用量为46385 t,农药使用量为678 t),大量的氮磷营养元素流失形成面源污染,化肥农药使用量逐年递增对龟石水库水质造成一定影响。

5.速生桉及果树种植污染

富川县大力开发特色种植业,速生桉种植面积约3868亩,大量种植果树(果树种植面积2013年为428120亩,2014年为451806亩,2015年为481591亩),种植过程中使用大量有机肥和化肥,养分含量以磷、氮、氨居多,经地表径流最终汇入龟石水库,导致龟石水库水质磷、氮浓度逐年增大,加速了龟石水库富营养化趋势。同时库区周边山岭大量种植速生桉,树种单一,导致水源涵养能力下降。

#### 4.7.2.2　重点治理区域和领域

1.养殖污染治理方面

(1)科学划定畜禽、水产养殖禁养区、限养区。依法关闭或搬迁禁养区内的畜禽养殖场(小区)和养殖专业户。

(2)分析环境承载力,科学制定畜禽养殖规划。加强监督检查,督促畜禽养殖项目的污染治理措施真正落实到位。

(3)在麦岭镇、新华乡、富阳镇、福利镇、柳家乡等养殖比较集中的区域,重点开展养殖治理工程，包括建设生物发酵床、沼气池、养殖小区废水处理工程、有机肥加工厂等。

（4）定期进行鱼类增殖放养工作，提高水生物多样性。制定禁捕期，加大捕鱼监督执法工作。

2. 农业面源治理方面

（1）禁止在饮用水水源一级保护区种植速生桉、果树等经济作物，已种植的要限期砍伐清理，更新为水源涵养林等适合水源保护的树种。

（2）强化森林资源管理，加大林业执法力度，严格处罚乱砍滥伐现象。配合富川违规林地、果树处理后的复林工作。

（3）在福利镇、富阳镇、古城镇等水果、蔬菜种植比较集中的区域重点开展农业面源污染整治，推广"猪-沼-果"等生态农业模式，减少化肥的使用，发展种养结合的生态农业。

3. 生活污染治理方面

（1）加快农村连片整治项目建设和管理工作。重点开展龟石水库二级保护区、准保护区内农村污水处理，以及巩塘河、石家河、莲山河等入库支流沿岸农村生活污水和垃圾的治理。

（2）完善保护区及上游污水管网建设。加快污垃项目建设，重点提高富川县城、水库周边乡镇以及农村生活污水收集率，加强库区周边村庄及入库河流生活垃圾的清理，防止垃圾污染物浸出影响水质。

（3）加快富川县生活垃圾填埋场环境安全隐患整改。安装在线监控系统，排污口迁出龟石水库饮用水源二级保护区外，并完善变更手续，限期完成竣工环保验收。

（4）对已建成的农村生活污水和垃圾处理等环保配套设施，要建立适用于农村的日常监管模式和运行资金保障渠道，确保治理设施发挥效益。

## 4.7.3　流域生态环境保护主要任务

### 4.7.3.1　农业面源污染控制

（1）禁止在饮用水水源一级保护区种植速生桉、果树等经济作物，已种植的要限期砍伐清理，更新为水源涵养林等适合保护水源的树种。

（2）强化森林资源管理，加大林业执法力度，严格处罚乱砍滥伐现象。配合富川违规林地、果树处理后的复林工作。

（3）在福利镇、富阳镇、古城镇等水果、蔬菜种植比较集中的区域重点开展农业面源污染整治，推广"猪-沼-果"等生态农业模式，减少化肥的使用，发展种养结合的生态农业。

（4）在龟石水库流域推广科学施用化肥技术，发展精准农业，平衡配套施肥，推广优化施肥，控制化肥的使用量。选择使用高效低毒低残留化学农药，优先使用低毒的植物源、动物源和微生物源农药。选择科学的耕作制度，调整作物的种类与布局，进行合理的间、套、轮作等措施。

### 4.7.3.2 强化养殖污染治理

（1）科学制定畜禽养殖规划。分析环境承载力，科学确定养殖规模；划定畜禽、水产养殖禁养区、限养区。依法关闭或搬迁禁养区内的畜禽养殖场（小区）和养殖专业户。

（2）加强污染源治理。在麦岭镇、新华乡、富阳镇、福利镇、柳家乡等养殖比较集中的区域，重点开展养殖治理工程，包括建设生物发酵床、沼气池、养殖小区废水处理工程、有机肥加工厂等。

（3）建设生态养殖工程。构建起以种植业为基础，养殖业为中心，沼气工程为纽带的生态养殖业模式，使畜禽粪便得以综合利用；大力推广"猪-沼-果""畜禽养殖-沼气池-厕所-日光温室"或"猪-沼-草-鱼"四位一体的生态养殖工程，形成一种物质多层高级利用的生态农业良性循环系统。

（4）加强监管，落实责任。加强监督检查，督促畜禽养殖项目的污染治理措施真正落实到位。加强巡查，严肃查处私搭乱建养殖棚舍行为，严厉打击复养、抢建、扩建、新建养殖场行为，特别要保护饮用水水源地水资源，对该片区新增的养殖场进行重点打击。制定落实乡（村）干部挂钩包场（户）责任制，进一步明确责任，加强监管。

（5）定期进行鱼类增殖放养工作，提高水生物多样性。制定禁捕期，加大捕鱼监督执法工作。

### 4.7.3.3 生活污染的控制

（1）完善污染控制基础设施建设。重点提高富川县城、水库周边乡镇以及农村生活污水收集率。在富川县古城镇、莲山镇、福利镇、麦岭镇、葛坡镇、城北镇等集镇建成污水集中处理设施，完善城镇污水收集管网，完成现有污水处理设施的改造，提高管网雨污分流比例和脱氮除磷能力。

（2）加快农村连片整治项目建设和管理工作。重点开展龟石水库二级保护区、准保护区内农村污水处理，以及巩塘河、石家河、莲山河等入库支流沿岸农村生活污水和垃圾的治理工作。

（3）加快污垃项目建设。加强库区周边村庄及入库河流生活垃圾的清理，防止垃圾污染物浸出影响水质。强化垃圾渗滤液治理，实现达标排放。

（4）完善污染治理设施运行管理制度。对已建成的农村生活污水和垃圾处理等环保配套设施，要建立适用于农村的日常监管模式和运行资金保障渠道，确保治理设施发挥效益。

### 4.7.3.4　工业污染的严格控制

（1）严格工业建设项目准入审批。认真贯彻执行建设项目环境影响评价制度，充分利用环保法律法规，在产业布局、审批源头上把好关。凡违反国家产业政策的项目，特别是重污染、高能耗的项目必须坚决卡死，从源头控制污染物的产生和排放；积极引进能耗低、科技含量高、附加产值大的集约型企业。

（2）加大环保投资力度，转变污水处理厂运营机制。各级政府和企业应加强环保投资力度，配置更多的污水处理装置，建立更多的污水处理厂，提高污水处理率。利用市场经济运行机制，走污水处理股份制、企业化的道路。从实际出发，充分发挥市场经济体制下的经济杠杆作用。通过银行贷款以及城镇居民和企业参股等多种方式落实资金来源渠道，解决污水设施运行费用等相关问题。

（3）加大工业污染环境保护力度。采取编制工业污染源防治小册子并送到企业、举办企业管理人员及操作人员工业污染源治理培训班等多种形式加大对企业遵守环保法律法规的宣传力度，同时向社会公布工业废水"偷排""直排"举报电话，形成全社会关注环保工作的大格局。

### 4.7.3.5　加强环境监管能力建设

健全乡镇环保机构。增加监测人员数量，加强环境监测、环境监察、环境应急等专业技术培训，严格落实执法、监测等人员持证上岗制度，加强基层环保执法力量，实行环境监管网络化管理。提高龟石水库集水区环境监测及应急能力，加大库区和入库河流水质监测密度，加快库区内生态监测站、水库取水口水质自动监测站、水库蓝藻水华预警监测和饮用水水源地生物毒性与生态风险监控系统的建设。

## 4.7.4　对策和建议

### 4.7.4.1　健全湖泊流域管理体制

（1）建立生态环境保护组织领导机构。龟石水库生态环境保护是一项跨地区、跨部门、跨行业的系统工程，必须切实加强领导，周密组织协调。

目前，贺州市政府已成立了贺州市龟石水库饮用水水源地安全综合整治工作领导小组，下设办公室及排查整治组、督查组、技术指导组、项目资金争取组 4 个组，统一协调和组织开展水源和生态保护工作。主要负责研究制定综合整治工作方案，组织协调各成员单位开展龟石水库水源地安全综合整治工作，指导县区政府落实各项整治任务。定期组织成员单位召开联席会议，推进龟石水库水源地综合整治工作。

（2）建立违法行为综合整治机制。市政府组织各职能部门在各自调查取证的基础上，下达执法通知，对违法项目业主限期整改拆除，处理相关事宜。市政府牵头组成综合执法队伍，先易后难，依法打击查处水库违法违章行为。

①依法强制拆除在库区内违法修建的围库养鱼工程，尤其是强行拆除2002年10月1日新水法颁布后建设的围库养鱼工程，遏制围库养殖行为。

②依法强制清除在库区内的围库垦植工程及库区岛屿内的开垦种植工程，维护水库的合法权益。

③坚决取缔灯光诱捕、网箱养殖、围库养鸭、一级保护区内散养山羊家鸡、库区兴建农家乐、库区修建养猪场等违法行为，保护渔业生态平衡和水库生态环境。

④坚决取缔非法开采的矿山，对已取缔的柳家乡新岭磅稀土矿点，要由市安监局、国土资源局加强监管，严禁当地群众零星收集尾矿行为。

⑤及时制止开山垦植违法行为，严厉打击乱砍滥伐森林的行为，确保集雨区森林覆盖率稳步提高，有效控制水土流失。

⑥矿山开采审批、关闭权归属自治区人民政府及其相关工作部门，对于采矿选矿权到期的企业，需市政府及时向自治区人民政府及相关部门汇报沟通。

(3)建设强有力的监管队伍。解决龟石水管处水库巡查大队的编制、资金，并赋予相应的权利，负责龟石水库日常的管理并承担管理范围内水资源、水域、生态环境及水利工程或设施等的保护工作。加强对水上派出所的管理，办公经费由市级层面统筹安排解决。

(4)建立绩效考核机制。市政府将相关县区及市直单位落实龟石水库水质保护工作情况纳入年度考核内容，实行"一票否决"制度，并与其主要负责人的政绩挂钩，考核结果将在网络上予以公布，并抄送组织、人事部门作为干部任用、奖惩的依据。

### 4.7.4.2 构建龟石水库安全预警系统

构建龟石水库环境模型库系统，负责对适应龟石水库环境的动态预警预测所需要用到的模型进行存储与管理。并利用相应的先进软件模型，与各种实时监测数据进行整合，提高预测准确性，对未来可能发生的环境污染和生态事故进行预测，并识别事故发生的主要途径和原因。然后根据预警结果发布警情分级通告，以实现水库生态安全的动态实时预警。

### 4.7.4.3 完善饮用水水源风险防控体系

建立健全饮用水水源地突发事件应急预案。加强环境隐患排查和环境风险防范，建立污染源和风险源名录，督促保护区内和保护区周围可能影响饮水安全的所有生产、使用有毒有害化学品的企业制订应急预案，落实环境突发事故各项应急措施。制定饮用水水源保护区危险化学品运输管理制度。强化危险化学品运输等流动源的污染事故防范和应急措施，对穿越饮用水水源保护区的桥梁、道路设置交通警示牌，修建防护栏，设置收集沟和应急收集池等保护设施。2017年底完成，并建立长效机制。

#### 4.7.4.4　建立流域生态补偿机制

沿岸镇、乡环境整治和保护是龟石水库生态环境保护的重要手段之一，因此，有必要引入流域生态补偿机制。从点到面、先易后难，从责权利比较明确、标准比较统一、操作性较强的方面入手，有步骤、有重点地推进生态补偿机制的建立和完善。

重点对"畜禽粪便综合利用项目""农村生活污水处理工程""农村垃圾固废整治工作"等生态补偿效应明显的工作实施生态补助。同时，把建立健全生态补偿机制与环境目标责任制有机结合起来，把环境污染整治的绩效作为生态补助的重要参考，对环境目标考核优秀的镇、乡给予重点补助，对考核较差的相应减少补助，充分体现生态补偿机制的公平性、合理性。

在加大公共财政对生态补偿投入力度的同时，也要积极引导社会各方面参与，探索多渠道多形式的生态补偿方式，拓宽生态补偿市场化、社会化运作渠道。如积极建立健全相关政策机制，搭建交易平台，逐步推行政府管制下的排污权交易试点，以点带面、稳步推进，通过实践探索积累经验，逐步实行污染物排放指标有偿分配和排污权交易机制，运用市场机制降低治污成本，提高治污效率。

#### 4.7.4.5　发动群众，全民参与

龟石水库生态环境保护工作涉及的一个主要方面就是农村面源污染，而农村面源污染与农民的生产生活密切相关。因此，需要鼓励、引导广大农民参与其中，努力形成人人关心、共同参与的工作机制。

一是加大宣传力度。综合运用报纸、广播、电视媒体以及发放环保知识宣传手册，举办环保主题活动等灵活多样的形式，每年定期定主题向农民宣传农村面源治理的重要意义、内容、措施等，逐步提高广大农民群众环境保护意识，充分调动他们的主动性和创造性，全力营造关心、支持农村环境整治和保护工作的良好氛围。

二是开展评奖评优。通过建示范典型的方式，每年开展环保示范村和环保示范户评选活动，并给予荣誉获得者一定的奖励，让农民群众亲自感受到农村环境整治带来的种种好处，进而激发广大农民群众主动参与农村环境整治和保护工作的热情。

三是探索建立农村环保志愿者队伍。由关心、支持农村环保工作的村民组成农村环保监督小组，重点对农村地区企业污水排放、畜禽粪便处理排放、生活垃圾收集清运等工作开展民众监督，并与环保、农业、水务等部门实施联动，与新闻舆论监督相互结合，共同做好农村环境整治和水资源保护工作。

## 4.8 生态环境保护方案

### 4.8.1 成效评估

#### 4.8.1.1 项目背景

在湖库生态系统中，湖库是主体，其水生态健康状况是系统安全的基础。而流域社会经济活动是影响湖泊生态健康的重要指标，因此，需对流域社会经济活动对湖泊的生态影响进行成效评估。

根据龟石水库生态环境保护的需要，按照《湖泊生态安全调查与评估技术指南》的要求，实施湖泊生态安全调查项目。针对库区生态健康及湖库安全进行综合调查，并对生态保护现状进行评估。通过委托技术机构开展专题调研，建立相关数据库，为湖泊生态环境保护和试点绩效评估提供和积累基础资料。

#### 4.8.1.2 项目目标

开展龟石库区生态健康及湖库安全补充调查，包括流域自然环境、社会经济影响、生态系统状况、生态服务功能、环境管理措施等方面的调查；以湖泊生态健康作为主体开展龟石水库生态安全评估，通过问题识别摸清龟石水库生态安全主要问题，比选评估模型，进行初步分析论证，进行指标优选，构建完备的指标体系，最终通过恰当的综合评估，对龟石水库生态安全进行客观、科学的评估，系统地诊断湖泊生态安全存在的问题，为龟石水库的生态环境保护提供理论依据和技术支持，对水库环境治理的效果进行科学的评估。

#### 4.8.1.3 调查范围

本次生态安全调查与评估范围涵盖龟石水库所有集水区域。龟石水库集雨面积为 1254 km²，水库水域面积为 57.00 km²，涉及贺州市富川县 12 个乡镇。

#### 4.8.1.4 主要任务

根据《湖泊生态安全调查与评估技术指南》对龟石水库流域自然、社会经济、生态服务、生态健康等方面进行调查。在此基础上，对龟石水库进行湖泊生态安全综合评估，系统、全面地诊断龟石水库生态安全存在的问题，为龟石水库生态安全的建设提供理论依据和技术支持。

(1)湖泊生态安全调查。湖泊生态安全调查包括 5 方面的内容：

①湖泊及流域基本概况调查；

②流域社会经济影响调查；

③湖泊生态系统状况调查；

④湖泊生态服务功能调查；

⑤湖泊流域生态环境保护调控管理措施调查。

（2）湖泊生态安全评估。湖泊生态安全评估内容主要包括流域社会经济活动对湖泊生态的影响、湖泊水生态系统健康、湖泊生态服务功能、人类的"反馈"措施对社会经济发展的调控及湖泊水质水生态的改善作用等 4 个方面。

根据该扩展的"驱动力-压力-状态-影响-响应"（DPSIR）评估模型，构建评估指标体系，计算指标权重和各层次的值，最终得出湖泊整体或各功能分区的湖泊生态安全指数（ESI），评估湖泊生态安全相对标准状态的偏离程度。湖泊生态安全评估可系统、全面地诊断湖泊生态安全存在的问题，为湖泊生态环境保护提供理论依据和技术支持。

### 4.8.1.5　主要思路及技术路线

针对龟石水库流域经济社会影响、湖泊生态系统服务功能、湖泊自然属性、流域生态环境状况等方面开展调查，根据调查结果，参考湖泊生态安全评估技术指南中推荐的评估方法，从湖泊流域经济社会影响、湖泊生态系统服务功能、湖泊水生态健康和综合评估 4 个方面对龟石水库生态安全状况进行评估。

### 4.8.1.6　采样监测方案

根据《湖泊生态安全调查与评估技术指南》，结合龟石水库实际情况，制定本方案。

（1）采样点数量的确定和设置。库区共有采样点 20 个，入库河流采样点 10 个。

（2）采样频次和层次。水库水质调查每月一次，主要入湖河流污染调查每季度一次，水库沉积物和间隙水调查每季度一次，水库水生态调查每季度一次。

（3）样品的采集方法。上覆水体样品的采集主要应用于与沉积物相对应的水质、富营养化及生态安全评估。上覆水体样品的采集方法可参照《水质 采样技术指导（HJ 494—2009）》。

（4）监测指标。根据《地表水环境质量标准》（GB 3838—2002）和营养状态评估指标，共选择 14 个指标，即水温、DO、TN、TP、COD、高锰酸盐指数、氨氮、透明度（SD）、SS、叶绿素 a（Chla）等富营养化指标以及 Pb、Hg、铁、锰等重金属指标。

①库区水质监测指标。根据《地表水环境质量标准》（GB 3838—2002）和营养状态评估指标，共选择 14 个指标，即水温、DO、TN、TP、COD、高锰酸盐指数、氨氮、透明度（SD）、SS、叶绿素 a（Chla）等富营养化指标以及 Pb、Hg、铁、锰等重金属指标。

②库区沉积物和间隙水指标。沉积物和间隙水调查点位根据水质调查点位进行设定。沉积物的分析测试指标包括粒径、含水率、容重、pH、TN、TP、有机质（OM）、镉（Cd）、铬（Cr）、铜（Cu）、锌（Zn）、铅（Pb）、汞（Hg）、砷（As）和镍（Ni）；间隙水调查指标主要涉及与内源释放相关的氨氮、无机磷、镉（Cd）、铬

（Cr）、铜（Cu）、锌（Zn）、铅（Pb）、汞（Hg）、砷（As）和镍（Ni）。

③水生态指标。水生态调查重点关注浮游植物、浮游动物、底栖生物、大型水生维管束植物，有条件者还可调查鱼类。主要测定指标为生物量、优势种、多样性指数、完整性指数。详见《湖泊生态安全调查与评估技术指南》附录 D。

### 4.8.1.7　经费预算

本项目经费预算共 100 万元。包括调查、监测、购买资料、交通、编制、评审、专题汇报等费用。

### 4.8.1.8　实施成效

通过项目的实施，可获得 2017 年度每月的库区水质数据，以及每季度入库支流、库区底泥、水生态调查结果，为龟石水库生态环境保护项目的绩效评价提供基础资料，全面评估项目实施三年过程中取得的效果和存在的问题，为下一步深入治理和生态修复提供技术支撑。

（1）通过生态安全调查与综合评估，可以对龟石水库生态安全进行客观、科学的评估，系统地诊断湖泊生态安全存在的问题，从而为龟石水库生态环境保护方案的制定提供更系统、更有针对性的指导，明确水库生态环境保护的目标和具体指标，提出需要重点开展的工程项目，包括污染源治理、水源地建设、生态修复和环境监管项目等。

（2）通过每月和每季度的调查、每年度的评估，可以及时了解水库生态环境的变化，考察已经实施的环境保护项目是否达到预期治理目标，分析前期项目取得的效果，对水库环境治理的效果进行科学的评估，从而对资金使用的有效性进行考核和评估。

## 4.8.2　生态修复与保护

生态修复与保护包括 1 个子项目：退塘还湿工程。

（1）建设地点：莲山镇洪水源村。

（2）建设内容：鱼塘塘坝拆除工程、鱼塘水域底泥清淤工程、鱼塘水域修复工程、库区湖滨带生态修复工程。

①鱼塘塘坝拆除工程。在洪水源河口等围库养鱼集中区域，拆除鱼塘塘坝 2 座，长度为 480 m（体积约为 6000 $m^3$），增加水域面积 2 $hm^2$。

采用机械拆除工艺。根据天气趋势，选择晴天和龟石水库水位较低时开始施工，一段按两台挖机"进、进"布置，即一侧由东向西前进；另一侧则由西向东前进。确保挖除部分不高于设计要求高程，机械采取连续分段施工方法。控制施工时间及施工进度。

在开挖土方时，开挖塘坝周边不许堆载，挖土随挖随运。开挖的土方分别按可利用渣料和废渣运至指定点分类堆放，要保持渣料堆体的边坡稳定。可利用渣料和废渣应采取可靠的保护措施，避免受污染和侵蚀。弃土区周边(三边)设排水沟，深0.8 m，底宽0.5 m，以防堆土浸泡在水中造成滑坡。

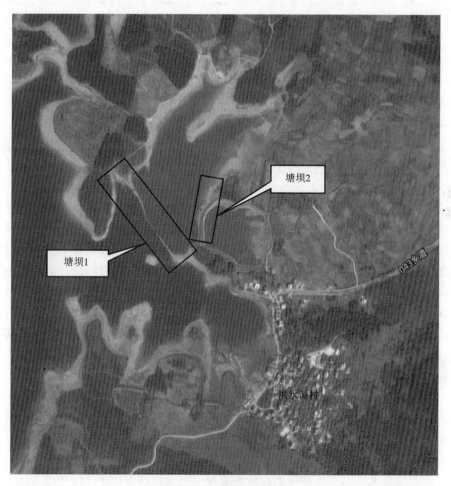

图4.8-1　鱼塘塘坝地点

②鱼塘水域底泥清淤工程。对洪水源村一带围库造塘养殖水域的底泥淤积区进行清淤，总清淤面积为35000 m²；

清淤方式：选择绞吸式挖泥船疏浚作业方式；

清淤设备：选择环保绞吸船吸取上层浮泥；

清淤厚度：吸取上层有机质浮泥，清淤厚度为0.5 m，施工精度控制在5~10 cm。

淤泥的处置：对清淤疏浚底泥进行综合利用与处置，经压滤机脱水后作为绿化用土，或者作为农田堆肥加以利用，或运送至固体废弃物管理部门进行处理。

③鱼塘水域生态修复工程。采用生态浮床工艺对鱼塘养殖水域进行生态修复。生态浮床布置水域面积为 30000 m²，立体生态浮床布置水域面积为 1500 m²（图 4.8-1）。

利用高等水生植物或改良的陆生植物，以浮床作为载体，种植到富营养化水体的水面，通过植物根部的吸收、吸附作用和物种竞争相克机理，削减富集水体中的氮、磷及有机物质，从而达到净化水质的效果，创造适宜多种生物生息繁衍的环境条件，在有限区域重建并恢复水生态系统，并通过收获植物的方法将污染物从水体中输出，使水质得到改善、透明度得到提高。

本生态浮床由独立的单元构成。生态浮床单元尺寸初定为 100 m²。设计布置立体生态浮床为水域面积的 5%，则立体生态浮床布置水域面积为 1500 m²，需要立体生态浮床 15 个。

本生态浮床为有框架式湿式浮床，框架以纤维强化材料制作，必要时可采用不锈钢加发泡材料制作。浮床单元之间以合成纤维绳子连接，各单元间均留有一定的空隙，防止波浪引起的撞击破坏的同时，单元之间也可长出浮叶植物、沉水植物及丝状藻等植物。湖岸边设钢桩，以钢缆绕于其上以固定浮床。由于生态浮床可随水位上浮或下降，同时有纤维绳和钢缆固定，故在龟石水库水位变化时，可保持稳定运行。

浮床内的浮水植物不需要进行固定，挺水植物以 PVC 花盘进行固定，以免在生长过程中尤其是生长初期根系不稳时产生植物倾斜或移动的问题。PVC 花盘规格为 φ200 mm，花盆间以渔网进行固定。

④库区湖滨带生态修复（自然湿地恢复）工程。在库区湖滨带裸露区域种植具有水质净化功能的水生生态植物，对库区湖滨带进行生态修复，防治湖滨带水土流失问题的同时也对水体具有一定的修复净化效果。库滨生态（自然湿地）带面积为 30000 m²，沿着库边、水陆交错处布置，宽 6.0 m。

本次龟石水库沿湖库滨带的设计主要包括挺水植物带、浮叶植物带及沉水植物带 3 个部分，其中挺水植物带或呈带状分布，或呈交错块状分布。

挺水植物带：在海防高程水面以下的约 0.5 m（库区水位 181~182 m）的区域内引种挺水植物。挺水植物选用香蒲、菱草、芦苇等为主要的建群种，配置方式为香蒲、菱草、芦苇等分片种植。共需完成恢复的挺水植物带长约 5000 m，平均宽约 3.0 m。

浮叶、沉水植物带：在水面以下的 1.5~2.0 m（库区水位 180.5~181 m）区域，恢复和优化配置浮叶植物与沉水植物。浮叶植物选用睡莲，共需完成恢复的浮叶植物带长约 5000 m，平均宽约 1.5 m；沉水植物选用黑藻、金鱼藻、光叶眼子菜、苦草、狐尾藻等，共需完成恢复的沉水植物带长约 5000 m，平均宽约 1.5 m。

（3）建设投资：771.09 万元。

（4）实施绩效：拆除鱼塘塘坝 480 m，增加库区水域面积 2 hm²；疏浚鱼塘底泥 17500 m³；生态浮床布置水域面积为 30000 m²，立体生态浮床布置水域面积为 1500 m²；恢复自然湿地面积为 3 hm²。

## 4.8.3　污染源防治工程项目

### 4.8.3.1　污染源防治工程项目思路及布局

龟石水库集水区内污染源主要包括畜禽养殖、农业面源、城镇生活源、农村生活源等几个方面。污染源防治即针对这些污染源进行一系列的防治措施，主要内容包括畜禽养殖污染治理、污水处理系统及其配套管网建设、面源综合整治等方面，目的在于减少 COD、氨氮、总氮等主要污染物的排放量。

### 4.8.3.2　畜禽养殖污染治理工程

畜禽养殖污染治理工程共包含 1 个项目：发酵床建设工程（2017 年度）

（1）建设内容。微生物发酵床养殖可分为室内发酵床（又称原位发酵床）以及室外发酵床养殖（又称异位发酵床）养殖两种模式。

目前，温氏公司正在养殖户中大力推广室外发酵床养殖模式，该模式将养猪与粪污发酵处理分开，猪不接触垫料。在干清粪雨污分离基础上，修建与其养殖规模相适应的粪污收集池，并配套建设室外发酵床处理车间，粪污经污泥泵抽至发酵床均质池后，通过移动式轨道车再抽取，均匀喷洒在添加生物菌种的发酵床垫料（锯末、谷壳）上，再经翻抛发酵腐熟，最终加工成有机肥。通过菌种和牲畜粪便的协同发酵作用，使猪粪尿中的有机物质得到充分的分解并转化为有机肥，最终达到降解、消化猪粪尿，除异味和无害化的目的。整个养殖过程无废水排放，发酵床垫料淘汰后作为有机肥加工出售。

该模式适合锯末、木屑充足的南方省份的中型猪场，已经在浙江、江苏、湖南等地得到广泛应用。其前提条件是雨污分流；必要条件是有充足的锯末、稻谷壳和发酵菌；充分条件是垫料管理科学、粪污和沼液喷洒均匀、污水和垫料比例合适。

（2）建设规模。2017 年在 400 家养殖户建设发酵床，平均每户养猪约 600 头，每个发酵床面积约 200 m²（图 4.8-2）。

（3）建设投资。平均每个发酵床约 20 万元，其中温氏公司补助 8 万元，农户自筹 12 万元。共 400 家养殖户，投资合计 8000 万元。

实施绩效：根据污染源防治工程分析可知，本方案工程实施后，到 2017 年，龟石水库集水区内 COD 负荷削减量为 840.0 t，氨氮负荷削减量为 172.0 t，总磷负荷削减量为 35.2 t，总氮负荷削减量为 151.11 t。

图 4.8-2  室外发酵床

### 4.8.3.3  库区集镇污水处理工程

#### 4.8.3.3.1  富川县葛坡镇污水处理工程

（1）工程规模。

选址：富川县葛坡镇；

服务范围：葛坡镇镇区及周边农村；

服务人口：约 1200 人；

处理规模：250 m³/d；

占地面积：1000 m²；

配套管网：1 条长 400 m 的 DN400 污水干管，3 条总长为 500 m 的 DN300 支管（表 4.8-1）。

表 4.8-1  截污管网系统主要工程量表

| 村庄名称 | 处理规模 /(m³·d⁻¹) | DN400 管长度 /m | DN300 管长度 /m | DN80 管长度 /m | 检查井 /个 |
|---|---|---|---|---|---|
| 葛坡镇 | 250 | 400 | 500 | 1300 | 30 |

（2）进出水水质。根据地方环保局要求，排放的尾水必须达到《城镇污水处理厂污染物排放标准》（GB18918—2002）一级 B 标准。

（3）工艺流程。采用复合厌氧+曝气+人工湿地系统。

#### 4.8.3.3.2  富川县城北镇污水处理工程

（1）工程规模。选址：富川县城北镇；

服务范围：城北镇镇区及周边农村；

服务人口：约 1400 人；

处理规模：250 m³/d；

占地面积：1000 m²；

配套管网：1 条长 400 m 的 DN400 污水干管，3 条总长为 500 m 的 DN300 支管。

（2）进出水水质。根据地方环保局要求，排放的尾水必须达到《城镇污水处理厂污染物排放标准》（GB 18918—2002）一级 B 标准。

（3）工艺流程。采用复合厌氧+曝气+人工湿地系统。

#### 4.8.3.3.3　富川县麦岭镇污水处理工程

（1）工程规模。选址：富川县麦岭镇

服务范围：麦岭镇镇区及周边农村

服务人口：约 1300 人

处理规模：250 m³/d

占地面积：1000 m²

配套管网：1 条长 400 m 的 DN400 污水干管，3 条总长为 500 m 的 DN300 支管。

（2）进出水水质。根据地方环保局要求，排放的尾水必须达到《城镇污水处理厂污染物排放标准》（GB18918—2002）一级 B 标准。

（3）工艺流程。采用复合厌氧+曝气+人工湿地系统。

#### 4.8.3.3.4　莲山污水处理厂

（1）工程规模。莲山污水处理厂位于贺州市富川县华润经济产业示范区南部、华润大道东南侧，主要收集并处理莲山镇区生活污水及园区排放的工业废水。项目投资 5000 万元，项目用地面积约为 19 亩，配套建设污水收集管网长约 14 km，尾水排放管长约 1 km。日处理规模为近期 1.0 万 t/d，远期 1.5 万 t/d。

（2）进出水水质。采用 IBR 处理工艺，经处理后的污水，达到《城镇污水处理厂污染物排放标准》（GB18918—2002）中的一级 A 标准后，由尾水管收集排放至位于井山村下游的白沙河段，从而实现保护地表水系和地下水、改善社会和经济环境的目标。

（3）工艺流程。污水处理工艺采用 IBR 生化处理+D 型滤池过滤+紫外消毒处理工艺（图 4.8-3）。IBR 生物处理工艺是一种集厌氧、兼氧、好氧反应及沉淀于一体的连续进出水的周期循环活性污泥法。IBR 反应池兼具按空间分割的连续流活性污泥法及按时间进行分割的间歇性活性污泥法的优点，与按空间分割的连续流活性污泥法相比，省去了污泥回流的环节，因而节省运行能耗及减少了处理设施及投资；与按时间分割的间歇流活性污泥法相比，具备连续进出水的特点，因而减少了处理设施容积及总的土建投资。IBR 工艺具有流程简单、占地面积小、投资低、高效脱氮除磷等特点。

#### 4.8.3.4　龟石水库集雨区面源综合整治工程

龟石水库集雨区面源综合整治工程共包含 1 个项目：农村垃圾专项治理工程。

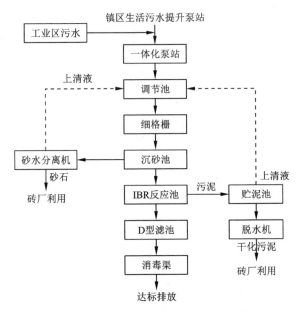

**图 4.8-3　莲山污水处理厂工艺流程图**

根据广西壮族自治区人民政府制定的《广西农村垃圾专项治理两年攻坚实施方案》,为深入开展美丽广西乡村建设活动,提前完成国家下达的工作任务,自治区人民政府决定在全区实施农村垃圾专项治理,决定自 2016 年至 2017 年用两年时间在全区开展农村垃圾专项治理集中攻坚,主要目标是基本实现 100% 的乡镇有垃圾转运或处理设施;90% 的村庄生活垃圾得到有效处理;在县(市、区)、乡镇、村分别建设符合本地实际的农村垃圾分类、收集、转运和处理设施网络,初步形成可行、有效、稳定的农村保洁管理机制;农村畜禽粪便基本实现资源化利用,农作物秸秆综合利用率达到 85% 以上,农膜回收率达到 80% 以上;农村地区工业危险废物无害化利用处置率达到 95%。

方案要求各地要依据各自县域农村垃圾处理设施建设规划,结合实际,因地制宜地建设乡镇垃圾转运处理终端,不搞"一刀切"。离县城处理设施较近的农村垃圾,原则上纳入"村收镇转运县处理"体系;离县城处理设施较远的农村垃圾,原则上纳入"村收镇转运片区处理"体系;边远山区等交通极为不便的农村垃圾,按照不出村的原则就近就地处理。要按照缺什么补什么的原则,积极主动开展垃圾转运设施、垃圾片区处理中心、边远乡村就近就地处理设施等项目建设,尽快形成"村收镇运县处理""村收镇运片区处理"和"村屯就近就地处理"三种模式共同作用、覆盖城乡、具有广西特点的农村垃圾统筹治理体系。

根据《关于〈富川瑶族自治县农村垃圾专项治理两年攻坚实施方案〉的通知》

（富办发〔2016〕15 号），富川瑶族自治县具体实施方案如下：

（1）农村垃圾乡镇片区处理中心项目。重点在县城（城区）垃圾处理体系以外的乡镇新建或改建乡镇的转运设施或片区处理中心，基本实现全市所有乡镇政府所在地都有垃圾转运或片区处理设施，形成覆盖面较大、较完善的"村收镇运片区处理"体系。

认真整治小型垃圾焚烧设备，加强焚烧管理，做好前端分类，严格排放标准，禁止露天焚烧垃圾；逐步取缔二次污染严重的简易填埋设施和小型焚烧炉等；在垃圾分类收集的基础上，加大垃圾就地就近处理技术的应用；根据产业特点和居住条件，建设堆肥场、沼气池、化粪池等有机垃圾就地消纳和无害化处理设施。

在石家乡、新华乡、麦岭镇、葛坡镇、白沙镇、福利镇 6 个乡镇，建设垃圾乡镇片区处理中心。

每个项目投资 250 万元，总投资 2000 万元。

（2）村级垃圾收集转运设施。以行政村为单位，进行"村不漏屯，屯不漏户"的地毯式排查，按照"一家一个垃圾桶，一屯一个垃圾池，一村一个垃圾车"的标准全面落实卫生保洁措施。对已有收集设施进行密闭化改造，修建绿篱围挡、垃圾屋等专用设施（表 4.8-2）。

在富阳镇大围村等 10 个村建设村级垃圾收集转运设施。每个项目投资 80 万元，总投资 800 万元。

表 4.8-2　村级垃圾处理设施项目

| 序号 | 乡镇 | 行政村 | 补助资金金额/万元 | 建设内容 | 备注 |
|---|---|---|---|---|---|
| 1 | 富阳镇 | 大围村 | 80 | 村级垃圾收集转运中心 | |
| 2 | 朝东镇 | 长塘村 | 80 | 村级垃圾收集转运中心 | |
| 3 | 麦岭镇 | 高桥村 | 80 | 村级垃圾收集转运中心 | |
| 4 | 莲山镇 | 鲁洞村 | 80 | 村级垃圾收集转运中心 | |
| 5 | 新华乡 | 坪源村 | 80 | 村级垃圾收集转运中心 | |
| 6 | 白沙镇 | 平江村 | 80 | 村级垃圾收集转运中心 | |
| 7 | 城北镇 | 巍峰村 | 80 | 村级垃圾收集转运中心 | |
| 8 | 葛坡镇 | 合洞村、上洞村 | 80 | 村级垃圾收集转运中心 | |
| 9 | 石家乡 | 龙湾村 | 80 | 村级垃圾收集转运中心 | |
| 10 | 柳家乡 | 长溪江村 | 80 | 村级垃圾收集转运中心 | |

## 4.8.4　环境监管能力建设

环境监管能力建设共包含 1 个项目：购置监测仪器设备。

为提升贺州市环境监测站监测能力，需要购置原子吸收分光光度计、便携式多参数分析仪等仪器，共 12 种 18 台，投资 85.91 万元（表 4.8-3）。

表 4.8-3　贺州市环境监测站实验室分析仪器

| 序号 | 仪器设备名称 | 型号 | 台数/台 | 单价/万元 | 价格/万元 |
|------|------|------|------|------|------|
| 1 | 便携式多参数分析仪 | 哈希，HQ3OD | 2 | 1.6 | 3.2 |
| 2 | 722 型可见分光光度计 | 722 型 | 1 | 0.4 | 0.4 |
| 3 | 便携式流量测试仪 | 哈希，FH950.1 | 2 | 3 | 6 |
| 4 | 数字式快速测砷仪 | 北京华夏科创，AT211 | 1 | 3 | 3 |
| 5 | 电导率仪 | 上海雷磁，DDS-307 | 1 | 0.31 | 0.31 |
| 6 | 酸度计 | 上海雷磁，pHS-3C | 1 | 0.3 | 0.3 |
| 7 | PH 计 | | 2 | 0.3 | 0.6 |
| 8 | 原子吸收分光光度计（配石墨炉） | 耶拿，ZEEnit700P | 1 | 68 | 68 |
| 9 | 氮吹仪 | KDB-6 型 | 1 | 1.5 | 1.5 |
| 10 | 电热板(用于消解) | | 2 | 0.5 | 1 |
| 11 | 溶解氧测定仪 | | 2 | 0.5 | 1 |
| 12 | 水深探视器 | | 2 | 0.3 | 0.6 |
| | 合计 | | 18 | | 85.91 |

### 4.8.5　投资估算

本估算根据项目设计工程量和施工组织设计方案，参照有关规范、规定及现有工程资料，分土建及设备安装投资估算、设备购置投资估算及其他投资编制估算。

2017 年启动的龟石水库生态环境保护项目总投资 19757 万元，其中土建投资 7498.09 万元，设备投资 11485.91 万元，其他投资 773 万元。2017 年启动龟石水库生态环境保护项目投资估算详见表 4.8-4。

龟石水库湖泊生态环境保护项目建设预算总投资 19757 万元。其中，中央财政资金投入 957 万元，地方政府财政资金投入 5800 万元，社会资金 13000 万元，见表 4.8-5。

表4.8-4 2017年度龟石水库湖泊生态环境保护项目清单（共10项）

| 项目名称 | 分项名称 | 投资估算/万元 | | | |
|---|---|---|---|---|---|
| | | 总投资 | 建安投资 | 设备投资 | 其他投资 |
| 一、生态安全调查与评估小计 | | 100 | 0 | 0 | 100 |
| 湖泊生态安全调查 | 龟石库区生态健康及湖库安全补充调查 | 100 | 0 | 0 | 100 |
| 三、生态修复与保护小计 | | 771.09 | 598.09 | 0 | 173 |
| 龟石库区周边湿地建设 | 退塘还湿工程 | 771.09 | 598.09 | 0 | 173 |
| 四、污染源治理小计 | | 18800 | 6900 | 11400 | 500 |
| 畜禽养殖污染治理工程 | 发酵床建设工程 | 8000 | 0 | 8000 | 0 |
| 库区集镇污水处理工程 | 富川县葛坡镇污水处理工程 | 1000 | 300 | 600 | 100 |
| | 富川县城北镇污水处理工程 | 1000 | 300 | 600 | 100 |
| | 富川县麦岭镇污水处理工程 | 1000 | 300 | 600 | 100 |
| | 莲山污水处理厂 | 5000 | 3000 | 1800 | 200 |
| 集雨区面源综合整治 | 农村垃圾乡镇片区处理中心项目 | 2000 | 800 | 1200 | 0 |
| | 农村垃圾级处理设施建设项目 | 800 | 200 | 600 | 0 |
| 五、环境监管能力建设小计 | | 85.91 | 0 | 85.91 | 0 |
| 环境监管能力建设 | 监测仪器设备购置 | 85.91 | 0 | 85.91 | 0 |
| 合计 | | 19757 | 7498.09 | 11485.91 | 773 |

表4.8-5　2017年度龟石水库良好湖泊生态环境保护项目资金筹措计划

| 项目名称 | 分项名称 | 总投入资金/万元 | 中央资金/万元 | 地方财政资金/万元 | 省级财政资金/万元 | 社会资金/万元 |
|---|---|---|---|---|---|---|
| | 一、生态安全调查与评估类型项目小计 | 100 | 100 | 0 | 0 | 0 |
| 湖泊生态安全调查 | 龟石库区生态健康及湖库安全补充调查 | 100 | 100 | 0 | 0 | 0 |
| | 三、生态修复与保护小计 | 771.09 | 771.09 | 0 | 0 | 0 |
| 龟石库区周边湿地建设 | 退塘还湿工程 | 771.09 | 771.09 | 0 | 0 | 0 |
| | 四、污染源治理小计 | 18800 | 0 | 5800 | 5800 | 13000 |
| 畜禽养殖污染治理工程 | 发酵床建设工程 | 8000 | 0 | 0 | 0 | 8000 |
| 库区集镇污水处理工程 | 富川县葛坡镇污水处理工程 | 1000 | 0 | 1000 | 1000 | 0 |
| | 富川县城北镇污水处理工程 | 1000 | 0 | 1000 | 1000 | 0 |
| | 富川县麦岭镇污水处理工程 | 1000 | 0 | 1000 | 1000 | 0 |
| | 莲山污水处理厂 | 5000 | 0 | 0 | 0 | 5000 |
| 集雨区面源综合整治 | 农村垃圾乡镇片区处理中心项目 | 2000 | 0 | 2000 | 2000 | 0 |
| | 农村垃圾村级处理设施项目 | 800 | 0 | 800 | 800 | 0 |
| | 五、环境监管能力建设小计 | 85.91 | 85.91 | 0 | 0 | 0 |
| 环境监管能力建设 | 监测仪器设备购置 | 85.91 | 85.91 | 0 | 0 | 0 |
| | 合计 | 19757 | 957 | 5800 | 5800 | 13000 |

表 4.8-4 所列的 10 个项目分为 4 大类, 其中湖泊生态安全调查项目 1 个, 需投入资金 100 万元; 生态修复类项目 1 个, 需投入资金 771.09 万元; 污染源治理类项目 7 个, 需投入资金 18800 万元; 环境监管能力建设类项目 1 个, 需投入资金 85.91 万元(表 4.8-6)。

表 4.8-6　项目投资汇总表　　　　　单位: 万元

| 项目类别 | 总投入资金 | 中央资金 | 地方财政资金 | 省级财政资金 | 社会资金 |
|---|---|---|---|---|---|
| 湖泊生态安全调查 | 100 | 100 | 0 | 0 | 0 |
| 生态修复 | 771.09 | 771.09 | 0 | 0 | 0 |
| 污染源治理 | 18800 | 0 | 5800 | 5800 | 13000 |
| 环境监管能力建设 | 85.91 | 85.91 | 0 | 0 | 0 |
| 合计 | 19757 | 957 | 5800 | 5800 | 13000 |

## 4.8.6　效益分析

### 4.8.6.1　环境效益

根据污染源防治工程分析可知, 本方案工程实施后, 龟石水库集水区内 COD 负荷削减量为 1451.39 t, 氨氮负荷削减量为 211.29 t, 总磷负荷削减量为 93.87 t, 总氮负荷削减量为 218.53 t; 湿地恢复面积为 19.50 亩。由此可知本方案实施后具有显著的环境效益。具体表现为以下几点:

(1)开展龟石水库流域生态环境调查与生态安全评估, 能进一步明确主要生态环境问题并制定水库生态保护和水库经济的发展战略, 为各地区未来发展提供指引, 为当地环境管理工作的开展提供了参考依据, 减少了无序发展带来的环境压力。

(2)通过污染物减排和生态治理, 改善入库河流水体水质, 使入湖(库)河流 100% 断面达到 III 类水质标准; 龟石水库库区水域 TN 浓度逐步下降, $COD_{Mn}$、$NH_3$-N 浓度和 TP 浓度等指标稳定保持在 II 类。

(3)实施的污染源治理项目能解决区域内生活污水和生活垃圾的污染问题, 改善居住环境, 削减污染物入湖量, 减少对湖泊的水质影响。污水处理系统及其配套管网的建设可显著改善集水区域内农村住宅区常年污水横流和部分工企业生产过程中直接排放废水的现象。生活垃圾处理工程建设能有效减少垃圾对龟石水库及其入库河流产生的直接污染。畜禽污染治理能在实现废物循环利用的同时, 减少龟石水库的入库污染负荷。

（4）退塘还湿工程有利于水源地的生态恢复、水源地水土保持和物种多样性保持。

（5）环境监管能力建设项目可有效提高环境监测及环境监察综合能力，提升环境应急监测能力及全指标水质分析能力。

#### 4.8.6.2　经济效益

龟石水库生态环境保护工程项目的实施既可以保护当地的自然环境，又能为区域发展创造良好的投资环境，创造无形的资产，增加优秀企业注资的机会。

项目的实施还推动了龟石集水区域内经济结构的调整，带动了第三产业和生态旅游业的发展。2015 年富川县生产总值为 62.33 亿元，其中，第三产业产值为 17.72 亿元，同比增长 9%，第三产业发展有所加快。第三产业和旅游业持续较快发展，继而拉动消费，对富川县的经济发展产生推动和促进作用。

项目的实施还能避免"先污染、后治理"隐患。龟石水库水资源具有较高的利用价值，是流域内各产业发展的重要基础，如果不对集水区进行合理规划，造成水环境污染问题，会影响珠江下游居民的饮用水安全，同时可能影响区域的生态用水。通过本方案的实施，可以有效控制龟石水库的水环境污染，大大降低和消除水污染造成经济损失的风险，充分实现水资源价值，促进流域内社会经济快速稳定发展。

除此之外，项目的实施还能增加就业岗位和农民收入。实施龟石水库生态环境保护，有利于发挥水库的综合功能，使龟石水库经济与沿库乡镇经济发展的共生性加大，提供的就业机会将大大增多。该方案的实施能稳步发展集约型生态农业，适度发展绿色产业经济，增加农民收入，同时生态旅游业的发展也让农民收入的渠道得到拓展。

#### 4.8.6.3　社会效益

首先，项目的实施具有较强的湖泊科学保护示范作用。本方案的实施过程中将累积大量的技术和运行管理经验，在有效保护龟石水库水质、恢复其水生态的同时，可为华南乃至全国类似湖泊水库保护提供示范及借鉴作用。

其次，本项目的工程大多为社会共同服务性设施，其服务对象是集水区域的各个部分，受益面甚广。工程的实施能有效地防止水污染，确保西江中下游人民的饮水安全。

此外，项目的实施还能改善流域内生态环境，提升人民生活质量和环境保护意识，并保障人体健康，改善人民生存环境条件。

## 4.8.7　保障措施

### 4.8.7.1　组织实施保障

生态环境保护是一个系统工程，包括总体设计、任务部署、技术培训、方案审核、资金安排、监督检查和绩效评价等，涉及部门较多，需要建立科学合理的工作机制和强有力的组织领导保障措施，将龟石流域的生态环境保护工作落到实处，确保饮用水安全。主要包括建立生态环境保护组织领导机构、各职能部门职责分工、建立科学合理的工作机制。

（1）建立生态环境保护组织领导机构。为加强龟石水库环境和生态保护工作的领导，做好本方案的组织实施工作，建议贺州市政府成立龟石水库环境和生态保护领导小组，由贺州市市长担任组长，分管环保的副市长担任副组长，总领全局工作，成员单位有市环保局、市林业局、市财政局、市发改局、市住建局、市卫生局、市水务局、市农业局、市监察局、市水资源办、市水务公司等。

领导小组负责组织各地区和部门根据总体实施方案要求编制年度计划，监督和检查计划完成情况，协调和解决实施方案中的相关问题，判断和论证实施方案的后续调整方案。集水区域内各乡镇分别成立龟石水库环境和生态保护实施方案领导小分队，负责具体落实实施方案的完成情况。

（2）各职能部门职责分工。建立联合执法工作组，各司其职，形成合力。由贺州市人民政府牵头，市、县两级人民政府的环境、规划、建设、水利、移民、卫生、国土、市政、林业、农业、水产畜牧、交通、工商、公安等管理部门及龟石水管处抽调精干力量，组成联合执法工作组，各负其责，对水污染防治实施监督管理。

①环境保护行政主管部门负责指导和协调解决水源保护区重大环境问题；依法调查处理水源保护区内重大环境污染事故和生态破坏事件；协调水源保护区内环境污染纠纷；组织和协调本辖区重点流域水污染防治工作；负责饮用水源的日常水质监测管理，加强水源日常监管工作。

②建设规划行政主管部门要严格把好水源保护区建设项目审批关。

③水行政主管部门应加强水功能区划与水资源开发利用管理与保护，加强水源保护区内排污口设置的监督管理，禁止在水源保护区内设置排污口，原有的排污口由市、县人民政府责令限期拆除。

④卫生行政主管部门应加强对生活饮用水水质安全的监管，加强对《生活饮用水卫生标准》执行情况的监督管理，保障水源水质安全。

⑤国土资源行政主管部门根据水源保护区水质保护规划要求，合理安排各项建设项目用地。

⑥市政管理部门应根据饮用水源保护区水质保护要求，加强供、排水管网、

生活污水和垃圾的处理设施的建设和管理，防止生活污水和垃圾对水源的污染。

⑦林业行政主管部门应加强保护区范围内的林地和植被保护，指导有利于涵养水源的树种推广，做好植树造林、退耕还林，以及库周水土流失治理工作。

⑧农业行政主管部门要做好水库水源保护区的农耕区农作物栽培标准化、无害化生产技术的推广工作，加强对保护区肥料及农药的使用情况的监督检查。

⑨水产畜牧管理部门要做好水源保护区内养殖业的引导和监督管理，严格执行水域滩涂养殖许可制度，根据水资源量和水域面积、水质状况，科学确定水产养殖的种类、数量和布局。严格控制饲料的投放，禁止使用化肥、滤泥等严重污染水体的投料养殖。

⑩交通管理部门要加强对各类船舶和水上船舶运行的管理，管理船舶的排污以及有毒和污染性物品的装运过程，检查船舶的防污设备，对各种"三无"（无船号牌、无船舶证书、无船籍港）船只要依法取缔，对漏油和乱倒油污水，以及造成水污染的船只进行整治。

⑪工商部门要加强对餐饮业的管理，对其产生的垃圾、污水要采取处理措施，不得污染水库水质；对涉及无证无照经营的行为，要立即取缔。

⑫贺州市龟石水管处要积极配合有关部门加强环境保护宣传工作，组织人员经常打捞清理水域中发现的浮杂物，由市级层面统筹解决有关水源保护宣传及库区清洁专项工作经费，加强对整个库区环境保护情况的检查，发现问题要及时向有关监督管理部门通报或向市人民政府报告，并做好相关的协助工作。

（3）建立科学合理的工作机制。实行目标责任制，把具体目标和任务层层量化分解到各级政府、各部门、各单位，逐一落实。建立绩效考核机制，市政府将相关县区及市直单位落实龟石水库水质保护工作情况纳入年度考核内容，实行"一票否决"，并与其主要负责人的政绩挂钩，考核结果将在网络上予以公布，并抄送组织、人事部门作为干部任用、奖惩的依据，确保龟石水库总体方案阶段目标和总体目标的顺利实现。

### 4.8.7.2　政策保障

龟石水库是贺州市市区饮用水源保护区，保障贺州市的供水安全，是广西最重要的水库之一，一直都是贺州市乃至广西的重点保护对象。为做好本水库的生态环境保护工作，确保广大群众的饮水机供水安全，需实施六大保障，强化政策保障措施：

（1）完成确权划界，划定生态红线。

市人民政府对龟石水库的管理范围进行确权划界：根据《广西壮族自治区水利工程管理条例》第二十六条第（二）款的规定"水库库区校核洪水位以下（包括库内岛屿），坝首两端、下游坝脚及溢洪道两侧各五十米至一百五十米为管理范围"，市人民政府将水库赔偿校核洪水位184.7 m作为划界底线。按《全国饮用水水源地环境保护规划》《饮用水水源地保护区划分技术规范》的规定对最终确定的各级保护区界线设置标志,市人民政府审定各保护区坐标红线图、表,作为政府部门审批的依据。

(2)严格产业准入,加大保护力度。

严格按照法律法规及有关规划要求,把好产业和项目准入关口,完善龟石水库水源地保护管理措施。加强水库集雨区污染企业和对水源构成重大污染隐患的排污企业的监督管理,加强现有矿山的污染整治和生态恢复。主要内容有:

①严把项目准入关。新建、改建、扩建建设项目选址必须满足环境保护和集中式饮水水源保护区水质保护要求。禁止在饮用水水源一级保护区内审批新建、扩建与供水设施和保护水源无关的建设项目。禁止在饮用水水源一级保护区内审批网箱养殖、旅游、垂钓或者其他可能污染饮用水水体的项目。禁止在饮用水水源二级保护区内审批新建、改建、扩建排放污染物的建设项目。禁止在饮用水水源准保护区内审批新建、扩建对水体污染严重的建设项目;改建建设项目,不得增加排污量。

②在水源保护区应禁止下列行为:禁止在水库水域、岸边及保护区范围内进行规模性家禽、家畜养殖活动;禁止在水库水域进行投饵式网箱及库叉拦网养殖活动;严禁建设电镀、印染、造纸、制革和化工等对水有污染的行业;禁止在保护区内开办沙、石场和垃圾场或集结点;严禁向水体倾倒或在岸边堆放垃圾、粪便、废弃的砂、石、土和建筑垃圾及其他废弃物,严禁向水体排放有毒有害废液及油类、酸液、碱液;禁止使用不符合国家有关农药安全使用规定标准的剧毒、高毒和高残留农药;禁止使用水体清洗装贮过油类或有毒有害污染物的船只、车辆、容器或其他包装物等;禁止在保护区内捕杀各种野生保护动物以及在保护区水域内使用炸药、毒药、农药、电具、灯光捕杀各种鱼类;禁止船只在距饮用水取水口周边 200 m 以内行驶。除必要的防洪、生产、生活等交通用船外,其他船舶一般不准进入保护区;必须进入者应事先向龟石水管处和贺州市环保局申请并获得批准;严禁在库区迎水面山坡种植速生桉及其他非涵养水源或污染水体的物种。

③在水源保护区应遵守下列规定:直接或间接向水体排放污水的企事业单位,必须采取必要的污水处理措施,保证达到国家规定的排放标准。经批准的开发建设项目要加强环境保护措施的建设和施工期间的环境管理,防止施工造成的环境污染、水土流失和生态破坏。各种机动船只必须具有船号牌、船舶证书和船籍港,并将含油机舱水及废油送到指定地方集中处理或回收。

(3)出台管理政策,提供坚实保障。

为使龟石水库生态环境保护工作落到实处,加快完善龟石水库集雨区域水环境保护的制度体系建设,出台龟石水库饮用水水源地保护相关管理办法与龟石水库饮用水水源地保护具体实施规定,制定《龟石水库饮用水源水质保护专项资金管理办法》和《龟石水库水资源综合利用管理办法》，不断完善饮用水源保护区管理的各种规章制度，为水环境污染防治和科学利用优质水资源提供政策保障。出台优惠政策，对环保项目在用地、规划、贷款贴息等方面给予优先安排。

(4)强化环保宣传，增强生态意识。

结合公众的日常生活，加强宣传推广节约用水、循环用水的实用方法、产品，大力宣传自觉保护水资源的普通百姓等典型人物。加强警示教育，通过图片展示、户外视频、新闻报道等多种方式，宣传水污染的形势和水污染对健康的威胁等，增强公众的忧患意识。配合"南粤水更清"行动计划，广泛开展水资源保护宣教活动。特别是要积极引导环保志愿组织参与龟石水库生态环境保护活动，进一步努力营造全民参与保护龟石水库的良好氛围。

把普及各级领导干部的环境科学知识和法律知识，提高环境保护和发展的综合决策能力的内容纳入干部培训计划，安排相应的课时或组织讲座、收看录像研讨等各种形式，开展环境教育；举办各级党政干部环境专题研修班，提高领导干部对生态环境保护的认识。

### 4.8.7.3 资金保障

本方案的生态环境保护项目主要通过争取国家和自治区财政专项资金、贺州市从年度财政预算中安排必要的资金以及引导社会资金投入来支持，并积极争取中央及省湖泊保护专项资金。近年来，自治区、市财政投入龟石水库水质保护的专项资金累计已上亿元，贺州市委托相关单位先后编制了《贺州生态市建设规划(2010—2020年)》《贺州市龟石水库西岭山自然保护区总体规划》《贺州市环境保护"十二五"规划》《广西贺州市水资源保护规划报告》《广西贺州富川瑶族自治生态县规划》等，对中长期生态环境保护提出了量化控制目标和要求。本项目2017年申请中央财政资金8736.9万元，处于一个适度的范围。

(1)贺州市地方资金有保障。

2015年贺州市实现地区生产总值(GDP)483亿元，比上年增长8%；财政收入47.14亿元，比上年增长16.1%；固定资产投资625.93亿元，比上年增长18%；规模以上工业增加值比上年增长19.1%。本方案2017年度地方政府财政资金投入2900万元，且主要来自省级财政资金，市县两级所需的配套较少。

(2)吸引社会资金参与的可行性较大。

贺州市位于湘、粤、桂三省(区)结合部，位于港澳—广州—桂林旅游黄金通道上，是大西南地区东进粤港澳和出海的重要通道，是中国—东盟自由贸易区、西部大开发和泛珠三角区域合作的战略结合点，是享受西部大开发优惠政策和接纳海外及中国沿海经济辐射与转移产业的"桥头堡"。同时，贺州市位于西江支流贺江上游，是下游地区的饮用水水源地。

(3)建立投融资机制。

市人民政府出台《关于筹集龟石水库水资源保护专项资金的决定》，筹集水资源保护专项基金，用于龟石水库水资源保护。基金筹措可采取从受益区域、有关企业、项目开发部门各提取一点的办法来解决。

建立正常的财政投入增长机制，坚持发挥政府投入的引导作用，加大环保专项资金额度和比例，加大产业政策、技术政策和经济政策对环境污染治理相关产业发展的支持力度，鼓励和引导金融机构加强对环境污染治理项目的信贷支持。

大力引进社会资本参与环境基础设施建设和运营，继续采用 PPP、BOT 经营、引资、环境资源有偿服务体系等方式推动环保基础设施建设。全面提高污水处理费和开征生活垃圾处理费，保障环保基础设施的建设和运营费用。

(4)加强资金管理，科学合理使用。

为推进龟石水库生态环境保护项目建设，贺州市成立龟石水库生态环境保护项目财政投资融资管理领导小组，由市长任组长，由分管财政、环境保护工作的副市长任副组长，成员由市发展改革局、市财政局和市环境保护局等单位负责人组成，履行对龟石水库生态环境保护项目建设资金的重大决策和监督。

科学高效安排投资建设资金，统筹做好筹集资金的分配使用计划。统筹安排好竞争性扶持资金、地方配套资金和带动社会投入资金，突出重点，把资金用在最关键的地方，确保资金效益的最大化。加强资金监管，确保资金安全。

制订《龟石水库生态环境保护项目资金使用管理办法》等，规范资金的使用管理，确保资金使用安全，严格按照法规制度要求审核审批工程建设支出。充分发挥有关职能部门的作用，由财政部门、审计部门、纪检监察部门负责整个财务开支的监管，特别注重加强项目资金的跟踪审计，确保资金科学使用、安全使用，确保资金发挥最大效益。

### 4.8.7.4　长效机制保障

(1)完善污染源长效监管机制。

由市政府牵头组成综合执法队伍，加大行政联合执法力度，依法打击查处水库违法违章行为。市政府下发龟石水库整治通知，富川县相关乡镇、相关部门做好宣传，在告知库区移民和相关当事人的基础上，各职能部门做好调查取证工作。

①围库养鱼由水利部门负责；

②灯光诱捕由交通、水产畜牧部门负责；

③围库垦植由水利部门负责；

④开山垦植由林业部门负责；

⑤网箱养殖、围库养鸭、散养山羊家鸡由水产畜牧、水利部门负责；

⑥偷采稀土由国土部门负责；

⑦库区兴建农家乐由卫生、工商部门负责；

⑧库区修建养猪场由水产畜牧、环保部门负责。

（2）建立违法行为综合整治机制。

市政府组织各职能部门在各自调查取证的基础上，下达执法通知，对违法项目业主限期整改拆除，处理相关事宜。市政府牵头组成综合执法队伍，先易后难，依法打击查处水库违法违章行为：

①依法强制拆除在库区内违法修建的围库养鱼工程，遏制围库养殖行为。

②依法强制清除在库区内的围库垦植工程及库区岛屿内的开垦种植工程，维护水库的合法权益。

③坚决取缔灯光诱捕、网箱养殖、围库养鸭、一级保护区内散养山羊家鸡、库区兴建农家乐、库区修建养猪场等违法行为，保护渔业生态平衡和水库生态环境。

④坚决取缔非法开采的矿山，对已取缔的柳家乡新岭磅稀土矿点，要由市安监局、国土资源局加强监管，严禁当地群众零星收集尾矿行为。

⑤及时制止开山垦植违法行为，严厉打击乱砍滥伐森林的行为，确保集雨区森林覆盖率稳步提高，有效控制水土流失。

⑥按照《中华人民共和国矿产资源法》有关规定，矿山开采审批、关闭权归属于自治区人民政府及其相关工作部门，采矿选矿权即将到期的企业，需市政府及时向自治区人民政府及相关部门汇报沟通后再处理。

（3）建设强有力的监管队伍。

解决龟石水管处水库巡查大队的编制、资金问题，并赋予相应的权利，负责龟石水库日常的管理并承担管理范围内水资源、水域、生态环境及水利工程或设施等的保护工作。加强对水上派出所的管理，办公经费由市级层面统筹安排解决。

（4）建立绩效考核机制。

市政府将相关县区及市直单位落实龟石水库水质保护工作情况纳入年度考核内容，实行"一票否决"，并与其主要负责人的政绩挂钩，考核结果将在网络上予以公布，并抄送组织、人事部门作为干部任用、奖惩的依据。

（5）建立健全生态补偿和保护激励机制。

建立长效的生态效益补偿机制，争取中央和省政府适当加大生态补偿和奖励力度，建立相应的风险基金。尽快推进龟石水管处管理体制改革，落实全额财政拨款，理清水管单位经费保障机制。同时，根据上游生态建设和保护成本以及水质、水量保护目标要求，配套建立生态保护绩效评估体系、考核体系和跨地区利益平衡机制，完善生态激励基金使用管理办法。

### 4.8.7.5　技术保障

本方案的实施需要强有力的技术保障措施。

（1）加强与相关专业领域科研技术单位合作。

生态环境保护是一项长期的、系统的工作，涉及污染治理、水利、工程建设等各方面专业技术，需要获得长期的、持续的专业技术支持。

在贺州市政府及相关政府部门组成的领导小组支持下，由生态环境部华南环境科学研究所牵头负责本项目的调研、文本编制与相应方案实施技术支撑方案，市环保局相关部门、市环科所及监测站相互配合进行相应监测工作。

（2）重视高级技术人才引进与咨询。

积极组织建立由项目技术支撑单位、高校以及环保局组成的贺州市生态环境保护专家组，明确工作责任，确保组织领导、现场调研及项目编制工作的顺利进行。加强水环境和生态环境保护从业人员的培训和教育，提高生态环境保护从业人员的业务水平和综合素质，扩大技术交流合作的领域和范围，为保障龟石水库生态环境保护工作的顺利进行提供技术咨询支撑。

## 4.8.8 实施计划

按照目标导向、循序渐进的原则，研究湖泊生态环境保护实施方案的实施路线，明确不同阶段、各项保护方案的工作进程和任务节点，按季度制定实施计划，绘制实施路线图。项目实施进度计划见表 4.8-7。

表 4.8-7 2017 年度龟石水库生态环境保护项目实施进度计划

| 项目名称 | 分项名称 | 1月 | 2月 | 3月 | 4月 | 5月 | 6月 | 7月 | 8月 | 9月 | 10月 | 11月 | 12月 | 实施年度 |
|---|---|---|---|---|---|---|---|---|---|---|---|---|---|---|
| 一、湖泊生态安全调查 | | | | | | | | | | | | | | |
| 湖泊生态安全调查 | 龟石库区生态健康及湖库安全补充调查 | 现状调查 | | | | 项目招投标 | | 采样监测 | 采样监测 | 采样监测 | 采样监测 | 采样监测 | 提交成果 | 2017 |
| 三、生态修复与保护 | | | | | | | | | | | | | | |
| 龟石库区周边湿地建设 | 退塘还湿工程 | 前期工作,项目立项 | | 方案设计 | | 工程施工 | 工程建成,投入使用 | | | | | | | 2017 |
| 四、污染源治理 | | | | | | | | | | | | | | |
| 库区龟石库区集中污水处理工程 | 富川县葛坡镇污水处理工程 | 立项 | | 可研 | | 初步设计 | | | 征地、施工图纸设计 | | 工程施工 | | 完成20%工程量 | 2017 |
| | 富川县城北镇污水处理工程 | 立项 | | 可研 | | 初步设计 | | | 征地、施工图纸设计 | | 工程施工 | | 完成20%工程量 | 2017 |
| | 富川县麦岭镇污水处理工程 | 立项 | | 可研 | | 初步设计 | | | 征地、施工图纸设计 | | 工程施工 | | 完成20%工程量 | 2017 |

续表4.8-7

| 项目名称 | 分项名称 | 1月 | 2月 | 3月 | 4月 | 5月 | 6月 | 7月 | 8月 | 9月 | 10月 | 11月 | 12月 | 实施年度 |
|---|---|---|---|---|---|---|---|---|---|---|---|---|---|---|
| 库区龟石库区集镇污水处理工程 | 连山污水处理厂 | 废水治理工程施工，完成50% | | 废水治理工程施工，完成80% | | 废水治理工程施工，完成100% | | | | | | | | 2017 |
| 畜禽养殖污染治理工程 | 发酵床建设工程 | | | 完成100户 | | 完成200户 | | 完成300户 | | 完成400户 | | | | |
| 龟石集雨区面源综合整治 | 农村垃圾乡镇片区处理项目 | | 招投标 | 方案设计 | 施工图设计 | | 图纸评审 | | 土建施工 | | 设备安装 | | 工程建成，投入使用 | 2017 |
| | 农村垃圾处理农村级设施建设项目 | | 招投标 | 方案设计 | 施工图设计 | | 图纸评审 | | 土建施工 | | 设备安装 | | 工程建成，投入使用 | 2017 |
| 五、环境监管能力建设 环境监管能力建设 | 监测仪器设备购置 | | | | | | | | 招投标 | | 设备采购 | | 工程建成，投入使用 | 2017 |

## 4.9 小结

(1)基于"驱动力-压力-状态-影响-效应"(DPSIR)模型,龟石水库2016年生态安全指数为58.75,处于Ⅲ级"一般安全"状态。正面影响因素主要为政府响应部分的资金投入和污染治理方面的"调控管理";负面影响因素主要为集中饮用水水质达标率、水质指标总氮浓度、入湖河流污染负荷、沉积物中的总磷和有机质浓度等,其中关键影响因素为总氮浓度。得分最少、影响库区综合安全指数最大的为"生态服务功能"(影响),已经处于"欠安全"水平,而"生态服务功能"的指标中得分最低的为"集中饮用水水质达标率"。进一步分析可知,"集中饮用水水质达标率"影响最大因素为总氮浓度[与《地表水环境质量标准》(GB 3838—2002)的Ⅱ类水质标准相比较超标率为100%]。

(2)对生态环境主要问题进行了识别,并确定了重点治理区域和领域。流域生态环境保护的主要任务为农业面源污染的控制、养殖污染治理的强化、生活污染的控制、工业污染的严格控制、环境监管能力建设的加强。本研究在健全湖泊流域管理体制、构建水库安全预警系统、完善饮用水水源风险防控体系、建立流域生态补偿机制、发动群众全民参与等方面均制订了详细的对策和实施方案。

(3)通过对研究区域内经济社会和环境现状的分析得出水库集水区内存在的主要矛盾,以"深入的生态安全分析-环境容量与负荷分析-人口、经济、社会反馈机制分析-制定最佳可行的适宜措施"为主线的水源地污染防治系统思路,形成类似区域水环境污染系统控制的初步方案。本书以典型的南方湖库型饮用水水源地龟石水库集水区内的具体社会经济环境和水环境现状为基础,立足于解决环境和社会发展的矛盾,提出防治类似水库水环境污染的具体工程措施、产业调整、生态调控、人口措施、风险防控、长效机制等方面的系统对策,确保水库水环境能够得到有效保护、污染能够得到有效控制,为其他饮用水水源地水环境保护提供参考。

# 第 5 章

# 江西鄱阳湖生态安全信息化管理

## 5.1　引言

鄱阳湖作为世界六大湿地之一，是长江流域的最后"一湖清水"，对维系长江中下游生态安全、水文循环和防洪安全作用巨大。近半个世纪以来，鄱阳湖面积锐减、功能衰退、污染严重，如何科学有效地保护和利用鄱阳湖生态资源是亟待解决的问题。因此，通过建立生态安全信息化管理系统，利用多时相、长时段遥感动态监测解译、空间分析与辅助决策等技术，系统剖析鄱阳湖的生态环境演变过程、退化机理及其关键驱动因素，深入探讨演变过程中的宏观政策引导、人口资源环境相互作用、气候生态水文互动耦合、社会经济发展模式等关键驱动因素，为构建协调湖泊与流域系统、内部子系统、社会经济系统等之间关系的数字化调控体系奠定基础。本章内容基于中南大学陈建群的博士课题工作，该博士课题工作开展的研究团队包括中南大学、江西省水利规划设计研究院、生态环境部华南环境科学研究所等。

## 5.2　鄱阳湖演变与水资源的协迫响应关系研究

### 5.2.1　鄱阳湖概况与历史演变过程

#### 5.2.1.1　区域位置

鄱阳湖位于江西省北部，长江中下游南岸，古称彭湖。鄱阳湖是我国最大的淡水湖，也是重要的生态功能保护区和商品粮生产基地。鄱阳湖承纳赣江、抚河、信江、饶河、修河 5 大江河及清丰山溪、博阳河、漳田河、潼津河等区间来水，经调蓄后由湖口注入长江，是一个过水性、吞吐型的湖泊。鄱阳湖水系流域面积为 16.22 万 $km^2$，约占江西省总面积的 97%，约占长江流域面积的 9%，是世界自然基金会划定的全球重要生态区之一，也是我国唯一的世界生命湖泊网成员。

### 5.2.1.2 地质地貌

鄱阳湖由南部断凹和北部湖口地堑演化而成。鄱阳湖及邻近地区是一盆地，主要地貌类型为山地、丘陵、平原和湖区。山地、丘陵主要分布于湖区北部和东部，其余方向主要为总面积达 3000 多 km² 的入湖三角洲平原。湖泊形态南、北差异很大，南部水面开阔，而北部水域狭长，成为与长江水沙交换的咽喉通道。湖底地形复杂，湖床南高北低、倾斜明显，全湖纵坡降为 0.008%。南部因西南侧为快速沉积区，故湖床高程大于东北侧，形成自西向东倾斜的横坡降。

### 5.2.1.3 气象水文

鄱阳湖地处亚热带湿润季风区，日照充足，年平均日照 1970 h，年辐射总量为 4500×10⁶ J/m²；气候温和，年平均气温为 16.5~17.8℃，历史极端最高、最低气温分别为 40.9℃和−11.9℃；无霜期长，年平均无霜期为 273 天。

鄱阳湖为季节性湖泊，高水湖相，低水河相。鄱阳湖水位变化受五河及长江来水的双重影响，洪水、枯水的湖体面积、容积相差极大。洪水季节，由于水位升高，导致湖水漫滩，茫茫一片，湖口水文站历年最高水位为 22.59 m（吴淞高程系统）时，湖面面积约为 4500 km²，相应容积为 340 亿 m³；而至枯水季节，由于水位下降，使其与河道无异，湖口站历年最低水位为 5.90 m 时湖平均水位为 10.20 m，其相应湖体面积仅约 146 km²，约是前述洪水期最大值的 1/31，湖体容积仅为 4.5 亿 m³，约是前述洪水期最大值的 1/75。鄱阳湖经湖口站出湖入江的多年平均水量为 1436 亿 m³，入江水量占长江年径流量的 15.5%。流域径流年内分配不均匀，汛期 4—9 月流域径流占全年的 75% 左右，其中主汛期 4—6 月流域径流占 50% 以上，10 月至次年 3 月仅占全年的 25%，其中 10~12 月仅占全年的 9%。

### 5.2.1.4 人口环境

鄱阳湖区人口众多，城镇化水平低。湖区内人口达 971.13 万（占全省总人口的 22.07%），其中 65.35% 为农业人口。湿地植被包括湿生植被、沼生植被以及水生植被。从湖岸向湖心，可分为湿生、挺水、浮叶和沉水共 4 个植物带。枯水以苔草为主体的湿生植物和以芦、荻为主体的挺水植物为主；洪水期主要为以苔草、黑藻、眼子菜为主体的沉水植物和以菱、荇菜为主体的浮水植物。鄱阳湖湿地动物资源以鸟类最为突出，共有鸟类 310 种，共计有国家保护鸟类 9 目 14 科，其中国家一、二级保护鸟类分别为 10 种和 44 种，属于《中日候鸟保护协定》（总计 227 种）的鸟类达 153 种；属于《中澳候鸟保护协定》（总计 81 种）的鸟类有 46 种。另外，有 19 种鸟类被 IUCN 列为受胁物种。

### 5.2.1.5 鄱阳湖的形成与演变

现代鄱阳湖是历史的产物，以永修县松门山为界，北鄱阳湖形成较早，南鄱阳湖形成较晚。鄱阳湖的形成与发展的地质学基础是近期的新构造运动。今北鄱阳湖自形成直至东晋南朝，湖区范围相当稳定，当时南鄱阳湖尚未形成。湖盆与水域两大要素的形成发育过程是鄱阳湖演变发展的主要原因。湖盆的形成主要与地质构造因素有关，水域则是在长江来水与湖盆下泄的吞吐平衡中形成，而"吞吐型河成湖"是鄱阳湖演变的主导因素。更新世后期以来，长江九江河段南移促使鄱阳湖不断扩大。今南鄱阳湖之前曾是一片广阔平原。南朝时期，古彭蠡泽江北部分日渐缩小，另外由于气候逐渐转暖，降雨和径流有所增大；地质运动方面，由于陆地面积持续下沉，原来广阔的平原逐渐成为沼泽，进而形成了现今的南鄱阳湖，并逐渐向西南扩展。至唐代，彭蠡泽不断扩张进入鄱阳县境，因此有了鄱阳湖的得名。至明代，矶山已"屹立鄱阳湖中"；至清初，松门山及吉州山沦为湖中的孤岛。此后，赣江泥沙不断携带堆积，导致吉州山与陆地相连；与此同时，康山也并入南岸陆地。

## 5.2.2　鄱阳湖演变的遥感分析

### 5.2.2.1　技术路线

作为世界六大湿地之一，从湿地的角度，对其演变过程进行研究。首先，根据《全国湿地资源调查技术规程(试行)》，划定鄱阳湖自然(天然)湿地区，依据研究区域的气象、水文特点，对湿地时空变化进行遥感动态监测；然后通过多时相数据纠正、投影变换、镶嵌、配准、裁切、增强等方法，处理不同时相的 TM 影像，并进行湿地的解译分类(如图 5.2-1 所示)；最后，通过 GIS 的空间分析，分析、统计与评估不同时期和水位条件下湿地类型的变化情况。鄱阳湖自然(天然)湿地区遥感动态监测主要包括年际遥感动态监测、年内遥感动态监测、准极端水位条件下的遥感动态监测三个方面。

基于 TM 影像的鄱阳湖自然(天然)湿地解译分类技术路线如图 5.2-1 所示。

### 5.2.2.2　边界确定

纵观已有报道，前人主要研究鄱阳湖湿地的湖区，由于湖区影像覆盖范围大，地物复杂，不具代表性，且影响湿地解译精度。为提高分类精度并改进湿地遥感监测与调查的技术方法，选择合适的研究示范区显得尤为重要。

根据《全国湿地资源调查技术规程(试行)》(国家林业局 2009 年)，确定湿地边界的原则主要为代表性、科学性和准确性。本书研究区主要由人工修建的围堤和天然围堤组成，包含了鄱阳湖湖体周边水域、滩地、草洲、沙地等主要天然湿地种类。本研究利用高分辨率影像(SPOT 影像)，配合高精度 GPS 数据解译出人工堤坝。天然堤坝主要是结合 1∶1 生成的 DEM、水文数据和高分辨率影像人工目视解译自然堤坝形成。另外，为保证分类的运算速度和分类精度，对整个湖区范围进行了压缩，解译结果与水利部门提供的数据叠加吻合，说明此研究区范围精度可靠。研究确定鄱阳湖自然(天然)湿地面积为 3266.690 km$^2$。

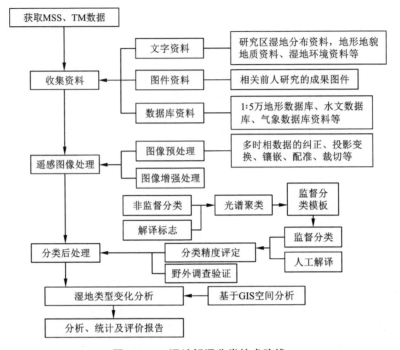

**图 5.2-1  湿地解译分类技术路线**

### 5.2.2.3  遥感动态监测

遥感动态监测主要包括以下三个方面：

(1)年内鄱阳湖自然(天然)湿地动态监测。选择星子站四期约 8 m、10 m、12 m、14 m、16 m、18 m 和 20 m 不同水位、时相的遥感影像。

(2)年季鄱阳湖自然(天然)湿地动态监测。选择近 30 年四期星子站同水位(约 13 m)1976 年 10 月 6 日、1988 年 4 月 23 日、2000 年 5 月 10 日不同时相的遥感影像。

(3)准极端水位条件下的湿地动态监测。选择 2009 年 2 月 12 日，即星子站水位约 7.8 m 时，作为准枯水季节的观测条件；选择 1998 年 7 月 8 日，即星子站水位约 22.3 m 时，为准丰水季节的观测条件。

### 5.2.2.4  解译标志建立

解译标志的建立包括以下几个方面：①结合非遥感信息源，进行室内外判读训练；②选取勘察线路，确定观察点，对观察点现场定位，确定地面景观状况与湿地类型；③结合影像与地面现状，分析不同湿地类型在灰度、色调、斑块形状和纹理特征等方面的图谱特征，建立鄱阳湖自然湿地 TM 影像解译标志(表 5.2-1)。

表 5.2-1 TM 遥感解译湿地标志(TM3、4、5 波段组合)

| 类型 | 影像特征 | 颜色与色调 | 形状 |
|---|---|---|---|
| 水域 | | 蓝色、深蓝色，色调均匀，颜色随水深浅变化而变化，水位越深，颜色越深；有时水中含泥沙使色调混浊 | 连续片状或零星散落状，边界与周围界限清楚 |
| 草洲 | | 绿色、浅绿色、褐色，色调明亮或暗淡，随季节性变化大 | 间断或连续片状或条带状分布，边缘与周围成过渡 |
| 滩地 | | 暗褐色、灰色，色调均匀，颜色随水位变化 | 间断或连续片状或条带状分布，边缘与周围成过渡 |
| 沙地 | | 白色，色调突亮 | 间断或连续片状，界线清晰 |

### 5.2.2.5 分类过程

采用监督分类与非监督分类相结合的方法。通过对 MSS 和 TM 遥感影像反复试验发现，将非监督分类的属性表经光谱聚类处理，并转换成适用于监督分类的模板文件后，再执行监督分类的方法，能够较好地提高分类精度。本研究中选择60(个别为40)为初始分类数进行非监督分类，设置最大循环次数为24，循环收敛阈值为0.95。对各类别依次进行专题判别、色彩确定和分类合并，形成监督分类模板，并将模板初始湿地类型中的60类(个别40类)合并为4类，即水域、草洲、滩地以及沙地。然后，通过小图斑的处理操作以得到更加理想的分类效果，主要过程为：①计算各分类图斑的面积；②生成聚类统计文件；③定义最小图斑阈值；④删除小图斑；⑤合并相邻图斑；⑥处理属性数据。

### 5.2.2.6 分类结果精度评价指标

目前，评价经专题分类后遥感影像精度的因子主要有如下几种。

(1)混淆矩阵：将各地表真实像元的位置和分类与遥感影像相比较进行计算，主要用于分类结果和地表真实信息的比较，有像元数和百分比两种表示方法。

(2)总体分类精度：被正确分类的像元数占遥感影像总像元数的比例，有小数和百分比等表示方法。

(3)Kappa 系数：像元总数($N$)乘以混淆矩阵主对角线上各元素($x_{ii}$)的和，减去某一类中地表真实像元总数与该类中被分类像元总数之积对所有类别求和的结果(定义为 $K$),再除以总像元数的平方差减去 $K$。

$$Kappa = \frac{N\sum_{i=1}^{r} x_{ii} - \sum_{i=1}^{r} (x_{i+1}x_{+i})}{N^2 - \sum_{i=1}^{r} (x_{i+} x_{+i})}$$

式中:$r$ 是误差矩阵的行数,$x_{ii}$ 是混淆矩阵 $i$ 行 $i$ 列(主对角线)上的值,$x_{i+}$ 和 $x_{+i}$ 分别是第 $i$ 行的和与第 $i$ 列的和,$N$ 是样点总数。

(4)错分误差:即误差分类像元数占像元总数的比例,显示在混淆矩阵的行里面。如滩地有 500 个真实参考像元,除正确分类像元外,有 50 个是其他类别错分为滩地,则错分误差为 50/500=10%。

(5)漏分误差:即漏分像元数占像元总数的比例,显示在混淆矩阵的列里。如草洲类,有真实参考像元 500 个,其中 490 个正确分类,剩下 10 个被错分为其余类,漏分误差为 10/500=2%。

(6)制图精度:分类器能将一幅图像的像元归为地表真实像元类别的概率。如某草洲有 500 个真实参考像元,其中 480 个正确分类,因此制图精度为 480/500=96%。

(7)用户精度:分类器正确分类的概率。如某滩地有 200 个正确分类,总共划分为滩地的有 250 个,所以滩地的用户精度是 200/250=80%。

本研究利用 ERDAS 的 Accuracy Assessment 方法,设置 Number of Points 为 300,并将 Distribution Parameters 设置为 Stratified Random。采用混淆矩阵评价,利用总精度和 Kappa 系数两个因子衡量分类精度。

### 5.2.2.7 遥感分类结果分析

依照上述分类方法与步骤进行湿地遥感分类,结果表明,总分类精度为 90.12%,Kappa 系数为 0.87。因此,先非监督分类生成分类模板再监督分类以提高分类精度的方法是可行的。

鄱阳湖湿地季节性水位变化导致水陆和植被类型亦呈现出季节性交替。枯水期,洲滩出露,植物群落以苔草和芦等湿生植物和挺水植物为主;洪水期,洲滩淹没,以眼子菜和菱等沉水植物和浮叶植物为主。

1958—1976 年,受"以粮为纲"思想的指导,为提高粮食产量,湿地被大面积围垦,导致水域面积锐减,至 1976 年仅剩下 1525.8 $km^2$。1976—1988 年的数据显示(图 5.2-2),洲滩面积萎缩,围垦行为改变了湿地植被演替,影响了江湖水文关系。之后,在"退田还湖、平垸行洪、移民建镇"的引导下,围垦行为得到缓解,森林覆盖率逐渐升高,水土流失面积下降,湿地气候得到好转,降雨量增大使得湿地水域面积增大。由图 5.2-2 可知,1988 年后,湿地环境受到重视并得以逐步改善,洲滩面积稍有上升。

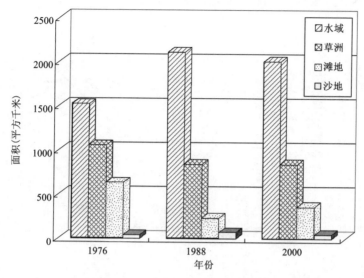

**图 5.2-2　不同时相湿地类型面积对比**

## 5.2.3　鄱阳湖演变的环境效应及与水资源的胁迫关系分析

### 5.2.3.1　演变的环境响应

（1）湿地退化严重。

1927—1988 年，鄱阳湖湿地总面积减少了 318 km²，平均每年减少 5.3 km²，尤其是 2006—2007 年出现持续严重干旱，湿地湖滩变硬，土壤沙化，植被枯死，湿地面积急剧减少，生态功能退化。自 2000 年以来，杨树的大量种植导致鄱阳湖湿地林木品种单一，鸟类大量减少；根据 2006 年的统计数据，湿地越冬栖息的候鸟不到 40 万只，与 2005 年相比锐减了 43.6%。

另外，鄱阳湖区农田土壤肥力呈不断下降的趋势。近 20 多年来，农药化肥、生活垃圾、工业"三废"等的持续增加，导致湿地土壤污染严重。以农田耕作层土壤有机质含量为例，其数值已由 20 世纪 50 年代的 3% 以上，下降到了 2.0% 以下。

（2）旱涝趋于频发。

1401—2000 年，鄱阳湖发生较大洪涝灾害的概率仅为 34%。然而，1951—2000 年，分别有 24 年和 8 年发生较严重和严重洪涝灾害。特别是 20 世纪 90 年代，10 年间鄱阳湖湖口水位超过 20 m 高水位的现象就发生了 8 次，平均 1.3 年一次。1998 年长江流域特大洪水，造成直接经济损失达 380 亿元（图 5.2-3）。2010 年，长江流域又遭受洪水量级大于 1998 年的严重洪涝灾害，造成近 50 万人民受灾。此外，2007 年、2008 年和 2010 年均出现严重旱情，2007 年和 2010 年均出现主要江河湖泊水位突破历史最低水位的现象，给湖区居民的生产生活带来严重影响。

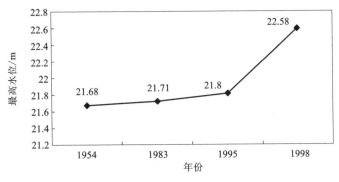

图 5.2-3　鄱阳湖历年最高水位

（3）土地逐渐沙化。

据遥感普查，鄱阳湖湿地面积约 21% 的区域遭受水土流失，年均泥沙淤积量达 1200 万 t。20 世纪 50 年代，五河干流泥沙量为 1000 万 t；20 世纪 80 年代后，平均每年入湖泥沙 2524.3 万 t。造成湖区淤积的泥沙主要来自鄱阳湖水系的坡耕地及疏残幼林地（2104.2 万 t）。而造成中上游河道及塘、库、堰、坝淤积的泥沙主要来自修路、开矿等（315.6 万 t）。另外，每年 7—9 月从长江倒灌入湖泥沙量也达百余万吨。减去出湖泥沙，每年约一千万吨泥沙淤积在湿地水域内，致使湖床增高。与 20 世纪 50 年代初相比，湖面由 5000 多 $km^2$ 缩小到了 3000 多 $km^2$，减少了 40%；容积则由 317 亿 $m^3$ 减少到 260 亿 $m^3$，减少了近 18%（图 5.2-4）。

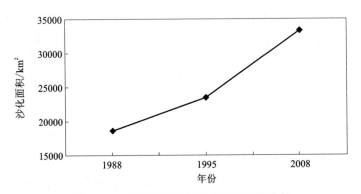

图 5.2-4　鄱阳湖区土地沙化面积变化趋势

土壤的大量流失导致农田沙化，损害了水利灌溉设施，加剧了本已频发的洪涝灾害，制约了鄱阳湖地区农业生产的稳定发展。

（4）生物资源锐减。

半个多世纪以来，湿地植被分布面积逐年减少，生物量逐年下降，生物种群结构遭到严重破坏。调查显示，20 世纪 50 年代，湿地洲滩、河湖岸边芦苇、荻群丛遍布，20 世纪 60 年代植物种类为 119 种，而至 20 世纪 80 年代末，已减少到了 101 种，芦、荻群丛仅零散分布，取而代之的是苔草群丛等矮小植株，物种消失的速度令人震惊，白花子莲和红花子莲现已基本消失。而有较高经济价值的水芹、泽泻、药菜等生物也正濒临灭绝。以保存较好的蚌湖在 30 年间（1965—1994 年）洲滩苔草群落的变化情况为例，其生物量自 2500 g/m² 减少到了 1716.7 g/m²（图 5.2-5）。鄱阳湖湿地动物资源亦不断减少，国家重点保护动物华南虎等已经灭绝，而白鳍豚、水獭，长江鲟鱼、河麂、鲫鱼、银鱼等已濒临灭绝，与 20 世纪中期相比，渔获量减少了将近 1/3。

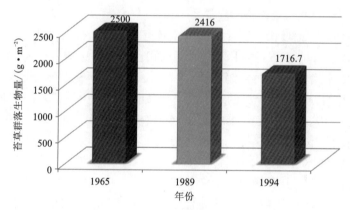

图 5.2-5　蚌湖 30 年间洲滩苔草群落生物量变化情况

（5）水体污染加剧。

鄱阳湖近年来局部污染逐渐加重，全湖水质呈下降趋势。1985—1990 年，鄱阳湖 I、II 类水总体占到 85% 左右，水质较好；而到 2001 年，已无 I 类水，III 类水占到 29%；更为严重的是，至 2009 年，III 类水比例已上升到了 67.8%，劣III 类水占 32.2%（《江西省水资源公报 2009》）（图 5.2-6）。另外，其富营养化评价值由 1985 年的 36（此为 4—9 月水质评价，下同），1999 年的 39，上升至 2009 年的 46，目前湖区非点源污染中的农业非点源污染负荷比过高，N 为 92%，P 为 97%，已经处于中度营养化，鄱阳湖水体富营养化状态的发展不容乐观。

鄱阳湖湿地生态系统演化是地质构造运动、气候、水文等自然因素与人口增长、经济发展、政策变化等社会经济因素共同作用的结果。在近代，社会经济发展过程中的人类活动是主要驱动力。

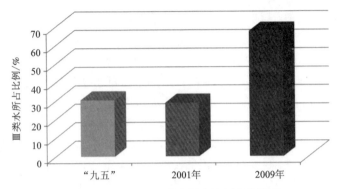

图 5.2-6　鄱阳湖Ⅲ类水所占比例变化情况

### 5.2.3.2　自然因素协迫响应关系

鄱阳湖湿地三面环山,尽管植被覆盖较好,但相当部分是人工林和中幼林,树种主要为杉木和松树,针叶林与阔叶林面积占比分别达 76.6%和 23.3%。针叶林对土壤有酸化作用,因而抑制了灌、草生长,难以形成立体分层的植被条件。另外,针叶林的分解物使土壤的透水性差,水土保持效果不好。由于鄱阳湖区年均降水量达 1610 mm,且主要集中于 4—6 月(占全年降水量的 42.0%~53.0%),导致外环山地及中环丘陵岗地水土流失严重。

鄱阳湖湿地水土流失面积达 336.12 万 km²,占全省水土流失总面积的95.5%,主要分布于五河流域中上游及滨湖地区。20 世纪 90 年代以来,湿地周边水土流失面积减少程度加剧。大量泥沙流入造成鄱阳湖湿地湖盆抬升、面积减小、调蓄能力降低、防汛压力加大、洪涝灾害频繁。另外,导致湿地生态环境改变,功能奴化,物种资源与质量受损(表 5.2-2)。

表 5.2-2　1985—2005 年鄱阳湖湿地景观类型结构及面积变化情况

| 类型 | | 1985 年 | | 1995 年 | | 2005 年 | |
|---|---|---|---|---|---|---|---|
| | | 面积/hm² | 比例/% | 面积/hm² | 比例/% | 面积/hm² | 比例/% |
| 天然湿地 | 湖泊 | 172007 | 15.39 | 139890 | 12.51 | 172263 | 15.41 |
| | 河流 | 29 612 | 2.65 | 28 827 | 2.58 | 29 695 | 2.66 |
| | 滩地 | 101342 | 9.06 | 128 27 | 11.49 | 97203 | 8.69 |
| | 沼泽地 | 89 675 | 8.02 | 88 957 | 7.96 | 90 629 | 8.11 |

续表5.2-2

| 类型 | | 1985 年 | | 1995 年 | | 2005 年 | |
|---|---|---|---|---|---|---|---|
| | | 面积/hm² | 比例/% | 面积/hm² | 比例/% | 面积/hm² | 比例/% |
| 人工湿地 | 水田 | 399 04 | 35.75 | 409 14 | 36.64 | 399 86 | 35.70 |
| | 水库坑塘 | 33 767 | 3.02 | 27 566 | 2.46 | 31 998 | 2.86 |
| 其他非湿地 | 林地和草地 | 162 399 | 14.53 | 162 937 | 14.57 | 151 581 | 13.56 |
| | 旱地 | 99 870 | 8.93 | 101 50 | 9.04 | 107 98 | 9.63 |
| | 城乡工矿居民用地 | 29 506 | 2.64 | 30 613 | 2.74 | 37 591 | 3.36 |
| | 裸土地和裸岩石砾地 | 131 | 0.01 | 131 | 0.01 | 169 | 0.02 |
| 合计 | | 1118016 | 100 | 1118016 | 100 | 1118016 | 100 |

### 5.2.3.3　社会因素协迫响应关系

湿地的发展演变是自然与人为因素共同作用的结果，在近期，人类活动无疑是最主要和最直接的驱动力。随着湿地生态环境的改变，人口随之发生变化。鄱阳湖湿地所在 11 县人口统计情况见表 5.2-3。

表 5.2-3　1985—2005 年鄱阳湖湿地所在 11 县人口和经济变化统计

| 年份 | 总人口/万人 | 农村居民人均纯收入/元 | 农村人口/万人 | 人口城镇化水平/% | 生产总值/亿元 | 工业总产值/亿元 | 化肥施用折纯量/万 t |
|---|---|---|---|---|---|---|---|
| 1985 | 549 | 371 | 485 | 11.70 | 26 | 15 | 18 |
| 1995 | 618 | 1 385 | 538 | 13.02 | 142 | 158 | 34 |
| 2005 | 680 | 2 783 | 577 | 15.13 | 461 | 243 | 30 |

注：资料来源于《江西统计年鉴》。

全球国家与区域尺度上的数据表明，人口的持续增长导致生物栖息地不断减少。湿地周边人口增多，导致对资源环境的需求加大，因此产生湿地资源的过度利用、使用权的变化和湿地开垦等一系列影响。由表 5.2-3 中的数据可见，1985—2005 年，湿地人口增长了 23.90%（131 万），而面积却流失了 2.02%（7931.28 hm$^2$），转为非湿地的人工湿地达 18682 hm$^2$。2005 年农村居民人均纯收入是 1985 年的 7.5 倍，人口增长加大了对农业产出的需求。20 年间鄱阳湖湿地景观类型的变化表明随着人口压力的加大，湿地整体受干扰程度也在不断加大。湖区科技人才缺乏、资金投入有限、地方监管不力也是导致一段时期内鄱阳湖湿地受到集中、高强度、不合理开发的原因。

### 5.2.3.4 经济因素胁迫响应关系

经济结构是发展中国家湿地丧失的重要影响因素。由于政府在贸易、资金等方面的政策往往倾向于城市和工业，因而作为典型农业发展地区的鄱阳湖湿地上的农民不得不进行破坏性的资源开发和过度利用。首先，河道挖沙严重，特别是"长江禁止一切采沙活动"后，鄱阳湖湿地挖沙严重，破坏了河道湖滩地形，影响了湖泊蓄水能力，损坏了候鸟栖息环境。另外，村民利用湖区天然的草洲植物资源过度放养大群的牛羊造成生态环境破坏越来越严重，且其放牧行为有向产业化发展的趋势，不但破坏草滩正常发育，而且侵占了野生鸟类的栖息场所。

近年来，湿地区域城镇化水平增长了 3.43%，城乡工矿居民用地 20 年间增长了 27.40%，生产总值、农村居民人均年纯收入分别增长到原来的 18.0 倍和 7.5 倍（表 5.2-3）。城镇化使湿地中的湖泊、水田、林地草地大片丧失。

### 5.2.3.5 政策因素胁迫响应关系

据史料记载，自东汉以来，围垦成为鄱阳湖湿地滨湖地区土地资源开发利用的主要形式之一，至明、清时期，鄱阳湖区的围垦活动达到高峰。1958—1976 年，受"以粮为纲"等政策导向的影响，大面积的盲目围垦和圩堤修建亦特别严重，湖岸线由 2409 km 减小到 1200 km，围垦总面积达 1210 km$^2$，造成湿地面积大幅缩小，湖泊容积大量减少，鱼类产卵育肥场所严重破坏，半洄游性鱼类通道阻塞，生态功能降低，苔草、芒草、草芦和廖子草等各种优质牧草资源遭受严重破坏。

20 世纪 80 年代以后，"以粮为纲"的方针政策得到逐步纠正，90 年代，国家把生态建设和环境保护当作基本国策。1998 年洪灾之后，鄱阳湖实施了"平垸行洪、退田还湖、移民建镇"的湿地恢复工程；至 2004 年，共平退圩堤 418 座，总面积达 12 万 hm$^2$，蓄洪面积由 1998 年的 3900 km$^2$ 扩大到 5100 km$^2$，为湿地生态环境的逐步恢复打下了基础。

## 5.2.4 小结

（1）基于生态环境动态监测与遥感解译技术，系统分析了鄱阳湖的形成、发展、演变过程及其驱动因素。鄱阳湖生态系统演化是地质构造运动、气候、水文等自然因素与人口增长、经济发展、政策变化等社会经济因素共同作用的结果。整体而言，地质构造、水文、气候等自然因素起主要作用；就短期而言，人类活动对生态环境的影响是其演变的主要驱动力。

（2）鄱阳湖存在的生态环境问题主要包括植被破坏、土地沙化、水土流失、旱涝频发、湖区围垦、生物锐减、功能退化和污染加剧。水土流失和功能退化是鄱阳湖生态环境的核心问题。

（3）基于现代湿地管理模式和调控体系原理分析，鄱阳湖保护应在自然、社会、经济、政策等多方面同步开展，宏观上协调好与长江流域的整体生态系统的关系，微观上处理好内部河、湖、山、洲、人、社会、经济等各子系统之间的关系。

## 5.3　数字鄱阳湖构建及仿真系统设计与实现

鄱阳湖区现有的基础资料缺乏，难以准确定量反映生态环境现状，严重制约其生态经济区的建设进程。鉴于目前鄱阳湖保护的严峻形势，需要构建数字鄱阳湖生态环境调控体系，协调鄱阳湖与长江流域其他生态系统的关系，理顺鄱阳湖内部"山-河-湖"与"人-地-水"等各子系统之间的关系，以及改善鄱阳湖与社会经济系统之间的关系。综合运用数字化管理、防洪调度、灾害预警、三维仿真等技术对湿地进行研究，建立鄱阳湖基础地理信息数据库和实现上述功能的生态安全 3DWebGIS 管理平台，在设计思想上具有先进性与前瞻性，可为科学、深入探索鄱阳湖演变与水生态、水资源响应的相互关系、水情预报与风险评估、湿地水资源的水质水量联合调度等提供有力的分析手段与研究平台，并为我国湿地的保护、合理开发和利用提供借鉴与技术支持。

### 5.3.1　数字湿地调控体系构建

鄱阳湖数字湿地调控体系集知识、模型和决策于一体，充分运用湿地科学、地球科学、环境科学、优化决策论等理论与方法，以促进湿地系统各种信息、资源和数据的综合处理与全面研究，为湿地资源在空间上的优化配置、时间上的合理利用、宏观上的发展规划、全局上的整体保护，以及具体避免浪费与功能重置，实现湿地可持续发展提供科学决策的现代化手段。

鄱阳湖数字湿地调控系统（图 5.3-1）包含如下几个部分：

（1）基础数据平台。即空间数据库及各种业务数据库。空间数据包括数字高程模型、数字影像图、数字线划图、数字模型等用于构建真实场景的数据，业务数据包括水情雨情工情灾情信息、数学模型、专家知识库等，根据应用的不同可以是各种各样的与业务相关的数据。

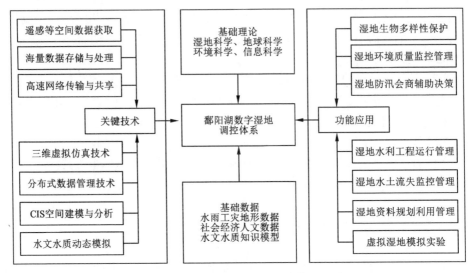

图 5.3-1  鄱阳湖数字湿地体系

鄱阳湖数字湿地调控系统以 3DWebGIS 和 Oracle 数据库为开发平台，系统整体构成如图 5.3-2 所示。

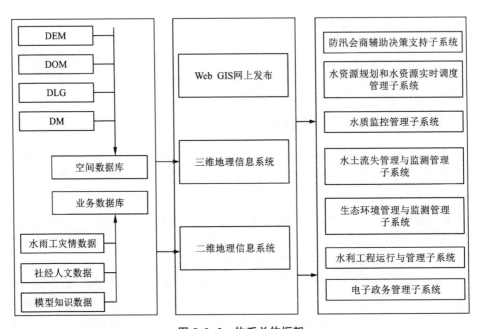

图 5.3-2  体系总体框架

（2）业务支撑平台。系统的支撑平台为 3DGIS 系统、2DGIS 系统和 WebGIS 系统。通过数据平台提供的各种数据，在二维、三维地理信息系统中进行整合，实现数据的可视化，最终为各种应用提供一个支撑平台，这部分是整个系统的核心。同时在业务扩展阶段，可以通过 WebGIS 系统进行网上汛情发布以及流域机构内部的信息发布、会商、传递和沟通。

（3）业务应用系统。业务应用系统根据"数字鄱阳湖"工程的具体应用和具体需求可以大致分为 7 个子系统（图 5.3-3）。

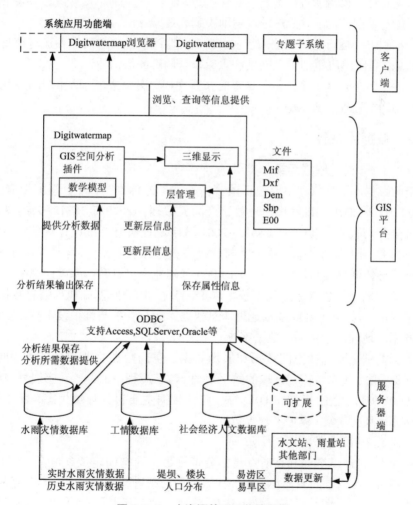

**图 5.3-3　水资源管理工作流程图**

①防汛会商辅助决策支持子系统：主要完成防汛信息查询、洪水联合调度、灾情评估、决策支持等功能。

②水资源规划和水资源实时调度管理子系统：主要完成水资源规划、用水调配、水资源调度、水资源管理、水价调节、抗旱用水调度、辅助决策等功能。

③水质监控管理子系统：对水质实时监控信息进行管理汇总分析。

④水土流失管理与监测管理子系统：对水土保持、环境监测、评估，对水土流失治理进行辅助决策。

⑤生态环境监测管理子系统：对生态环境的主要方面，如生态、沙漠化、盐渍化等进行动态监测，对治理进行辅助决策和效益评价。

⑥水利工程运行与管理子系统：水利工程监测信息与水利工程运行信息的管理与汇总，是防汛决策的信息基础和水库联合调度的依据。

⑦电子政务管理子系统：主要完成办公文档、法律法规、防汛资料及相关文档资料的归档处理及查询服务。

## 5.3.2　数据库设计

### 5.3.2.1　设计依据与数据类别

空间数据库设计依据主要包括国家标准和参考标准。其中，国家标准包括：①CH/T 1007-2001 基础地理信息数字产品元数据；②GB/T 18317-2001 专题地图信息分类与代码；③GB/T 18578-2001 城市地理信息系统设计规范；④GB/T 13923-1992 国土基础信息数据分类与代码。参考标准主要包括：①1：10 000 基础地理信息数据分类与代码；②1：10 000 基础地理信息数据库设计规范；③1：10 000 基础地理信息数据库建库技术规定；④1：10 000 基础地理信息数据库验收技术规定；⑤1：10 000 基础地理信息数据库运行管理与维护技术规定；⑥1：10 000 基础地理信息数据库数据字典。

数据类别主要包括空间数据和属性数据。空间数据主要包括流域、重要河流、重要堤防、重点城市和区域的数字地图、数字高程（DEM）、数字线划（DLG）、数字模型（DM）、数字影像（DOM）等。属性数据主要包括环境生态、社会经济、行政区划、水文气象、模型参数等数据。

### 5.3.2.2　空间数据库的构建

采用北京 54 基准面和高斯克吕格分带投影作为空间定位参考系统，不同坐标系、不同投影的空间图形在采集完成入库前必须进行坐标系统和高程系统的归化，使之归于一个坐标系下。方法是在 ArcGIS 中利用其组件 ArcToolbox 里的功能模块 Data Management Tools 提供 Projections 命令组合，输入不同坐标系的相应参数，实现投影坐标系的定义。在 ENVI 等遥感软件中通过其 CUTSTOMIZE MAP PROJECTIONS 功能输入坐标系的相应参数建立各坐标系。空间数据库设计过程如图5.3-4所示。

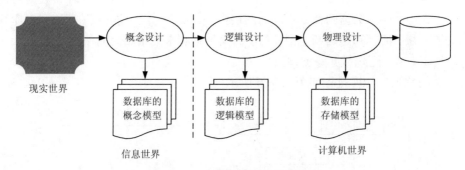

图5.3-4 空间数据库设计的步骤

### 5.3.2.3 空间数据库的设计

（1）概念设计。

根据应用需求和设计，本研究中建设空间数据库的内容包括数字线划地图（DLG）、正射影像数据（DOM）以及数字高程模型（DEM）三种类型。数字线划地图包括行政区划、道路交通、居民地等基础数据；对研究中0.5 m分辨率正射影像数据来源于航空摄影影像数据，通过几何纠正和色彩纠正等专业纠正手段，裁切为矩形影像数据，使之具有附属的坐标定位属性，便于建立空间数据库，作为背景参考信息源和三维应用的地表纹理表现；数字高程模型数据分辨率为30 m，作为背景参考信息源和三维应用的高程表现。

（2）逻辑设计。

从E-R模型向关系模型转换的主要过程：①确定主关键字；②确定属性之间的关系表达式；③消冗处理，重新确定主关键字；④根据②、③形成新的关系。⑤完成转换后，进行分析、评价和优化。空间数据库的逻辑模型如图5.3-5所示。

图5.3-5 空间数据库的逻辑模型

（3）物理与数据层设计。

物理设计主要包括确定存储的格式、结构、路径、空间等。而对于数据层设计，主要将不同的数据归类到不同的图层中，如点、线、面的分层，湖泊和水库等归为同一层，河流和道路归为同一层，而雨量站和水文站归为同一层等。

### 5.3.2.4　空间数据库的建立

空间数据库建库过程如图 5.3-6 所示。

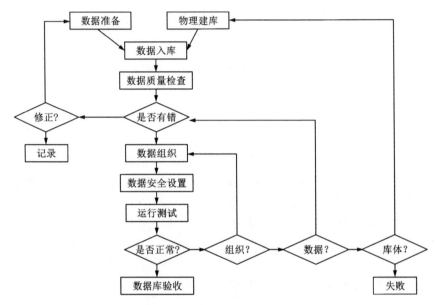

**图 5.3-6　空间数据库建库过程**

空间数据库的建库流程如下：

（1）图层的数字化。

图层的数字化包括行政区划图、河流水系图、重要地理名称、道路图层、居民区分布图等的数字化。

（2）数据格式的转换。

数据格式的转换是将所有不是选用 GIS 软件格式的数据进行转换。

（3）投影转换。

投影转换是将所有图层转换到指定的投影坐标系下。采用 GIS 软件进行投影转换或配准。对于已知投影参数的图层，进行投影转换；对于未知投影参数的图层，进行配准。

（4）图幅的拼接。

图幅的拼接是将不同范围的同一图层进行拼接。

（5）符号库的建立。

根据水利行业的标准建立符号库。

系统基础资料输入界面如图 5.3-7 所示，系统提供类似于 Excel 的表格可供用户输入数据，输入完成后点击界面的"保存"按钮可将输入的数据保存到数据库中。另外用户也可以利用系统提供的"Excel 导入"功能将外部 Excel 数据直接导入到数据库中。

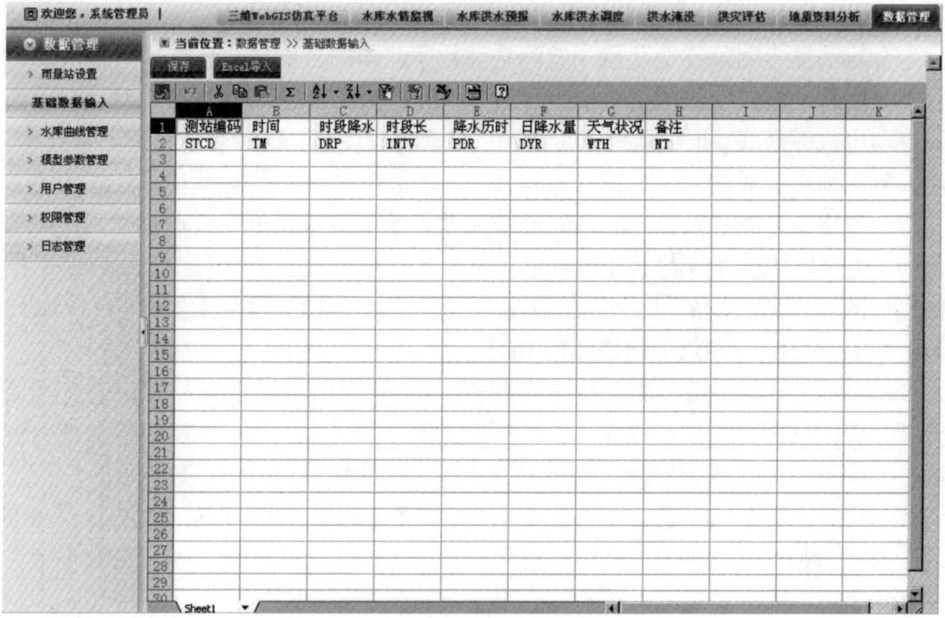

图 5.3-7　基础数据输入界面

### 5.3.2.5　空间数据库的维护和更新

为使数据库能应用得好，生命周期长，必须不断地对它进行调整、修改和扩充等维护工作。一方面，采用全数字摄影测量技术克服传统方法自动化程度低的缺点；另一方面，采用高分辨率卫星影像对水利空间数据库进行更新。

对于空间数据库的更新，目前的方法比较多样，有些方法比较精确、有些方法自动化程度高、快速，同时也有一些传统的数据更新的方法。

（1）野外数据采集方法。

目前水利 GIS 系统中，多采用野外实地采集数据的地面数字测图，主要用于大比例尺测图和局部地形要素更新，采用全站仪、电子平板仪和 GPS 接收机等逐点采集地表点的空间坐标及其属性数据的作业成图方法。另外，地面数字测图也是水库地区大比例尺测图中最主要的测图方法。

（2）原图数据采集方法。

针对水利大比例尺地形图内容复杂、数量大的特点，采用数字化仪和扫描两种方法配合屏幕编辑修改的方式，进行原图数据的采集。本研究以扫描采集为主，数字化仪处理和编辑为辅。

（3）全摄影测量方法。

这种方法是传统摄影测量技术与计算机成图技术的结合，是航测数字测图，是水利基础地形图信息获取和大面积更新的主要方法。但该方法的自动化程度不高，批处理能力不强，需要很多的人工投入。

全数字摄影测量技术开启了航测自动数字测图的全新概念，整个测量成图过程从数字相片到数字成图是全数字过程，快速高效；自动匹配测区像对，视差曲线自动生成等高线，很少需要人工参与，自动化程度高；结合空中三角测量技术，能大范围地自动成图。

全数字摄影测量系统 VirtuoZo 被誉为世界数字摄影测量三大产品之一，能够自动、快速地从航片或者卫片像对中提取全要素地形地貌和水利信息，以及不同比例尺的 4D 数据产品，其中包括数字高程模型（DEM）、数字正射影像（DOM）、数字线画图（DLG）和数字栅格图（DRG）。

一方面，全数字摄影测量系统的 DOM、DEM 和 DLG 数字产品可以直接用来更新相应的空间数据库；另一方面，全数字摄影测量系统的 4D 数据结合现时的高分辨率卫星影像或者航片，经过对现时影像数据进行正射纠正、配准、融合、匀光、镶嵌等操作，来更新水利正射影像库或者专题影像库，同时通过 4D 产品与现时影像数据的变化检测，经过矢量化或者分类操作可以更新二维矢量数据库和专题要素库

（4）高空间分辨率卫星影像。

随着信息技术和传感器技术的飞速发展，高分辨率卫星遥感影像如 IKONOS 和快鸟等的应用，对于建立数字水利，将提供一个可供选择的丰富的数据源。高分辨率卫星图像已经成为快速获取和更新地理信息数据的主要方式，其更新的步骤主要包含影像预处理（辐射校正、去噪处理、几何纠正、像对配准、正射校正等）、信息提取（边缘检测与分割、提取 DEM、面向对象影像理解与分析技术、三维建模等）和数据库更新。

### 5.3.3 三维 WebGIS 生态水利仿真平台架构

3D WebGIS 技术通过新的技术手段实现空间信息的快速发布，打破了传统WebGIS 数据发布的思路与模式。在客户端和服务器之间不是直接传输空间数据的，而是传输 XML 文档和影像图片。这种模式为空间数据发布提供了一种新的思路和解决方案，可极大降低服务器和网络带宽负担，使人们和空间信息的交互

方式发生深刻变革。

### 5.3.3.1  框架设计

系统架构：基于三维 GIS 开发平台的 B/S 架构；

数据发布：矢量地图与水利模型数据叠加发布；

扩展功能：采用支持完备的二次开发接口的新一代 Applet 技术，实现灵活的行业应用扩展功能。

为实现底层平台与行业应用的松耦合关系，将水利行业应用需求构架于"三维 GIS"平台之上。通过全局考虑系统建设，较好地解决了平台与行业应用之间的通信接口问题，有利于体系的快速搭建、灵活扩展与维护应用。

### 5.3.3.2  系统流程

三维 GIS 系统流程图如图 5.3-8 所示。

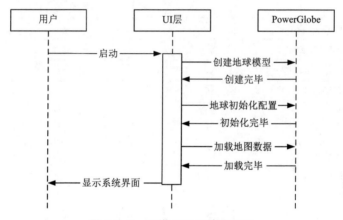

**图 5.3-8  三维 GIS 系统流程图**

### 5.3.3.3  数据流程

空间数据分矢量和栅格两种不同形式分别存储于服务器上。图 5.3-9 为系统的数据流程图，表示本产品系统的主要数据通路，并说明处理的主要阶段。

### 5.3.3.4  主要功能模块的详细设计

基于 GIS、RS、GPS、WEB、DataBase、VR 等现代高新技术，构建基于 3D WebGIS 的逼真展示地形、地貌、水系、河流、水利工程等信息的三维湿地，实现不同的视角的飞行、漫游、查询、分析等功能。

数据加载指对各种来源数据的加载，包括 WMS、Kml、遥感影像数据的加载（shapefile 间接通过 WMS 或者 Kml 方式加载），另外亦预留对各类建筑模型的加载，详细功能说明见表 5.3-1 和 5.3-2。

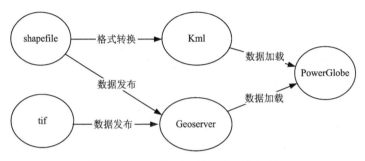

**图 5.3-9　三维 GIS 系统数据流程图**

**表 5.3-1　系统功能模块表**

|  | 数据加载 | 标注专题 | 查询定位 | 显示控制 |
|---|---|---|---|---|
| WMS 数据加载 | √ |  |  |  |
| Kml 数据加载 | √ |  |  |  |
| 遥感影像加载 | √ |  |  |  |
| 建筑模型加载 | √ |  |  |  |
| 属性标注 |  | √ |  |  |
| 专题渲染 |  | √ |  |  |
| 空间查询 |  |  | √ |  |
| 属性查询 |  |  | √ |  |
| 飞行定位 |  |  | √ |  |
| 数据浏览 |  |  |  | √ |
| 图层控制 |  |  |  | √ |

**表 5.3-2　数据加载说明**

| 功　能 | 描　述 |
|---|---|
| WMS 数据加载 | 加载 WMS 数据至地球模型。 |
| Kml 数据加载 | 加载 KML 数据至地球模型。 |
| 遥感影像加载 | 加载遥感影像数据至地球模型。 |
| 建筑模型加载 | 预留加载建筑模型至地球模型接口。 |

### 5.3.3.5　系统集成开发

湿地地理信息系统建设是一个复杂的系统工程，需要将 GIS 模块、洪水调度模型、洪水模拟与演进模型等多个子系统进行集成开发。作为本系统设计的难点与关键技术，从以下几方面考虑：①规范和标准化模型的输入输出文件，建立预报模型库，方便构建预报方案；②模型组件化设计，使程序运行与用户界面分离，不在运行过程中进行人机对话；③模型参数及计算结果等采用 XML 文件格式存储与传输。系统利用服务器分工协作技术、MSMQ 消息驱动技术等将洪水淹没、水库调度、损害评估等模型，以及相关调度预案库、水雨情数据库等集成起来，综合运用本书研究成果，建立实现上述功能的鄱阳湖湿地数据库及生态环境风险 3D WebGIS 管理平台，为我国湿地的保护、合理开发和利用提供借鉴与技术支持。

### 5.3.4　研究示范区水资源管理仿真系统功能实现示范

#### 5.3.4.1　示范区概况

本章重点以鄱阳湖湿地幸福水库所在流域为例进行详细研究，该水库位于新建县望城镇幸福村境内，距新建县 15.0 km，距南昌市 20.0 km。坝址坐落在赣江水系赣江西支支流铜源港上游。

铜源港是赣江西支的一级支流，发源于新建县西南，西山山脉中部牛头岭山麓，由西北向东流经青城、招贤、望城、长堎等地，在双港汇入赣江西支。流域北邻赣江支流乌鱼港，南毗锦河支流潭源港，西与安义县接壤，东抵赣江，地理位置在东经 115°38′—115°50′、北纬 28°39′—28°45′，流域面积为 176 km²，主河长 29 km，主河道平均比降为 5.86‰。幸福水库位于铜源港上游，坝址地理位置为东经 115°42′，北纬 28°40′；坝址以上流域面积为 30.2 km²，主河长 11.3 km，主河道平均比降为 41.4‰。

铜源港流域属低山丘陵区，流域窄长，在水库坝址上游河道比降较大，属山丘性河流，坝址下游河槽逐渐扩大、河道坡降平缓，属平原性河流，水库坝址以上流域森林稠密，草木丛生，植被良好，无水利工程，人类社会活动较少，水土流失较轻。

（1）工程概况。

幸福水库于 1959 年建成，是一座以灌溉为主，兼有养殖的中型水库，控制流域面积为 30.2 km²，总库容为 22 万 m³，正常蓄水位为 55 m。大坝为均质土坝，现有坝顶高程 58.2~58.6 m，顶宽 5.5~6 m，最大坝高 19.8 m，坝顶长 667 m。大坝上游坝坡为块石护坡，坝坡坡度为 1∶3 左右，下游坝坡为草皮护坡，在高程约 50 m 处设有一级 5.0 m 宽马道，马道以上坝坡坡度为 1∶2.5 左右，以下坝坡坡度为 1∶3.0 左右。下游坝脚处设有 500 m 长的排水棱体，棱体顶高程为 42.5~43.0 m，距棱体下游 5 m 处设有 340 m 长的排渗减压沟（表 5.3-3）。

溢洪道布置在距大坝左侧 200 m 处，为宽顶堰型，全长 468 m，由进水渠、陡槽段和消能防冲设施组成。进水渠长155 m，底板高程53.0 m，宽50~70 m，陡槽 I 段长65 m，底坡 $i=0.125$，宽度由50 m渐变为33 m，一级消力池长25 m，池深2.1 m，采用厚1.0 m的100#砼掺30%的块石砼衬砌；陡槽 II 段长153 m，宽33 m，底坡 $i=0.02$；二级消力池目前已冲毁。陡槽及消力池段两侧采用浆砌块石挡墙，墙高1.6~6.5 m。溢洪道进水渠段设有拦鱼栅。

东涵管位于大坝左端坝体内，为钢筋混凝土圆管，内径为0.7 m，壁厚0.25 m，全长139.0 m，进口底板高程为42.06 m，出口底板高程为41.7 m，进口处设有竖井，平板钢闸门控制。

西涵管位于大坝右端坝体内，钢筋混凝土方涵，断面尺寸为1.2 m×1.2 m，壁厚0.25 m，全长93.0 m，进口底板高程为46.0 m，出口底板高程为45.8 m，进口处设有竖井，平板钢闸门控制。

幸福水库大坝一旦失事，将严重威胁水库下游昌北城区、重要的一切基础设施，以及大片农村人民生命的安全并造成人民财产的巨大损失，形成毁灭性的洪水灾害。因此，研究幸福水库信息化不仅具有重要的现实意义，还可取得巨大的社会和经济效益。

表 5.3-3　幸福水库工程资料

| 序号及名称 | 单位 | 原设计（1982年） | 现设计 | 备注 |
|---|---|---|---|---|
| 一、水文 | | | | |
| 1. 流域面积 | | | | |
| 坝址以上 | km² | | | 30.2 |
| 2. 代表性流量 | | | | |
| 设计洪水标准 $P$ | % | 1 | 2 | |
| 洪峰流量 | m³/s | 308.5 | 365 | |
| 校核洪水标准 $P$ | % | | | 0.1 |
| 洪峰流量 | m³/s | 462 | 563 | |
| 二、水库 | | | | |
| 1. 水库水位 | | | | |
| 校核洪水位（P=0.1%） | m | 57.18 | 57.14 | |
| 设计洪水位（P=2%） | m | 56.50（P=1%） | 56.46 | |
| 正常蓄水位 | m | 55 | 55 | |

续表5.3-3

| 序号及名称 | 单位 | 原设计<br>(1982 年) | 现设计 | 备注 |
|---|---|---|---|---|
| 死水位 | m | 42 | 42 | |
| 2.水库库容 | | | | |
| 总库容 | $10^4$ m$^3$ | 2068 | 2069 | |
| 正常蓄水位以下库容 | $10^4$ m$^3$ | 1555 | 1555 | |
| 调洪库容 | $10^4$ m$^3$ | 513 | 514 | |
| 三、下泄流量 | | | | |
| 1. 设计洪水位时最大泄量<br>($P=2\%$) | m$^3$/s | 193.5($P=1\%$) | 172 | |
| 2. 校核洪水位时最大泄量<br>($P=0.1\%$) | m$^3$/s | 320 | 304 | |
| 四、主要建筑物 | | | | |
| 大坝 | | | | |
| 坝型 | | | | 均质土质 |
| 地基特性 | | | | 板岩 |
| 地震动峰值加速度/地震动反应谱特征周期 | | | | 小于 0.05 g/0.35 s |
| 坝顶高程 | | 59 | 59.4 | |
| 最大坝高 | | 19.4 | 19.8 | |
| 坝顶长度 | | | | 667 |
| 2.溢洪道 | | | | |
| 型式 | | | | 实用堰 |
| 地基特性 | | | | 板岩 |
| 堰型 | | 克-奥 I 型 | WES 型 | 现状为宽顶堰型 |
| 消能方式 | | | | 底流消能 |
| 堰顶高程 | | 55 | 55 | 现状为 53.0 |
| 控制段长 | | 12 | 5 | |
| 溢流净宽 | | 50 | 45.2(5 孔) | |

续表5.3-3

| 序号及名称 | 单位 | 原设计<br>(1982年) | 现设计 | 备注 |
|---|---|---|---|---|
| 设计泄洪流量($P=2\%$) | | 193.5 | 172 | 原设计 $P=1\%$ |
| 校核泄洪流量($P=0.2\%$) | | 320 | 304 | |
| 3. 东灌溉输水建筑物 | | | | |
| 型式 | | 砼圆管 | 输水隧洞 | |
| 地基特性 | | | | 板岩 |
| 进口高程 | | | | 42.06 |
| 管(洞)长 | | 139 | 112.9 | |
| 涵管(隧洞)内径 | | 0.7 | 1.5 | |
| 管壁厚 | | 0.25 | 0.3 | |
| 最大引用流量 | | | | 4.12 |
| 闸门型式 | | 平板闸门 | 平面滑动<br>钢闸门 | |
| 启闭机型式 | | | QPG-16 | |
| 4. 西灌溉输水建筑物 | | | | |
| 型式 | | 砼方管 | 输水隧洞 | |
| 地基特性 | | | | 板岩 |
| 进口高程 | | | | 46 |
| 管(洞)长 | | 93 | 124 | |
| 涵管(隧洞)内径 | | 1.2 | 1.5 | 方涵为边长 |
| 管壁厚 | | 0.25 | 0.3 | |
| 最大引用流量 | | | | 9.2 |
| 闸门型式 | | 平板闸门 | 平面滑动<br>钢闸门 | |
| 启闭机型式 | | | QPG-16 | |
| 五、施工 | | | | |
| 1. 主要加固工程量 | | | | |
| 土方开挖 | $10^4$ m$^3$ | | 6.53 | |
| 土方回填 | $10^4$ m$^3$ | | 4.24 | |
| 石方明挖 | $10^4$ m$^3$ | | 0.58 | |

续表5.3-3

| 序号及名称 | 单位 | 原设计（1982 年） | 现设计 | 备注 |
|---|---|---|---|---|
| 石方洞挖 | $10^4\ m^3$ | | 0.09 | |
| 砼浇筑 | $10^4\ m^3$ | | 1.98 | |
| 两钻一抓造砼墙 | $m^2$ | | 12025 | |
| 2. 主要建筑材料 | | | | |
| 钢筋 | t | | 669 | |
| 水泥 | $10^4\ t$ | | 0.86 | |
| 柴油 | t | | 170 | |
| 3. 总工日 | $10^4$ 工时 | | 99.7 | |
| 4. 总工期 | 月 | | 8 | |
| 六、经济指标 | | | | |
| 1. 静态总投资 | 万元 | | 4632.77 | |
| 2. 总投资 | 万元 | | 4632.77 | |
| 建筑工程 | 万元 | | 3370.24 | |
| 机电设备及安装工程 | 万元 | | 158.21 | |
| 金属结构设备及安装工程 | 万元 | | 44.28 | |
| 施工临时工程 | 万元 | | 188.24 | |
| 独立费用 | 万元 | | 622.62 | |
| 基本预备费 | 万元 | | 219.18 | |
| 水保 | 万元 | | 21 | |
| 环保 | 万元 | | 9 | |

（2）气象特征。

本流域的气候特点是：春夏梅雨多，秋冬降雨少，春秋季较短，冬夏季较长，春寒夏热，秋凉冬冷，结冰期短，无霜期及日照时间长，相对湿度大，四季变化明显。将新建县城长埌站作为铜源港流域降水量统计分析代表站，经统计分析，本流域多年平均降水量为 1578.7 mm，最大日降水量为 194.1 mm，发生在 1962 年 6月 18 日，降水量年内年际分配不均，汛期 4—6 月降水量占全年降水的 48.3%，枯水期 10 月至次年 1 月降水量仅占全年的 13.8%，最大年降水量 2212.5 mm，发生在 1973 年，约是 1978 年最小年降水量 1060.8 mm 的 2.09 倍。

据新建县气象站 1956—1993 年共 38 年的气象统计资料分析，本区域的多年平均气温为 17.6℃，极端最高气温为 40.9℃（1992 年 7 月 31 日），极端最低气温为-9.9℃（1972 年 2 月 9 日），多年平均相对湿度为 76%，最小相对湿度为 8%（1967 年 1 月 11 日），多年平均风速为 3.3 m/s，最大风速为 34 m/s（1974 年 2 月 23 日），相应风向为 NNE 风。年最大风速多年平均值为 17.2 m/s，多年平均日照小时数为 1893 h，多年平均无霜期为 226d。

#### 5.3.4.2 三维虚拟仿真

建设空间数据库的内容包括数字线划地图、正射影像以及数字高程模型三种类型。数字线划地图主要包括行政区划、居民地及注记、道路及交通设施等基础地理数据。本次正射影像数据（DOM）分辨率为 0.5 m，来源于航空摄影影像数据，通过几何纠正和色彩纠正等专业纠正手段，裁切为矩形影像数据，使之具有附属的坐标定位属性，便于建立空间数据库，作为背景参考信息源和三维应用的地表纹理表现。本次数字高程模型数据分辨率为 30 m，作为背景参考信息源和三维应用的高程表现，构建基于 3D WebGIS 的全流域三维虚拟场景，如图 5.3-10~图 5.3-11 所示。

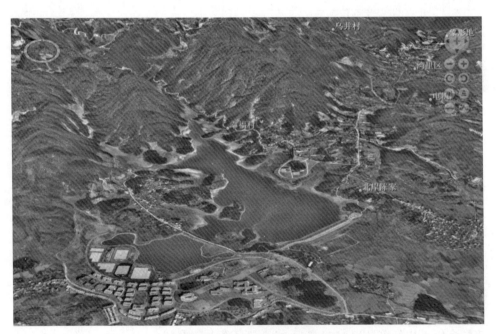

**图 5.3-10　幸福水库三维仿真场景**

采用 3Dmax 建模方法，对水库进行精细三维建模，利用三维建模软件制作的水利工程仿真模型叠加在三维场景中,使鄱阳湖湿地水利枢纽工程的细部结构特征得到形象逼真的展现。图5.3-11为幸福水库三维模型图。

图5.3-11　幸福水库三维模型图

### 5.3.4.3　洪水动态演进模拟

鄱阳湖湿地洪水演进分析的主要创新点包括两个方面。一方面,科学有效地应用于湿地灾害评估领域,为全面掌握洪水及水污染的发展趋势和采取有效措施提供科学依据;另一方面,将三维GIS平台与水力学模型的有机结合与应用,实现了全面动态展示湿地洪水发展时空变化。

### 5.3.4.4　洪水预报

利用各水文与气象观测站的实测数据,实现对流域的水情动态监视,建立水库动态监管系统,以实时动态查询主要河流和水库的水位、区域降雨量、实时现场图像、水温、气压等信息,一旦出现问题(如库水位超过汛前限制水位或低于死水位),自动报警机制将报警信息实时传输至相关人员的移动电话。流域水情动态监视总体上分为三个层次,即用户层、服务层和移动信息采集层。

(1)暴雨特性。

铜源河流域地处江西省北部,是江西省多雨区之一,气候受季风影响,主要降水时期集中在每年的4—9月,暴雨类型既有锋面雨,又有台风雨,其水气的主要来源是太平洋西部的南海和印度洋的孟加拉湾,一般从每年4月份开始,降水量逐渐增加;5—6月,西南暖湿气流与西北南下的冷空气持续交汇于长江流域中下游一带，冷暖空气强烈地辐合运动，形成大范围的暴雨区。铜源港流域正处在这一大范围的锋面雨区中，此时期(5—6月)，本流域降水剧增，不仅降雨时间长，而且降雨强度大，因此，锋面雨是铜源港流域的主要暴雨类型。7—9月，本流域常受台风影响，有时有台风雨发生，暴雨历时一般为1~3天，但强降水常常集中在24 h以内，锋面雨历时较长，台风雨历时较短。

（2）洪水特性。

铜源港为雨洪式河流，洪水由暴雨组成，因此，当每年暴雨季节开始时，本流域洪水也将随之发生，4—6月受锋面雨影响，洪水往往是峰高量大，7—9月以台风雨剧多，一次洪水过程一般较尖瘦，一次洪水总量主要集中在24 h之内。

（3）洪水预报。

幸福水库入库洪水预报结果显示界面如图5.3-12所示，界面上显示了雨量和洪水过程组合图。

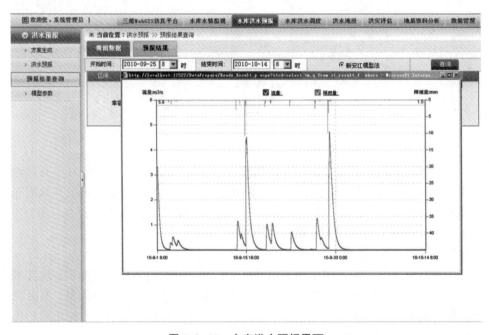

**图5.3-12 水库洪水预报界面**

### 5.3.4.5 洪水调度

（1）设计洪水。

幸福水库流域内无实测流量资料，该坝址处的设计洪水按无水文资料地区考虑，采用瞬时单位线法计算设计洪水(表5.3-4)。

表 5.3-4　幸福水库各频率设计洪水过程

瞬时单位线法时段长 $D_t = 3$ h，流量单位：$m^3/s$

| 频率<br>时段 | 0.1% | 0.2% | 1% | 2% | 3.3% | 5% | 10% | 20% |
|---|---|---|---|---|---|---|---|---|
| 1 | 6.31 | 5.01 | 2.04 | 0.843 | 0 | 0 | 0 | 0 |
| 2 | 15.1 | 11.6 | 5.06 | 2.82 | 1.28 | 10.2 | 6.04 | 3.51 |
| 3 | 11.5 | 8.99 | 4.62 | 3.17 | 1.95 | 40.9 | 24.4 | 13.4 |
| 4 | 74.1 | 60.2 | 28.3 | 19.2 | 15.3 | 289 | 231 | 168 |
| 5 | 131.7 | 118 | 83.9 | 66.3 | 55.0 | 96.6 | 84.9 | 70.0 |
| 6 | 563 | 520 | 415 | 365 | 332 | 35.4 | 29.4 | 22.8 |
| 7 | 184 | 167 | 128 | 113 | 106 | 18.4 | 14.8 | 10.9 |
| 8 | 71.3 | 64.3 | 49.6 | 43.3 | 39.9 | 11.1 | 9.26 | 7.22 |
| 9 | 32.3 | 30.1 | 24.2 | 21.6 | 20.11 | 9.21 | 8.07 | 6.74 |
| 10 | 15.2 | 14.8 | 12.7 | 11.8 | 11.4 | 9.40 | 8.33 | 7.13 |
| 11 | 10.5 | 10.2 | 9.25 | 8.85 | 8.92 | 10.1 | 9.04 | 7.80 |
| 12 | 9.59 | 9.50 | 8.83 | 8.48 | 8.63 | 11.1 | 9.88 | 8.54 |
| 13 | 9.96 | 9.79 | 9.14 | 8.92 | 9.23 | 10.5 | 8.07 | 6.35 |
| 14 | 10.6 | 10.4 | 9.75 | 9.48 | 9.88 | 9.50 | 7.65 | 6.20 |
| 15 | 9.10 | 9.03 | 8.64 | 8.48 | 8.70 | 8.90 | 7.12 | 5.52 |
| 16 | 8.42 | 7.82 | 7.80 | 7.45 | 7.25 | 7.85 | 6.90 | 5.02 |

　　根据幸福水库的坝址设计洪水过程、容积曲线、溢洪道泄流曲线。依据洪水调度方式，利用水量平衡原理，采用试算法对各频率洪水进行调节计算。经洪水调节计算后得幸福水库的校核（$P = 0.1\%$）洪水位为 57.14 m，相应库容为 $2069 \times 10^4$ $m^3$，最大下泄流量为 304 $m^3/s$，幸福水库设计（$P = 2\%$）洪水位为 56.46 m，相应库容为 $1895 \times 10^4$ $m^3$，最大下泄流量为 172 $m^3/s$。洪水调节计算成果见表 5.3-5。

表 5.3-5　幸福水库各个频率洪水调节计算成果表

| 项目 | 单位 | $P = 0.1\%$ | $P = 0.2\%$ | $P = 1\%$ | $P = 2\%$ | $P = 3.3\%$ |
|---|---|---|---|---|---|---|
| 正常蓄水位 | m | 55.00 | 55.00 | 55.00 | 55.00 | 55.00 |
| 相应库容 | $10^4$ $m^3$ | 1555.0 | 1555.0 | 1555.0 | 1555.0 | 1555.0 |

续表5.3-5

| 项目 | 单位 | $P=0.1\%$ | $P=0.2\%$ | $P=1\%$ | $P=2\%$ | $P=3.3\%$ |
|---|---|---|---|---|---|---|
| 最高调洪水位 | m | 57.14 | 57.00 | 56.64 | 56.46 | 56.34 |
| 相应库容 | $10^4$ m³ | 2069 | 2032 | 1939 | 1895 | 1866 |
| 最大泄量 | m³/s | 304 | 274 | 204 | 172 | 151 |
| 入库洪峰流量 | $10^4$ m³ | 563 | 520 | 415 | 365 | 332 |

（2）调度规则。

幸福水库溢洪道为堰顶泄流，下游无特别防护对象，无需闸门控制限制出流。因此，洪水调度原则为：①当洪水入库，库水位低于正常蓄水位（55 m）时，无需泄流，水位上涨；②当水位涨至正常蓄水位以上时，按泄流能力泄洪；③当入库流量等于泄流能力时，水位达到最高；④当入库流量小于泄流能力时，仍然按泄流能力泄洪，水位下降，直至降至正常蓄水位为止。

幸福水库是一座以灌溉为主，兼顾养殖等综合效益的中型水库。

本工程水库总库容为 $2069×10^4$ m³，设计灌溉面积为 $5.0×10^4$ 亩，根据《水利水电工程等别及洪水标准》（SL 252—2000）及《防洪标准》（GB 50201—1994），确定为Ⅲ等中型水利工程，永久、次要、临时建筑物的主要建筑物级别分别为 3 级、4 级和 5 级，各建筑物级别及洪水标准见表5.3-6。

表 5.3-6　建筑物运用洪水标准表

| 建筑物运行情况 | 级别 | 洪水重现期/年 | | 备注 |
|---|---|---|---|---|
| | | 正常运用（设计） | 非常运用（校核） | |
| 土坝 | 3 | 50 | 1000 | 消能防冲按30年一遇洪水设计。 |
| 溢洪道 | 3 | 50 | 1000 | |
| 东、西涵管 | 3 | 50 | 1000 | |
| 东、西输水隧洞 | 4 | 20 | 50 | |
| 临时建筑物 | 5 | 5 | | |

（3）调度分析。

幸福水库入库洪水调度结果显示界面如图5.3-13所示，表中列出了水库入库流量、出库流量、水库水位、库容等详细计算信息。

图 5.3-13　水库洪水调度

### 5.3.4.6　洪水淹没分析及损失评估

（1）水库水位-容积曲线。

幸福水库水位-容积关系曲线见表 5.3-7。

表 5.3-7　幸福水库水位-容积关系

| 序号 | 水位（黄海）/m | 容积/$10^4$ $m^3$ | 序号 | 水位（黄海）/m | 容积/$10^4$ $m^3$ |
|---|---|---|---|---|---|
| 1 | 40.00 | | 11 | 51.00 | 793.3 |
| 2 | 42.00 | 17.1 | 12 | 52.00 | 958.3 |
| 3 | 43.00 | 38.7 | 13 | 53.00 | 1140.5 |
| 4 | 44.00 | 73.6 | 14 | 54.00 | 1341.2 |
| 5 | 45.00 | 121.0 | 15 | 55.00 | 1555.0 |
| 6 | 46.00 | 186.9 | 16 | 56.00 | 1787.3 |
| 7 | 47.00 | 277.5 | 17 | 57.00 | 2032.9 |
| 8 | 48.00 | 383.3 | 18 | 58.00 | 2285.3 |
| 9 | 49.00 | 505.4 | 19 | 58.50 | 2415.3 |
| 10 | 50.00 | 642.6 | 20 | | |

（2）幸福水库泄流曲线。

幸福水库溢洪道为无闸门控制，溢流堰为 WES 型实用堰，溢洪道泄流净宽为

5 孔×9.04 m，堰顶高程为 55.00 m，幸福水库溢洪道泄流曲线见表 5.3-8。

**表 5.3-8　幸福水库泄流曲线**

| 序号 | 水位/m | 泄流量/($m^3 \cdot s^{-1}$) | 序号 | 水位/m | 泄流量/($m^3 \cdot s^{-1}$) | 备注 |
|---|---|---|---|---|---|---|
| 1 | 55.00 | 0 | 10 | 57.50 | 382.5 | |
| 2 | 55.25 | 12.40 | 11 | 58.00 | 499.8 | |
| 3 | 55.50 | 34.99 | | | | |
| 4 | 55.75 | 64.08 | | | | 堰顶高程： |
| 5 | 56.00 | 98.37 | | | | 55.00 m |
| 6 | 56.25 | 137.1 | | | | 5×9.04 m |
| 7 | 56.50 | 179.8 | | | | |
| 8 | 56.75 | 225.9 | | | | |
| 9 | 57.00 | 275.1 | | | | |

（3）涵管泄流曲线。

幸福水库现有的坝下东、西涵管可用作导流涵管。其中东涵管底板高程为 42.0 m，圆形断面，管径为 0.7 m；西涵管底板高程为 46.0 m，其断面为 1.2 m×1.2 m 方管。导流涵管泄流曲线见表 5.3-9。

**表 5.3-9　导流涵管水位流量关系曲线**

| 水位/m | 泄水建筑物泄流量/($m^3 \cdot s^{-1}$) | | | 备注 |
|---|---|---|---|---|
| | 西涵管 | 东涵管 | 合计 | |
| 42 | 0.00 | 0.00 | 0.00 | |
| 43 | 0.00 | 1.06 | 1.06 | |
| 44 | 0.00 | 1.50 | 1.50 | |
| 45 | 0.00 | 1.84 | 1.84 | |
| 46 | 0.00 | 2.12 | 2.12 | |
| 47 | 1.85 | 2.37 | 4.22 | 说明： |
| 48 | 3.47 | 2.60 | 6.07 | 本水库溢洪道底坎高程现为 |
| 49 | 4.54 | 2.80 | 7.34 | 53 m，施工导流调洪终止水 |
| 50 | 5.41 | 3.00 | 8.41 | 位（库水位）为 53 m。 |
| 51 | 6.15 | 3.18 | 9.33 | |
| 52 | 6.81 | 3.35 | 10.16 | |
| 53 | 7.42 | 3.52 | 10.94 | |

幸福水库下游洪水淹没水深分析如图 5.3-14 所示，不同颜色展示了不同区域的淹没水深。洪水流速分析如图 5.3-15 所示，不同颜色展示了不同区域的洪水流速大小，并用箭头标明洪水流向，箭头的长短也表明了流速的大小。

图 5.3-14　水库洪水淹没水深分析

图 5.3-15　水库洪水流速分析

系统开发的幸福水库洪水淹没损失评估功能(图5.3-16)可对各种财产损失通过空间离散与叠加,实现快捷的统计分析与评估。

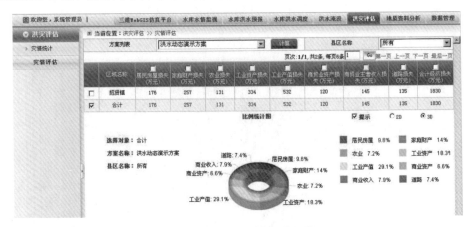

图 5.3-16　洪水淹没损失评估

### 5.3.4.7　水库面积库容计算

幸福水库面积库容计算界面如图5.3-17所示,可输入不同的水位计算相应水位的库容和面积。另外,还画出了水位-库容曲线以及水位-面积曲线。

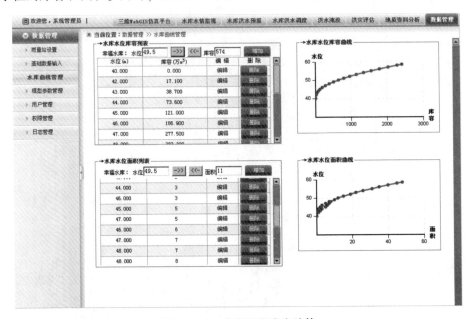

图 5.3-17　水库面积库容计算

### 5.3.5　小结

（1）建立了集模型、知识和决策为一体的鄱阳湖数字湿地调控系统，促进了湿地系统各种信息、资源和数据的综合处理与全面研究，为湿地资源在宏观上的发展规划、空间上的优化配置、时间上的合理利用，实现湿地可持续发展提供了科学决策的现代化工具，从一定程度上解决了环保、水利、国土等各不同行业相关业务之间存在紧密联系，但又相互隔离的矛盾，实现了水利、环境模型与 GIS 平台的无缝结合应用

（2）利用地理信息系统、遥感动态监测与分类、空间数据库、三维虚拟仿真和水动力学等理论与方法，建立了鄱阳湖湿地基础地理信息系统，解决了湿地生态经济建设中环保、水利、国土等各不同行业相关业务之间存在紧密联系，但又相互隔离的矛盾。该系统的关键技术包括：多分辨率海量数据集中管理，生成支持漫游的三维数字沙盘和直观生动的虚拟场景，地理信息系统平台与水力学模型的无缝结合应用，完善改进的湿地边界确定方法以及基于遥感分类的湿地时空演变分析等。

（3）实现了水动力模型、环境模型与三维 GIS 平台的无缝结合及其在鄱阳湖湿地中的具体应用。提出了既可以提高湿地遥感影像的分类精度，又能够完善湿地遥感调查技术的鄱阳湖湿地遥感解译标志建立方法，为我国湿地的保护、合理开发和科学利用提供借鉴与技术支持。

# 第 6 章
# 结论与建议

饮用水安全直接关系到人民群众生命健康和社会和谐稳定的大局，是全面建成小康社会的物质基础与重要保障。本书系统梳理了我国南方湖库型饮用水水源地保护与污染控制现状，总结了生态安全调查评估与环境污染系统控制技术方法，并在南方典型湖库型饮用水水源地四川邛海、广西龟石水库、江西鄱阳湖分别侧重于生态安全调查、评估与系统控制、信息化管理方面，进行了实践研究。

研究表明，各饮用水水源地水质总体良好，但普遍存在以下问题：城镇化快速发展持续加大生态环境保护压力；湿地范围和湖岸带生态系统有逐步减小和功能退化趋势；水源地畜禽养殖和农业面源污染突出，入湖/库河流水质有待改善；氮磷等营养物质导致水体存在富营养化风险。因此，南方湖库型饮用水水源地的生态环境保护形势仍然严峻。

虽然全国水生态环境质量总体保持持续改善的势头，百姓开始享受水清岸绿的美景，但深层次问题的解决仍任重道远。党的十九大提出了 2035 年"生态环境根本好转，美丽中国目标基本实现"的奋斗目标，习近平总书记在全国生态环境保护大会上也提出要"还给老百姓清水绿岸、鱼翔浅底的景象"。因此，下一步，要研究统筹水环境、水资源、水生态，系统推进工业、农业、生活、航运污染治理，保障河湖生态流量，重现土著鱼类或水生植物，恢复和建设湿地和生态缓冲带，切实保护和修复生态系统，积极回应人民群众所想、所盼、所急，让湖泊水库水生态环境质量改善，给人民群众带来更多、更实在的幸福感。满足百姓对"清水绿岸、鱼翔浅底"美好水生态环境的期待，将成为重大挑战。